中文版
Photoshop CS6
标准教程

雷波 编著

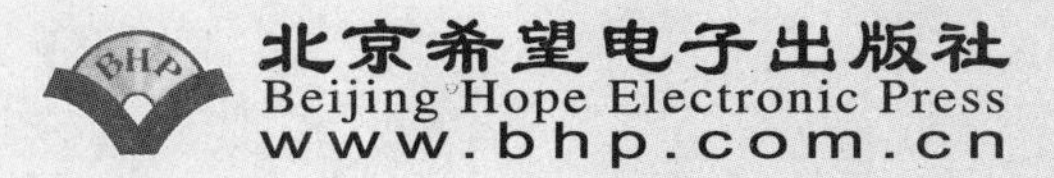

北京希望电子出版社
Beijing Hope Electronic Press
www.bhp.com.cn

内 容 简 介

本书详细讲解最新版 Photoshop CS6 的基础知识与操作技能，并对图层、通道、蒙版等重要概念进行深入分析，以理论知识讲解、实例操作演示为主要内容，以从易到难讲解 Photoshop 技术为主线，依托作者十余年的教学经验，帮助读者全方位地学好 Photoshop 的各项关键技术。

本书配套光盘中不仅包括讲解过程中运用到的大量素材及效果文件，还提供部分综合案例的多媒体视频教学课件，读者可以在学完本书基础知识后，跟随教学视频进行实际应用。同时还针对将本书用作教材的各院校老师制作了授课用的 PPT 电子教案，以方便各位老师备课。另附赠 Photoshop CS6 基础知识视频教程，如果在学习中遇到问题可以通过观看这些多媒体视频解释疑惑，提高学习效率。

本书内容结构清晰、难度适中、图文并茂、表达流畅、案例丰富实用，不仅适合希望进入相关设计领域的自学者使用，也适合各开设相关设计课程的院校用作教学资料。

图书在版编目（CIP）数据

中文版 Photoshop CS6 标准教程 / 雷波编著. 一北京：北京希望电子出版社，2012.10

ISBN 978-7-83002-053-8

Ⅰ.①中… Ⅱ.①雷… Ⅲ.①图像处理软件一教材 Ⅳ.①TP391.41

中国版本图书馆 CIP 数据核字（2012）第 219036 号

出版：北京希望电子出版社
地址：北京市海淀区上地 3 街 9 号
金隅嘉华大厦 C 座 610
邮编：100085
网址：www.bhp.com.cn
电话：010-62978181（总机）转发行部
010-82702675（邮购）
传真：010-82702698
经销：各地新华书店

封面：韦 纲
编辑：刘志燕
校对：刘 伟
开本：787mm×1092mm 1/16
印张：20.5
印数：1-4000
字数：465 千字
印刷：北京市双青印刷厂
版次：2012 年 11 月 1 版 1 次印刷

定价：39.80 元（配 1 张 DVD 光盘）

PREFACE 前言

目前，许多大中专院校都开设了名为“图形图像初步”或“图形图像处理基础”之类的基础理论课程。这些课程开设的原因有些是因为所学专业涉及图形图像处理软件——Photoshop，因此必须开设相关课程；另一些纯属于学生的选修课程，为了满足社会工作中对于PS基本技术的要求。

很显然，无论是专业课程的基础理论前导课程，还是纯粹为兴趣而开设的课程，这些课程的重点都是讲解Photoshop的基础知识，从而为以后学习专业的图形图像知识、技能打下基础。本书正是这样一本以讲解Photoshop基础知识为主的理论书籍，具有较为广泛的适用性。

由于本书定位于图形图像相关专业的标准培训教程，因此在体例、内容筛选、示例、光盘内容等方面都根据培训课程及专业课程设置进行了优化处理，本书的主要特点如下。

（1）本书考虑Photoshop软件在使用时的操作性问题，针对图书内容进行了优化安排，根据培训班及各类图形图像基础课程学生的特点，在软件讲解的顺序方面循序渐进，从而使相关知识点能够逐渐展开，以便于无基础或基础较薄弱的读者轻易入门。

（2）考虑到软件使用时的“二八”原则，本书特意对Photoshop的重点知识，例如，基本的界面操作、图形图像基础理论、图层理论与使用技巧、通道理论与使用技巧、选区的创建与调整、图像的修饰与润色、文字的输入与编辑和滤镜的使用技巧等，进行了较为深入的讲解。

（3）本书所举实例不仅注重技术性，更注重实用性与艺术性，使读者通过学习，不仅能够举一反三，从而达到事半功倍的学习效果，还可以欣赏到优秀的设计作品。

（4）本书讲解的许多基础知识，例如图像文件的格式、颜色模式、分辨率、位图与矢量图的区别等，不仅对学习Photoshop有比较重要的意义，对学习其他同类型的软件也具有相当重要的理论铺垫作用。

（5）本书突出教学性，在以实例讲解功能、知识要点时，配有大量的案例的详细步骤，内容更易操作和掌握。

（6）本书配套光盘中不仅提供部分综合案例的多媒体视频学习资料，还附赠Photoshop CS6基础知识视频教程，读者可以通过观看这些视频文件进行学习。

（7）本书配套光盘中提供Photoshop课程的电子教案，便于将本书选作教材的院校老师，备课更轻松。

（8）本书配套光盘中提供讲解过程中运用到的大量素材及效果文件，以便于学生在学习中自己进行练习。

限于水平，本书在操作步骤、效果及表述方面定然存在不少不尽如人意之处，希望各位读者来信指正，我们的电子邮箱是bhpbangzhu@163.com。

本书由雷波老师主编，以下人员参与了资料的搜集、整理工作，雷剑、吴腾飞、范玉婵、刘志伟、邓冰峰、刘小松、张来勤、刘星龙、边艳蕊、马俊南、李敏、郃琳琳、李亚洲、卢金凤、李静、肖辉、孙雅丽、孟祥印、李倪、潘陈锡、姚天亮等。

本书不仅适合希望进入相关设计领域的自学者使用，也适合各开设相关设计课程的院校用作教学资料。

本书光盘中的所有文件只能用于自学，不得用于其他任何商业用途，以及在网络中传播。

编著者

CONTENTS 目录

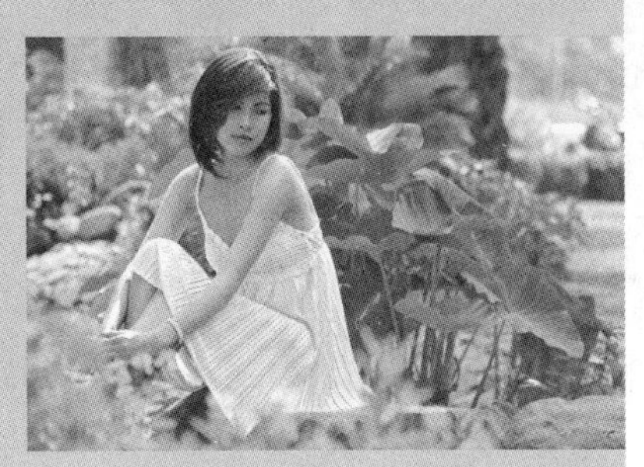

第1章　初次接触Photoshop

第2章　学习Photoshop的基础知识

第3章 选区与图像操作

Contents

第4章 色彩艺术

Contents

第5章 绘图与修饰

第6章 绘制路径和形状

第7章 图层的应用

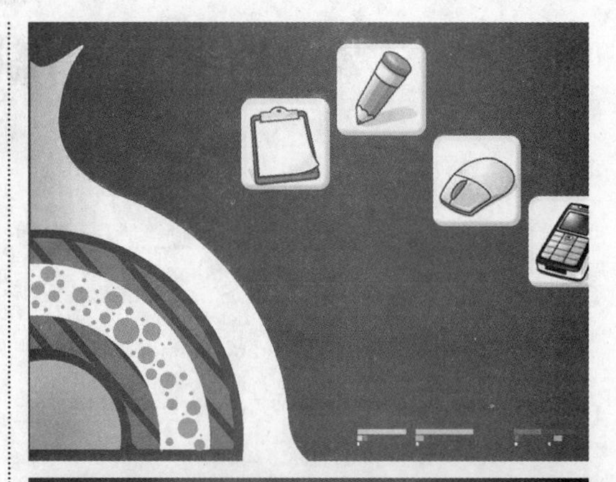

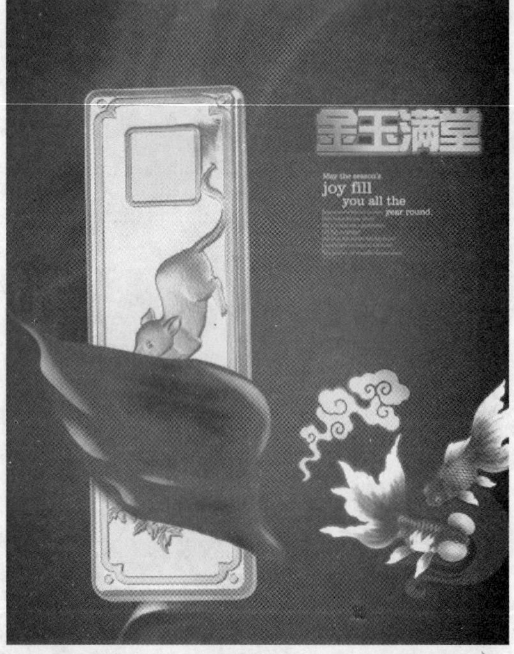
金玉满堂
May the season's
joy fill
you all the
year round

更多流行 更多时尚
北京商业中心
新莞人购物新天地
New Wan person
the shopping new world
Shopping world

9
2001.10.8 2010.10.8

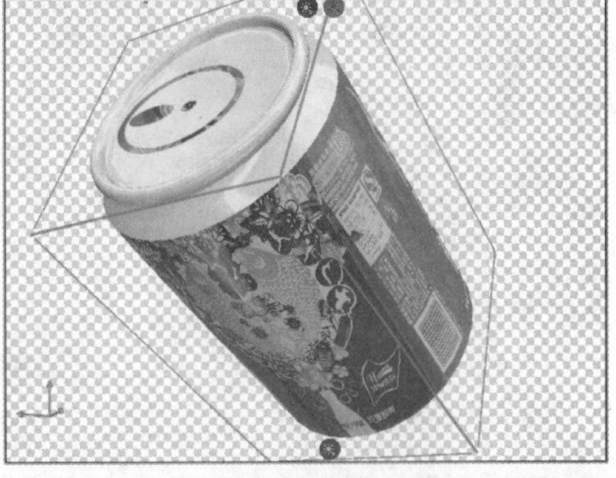

第8章 通道的应用

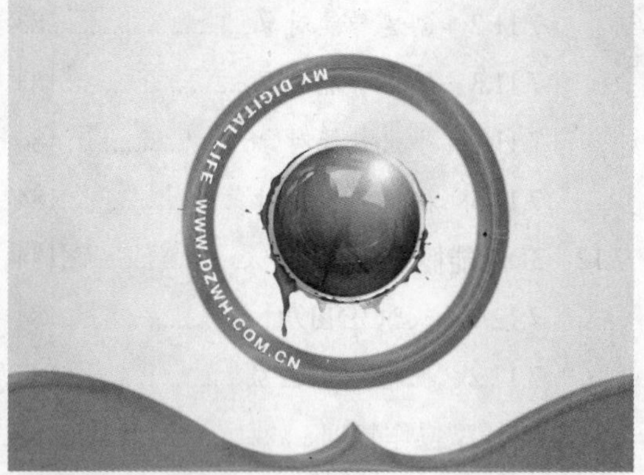

第9章 文字的应用

第10章　滤镜的应用

第11章 动作与自动化

第12章 综合案例

第1章　初次接触Photoshop

Photoshop是美国Adobe公司开发的位图处理软件，在该软件十多年的发展历程中，始终以强大的功能、梦幻般的效果征服了一批又一批用户。现在，Photoshop已经成为全球专业图像设计人员必不可少的图像设计软件。

本章将带领大家一起走进Photoshop的世界，了解此软件的操作环境及重要概念。

1.1 Photoshop的应用

学习Photoshop只是一种手段，而不是最终目的，学习的目的是为了能够在实际工作中应用。Photoshop的功能十分强大且涉及领域也十分广范，因此，在进行学习之前，首先需要了解Photoshop的应用领域，这样就可以根据个人实际工作需要有针对性地进行选择和学习，从而有的放矢地深入掌握部分重要的功能，以提高学习效率并快速将这些优秀的功能应用到工作中去。

简单地说，Photoshop主要用于平面设计、修复照片、影像创意设计、艺术文字设计、网页创作、建筑效果图后期调整、绘画模拟、绘制或处理三维贴图、婚纱照片设计及界面设计等领域。

下面将对Photoshop的主要应用领域进行详细的讲解。

1.1.1 CG绘画

大多数人都认为Photoshop是强大的图像处理软件，但是随着版本的升级，Photoshop在绘画方面的功能也越来越强大，如图1.1所示为艺术家使用Photoshop绘制的作品，这些作品都是通过如图1.2所示的手绘板完成的。

图1.1

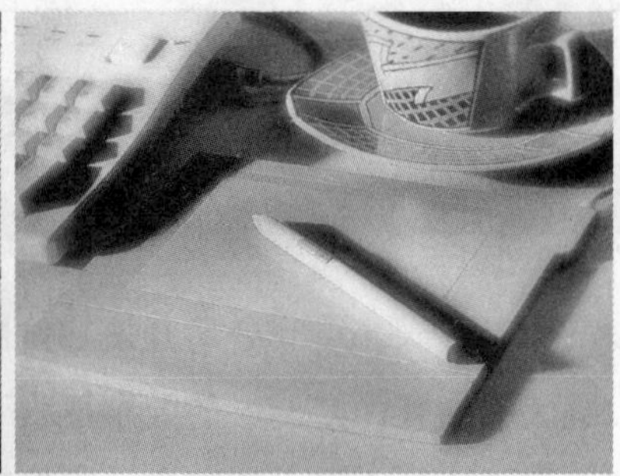

图1.2

1.1.2 创意合成

Photoshop对图像的颜色处理和图像合成功能是其他任何软件无法比拟的。如图1.3所示为使用Photoshop合成的图像作品。

图1.3

1.1.3 视觉创意

社会的发展离不开人们的想象力和创造力，设计更加需要想象力，人们常说创意是设计师的生存之本，这句话并不过分。人们似乎总是喜新厌旧的，而很多人有时会有无法表达的苦恼，设计师也是如此，有时候无法将自己的想法很好地表现出来。

为了改变这种窘境，Photoshop作为图形图像处理的专家，不断地进行完善，为设计者的思想创意提供了技术支持。如图1.4所示分别为优秀的视觉创意作品。

图1.4

1.1.4 平面设计

平面设计领域所包含的子领域非常庞大，从广义来讲，只要是涉及静态视觉展示的都可以算得上是平面设计的类型，在此以平面广告为重点进行展示和讲解。

图1.5展示的是典型的酒类平面广告，这则广告在技术上十分简单，仅对素材图片进行了简单的处理并添加了一些文字，而表现出的广告效果却比较好。在制作这样的广告时，Photoshop主要用于修饰、处理图像，以及调整图像的颜色。

图1.6所示为食品广告，但在设计中使用了不少特效图像，在制作这样的广告时，Photoshop被用于绘制或合成图像，以创建与众不同的视觉效果。

图1.5

图1.6

除了上面所展示的广告设计外，宣传册设计、包装设计（关于包装设计，将在下一小节中讲解）、海报设计、形象标志设计等，也都属于平面设计领域，如图1.7所示为一些相关的优秀作品展示。

图1.7

1.1.5 包装与书籍装帧设计

从某种角度来讲，包装设计也可以说是平面设计的一种，但是在我们的生活或视线中它通常是以立体的形式出现的。

包装在出现之初，仅仅是起到保护商品、便于运输的作用，但是发展到如今，包装更加起到了美化产品以及广告宣传的作用。

再从更广义的角度来看，书籍装帧设计可以说是较为特别的一类包装设计，因为封面的最初作用是为了保护书籍，而现在增加了帮助读者理解书籍的内容等功能。

在包装与书籍装帧设计领域中，Photoshop扮演了一个十分重要的角色。图1.8所示为一些优秀的包装与书籍装帧设计作品。

图1.8

1.1.6 数码照片处理

随着电脑及数码相机的普及，越来越多的人选择使用数码相机进行拍摄，但是由于与专业相机或光学相机相比，数码相机拍摄出来的照片存在着一些不足，而人们对审美的要求日益增加，因此，数码照片的处理与修饰也逐渐成为许多数码爱好者希望掌握的技术，而在这个领域Photoshop是当之无愧的王者。

如图1.9所示为使用Photoshop处理照片前后的对比效果。

数码婚纱照及数码儿童照的设计与制作也是一个新兴的数码照片设计领域，而在图像处理方面，Photoshop的功能可以说十分强大，是许多其他软件所不能比拟和替代的。如图1.10所示为使用Photoshop处理的儿童及婚纱数码照片。

图1.9

图1.10

1.1.7 网页制作

随着网络技术的不断发展，越来越多的人用上了互联网，网页也逐渐为人所熟悉。网页设计与制作目前已经是一个比较成熟的行业。互联网中每天都诞生上百万的网页。实际上，最初的网页设计人员大多是从事平面工作的设计师，网页作品中大多数都遵循了平面设计的一些法则，而目前随着软件的不断更新与完善，大多数网页设计师都遵循使用Photoshop进行页面设计、使用Dreamweaver进行页面生成的基本流程。

将平面设计与网页设计软件相结合，可达到事半功倍的效果。如图1.11所示为一些使用Photoshop设计的比较优秀的网页作品。

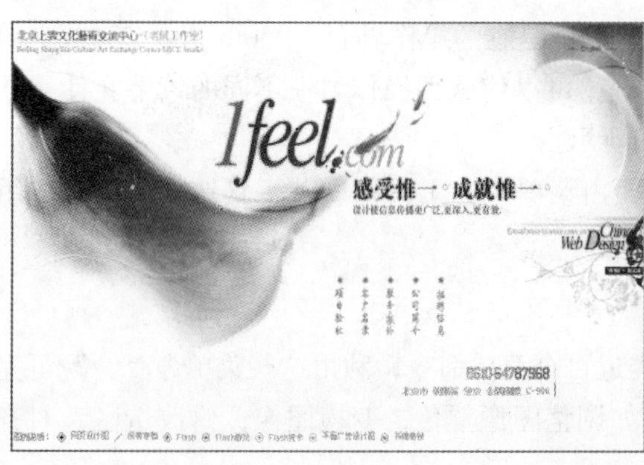

图1.11

1.1.8 界面设计

随着计算机硬件设备性能的不断增强和人们审美观念的不断提高，以往古板单调的操作界面早已无法满足人们的需求。无论是网页、软件、游戏还是手机，人们除了关注它的内容与功能之外，也同样注意它的界面，而界面的作用更不仅仅只是美观。

优秀的软件界面可以使我们的工作效率大大提高，还能让初学者更容易上手；好的网页界面能够让人在第一次接触的时候就可以明确自己的位置，进入自己所希望的页面；而手机的界面是否美观，按键是否人性化，图标是否清晰精美，更是人们在购买时的重要选择标准。界面设计的重要性如此明显，而在界面设计领域Photoshop也扮演着非常重要的角色，目前在此领域90%以上的设计师正在使用此软件进行设计。如图1.12所示为几款优秀的界面设计作品。

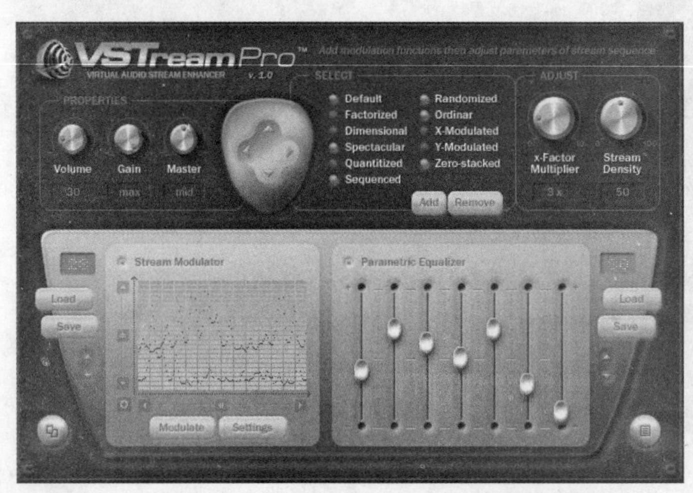

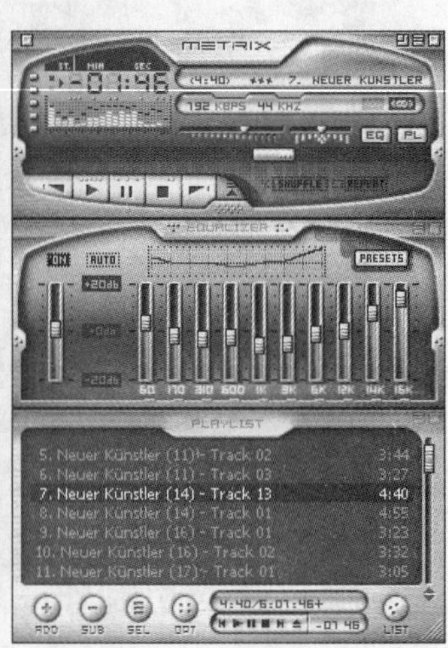

图1.12

1.2 熟悉Photoshop的操作环境

1.2.1 认识工作界面

当启动Photoshop后，首先映入人们眼帘的就是它的操作界面。Photoshop CS6版本的操作界面更加人性化，通过进行不同的设置，可以使软件操作习惯不同的读者在使用软件时都能够感到得心应手，其界面如图1.13所示。

通过图1.13可以看出，完整的操作界面由菜单栏、工具箱以及工具选项条等部分组成，下面将分别对这些组成部分进行讲解。

1. 菜单栏

在Photoshop CS6的菜单栏中共有11类近百个菜单命令，利用这些菜单命令，既可完成如复制、粘贴等基础操作，也可以完成如调整图像颜色、变换图像、修改选区、对齐分布链接图层等较为复杂的操作。

图1.13

2. **工具箱**

工具箱与菜单栏、面板一起构成了Photoshop的核心，是不可缺少的工作手段。Photoshop的工具箱中共有上百个工具可供选择，使用这些工具可以完成绘制、编辑、观察和测量等操作。

3. **操作文件**

操作文件即当前正在进行处理的图像文件。

4. **状态栏**

状态栏提供当前文件的显示比例、文件大小、内存使用率、操作运行时间和当前工具等提示信息。

5. **工具选项条**

工具选项条是工具箱中工具的功能延伸，通过适当设置工具选项条中的选项，不仅可以有效增加工具在使用时的灵活性，而且能够提高工作效率。

6. **面板**

利用Photoshop中的各种面板，可以进行显示信息、控制图层、调整动作和控制历史记录等操作，面板是Photoshop中非常重要的组成部分。

1.2.2 掌握工具箱的使用方法

学习软件的过程实际上就是学习软件中各工具和命令的过程。工具箱中包含了图像处理操作中常用的大多数工具，而这些工具的使用频率都非常高，对工具箱中各种工具的学习自然就是学习Photoshop的一个重点内容。因此，掌握工具箱中工具的使用方法以及应用范围十分重要。而正确、快捷的使用方法特别是快捷键的运用更加能够加快操作速度，从而提高工作效率。

下面介绍Photoshop中与工具箱相关的基本操作。

1. 伸缩工具箱

工具箱的伸缩功能主要由位于工具箱顶部呈灰色显示的伸缩栏控制，而所谓的伸缩栏，就是工具箱顶部的两个小三角块，如图1.14所示。

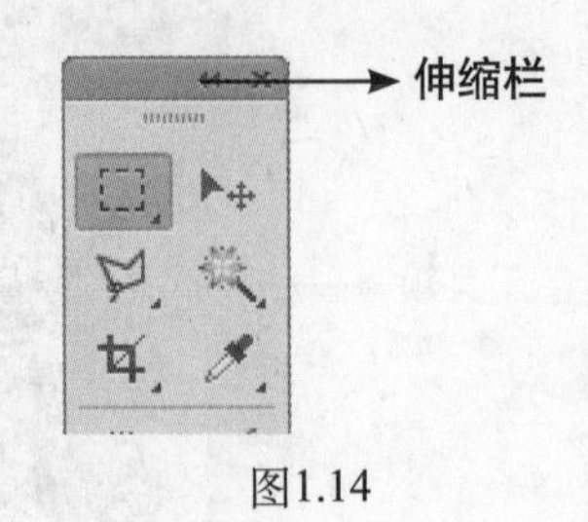

图1.14

2. 激活工具

激活工具简单地说就是选择此工具，当需要使用工具箱中的某种工具进行操作时，可以在工具箱中直接单击此工具或直接按所要选择工具的快捷键，这是工具的两种激活方法。对于熟练的操作者，推荐使用快捷键。

3. 显示工具的热敏菜单

Photoshop中的所有工具都具有热敏菜单，通常情况下，热敏菜单处于隐藏状态，将光标在工具上停留一定的时间，热敏菜单即可显示。

通过热敏菜单，可以查看工具的快捷键和正确名称。使用热敏菜单可以有效地利用界面的空间，同时也可清楚地说明问题，例如“套索工具”的热敏菜单如图1.15所示。

4. 显示隐藏的工具

在工具箱中看到的工具并非全部的工具，大部分工具仅仅是这一类工具中的一个，区分其是否含有隐藏工具的方法为：观察工具图标，在其右下角有黑色三角形的，则表明有隐藏工具。显示隐藏工具的方法较为简单，将光标放在带有隐藏工具的图标上单击右键，即可显示隐藏的工具。如图1.16所示为“套索工具”所显示出的隐藏工具。

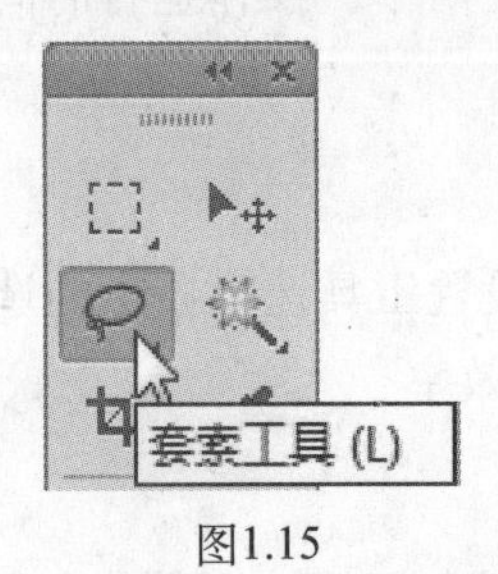

图1.15

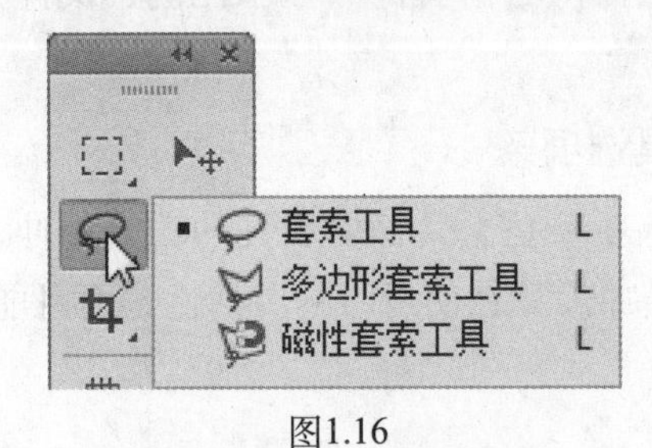

图1.16

1.2.3 掌握面板的使用方法

面板是Photoshop中非常重要的组成部分，通过单独使用面板命令或各类快捷键与面板命令的结合使用，可迅速完成大多数软件操作，从而提高工作效率。

在Photoshop中，面板也可以进行伸缩调整，其操作方法和使用工具箱类似，直接单击面板顶部的伸缩栏即可进行切换，对于已展开的面板，单击其顶部的伸缩栏，可以将其收缩成为图标状态，如图1.17所示。

反之，单击未展开的面板顶部的伸缩栏，则可以将该栏中的面板全部展开，如图1.18所示。

图1.17

图1.18

如果要切换至某个面板，可以直接单击其标签名称；如果要隐藏某个已经显示出来的面板，可以双击其标签名称。

通过这样的调整操作，可最大限度地节省界面空间，方便观察与绘图。

1.3 理解重要的概念

本节主要讲解Photoshop中的一些重要基础概念，理解这些概念对于以后的学习能够起到事半功倍的作用。

1.3.1 选区

在Photoshop中，选区用于确定操作的有效区域，从而使每一项操作都有针对性地进行，例如，对于图1.19所示的原图像而言，图像的中央有一个椭圆形选区，在进行晶格化操作后（如图1.20所示），会发现只有选区内的图像发生了变化，而选区外部则无变化，这充分证明选区约束了操作发生的有效范围。

图1.19

图1.20

较为简单的创建选区的工具有“矩形选框工具”、“椭圆选框工具”等，要使用这些工具创建选区，只要在工具箱中选择相应的工具图标，然后单击鼠标左键在画面上进行拖动，得到满意的选区形状后，释放鼠标左键即可。

1.3.2　图层

图层是Photoshop的核心功能，几乎所有的操作都围绕着图层来进行，因此其重要性绝对不可忽视。图层源于传统绘画，类似于制图时使用的透明纸，制作人员将不同的图像分别绘制在不同的透明纸上，然后相互叠加，即可得到最终效果。这样做的好处在于，如果需要对图像进行修改，只要分别在透明纸上修改即可。

与透明纸的使用原理一样，在Photoshop中使用图层，可以按照分层的方式将图像的各个部分分别绘制在不同的图层上。每个图层相互独立但又彼此联系，既可单独编辑修改，又可以相互叠加形成不同效果。完成操作后，将所有图层叠加在一起，就会得到最终效果，也可以有选择地删除或隐藏一些图层，以得到不同的效果。所以，图层可以被简单理解为一张张绘有图像的透明薄膜，当然随着学习的深入，将会发现图层的功能远比透明纸更加丰富、强大。

如图1.21所示为一幅由三个图层组成的简单图像，如图1.22所示为此图像的分层示意图。

图1.21

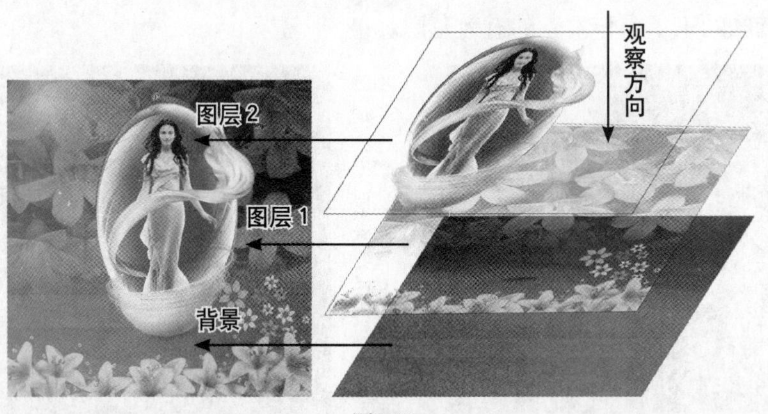

图1.22

1.3.3　通道

Photoshop采用特殊灰度通道存储图像颜色信息和专色信息。

打开一幅新图像时，Photoshop会自动创建颜色信息通道，所创建的颜色通道的数量取决于图像的颜色模式，例如，RGB图像有红、绿、蓝及RGB合成通道共4个默认通道，如图1.23所示。

图1.23

通道最大的优点在于可以创建自定义的Alpha通道，用于制作使用其他工具无法得到的选择区域，而且通道与选择区域可以相互转换，灵活使用通道可以得到许多超乎想象的精美效果。

如图1.24所示为创建的Alpha通道，如图1.25所示为对此通道的选区进行描边操作后得到的效果。

图1.24

图1.25

1.4 图像的文件格式

1.4.1 PSD/PSB文件格式

PSD是Photoshop的默认文件格式，而且是能够支持所有图像模式（位图、灰度、双色调、索引颜色、RGB、CMYK、Lab和多通道）的文件格式，甚至它还可以保存图像中的辅助线、Alpha通道和图层，从而为再次调整、修改图像提供了可能。

PSB属于一个大型文件格式，它除了具有PSD格式文件的所有属性外，最大的特点就是支持宽度或高度最大为300 000像素的文件。

需要注意的是，一旦存储为PSB格式，只能在Photoshop CS版本以上的软件中打开。

1.4.2 JPEG文件格式

使用“存储为”命令可以以JPEG格式保存CMYK、RGB 和灰度图像，JPEG格式的文件将在保留图像绝大部分信息的同时，有选择地删除数据来压缩文件大小。

在“存储为”对话框中选择此格式保存文件后，单击“保存”按钮，将弹出如图1.26所示的“JPEG 选项”对话框。

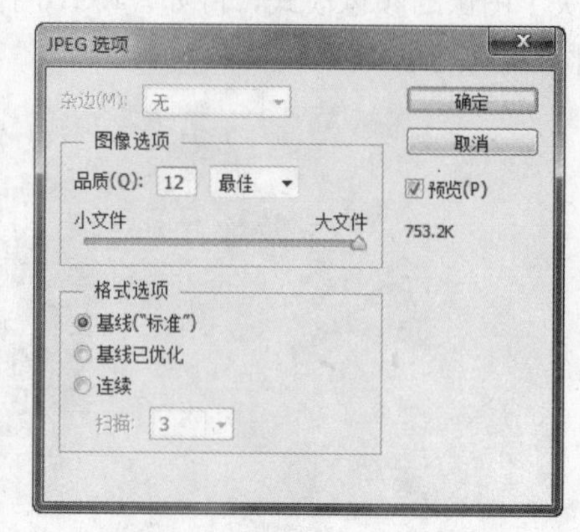

图1.26

在此对话框中最重要的选项是“品质”，在此下拉列表中可以选择“低”、“中”、“高”和“最佳”4种压缩方式中的一种。品质要求越高，图像的压缩量就越小，文件也会越大。

如图1.27所示为品质最佳的JPEG图像效果，如图1.28所示为压缩率较大、品质较差的JPEG图像效果。

图1.27

图1.28

1.4.3 TIFF文件格式

在Photoshop中可以将图像保存为TIFF格式。在“存储为”对话框的“格式”下拉列表中选择“TIFF”选项后，单击“保存”按钮，将弹出如图1.29所示的对话框。

此对话框中的重要参数说明如下。

- 图像压缩：指定压缩复合图像数据的方法，选择“无”选项在保存文件时不会对图像进行压缩，反之，选择其他选项都会对图像进行压缩，以降低图像文件的大小。
- 字节顺序：在此选择一个选项，以确定图像是与IBM PC还是Macintosh计算机的文件系统兼容。

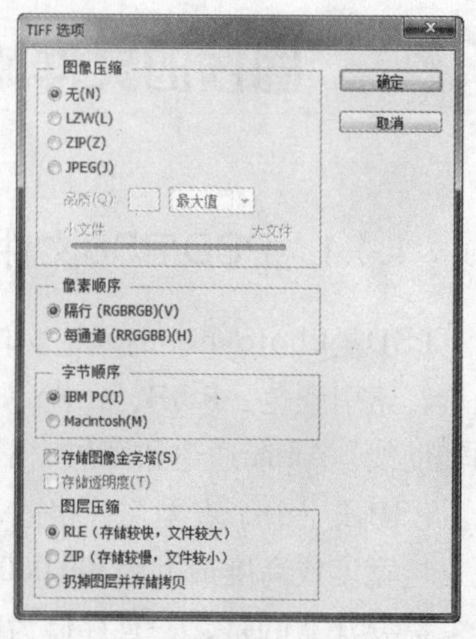

图1.29

- 存储图像金字塔：保留多分辨率信息。Photoshop不提供打开多分辨率文件的选项，图像只以最高的分辨率打开。但InDesign及某些图像软件支持多分辨率格式的图像文件。
- 存储透明度：在其他应用程序中打开文件时，将透明度保留为附加Alpha通道。当在Photoshop或ImageReady中重新打开文件时总是保留透明度。

提示

如果希望保存后的TIFF文件较小，就应该选择ZIP选项，但经过压缩后的图像可能在资源浏览器中显示不正常，而且在某些排版软件中也需要对这些图像进行压缩，从而导致输出时间变长。

1.4.4 GIF文件格式

使用“存储为”命令可以直接以GIF格式保存 RGB、索引颜色、灰度或位图模式的图像。如果当前图像是RGB模式，Photoshop将显示如图1.30所示的“索引颜色”对话框，在此对话框中可设置将图像保存为GIF时的选项。

如果当前编辑的图像需要发布到互联网上，而且图像中有大面积纯色或图像细节较少，甚至有些类似于卡通图像，建议使用此格式保存图像，以降低文件的大小，提高其传输的速度。

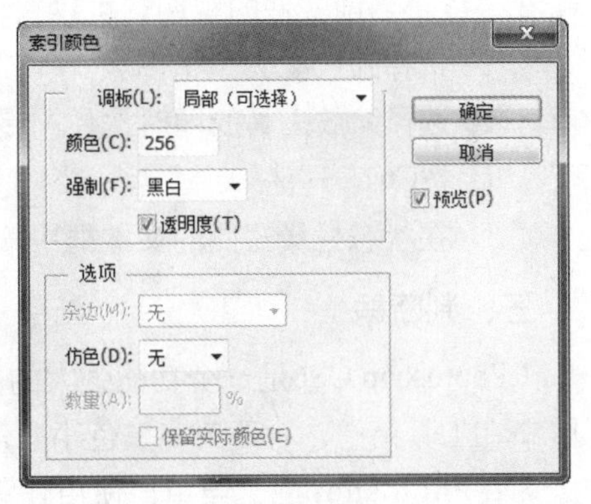

图1.30

1.4.5 PDF文件格式

PDF格式是一种灵活的、跨平台、跨应用程序的文件格式，使用PDF文件能够精确地显示并保留字体、页面版式、矢量图形和位图图像。另外，PDF文件可以包含电子文件搜索和导航功能（如电子链接）。

由于PDF格式具有良好的传输及文件信息保留功能，因此它已经成为无纸化办公的首选文件格式。如果使用Acrobat等软件对PDF文件进行注解或批复等编辑，对于异地协同作业将非常有帮助。

1.5 练习题

一、单选题

1. 要在“快速蒙版编辑模式”状态和“标准编辑模式”状态之间进行快速切换，需要按哪一个快捷键？（ ）

A. F键　　B. D键　　C. Q键　　D. Ctrl+Shift+M键

2. 将同一个文件保存成为下列哪一种文件格式，文件最小？（ ）

A. TIFF格式　　B. BMP格式　　C. PNG格式　　D. JPEG格式

3. 如果只想显示/隐藏所有的面板，可以按下哪组快捷键？（ ）

A. Ctrl+Tab键　B. Ctrl+Shift+Tab键　C. Tab键　D. Shift+Tab键

4. 在显示状态栏的情况下，最左侧的数值的意义是下列哪一项？（ ）

A. 当前图像的显示比例　B. 当前图像合并图层前的文件大小

C. 当前图像合并图层后的文件大小　D.当前使用的工具

二、多选题

1. 在下列选项中，可以用Photoshop来制作的有哪些？（ ）

A. 网页制作　B. 平面设计　C. 视觉创意　D. 数码照片处理

2. Photoshop可以将文件存储为下列哪些图像格式？（ ）

A. PSD格式　B. JPEG格式　C. GIF格式　D. PDF格式

3.要缩小当前文件的视图，可以执行哪些操作？（ ）

A. 选择缩放工具单击图像

B. 选择缩放工具的同时按住Alt键单击图像

C. 按Ctrl+ －键

D. 在状态栏最左侧的文本框中输入一个小于当前数值的显示比例数值

三、判断题

1.Photoshop CS6是一个功能强大的图像处理软件。（ ）

2.在工具箱中，右下角有黑色小三角的工具，表明其有隐含的工具。（ ）

3.在Photoshop中，当用户使用任意工具进行操作时，按下键盘上的空格键就可以迅速切换到抓手工具。（ ）

4.在工具箱中，选中仿制图章工具，可以按S键，此时再按下Shift+S键即可选中图案图章工具。（ ）

第2章　学习Photoshop的基础知识

在使用Photoshop进行图像处理或者绘画的过程中，首先面临的问题是对图像文件的基础操作，例如，通过“新建”命令可以创建一个新的图像文件，再进行绘制或者其他处理等。

本章将详细讲解新建图像、打开图像、保存图像等基础操作，以及使用Adobe Bridge浏览及管理图片的方法。

2.1 创建、打开与保存图像文件

2.1.1　创建图像文件

作为一款图形绘制及图像处理软件，在Photoshop中进行工作和在现实生活中绘画一样，需要有一张画纸。准备画纸的工作，在Photoshop中实际上就是新建文件。

选择“文件”|“新建”命令，可弹出如图2.1所示的对话框。在此对话框内，可以设置新建文件的名称、宽度、高度、分辨率、颜色模式和背景内容等属性。

如果需要创建的文件尺寸属于常见的尺寸，可以在该对话框的“预设”下拉列表中选择相应的选项，并在“大小”下拉列表中选择相应的尺寸，如图2.2所示，从而简化新建文件操作。

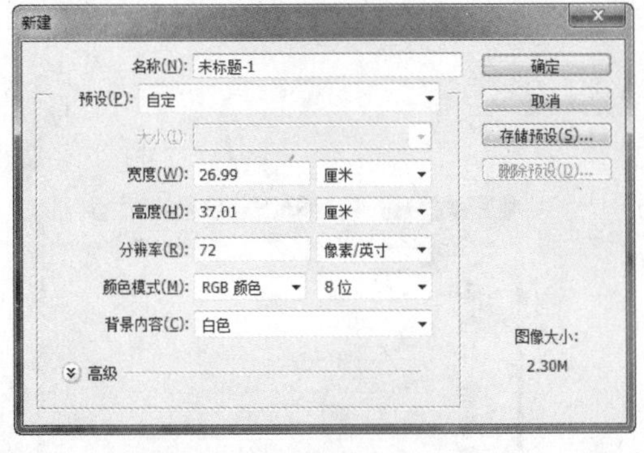

图2.1

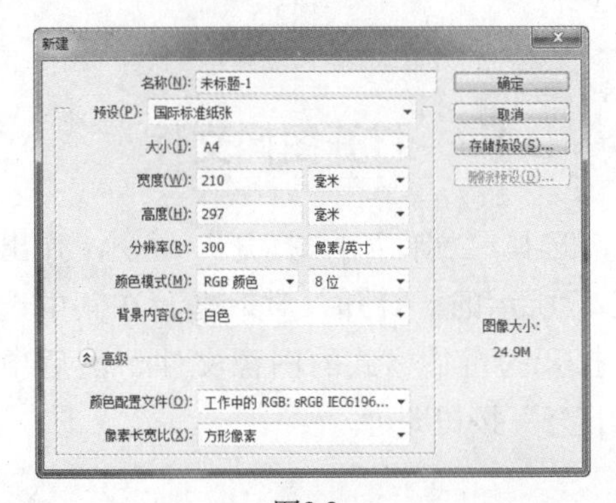

图2.2

Photoshop提供了更多常用的预设尺寸，为了便于使用和管理，将它们分成了多个类别，如图2.3所示的下拉列表就是用于显示并选择各类预设，选择“Web”选项后，就可以在“大小”下拉列表中选择更多的选项，如图2.4所示。

“新建”对话框中的其他重要参数解释如下。

- 分辨率：这是一个非常重要的参数，在新文件的“高度”和“宽度”不变的情况下，分辨率越高，图像越清晰。

● 颜色模式：在此下拉列表中可以选择新文件的颜色模式，通常选择“RGB颜色”选项。

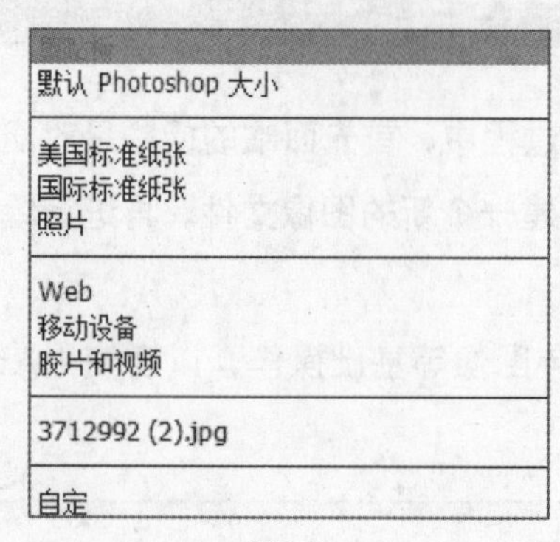

图2.3

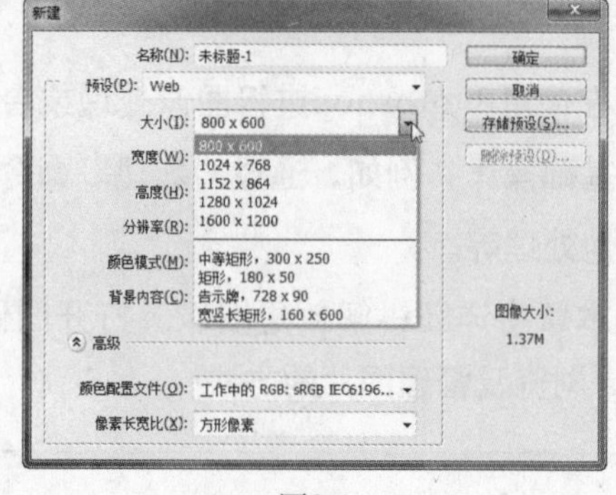

图2.4

● 背景内容：在此下拉列表中可以选择新文件的背景，选择“白色”或“背景色”选项时，创建的文件是带有颜色的背景层，如图2.5所示。如果选择“透明”选项，文件呈透明状态，并且没有背景层，只有一个“图层1”，如图2.6所示。

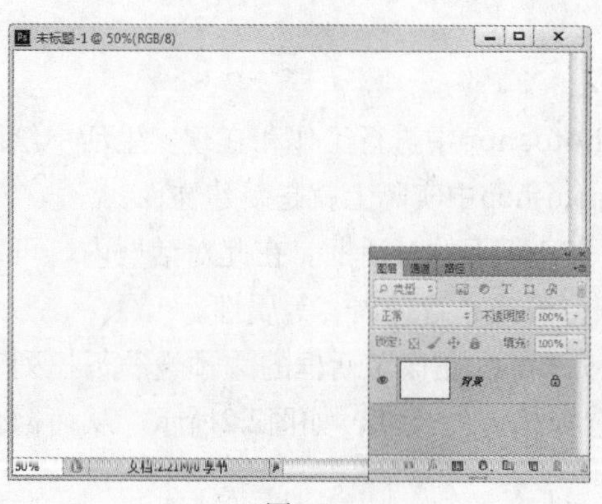

图2.5

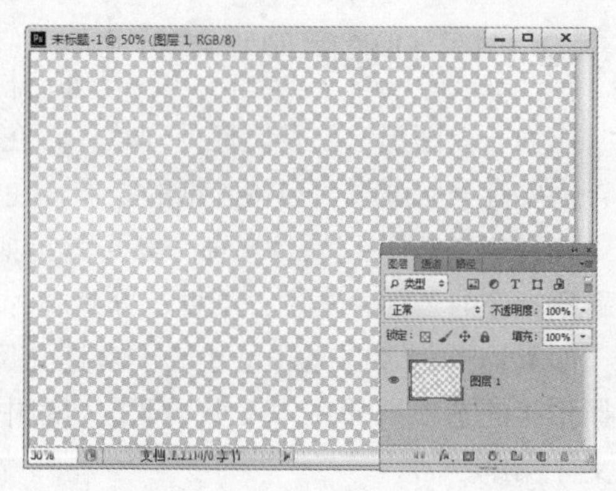

图2.6

2.1.2 打开图像文件

选择“文件”|“打开”命令，弹出如图2.7所示的“打开”对话框，在其中选择要打开的合适格式的图像文件，然后单击“打开”按钮即可。

图2.7

2.1.3 保存图像文件

对于新建的文件或修改后的旧文件，如果要保存得到的效果，可选择“文件”|“存储”命令，在弹出的如图2.8所示的对话框中设置选项，以保存图像文件。

图2.8

“存储为”对话框中的重要参数解释如下。

- 保存在：在该下拉列表中选择文件要保存的文件夹位置。
- 文件名：在该文本框中输入要保存文件的名称。
- 格式：在该下拉列表中选择保存文件的格式。

如果当前文件具有通道、图层、路径、专色或注解，而且在此对话框的“格式”下拉列表中选择了支持保存这些信息的文件格式，则对话框中的“Alpha通道”、“图层”、“注释”、“专色”等选项被激活，选择相应的选项，可以保存这些信息。

默认情况下应该选择“缩览图”选项，以便于用户在打开图像时能够在“打开”对话框的下面看见当前选择图像的预览图。

2.2 画布尺寸

2.2.1 重置图像大小

选择“图像”|“图像大小”命令，弹出如图2.9所示的对话框。

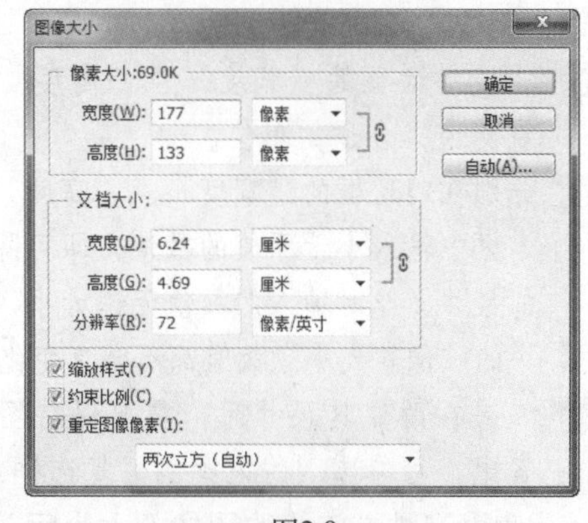

图2.9

“图像大小”对话框中的参数解释如下。

- 宽度/高度：在该文本框中输入数值，可以改变图像的尺寸。
- 分辨率：在该文本框中输入数值，可以改变图像的分辨率。
- 缩放样式：勾选该复选框后，对图像进行放大或缩小时，当前图像中所应用的图层样式也会随之放大或缩小，从而保证缩放后的图像效果保持不变。
- 约束比例：勾选该复选框后，在改变图像宽度或高度尺寸时，它们将按照比例同时发生变化。
- 重定图像像素：勾选该复选框后，在改变图像尺寸或分辨率时，图像的总像素数量将发生变化。

提示 虽然分辨率越大，图像的信息越多，图像也就越清晰，但如果人为地增大一幅本身并不清晰的图像的分辨率，这幅图像的清晰程度是不会改变的。

Photoshop在此对话框中提供了6种插值运算方法，用户可以在"重定图像像素"下拉列表中进行选择，如图2.10所示。

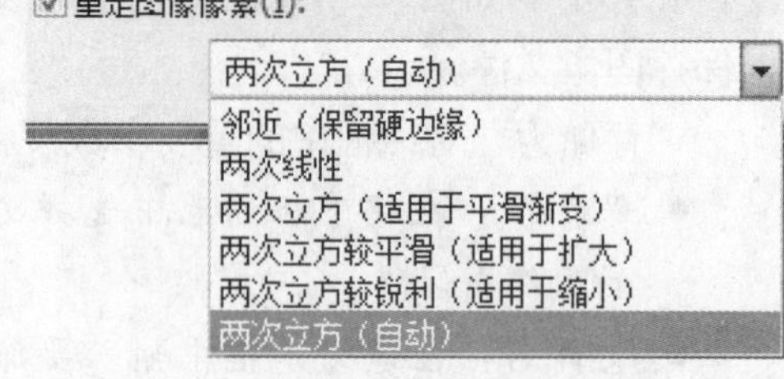

图2.10

在6种插值运算方法中，"两次立方"是最通用的一种，这些方法的特点如下。

- 邻近（保留硬边缘）：此插值运算方法适用于有矢量化特征的位图图像。
- 两次线性：对于要求速度而不太注重运算后质量的图像，可以使用此方法。
- 两次立方（适用于平滑渐变）：最通用的一种运算方法，在对其他方法不够了解的情况下，最好选择这种运算方法。
- 两次立方较平滑（适用于扩大）：适用于放大图像时使用的一种插值运算方法。
- 两次立方较锐利（适用于缩小）：适用于缩小图像时使用的一种插值运算方法，但有时可能会使缩小后的图像过于锐利。
- 两次立方（自动）：选择此选项时，Photoshop会自动根据图像的内容，选择前面讲解的3种两次立方运算方式。

下面分别以像素总量不变的情况下改变图像尺寸，及像素总量变化的情况下改变图像尺寸为例，讲解如何使用此命令修改图像的大小。

1. 在像素总量不变的情况下改变图像尺寸

在像素总量不变的情况下改变图像尺寸的操作方法如下所述。

01 在"图像大小"对话框中取消勾选"重定图像像素"复选框，此时对话框如图2.11所示。

02 在该对话框的"宽度"、"高度"文本框右侧选择合适的单位。

03 分别在对话框的"宽度"、"高度"两个文本框中输入小于原值的数值，即可降低图像的尺寸，此时输入的数值无论大小，对话框中的"像素大小"数值都不会有变化。

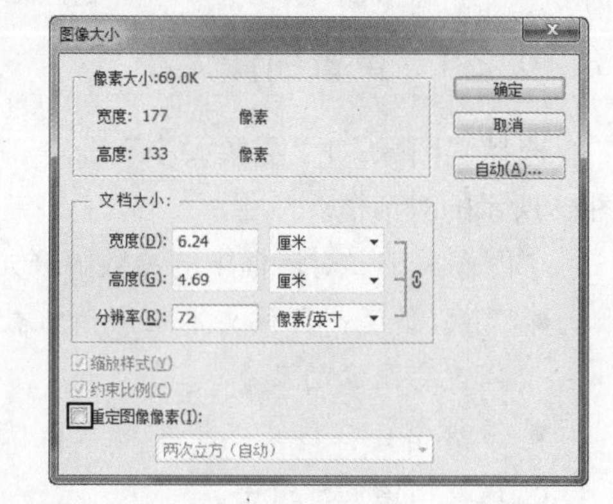

图2.11

04 如果在改变其尺寸时，需要保持图像的长宽比，可勾选"约束比例"复选框，否则取消其勾选状态。

使用这种方法修改图像的大小后，由于图像本身的像素没有发生插值变化，因此图像的清晰度不会发生变化。

提示 使用此方法修改图像的大小时，图像打印尺寸会与分辨率呈现反向变化的规律，提高分辨率的结果一定是打印尺寸的降低，反之，提高打印尺寸，则分辨率一定会降低。

2. 在像素总量变化的情况下改变图像尺寸

在像素总量变化的情况下改变图像尺寸的操作方法如下所述。

01 在“图像大小”对话框中，保持“重定图像像素”复选框处于勾选状态。

02 在“宽度”、“高度”文本框右侧选择合适的单位，并在“宽度”、“高度”两个文本框中输入不同的数值，如图2.12所示。

03 此时对话框上方将显示两个数值，前一数值是以当前输入的数值计算图像的大小，后一数值为原图像大小。如果前一数值大于后一数值，表明图像经过了插值运算，像素量增多了；如果前一数值小于原数值，表明图像的总像素量减少了。

图2.12

从本质上来讲，在像素总量发生变化的情况下，改变图像大小的操作是不可逆的。换言之，先将图像的尺寸改小一定的数量，然后以同样的方法将图像的尺寸放大相同的量，将不会得到原图像的细节，而不会恢复到最初的状态。

如图2.13所示为原图像，图2.14所示为在像素总量发生变化的情况下，将图像的尺寸变为原大的30%的效果，图2.15所示为以同样的方法将尺寸恢复为原大后的效果，比较缩放前后的图像，可以看出恢复为原来的图像没有原图像清晰。

图2.13

图2.14

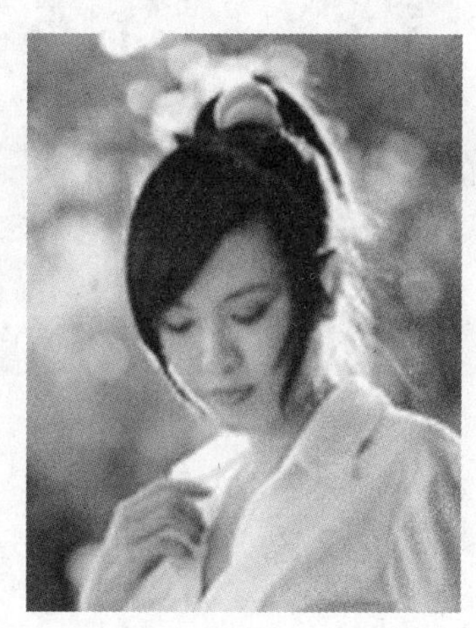
图2.15

2.2.2 图像旋转

当需要旋转图像的时候，可以选择“图像”|“图像旋转”命令，此命令下的子菜单命令如图2.16所示。

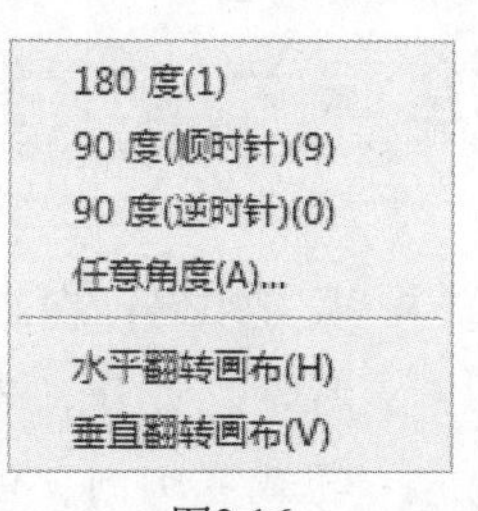

图2.16

子菜单中各命令的解释如下。

- 180度：选择此命令将图像旋转180°。如图2.17所示为原图像，如图2.18所示为旋转180°后的效果。
- 90度（顺时针）：选择此命令将图像顺时针旋转90°。

图2.17

图2.18

- 90度（逆时针）：选择此命令将图像逆时针旋转90°。
- 任意角度：选择此命令按指定方向和角度旋转图像。选择该命令将弹出“旋转画布”对话框，如图2.19所示。

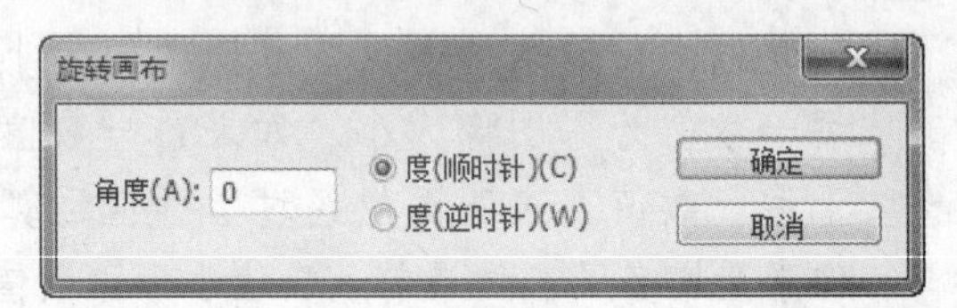

图2.19

- 水平翻转画布：选择此命令将图像在水平方向上进行翻转，如图2.20所示。
- 垂直翻转画布：选择此命令将图像在垂直方向上进行翻转，如图2.21所示。

图2.20

图2.21

2.2.3 裁剪工具

在Photoshop CS6中，“裁剪工具”有了很大的变化，用户除了可以根据需要裁掉不需要的像素外，还可以使用多种网络线进行辅助裁剪，在裁剪过程中进行拉直处理，以及决定是否删除被裁剪掉的像素等，其工具选项条如图2.22所示。下面来讲解其中各选项的使用方法。

图2.22

- 裁剪比例：在此下拉菜单中，可以选择“裁剪工具”在裁剪时的比例，如图2.23所示。另外，若是选择“存储预设”命令，在弹出的对话框中可以将当前所设置的裁剪比例、像素数值及其他选项保存成为一个预设，以便于以后使用；若是选择“删除预设”命令，在弹出的对话框中可以将用户存储的预设删除；若是选择“大小和分辨率”命令，将弹出如图2.24所示的对话框，在其中可以详细地设置要裁剪的图像宽度、高度以及分辨率等参数；若是选择“旋转裁剪框”命令，则可以将当前的裁剪框逆时针旋转90°，或恢复为原始的状态。

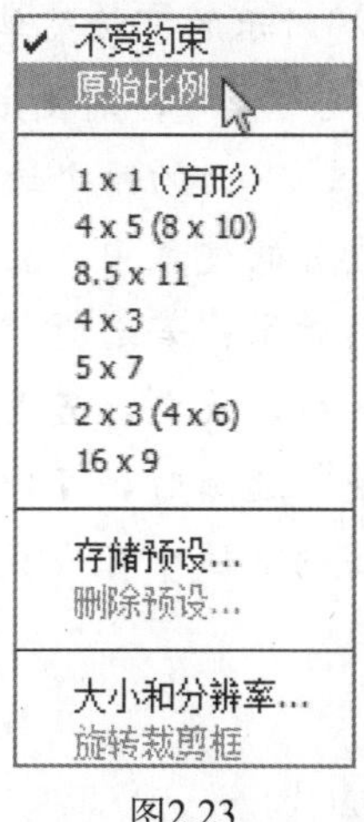

图2.23

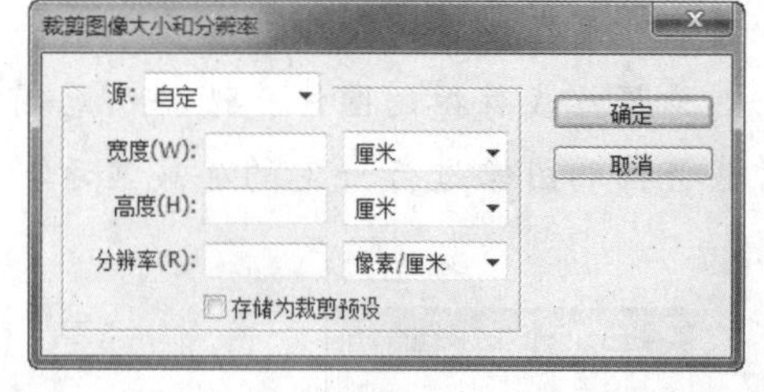

图2.24

- 设置自定长宽比：在此处的文本框中，可以输入裁剪后的宽度及高度像素数值，以精确控制图像的裁剪。
- “纵向与横向旋转裁剪框”按钮：单击此按钮，与在“裁剪比例”下拉菜单中选择“旋转裁剪框”命令的功能是相同的，即将当前的裁剪框逆时针旋转90°，或恢复为原始的状态。
- “拉直”按钮：单击此按钮后，可以在裁剪框内进行拉直校正处理，特别适合裁剪并校正倾斜的画面。在使用时，可以将光标置于裁剪框内，然后沿着要校正的图像拉出一条直线，如图2.25所示，释放鼠标后，即可自动进行图像旋转，以校正画面中的倾斜，如图2.26所示，图2.27所示是按Enter键确认变换后的效果。

图2.25

图2.26

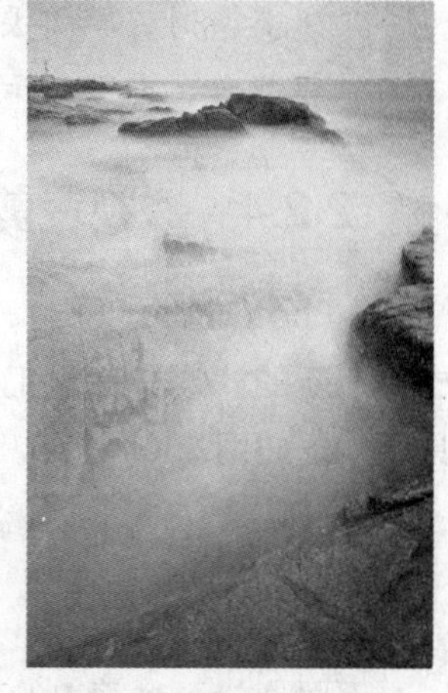

图2.27

- 视图：在此下拉菜单中，可以选择裁剪图像时的显示设置，该菜单共分为3栏，如图2.28所示。第1栏用于设置裁剪框中辅助框的形态，在Photoshop CS6中，提供了更多的辅助裁剪线，如对角、三角形、黄金比例以及金色螺线等；在第2栏中，可以设置是否在裁剪时显示辅助线；在第3栏中，若选择“循环切换叠加”命令或按O键，则可以在不同的裁剪辅助线之间进行切换，若选择“循环切换叠加取向”命令或按Shift+O键，则可以切换裁剪辅助线的方向。

- “裁剪选项”按钮：单击此按钮，将弹出如图2.29所示的下拉菜单，在其中可以设置一些裁剪图像时的选项。选择“使用经典模式”模式，则使用Photoshop CS6及更旧版中的裁剪预览方式，在选择此选项后，下面的两个选项将变为不可用状态；若选择“自动居中预览”选项，则在裁剪的过程中，裁剪后的图像会自动置于画面的中央位置，以便于观看裁剪后的效果；若选择“显示裁剪区域”选项，则在裁剪过程中，会显示被裁剪掉的区域，反之，若是未选中该选项，则隐藏被裁剪掉的图像；选择“启用裁剪屏蔽”选项时，可以在裁剪过程中对裁剪掉的图像进行一定的屏蔽显示，在其下面的区域中可以设置屏蔽时的选项。

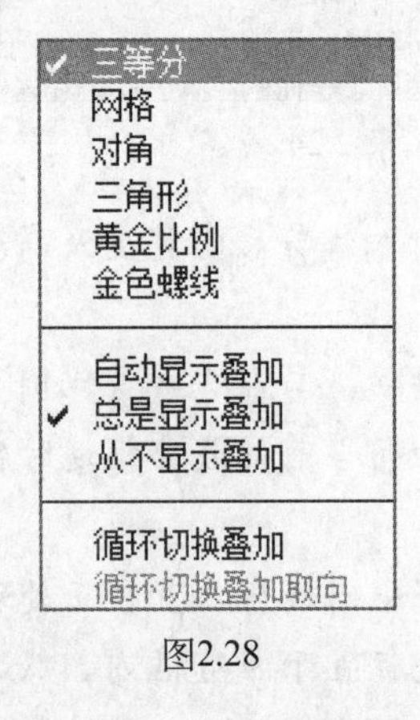

图2.28

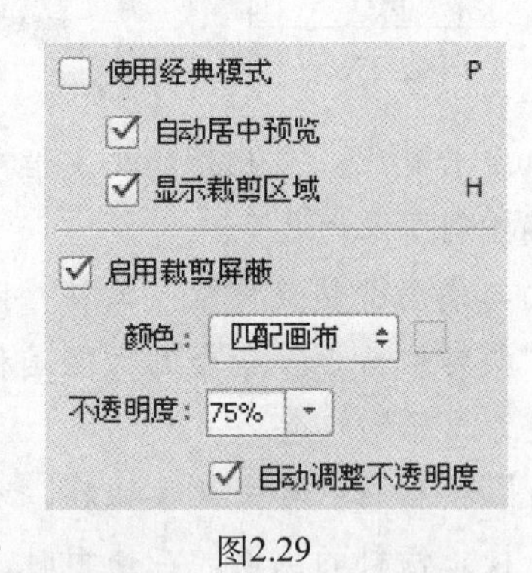

图2.29

- 删除裁剪的像素：选择此选项时，在确认裁剪后，会将裁剪框以外的像素删除；反之，若是未选中此选项，则可以保留所有被裁剪掉的像素。当再次选择“裁剪工具”时，只需要单击裁剪控制框上任意一个控制句柄，或执行任意的编辑裁剪框操作，即可显示被裁剪掉的像素，以便于重新编辑。

2.2.4 透视裁剪工具

在Photoshop CS6中，以往版本中“裁剪工具”上的“透视”选项被独立出来，形成一个新的“透视裁剪工具”，并提供了更为便捷的操控方式及相关选项设置，其工具选项条如图2.30所示。

图2.30

下面通过一个简单的实例，来讲解一下此工具的使用方法。

01 打开随书所附光盘中的文件“源文件\第2章\2.2.4-素材.jpg”，如图2.31所示。在本例中，将针对其中变形的图像进行校正处理。

02 选择“透视裁剪工具”，将光标置于画布的左下角位置，如图2.32所示。

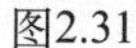

图2.31

图2.32

03 单击鼠标左键添加一个透视控制柄，然后向上移动鼠标至下一个点，并配合两点之间的辅助线，使之与左侧的建筑透视相符，如图2.33所示。

04 按照上一步的方法，在水平方向上添加第3个透视控制柄，如图2.34所示。由于此处没有辅助线可供参考，因此只能目测其倾斜的位置添加透视控制柄，在后面的操作中再对其进行更正。

图2.33

图2.34

05 将光标置于图像右下角的位置单击，以完成一个透视裁剪框，如图2.35所示。

06 对右侧的透视裁剪框进行编辑，使之更符合右侧的透视校正需要，如图2.36所示。

图2.35

图2.36

07 确认裁剪完毕后，按Enter键确认变换，得到如图2.37所示的最终效果。

图2.37

2.2.5 精确改变画布尺寸

如果需要扩展图像的画布，可以选择“图像”|“画布大小”命令，打开“画布大小”对话框，在其中输入的数值大于原数值，则可以扩展画面，反之将裁切画面。

图2.38所示为“画布大小”对话框，图2.39所示为使用此命令扩展画布前后的对比效果，新的画布将会以背景色填充扩展得到的区域。

图2.38

图2.39

该对话框中的“定位”选项非常重要，它决定了新画布和原来图像的相对位置。图2.40所示分别为将定位块设置到不同位置时所获得的画布扩展效果。

提示 如果需要在改变画面尺寸时参考原画面的尺寸数值，可以选择对话框中的“相对”选项，在其被选中的情况下，在“宽度”和“高度”两个文本框中输入数值2，可以分别在宽度与高度方向上扩展2个单位；若输入-2，则可以分别在宽度与高度方向上向内收缩2个单位。

  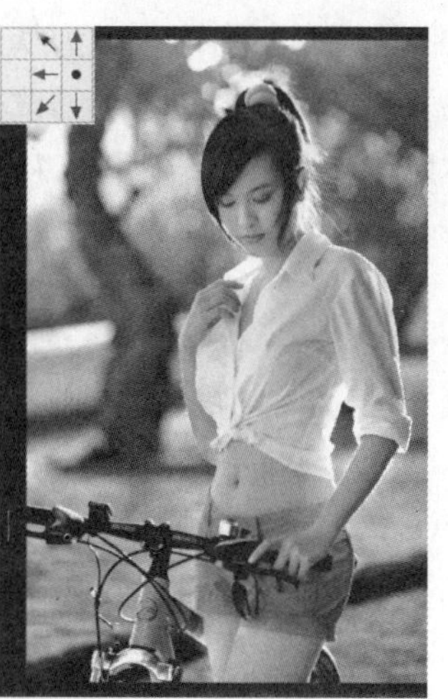

图2.40

2.3 位图图像与矢量图形

Photoshop所进行操作的对象，也就是前面所说的操作文件，大部分都是图像文件。基本上可以将图像文件分为矢量图形和位图图像两大类。作为初学者或者说作为软件的用户，我们并不需要对这两类对象做过于深入的研究，但对它们的基本特性和概念仍然需要有一定程度的了解和掌握。

图形与图像两者之间既有着本质上的区别，又有着十分密切的联系，在某些情况下，甚至可以将它们进行转换。

- 将图形转换为图像：很多图形处理软件都具有渲染功能，这些功能的主要作用就是将矢量图形转换成为图像后，再进行打印或者使用图像处理软件进行编辑。
- 将图像转换为图形：很多时候我们希望将图像转换为图形，以便于缩放和编辑。但迄今为止仍没有一项成熟的技术可以将图像完美地转换为图形。尽管如此，在对图形质量要求不高的情况下，可以在很多图像处理软件中完成从图像到图形的转换操作。

通常情况下，将处理位图的软件称为图像处理软件，将绘制矢量图形的软件称为矢量软件，但是事实上，这两者之间的界线并不严格。因为即使是图像处理软件如Photoshop也同样具有一定的绘图功能，而矢量软件如Illustrator也同样具有图像处理的功能。

2.3.1 矢量图形

矢量图形是由一系列数学公式代表的线条所构成的图形，简单地说，这些图形的“颜色”、“位置”、“曲率”、“粗细”等属性都是由许多复杂的数学公式来进行计算或者记录下来的，因此这样的矢量图形文件所占用的空间往往非常小。

用矢量表达的图形，线条非常光滑、流畅，具有十分优秀的缩放平滑性，对矢量图形进行放大或者缩小后，图形的线条仍然保持非常好的光滑性和比例相似性，从而在整体上保持图形不变形。因为从图形的构成上来讲，我们对矢量图形所做的缩放，仅仅是在数学公式上的一些数字的改变。这正是矢量图形最为显著的一个特性，我们将这种特性称为无级平滑放缩。图2.41所示为一个使用矢量绘图软件绘制的矢量图形的局部放大效果。

图2.41

2.3.2 位图图像

位图图像也叫栅格图像，简单地说，所有位图图像都是由一个个颜色不同的颜色方格组成的，通常将这些小方格称为像素。不同的颜色方格也就是像素排列在不同的位置上便形成了不同的图形。

因为每一幅图像包含固定的像素信息，因此无法通过处理得到更多细节，这样就可以非常清楚地明白为什么与矢量图形相比，位图图像的可缩放性较差。当用户对一幅位图图像进行高度缩放时，结果往往是使图形的边缘出现很明显的锯齿及巨大的、看上去像调节器色盘的颜色方格。图2.42所示为一幅位图图像在放大后所显示出的马赛克效果。

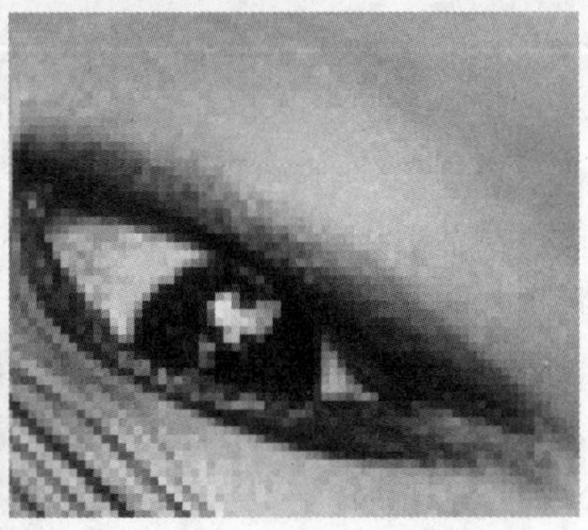

图2.42

2.4 纠正错误

2.4.1 纠错功能

Photoshop最大的优点是具有强大的纠错功能，即使在操作中出现失误，纠错功能也能将其恢复至之前的状态。

1. 恢复命令

当操作过程中出现问题或对之前的操作不满意时，可以选择“文件”|“恢复”命令，返回到最近一次保存文件时图像的状态。

2. 还原与重做命令

如果仅仅是前面一步的操作出现了失误，可以选择“编辑”|“还原”命令回退一步，选择“编辑”|“重做”命令可以重做执行“还原”命令取消的操作。

这两个命令是交互出现在“编辑”菜单中的，其快捷键为Ctrl+Z。

3. 前进一步和后退一步命令

有时候，用户的操作失误并不仅仅只是前面一步，或者虽然只是一步操作错误，却出现在距离现在较远的操作中，此时需要选择“编辑”|“后退一步”命令，以将对图像所做的修改向后返回一次，多次选择此命令可以一步一步取消已做的操作，此命令的快捷键为Ctrl+Alt+Z。

选择“编辑”|“前进一步”命令可以重做已取消的操作，此命令的快捷键为Ctrl+Shift+Z。

2.4.2 “历史记录”面板

“历史记录”面板记录了用户工作中的每一步操作，但是，这个记录并不是绝对完整的。在默认情况下，“历史记录”面板可以记录对当前图像文件所做的最近20步操作，也就是说，在距离现在以前的21步操作是无法在“历史记录”面板中显示的。

尽管如此，“历史记录”面板仍然对操作中的纠错以及制作艺术效果有很大的帮助。在工作界面中有图像文件的状态下，选择“窗口”|“历史记录”命令，弹出如图2.43所示的“历史记录”面板。

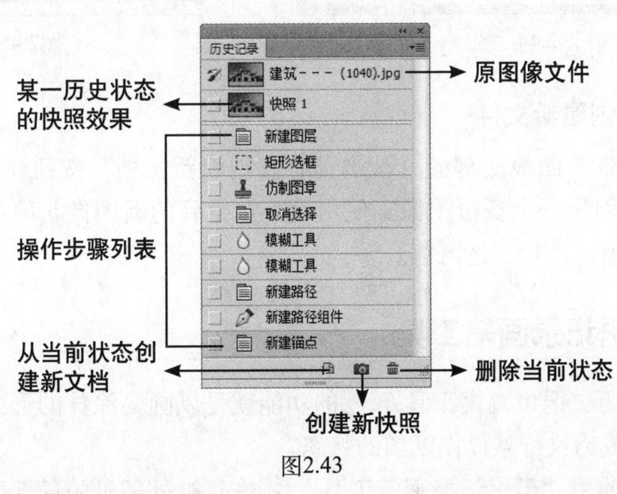

图2.43

提示

如果需要，可以选择“编辑”|“首选项”|“性能”命令，在弹出的对话框中更改“历史记录状态”文本框中的数值，以重新设置记录步骤。

如果需要返回至以前所操作的某一个历史状态，直接在操作步骤列表区域单击该操作步骤，即可使图像的操作状态返回至该历史状态。

例如，单击“历史记录”面板中的“取消选择”栏时，图像返回至绘制渐变前时的状态，以下所做的操作呈灰色显示，再进行其他操作时，“历史记录”面板继续从此向下记录。

1. 创建快照

许多时候，可能需要对同一幅图像应用几种不同的效果，并进行比较，而如果将此图像存储为多个文件或者反复在“历史记录”面板中进行回退操作，显然比较麻烦。

这时，可以考虑将图像的几种效果分别创建为快照，再进行对比。要创建当前图像的快照，可按住Alt键单击“历史记录”面板中的“创建新快照”按钮，或者在“历史记录”面板弹出菜单中选择“新建快照”命令，弹出如图2.44所示的“新建快照”对话框。

在“名称”文本框中可以输入文本定义快照的名称，在“自”下拉列表中可以选择选项，以定义以何种模式创建快照。

如图2.45所示就是在默认快照的基础上，保存了另外两个新快照后的“历史记录”面板状态。如果要应用所保存的快照，直接单击快照的名称即可。

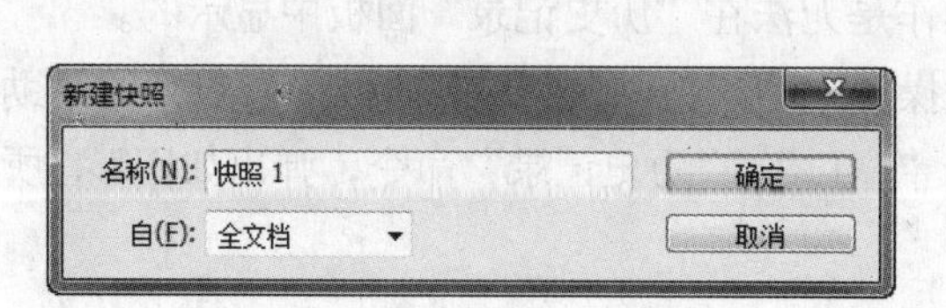

图2.44

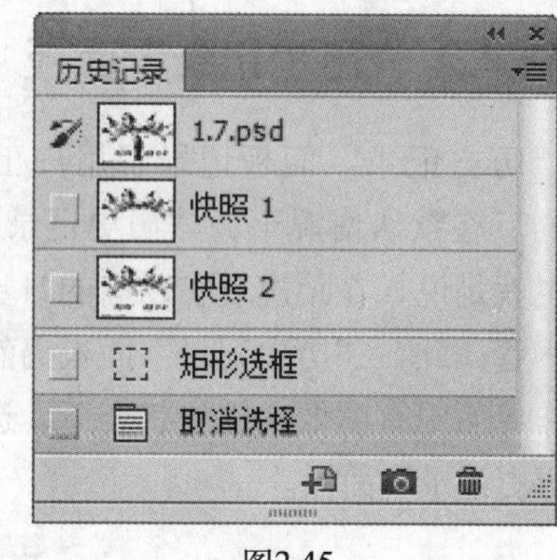

图2.45

2. 从当前状态创建新文件

单击“历史记录”面板底部的“从当前状态创建新文档”按钮，可以从当前操作图像的当前状态创建一个备份图像。使用此方法得到的新图像与原图像具有相同的属性，包括图层、通道、路径、选区等。

2.4.3 历史记录画笔工具

简单地说，“历史记录画笔工具”的功能就是以画笔涂抹的形式，将画布中的部分或全部图像恢复成为执行某操作以前的状态。

下面讲解如何使用“历史记录画笔工具”恢复被处理过的局部图像，从而得到一幅具有艺术效果的特殊照片。

01 打开随书所附光盘中的文件“源文件\第2章\2.4.3-素材.jpg”，如图2.46所示。

02 设置前景色为白色，按Alt+Delete键进行填充，得到如图2.47所示的效果。

图2.46

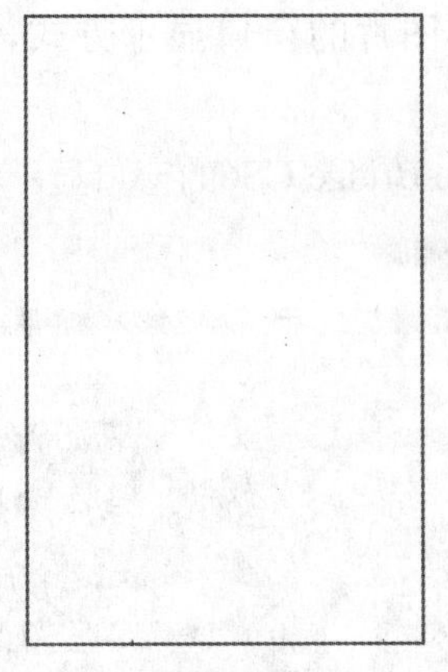

图2.47

03 打开“历史记录”面板，将历史画笔源切换至要恢复的图像状态，例如在本实例中不需要进行设置，保持默认参数即可，如图2.48所示。

提示　在本实例中，由于涉及到的操作比较少，所以直接保持历史画笔源为默认的图像原始状态即可，读者在以后的实际运用过程中，可以根据实际需要，设定历史画笔源的位置。

04 在工具箱中选择“历史记录画笔工具”，并在其工具选项条中分别设置适当的画笔大小、绘图模式及不透明度，在画面上进行涂抹，得到如图2.49所示的效果。选择“文本工具”，输入适当的文字并进行修饰后，得到如图2.50所示的效果。

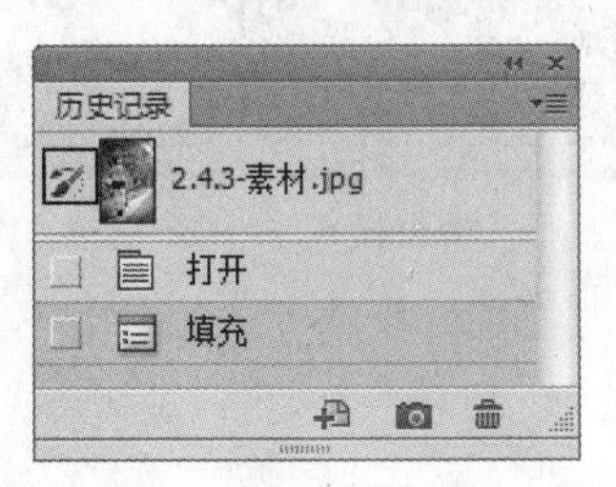

图2.48

图2.49

图2.50

2.5 使用Adobe Bridge CS6管理图像

Adobe Bridge的功能非常强大，可用于组织、浏览和寻找所需的图形图像文件资源，使用Adobe Bridge可以直接预览并操作PSD、AI、INDD和PDF等格式的文件。

2.5.1 改变窗口显示状态

Bridge提供了多种窗口显示方式，以适应不同的工作状态，例如可以在查找图片时采用能够显示大量图片的窗口显示方式，在观赏图片时采用适宜展示图片幻灯片的显示状态。

要改变Adobe Bridge CS6的窗口显示状态，可以在其窗口的顶部单击用于控制其窗口显示模式的按钮 必要项 胶片 元数据 输出 关键字 预览 看片台 文件夹 ，图2.51展示了4种不同的窗口显示状态。

预览模式

看片台模式

关键字模式

输出模式

图2.51

2.5.2 标记文件

Bridge的实用功能之一是使用颜色标记文件，按照这种方法对文件进行标记后，可以使文件显示为某一种特定的颜色，从而直接区别不同的文件。

如图2.52所示为经过标记后的文件，可以看出经过标记后，各种文件一目了然。

若要标记文件，首先选择文件，然后从“标签”菜单中选择一种标签类型，或在文件上右击，在弹出的快捷菜

图2.52

单中的“标签”子菜单中进行选择。

若要从文件中去除标签，可以选择“标签”|“无标签”命令。

2.5.3 为文件标星级

为文件标定星级同样是Bridge提供的一项实用功能，Bridge提供了从一星到五星的5级星级，图2.53所示为经过标级后的文件。

图2.53

许多摄影爱好者都有大量自己拍摄的照片，使用此功能可以按照从最好到最差的顺序对这些照片进行评级，通过初始评级后，可以选择只查看和使用评级为四星级或五星级的照片，从而便于对不同品质的照片进行不同的操作。

要对文件进行标级操作，先选择一个或多个文件，然后进行下列任一操作。

- 单击▬按钮，在“详细信息”显示模式状态下，单击代表要赋予文件的星数点。
- 从“标签”菜单中选择星级。
- 要添加一颗星，可选择“标签”|“提升评级”命令；要去除一颗星，可选择“标签”|“降低评级”命令。
- 要去除所有的星，可选择“标签”|“无评级”命令。

选择“视图”|“排序”菜单下的命令或选择“未筛选”下拉列表中的星级名称，就可以方便地根据文件的评级进行查看了。

2.5.4 查看照片元数据

使用Adobe Bridge CS6可以轻松查看数码照片的拍摄数据，这对于希望通过拍摄元数据学习摄影的爱好者而言很有用，如图2.54所示分别为选择不同的照片显示的拍摄元数据，可以看出，通过此面板可以清晰地了解到该照片在拍摄时所采用的光圈、快门时间、白平衡及ISO数据。

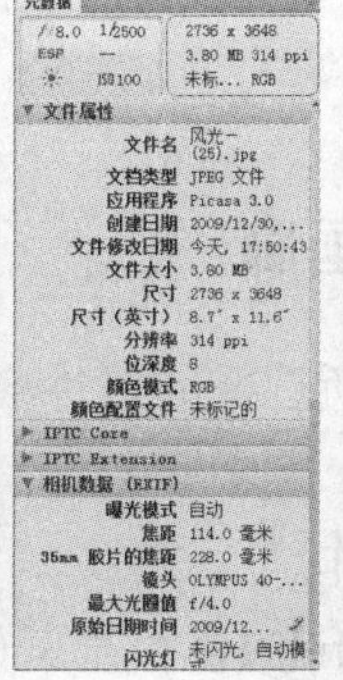

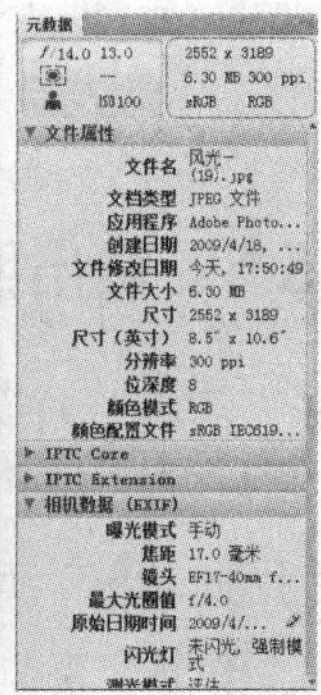

图2.54

2.5.5　批量重命名文件

批量重命名功能是Adobe Bridge提供的一项非常实用的功能，使用此功能可以一次性重命名一批文件。要重命名一批文件可以参考以下操作步骤。

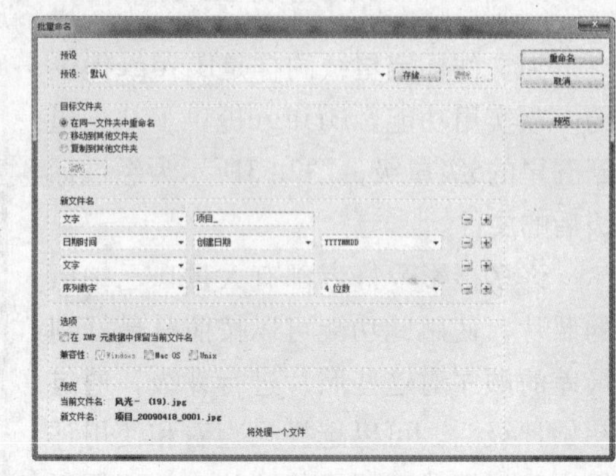

图2.55

01 在Adobe Bridge中选择“工具”|“批重命名”命令，弹出如图2.55所示的对话框。

02 在“目标文件夹”选项组中选择一个选项，以确定是在同一文件夹中进行重命名操作，还是将重命名的文件移至不同的文件夹中。

03 在“新文件名”选项组中可确定重命名的规则。如果规则项不够用，可以单击⊞按钮以增加规则，反之，可以单击⊟按钮以减少规则。

04 观察“预览”选项组命名前后文件名的区别，并对文件名的命名规则进行调整，直至得到满意的文件名。

05 单击“重命名”按钮，即开始命名操作。

06 如果希望保存该命令规则，可以单击“存储”按钮将其保存成为一个“我的批重命名.设置”命令。

07 如果希望调用已经设置好的文件名命名规则，可以在“预设”下拉列表中选择一个选项。

图2.56展示了一个典型的命名实例，经过此操作后，完成命名操作的图像文件如图2.57所示。

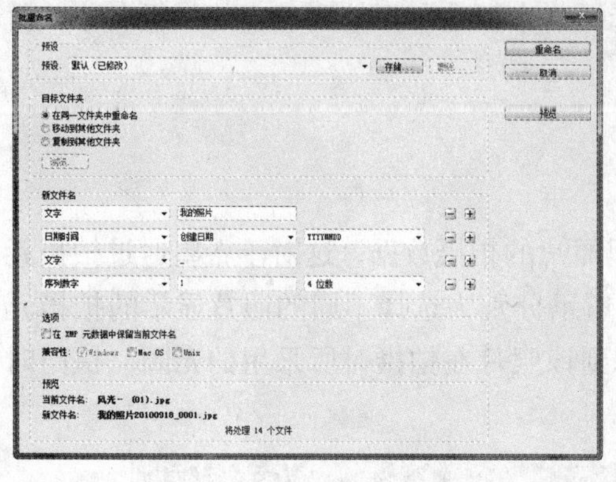

图2.56

图2.57

2.5.6　输出照片为PDF或照片画廊

使用“输出照片”功能，可以轻松地将所选择的照片输出成为一个PDF文件或Web照片画廊。

要使用此功能，可以按照下面的步骤操作。

01 单击“输出”窗口模式菜单名称，此时Bridge窗口显示如图2.58所示。

02 选择要输出的照片，此时“预览”面板将显示所有被选中的照片，如图2.59所示。

图2.58

图2.59

03 在“输出”面板的上方选择输出类型，如果要输出成为PDF文件，则单击 PDF 按钮；如果要输出成为网页照片，则单击 Web 画廊 按钮。

04 设置Bridge窗口右侧“输出”面板中的具体参数，这些参数都比较简单，故不再赘述，各位读者稍加尝试就能够了解各个参数的意义。

提示 用户也可以单击“模板”右侧的 标准 选择按钮，在弹出的模板菜单中选择一个模板，以快速取得合适的参数设置。

05 单击“刷新预览”按钮或“在浏览器中预览”按钮，在“输出预览”面板或浏览器中预览输出的效果，如图2.60所示。

图2.60

06 完成所有设置后，在“输出”面板的最下方单击“存储”按钮，设置保存输出内容的位置，则可完成输出操作。

2.6 练习题

一、单选题

1. 还原与重做命令的快捷键各是什么？（ ）

A. Ctrl+Z键和Ctrl+Shift+Z键　　B. Ctrl+Shift+Z键和Ctrl+Z键

C. 全部为Ctrl+Z键　　D. 全部为Ctrl+Shift+Z键

2. 如果在“新建”对话框中将文件背景选择为“透明”，则得到的新文件将有几个图层，其名称分别是什么？（ ）

A. 仅有一个图层，名称为“透明图层1”

B. 仅有一个图层，名称为“图层1”

C. 有两个图层，分别为“背景图层”及“透明图层”

D. 有两个图层，分别为“背景”及“图层1”

3. 制作一个尺寸为100像素×100像素的选择区域，按Ctrl+C键后按Ctrl+N键，在“新建”对话框中文件的宽度与高度分别是多少？（ ）

A. 100mm×100mm　　B. 200mm×200mm

C. 100像素×100像素　　D. 200像素×200像素

4. 如果在“图像大小”对话框中，选中“约束比例”及“重定图像像素”复选框，则在加大对话框中的宽度与高度数值后，分辨率数值如何变化？（ ）

A. 变大　　B. 变小　　C. 不变　　D. 不可确定

5. 对于用“裁剪工具”绘制的裁剪控制框，用户不能更改的是哪一个属性？（ ）

A. 外观形状　　B. 角度　　C. 大小　　D. 位置

二、多选题

1. 使用下面哪几个快捷键能够调用“新建”对话框？（ ）

A. 按Ctrl+N键　　B. 按Ctrl键双击Photoshop的空白区域

C. 按Ctrl+Alt+N键　　D. 按Ctrl键单击Photoshop的空白区域

2. 下列关于打开图像文件的正确操作包括：（ ）

A. 按Ctrl+O键　　B. 将要打开的图像拖至Photoshop中

C. 双击Photoshop的空白区域　　D. 按Ctrl+N键

3. 下列可以改变画布大小的功能包括：（ ）

A. 裁剪工具　　B. 移动工具

C.“索引颜色”命令　　D.“画布大小”命令

4. 以下图中，仅从图像内容角度来说，（ ）是位图模式，（ ）是矢量图模式。

A

B

C

5. 下面对于“图像大小”命令叙述正确的是哪几项？（ ）

A. 使用“图像大小”命令可以在不改变图像像素数量的情况下，改变图像的尺寸

B. 使用“图像大小”命令可以在不改变图像尺寸的情况下，改变图像的分辨率

C. 使用“图像大小”命令，不可能在不改变图像像素数量及分辨率的情况下，改变图像的尺寸

D. 使用“图像大小”命令可以设置在改变图像像素数量时，Photoshop计算插值像素的方式

三、判断题

1. 在“图像大小”对话框中，无论分辨率的单位是“像素/英寸”还是“像素/厘米”，只要数值正确绝对不会影响最终得到的图像质量。（ ）

2. Photoshop是一个以处理位图为主的软件。（ ）

3. 将一幅位图放大到一定比例后，就会看到类似马赛克的小方块，其中每个小方块为一个单位尺寸的像素。（ ）

4. “历史记录”面板中的快照可以用文件的形式保存下来。（ ）

四、操作题

打开随书所附光盘中的文件“源文件\第2章\2.6-素材.jpg”，如图2.61所示。结合本章讲解的“裁剪工具”将其裁剪为如图2.62所示的状态。制作完成后的效果可以参考随书所附光盘中的文件“源文件\第2章\2.6.jpg”。

图2.61

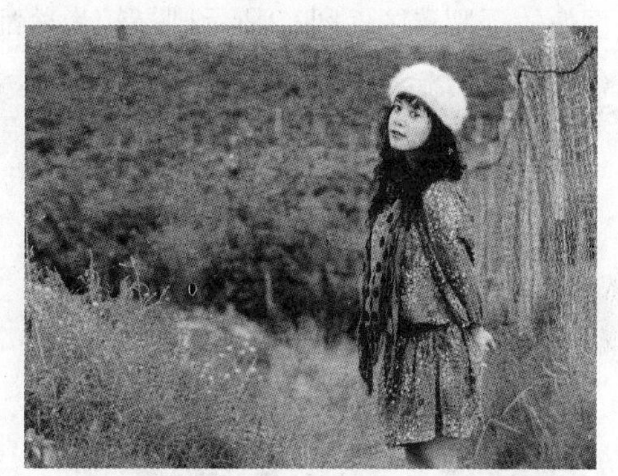

图2.62

第3章　选区与图像操作

在Photoshop中，“选区”起着举足轻重的作用。在对图像进行处理时，需要通过选区限制要调整的图像区域，从而避免对其他图像执行误操作。甚至可以说，如果没有正确的“选区”操作，无论多么强大的图像处理及混合功能，都会由于没有恰当的操作对象而变得没有任何意义。

3.1 什么是选区

从表现形式来看，选区是Photoshop中闪烁于图上的一条条封闭的“蚂蚁线”，选区可以呈现任何形状，也可以位于图像中的任意一个位置，例如图3.1所示为用于选择规则图像的规则选区，图3.2所示则是较为散乱、随意的选区。

图3.1

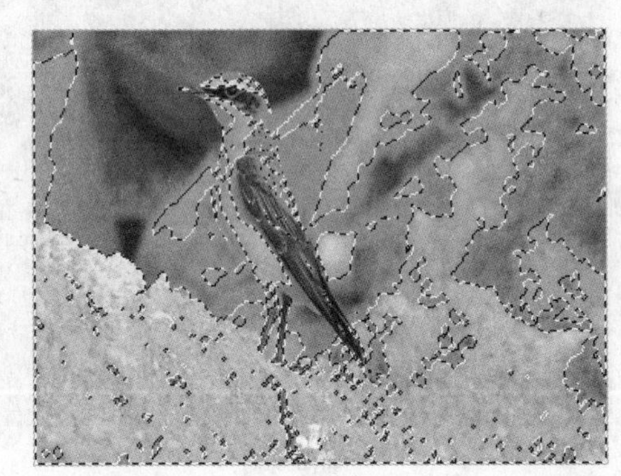

图3.2

了解选区可以表现任何一种形状这点非常重要，这有助于用户在创建选区时思维方式不受选区形状的约束，而只考虑需要选择的图像，因为不少Photoshop操作者在制作一个需要的选区前，会考虑是否存在一种技术能够制作出所需要的选择区域。

实际上这样考虑是略显多余的，因为当用户掌握Photoshop中大多数制作选区的工具或功能后，总能通过综合运用这些工具与功能，得到一种足以完成创建所需选区的方法。

3.2 创建规则选区

3.2.1 矩形选框工具

使用“矩形选框工具”可建立矩形选区，按下鼠标左键并拖动滑过需要选择的区

域，即可创建矩形选区。

提示 如果要创建正方形选区，单击“新选区”按钮，在页面上拖动鼠标的同时按住Shift键即可；如果要从某中心出发向四周扩散式创建选区，可在按住Alt键的同时拖动鼠标。

在“矩形选框工具”被选中的情况下，工具选项条如图3.3所示，更改其中的选项可以改变其工作模式，创建更加令人满意的选区。

图3.3

矩形选框工具选项条中的参数解释如下。

- 羽化：在“羽化”文本框中输入大于零的数值，可以指定选区在边缘产生半选择状态，从而得到柔化效果。
- 调整边缘：使用“调整边缘”命令，可以对现有的选区进行更为深入的修改，从而帮助用户得到更为精确的选区。详细讲解见3.4.10节中的内容。

如图3.4所示就是利用“矩形选框工具”选择图像的示例。

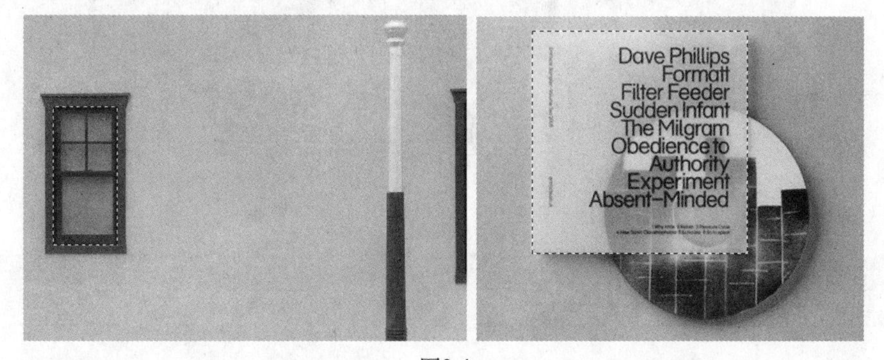

图3.4

3.2.2 椭圆选框工具

学习了“矩形选框工具”后，再学习“椭圆选框工具”则容易了很多，因为这两个工具在操作方法以及参数方面都基本相同，所以不再予以详细讲解。

“椭圆选框工具”的工具选项条中有一个“消除锯齿”复选框，将其勾选可防止锯齿产生，图3.5所示为未勾选此复选框绘制选区并填充黄色后的整体与局部放大效果，图3.6所示为勾选此复选框绘制选区并填充黄色后的整体与局部放大效果。

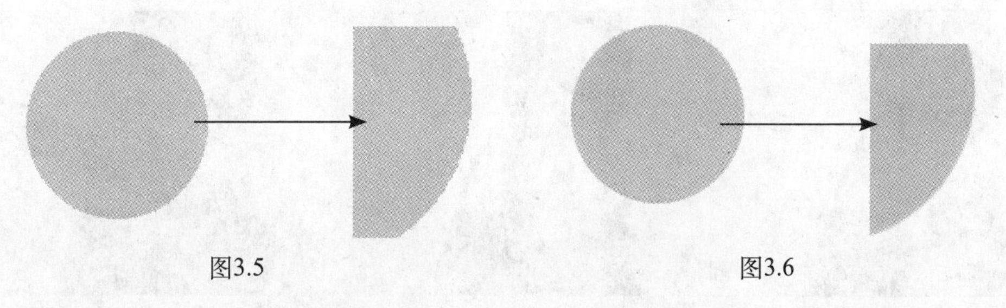

图3.5　　图3.6

对比两幅图，可以看出在“消除锯齿”复选框被勾选的情况下，图像的边缘有色混现象，因此在正常分辨率下查看时图像的边缘看上去更加细腻，反之则出现很明显的锯齿现象。

提示　如果制作的图像需要输出为GIF透明图像，并应用于一张底图上，则不要选择此选项，否则将由于边缘的色混现象，出现毛边现象。

3.2.3　单行选框工具和单列选框工具

使用“单行选框工具”和“单列选框工具”，可以建立只有1个像素宽的选区。通常可以通过此方法进行直线的绘制。如图3.7所示为分别建立单行和单列的选区，并进行填充以及处理的效果。

图3.7

3.3　创建不规则选区

3.3.1　套索工具

“套索工具”是通过自由地移动鼠标来创建选区的工具，选区形状完全由用户自行控制，其工具选项条中各参数的意义与“矩形选框工具”的相似，这里不再重述，此工具适用于制作不规则的选区。

如图3.8所示为利用“套索工具”沿着人物身体所绘制的选区，图3.9所示为按Ctrl+J键得到的抠出图像，图3.10所示为更换背景并且设置图层混合模式为“正片叠底”后的效果。

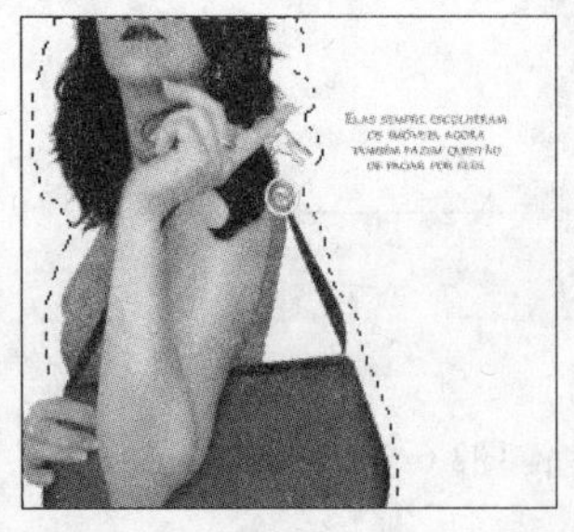

图3.8

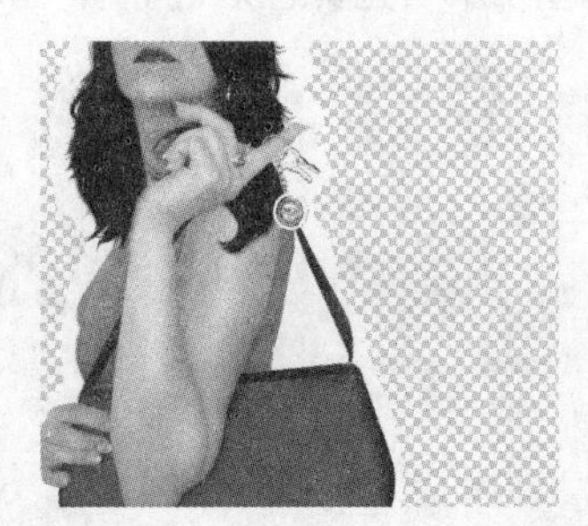

图3.9

图3.10

3.3.2 多边形套索工具

使用“多边形套索工具”可以创建直边的选区，并可以选择具有直角边的物体，如图3.11所示。

图3.11

与“套索工具”不同，在使用此工具时，需要按照“单击－释放左键－单击”的方式进行操作，而且最后一个单击点的位置应该与第一个单击点的位置相同，选区才能闭合。如果找不到第一点所在的位置，可以在任意一点双击闭合选区。

提示 在绘制选区过程中，按住Shift键可以得到水平、垂直或45°方向的选择线；按住Alt键可以暂时切换至“套索工具”，从而开始绘制任意形状的选区，释放Alt键可再次切换至“多边形套索工具”；如果要在绘制过程中改变选区，可以按Delete键删除定位节点。

3.3.3 磁性套索工具

在Photoshop中，利用图像边缘的颜色对比也一样可以将其选中，较为常用的两个智能化工具是“磁性套索工具”和“磁性钢笔工具”。总的来说，两者的工作方式是完全相同的，即都是依据图像边缘的对比智能化地进行选择，唯一不同的是，前者是使用选区进行选择，而后者使用的是路径。

下面将以“磁性套索工具”为例，讲解依据图像边缘的对比进行选择的操作流程。

01 打开随书所附光盘中的文件“源文件\第3章\3.3.3-素材.tif”，如图3.12所示。下面使用“磁性套索工具”将图像中的人物雕像抠选出来。

02 在工具箱中选择“磁性套索工具”，并设置其工具选项条为 羽化：0像素 ☑消除锯齿 宽度：10像素 对比度：10% 频率：57 调整边缘... 。

03 使用“磁性套索工具”在人物雕像的头顶单击以添加第1个控制点，如图3.13所示。

04 沿着人物雕像边缘移动鼠标（此时无须按住左键），并注意在有较大的拐角时用鼠标单击，以手动添加一个控制点，直至与起点重合为止，此时光标将变为状态，如图3.14所示。单击鼠标左键以完成选区绘制，此时选区的状态如图3.15所示。

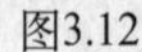

图3.12　　图3.13　　图3.14

提示　观察图像可以发现，人物雕像手与身体之间及其两脚之间仍有背景图像被选中，下面将继续使用“磁性套索工具”减去该部分选区。

05 选择“磁性套索工具”，按住Alt键分别在手与身体之间及其两脚之间绘制选区，直至得到如图3.16所示的选区状态。至此，人物雕像已经被完全选出来了。

此时，可以将该图像复制并粘贴至作品中进行处理，如图3.17所示为将其合成至一幅视觉作品后的应用效果。

图3.15

图3.16

图3.17

3.3.4 魔棒工具

“魔棒工具”用于依据颜色在图像中进行选择，例如选择蓝天白云图像中的蓝天或白云。此工具的工具选项条如图3.18所示，其重要的参数解释如下。

取样大小：取样点　容差：10　消除锯齿　连续　对所有图层取样　调整边缘...

图3.18

- 容差：在该文本框中允许输入0～255之间的像素值，以调整色彩范围的容差。输入较小的值可选择与所单击的像素非常相似的较少颜色；输入较高的值可选择更宽的色彩范围。换言之，如果希望选择的颜色范围广一些，可以设置较大的容差值；反之应设置较小的容差值，以制作较为精确的选择范围。如图3.19所示为容差值不同时使用“魔棒工具”单击图像同一位置时得到的不同选区。

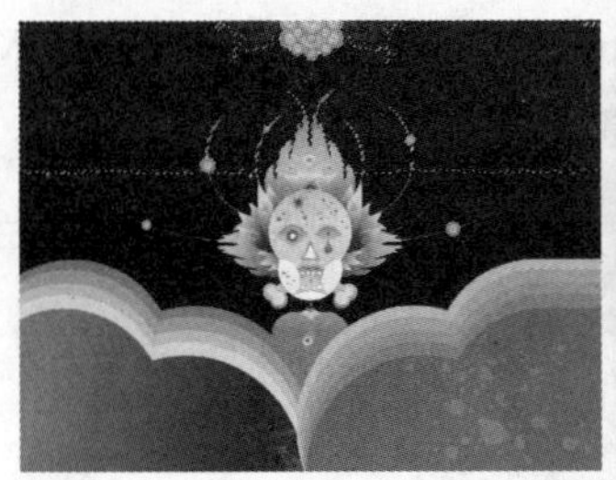

图3.19

- 对所有图层取样：勾选该复选框后，魔术棒会将当前所有可见图层中的图像视为一幅图像，然后在此基础上创建选区。
- 连续：在该复选框被勾选的情况下，使用魔术棒仅可以选择颜色相连接的单个区域。如果在该复选框被勾选的情况下使用“魔棒工具”单击中间的黄色区域，则仅能选择该黄色区域，如图3-20所示；反之，如果此复选框未被勾选，单击同样的位置，则可以选择整幅图像内所有的黄色，如图3.21所示。

图3.20

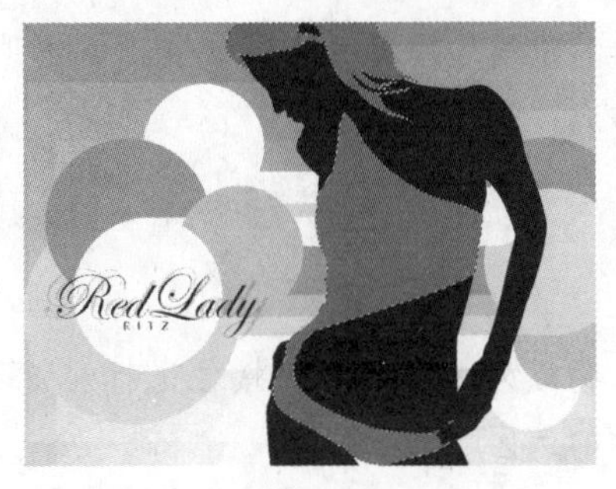

图3.21

3.3.5 快速选择工具

“快速选择工具”最大的特点就是可以像使用“画笔工具”绘图一样来创建选区，此工具的工具选项条如图3.22所示。

图3.22

快速选择工具选项条中的参数解释如下。

- 选区运算模式：由于该工具创建选区的特殊性，所以它只设定了3种选区运算模式，即“新选区”、“添加到选区”和“从选区减去”。
- 画笔：单击右侧的三角按钮，可调出如图3.23所示的画笔参数设置框，在此设置参数，可以对涂抹时的画笔属性进行设置。在涂抹过程中，可以设置画笔的硬度，以便创建具有一定羽化边缘的选区。
- 对所有图层取样：勾选此复选框后，将不再区分当前选择了哪个图层，而是将所有我们看到的图像视为在一个图层上，然后来创建选区。
- 自动增强：勾选此复选框后，可以在绘制选区的过程中，自动增加选区的边缘。

下面通过一个简单的实例，来讲解此工具的使用方法。

01 打开随书所附光盘中的文件“源文件\第3章\3.3.5-素材.png”，如图3.24所示。在本实例中将把图像中的人物选择出来，在选择过程中，先将人物以外的区域选择出来，然后将选区反向，即可选中人物图像。

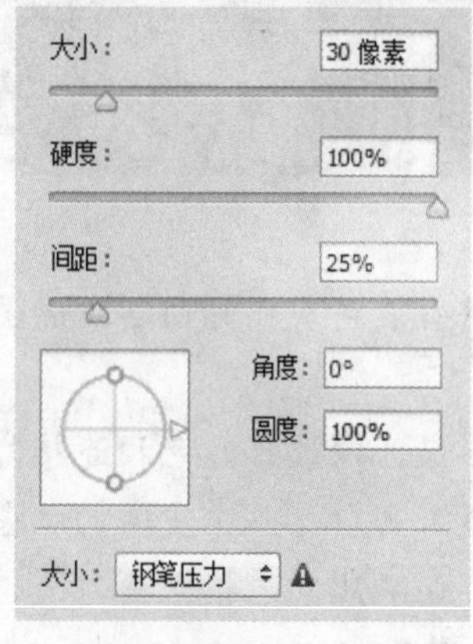

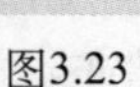

图3.23　　图3.24

02 选择“快速选择工具”，在工具选项条上设置适当的参数及画笔大小，状态如图3.25所示。

图3.25

03 在人物以外的区域内，按住鼠标左键不放并拖动，在拖动过程中就能够得到如图3.26所示的选区。

04 按照上一步的方法，继续在其他区域进行涂抹，得到如图3.27所示的选区。

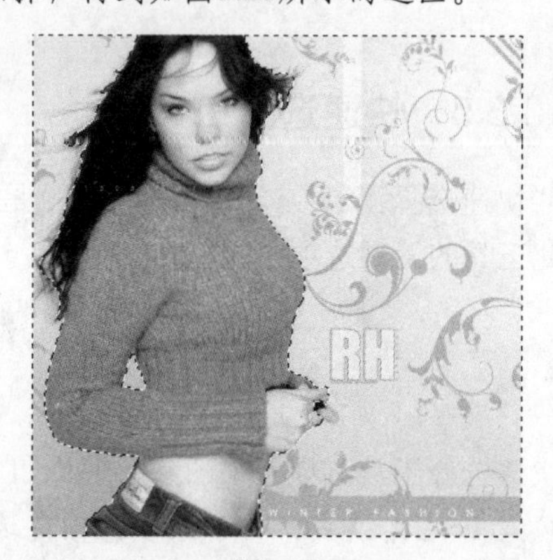

图3.26　　图3.27

提示 仔细观察选区可以看出，在此需要选择的是人物以外的区域，但此时已经选中了部分手部，所以要将其去除。

05 继续使用“快速选择工具”，按住Alt键或在其工具选项条上单击按钮，在手部区域进行涂抹，以减去该部分选区，直至得到如图3.28所示的效果。

06 至此，就已经将人物以外的区域完全选择出来了，此时可以按Ctrl+Shift+I键或选择“选择”|“反向”命令，从而将人物选中，如图3.29所示。

图3.28

图3.29

图3.30所示为将选区中的图像复制到新图层中，并显示为透明背景时的状态，图3.31所示为将其应用到视觉作品后的效果。

图3.30

图3.31

在选择大范围的图像内容时，可以利用拖动涂抹的形式进行处理，而添加或减少小范围的选区时，则可以考虑采用单击的方式进行处理。

3.3.6　使用“色彩范围”命令

除了使用“魔棒工具”，还可以使用“色彩范围”命令依据颜色创建选区。利用该命令创建选区的操作步骤如下。

01 打开随书所附光盘中的文件“源文件\第3章\3.3.6-1-素材.jpg”，如图3.32所示。选择“选择”|“色彩范围”命令，弹出如图3.33所示的对话框。

图3.32

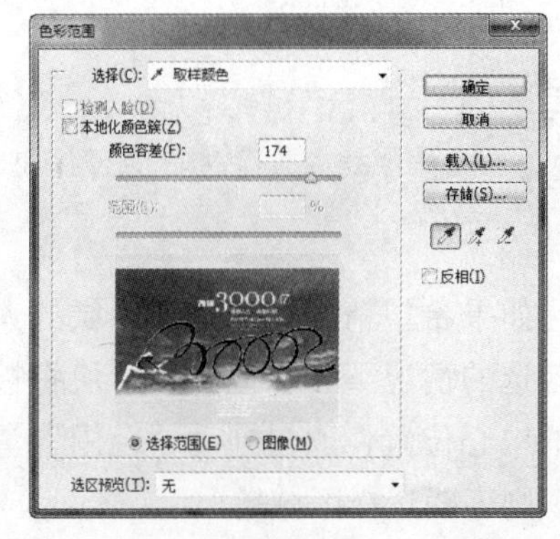

图3.33

02 确定需要选择的图像部分。如果要选择图像中的红色，可在“选择”下拉列表中选择“红色”选项。在大多数情况下需自定义要选择的颜色，所以要在“选择”下拉列表中选择“取样颜色”选项。

03 选中“选择范围”单选按钮，使对话框预览窗口中显示当前选择的图像范围，如图3.34所示。

图3.34

04 在对话框中选择右方最左侧的“吸管工具”，将光标放在图像中，此时光标转换为形状。在需要选择的图像部分单击，观察预览窗口中图像的选择情况，白色代表已被选择的部分，白色区域越大，表明选择的图像范围越大。

05 拖动“颜色容差”滑块，直至所有需要选择的图像都在预览窗口中显示为白色（即处于被选中的状态）。

06 如果需要添加其他另一种颜色的选择范围，在对话框中选择工具，并用其在图像中要添加的颜色区域单击；如果要减少某种颜色的选择范围，在对话框中选择工具，然后在图像中单击。

07 如果要保存当前的设置，单击“存储”按钮将其保存为.axt文件。图3.35所示为调整后的对话框，单击“确定”按钮后得到的选区如图3.36所示。

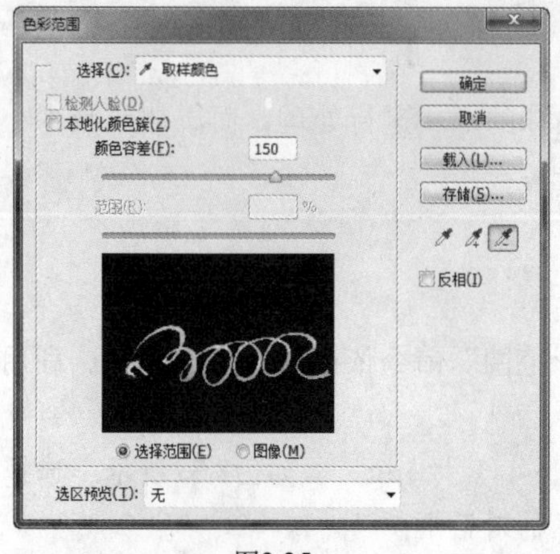

图3.35

图3.36

提示 按Shift键可以切换到“添加到取样”按钮以增加颜色；按Alt键可以切换到“从取样中减去”按钮以减去颜色；颜色可从对话框预览图或图像中用“吸管工具”来拾取。

如果希望精确控制选择区域的大小，则勾选“本地化颜色簇”复选框。在此复选框被勾选的情况下，“范围”滑块将被激活。在对话框的预览窗口中通过单击确定选择区域的中心位置，通过拖动“范围”滑块可以改变对话框预览窗口中的光点范围，光点越大，则表明选择区域越大。

在Photoshop CS6中，在“色彩范围”命令中新增了检测人脸功能，从而可以在使用此命令创建选区时，自动根据检测到的人脸进行选择，对人像摄影师或日常修饰人物的皮肤非常有用。下面将通过一个简单的实例，来讲解此功能的使用方法。

提示

要启用“人脸检测”功能，必须选择“本地化颜色簇”选项。

01 打开随书所附光盘中的文件“源文件\第3章\3.3.6-2-素材.jpg”，在本实例中，将选中人物的皮肤，并进行高亮处理，使其皮肤显得更白皙。

02 选择“选择”|“色彩范围”命令，在弹出的对话框中选择“本地化颜色簇”和“人脸检测”选项，并调整“颜色容差”及“范围”参数，此时Photoshop将自动识别照片中的人脸，并将其选中，如图3.37所示。

03 由于照片中选中了人物皮肤以外的图像，因此可以按住Alt键在不希望选中的人物以外的区域单击，以减去这些区域，如图3.38所示。

提示

由于减去选择区域，将影响对人物皮肤的选择，因此在操作时要注意平衡二者之间的关系。

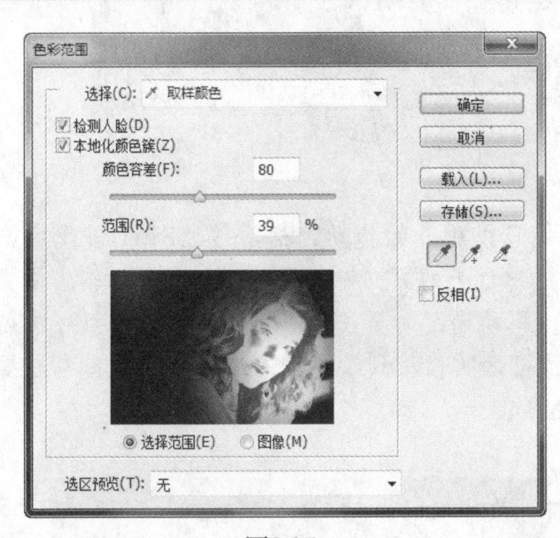

图3.37

图3.38

04 确认选择完毕后，单击“确定”按钮退出对话框，得到如图3.39所示的选区。

图3.40所示是使用“曲线”命令，然后对选中的皮肤图像进行提亮处理，并按Ctrl+D键取消选区后的状态。

图3.39

图3.40

3.4 编辑与调整选区

3.4.1 移动选区

激活任何一种选择工具，然后将光标放在选区内，当光标变为形状时，表示可以移动选区。此时直接拖动光标，即可将其移动至图像另一处，图3.41所示为移动前后的对比图。

图3.41

提示 要限制选区移动的方向为45°的倍数，可以先开始拖动，然后按住Shift键继续拖动；要按1个像素的增量移动选区，可以使用键盘上的方向键；要按10个像素的较大增量移动选区，可以按住Shift键，再按方向键。移动选区时要注意，首先要选择任意一种创建选区的工具，然后在移动时一定要确定已将选区移动到了希望的位置上以后再释放鼠标，如果单击鼠标则会失去前面所创建的选区。

移动选区与移动图像是不同的概念，也是初学者容易混淆的操作。要移动图像，应该选择工具箱中的“移动工具”，然后拖动选择区域，图3.42所示为移动图像后的效果。

图3.42

3.4.2 选取相似

选择“选择”|“选取相似”命令，可以当前选区中的颜色为基准，选择整幅图像中所有相似的颜色，而不仅仅是相邻的像素。相似颜色范围的多少由魔棒工具选项条中的“容差”值决定。

例如，当“魔棒工具”的“容差”数值为30时，先在鸭颈部选择一小块区域，如图3.43左图所示，然后选择“选择”|“选取相似”命令，可以得到如图3.43右图所示的选择区域。

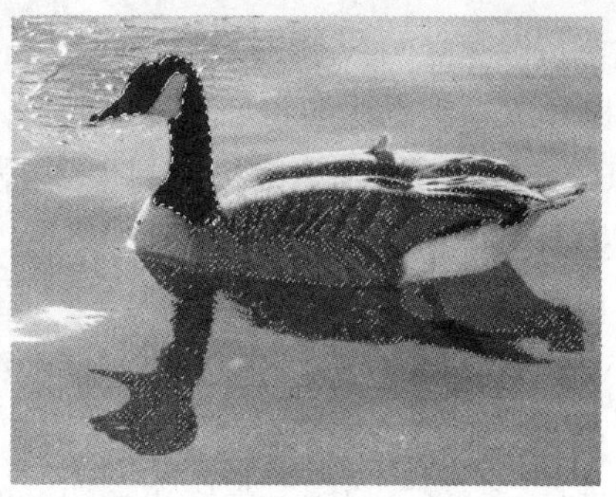

图3.43

3.4.3 反选

选择“选择”|“反向”命令，可以在图像中颠倒选择区域与非选择区域，使选择区域成为非选择区域，而非选区则成为选区。 如果需要选择的对象本身非常复杂，但其背景较为单纯，则可以使用此命令。

3.4.4 收缩

选择“选择”|“修改”|“收缩”命令，可以将当前选区缩小，其对话框如图3.44所示，在“收缩量”文本框中输入的数值越大，选区的收缩量越大，在此允许输入的数值范围为1～500。

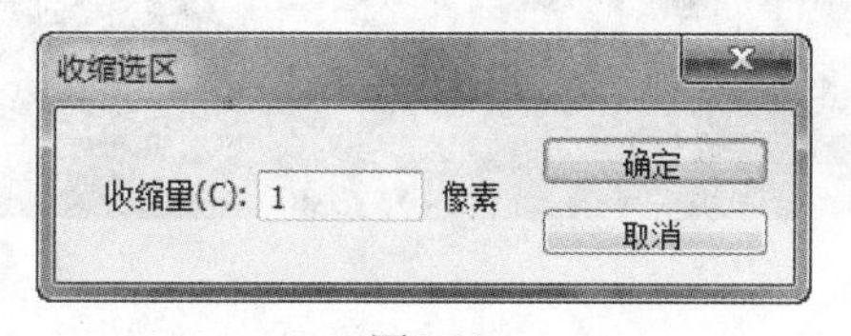

图3.44

如图3.45所示为原选区状态，图3.46所示为收缩选区两次，并分别填充不同颜色后得到的效果。

图3.45

图3.46

3.4.5 扩展

选择“选择”|“修改”|“扩展”命令，可以扩大当前选区，在“扩展量”文本框中

输入的数值越大，选区被扩展得越大，在此允许输入的数值范围为1～500。

3.4.6 平滑

在默认情况下，可以使用“矩形选框工具”绘制得到尖角的矩形选区，但如果要制作带有圆角的矩形选区应该如何操作呢?

在Photoshop中是无法直接绘制得到圆角矩形选区的，但可以通过结合使用其他功能，来间接制作得到圆角矩形选区。

在当前存在一个矩形选区的情况下，选择“平滑”命令，在弹出的对话框中设置适当的数值，就可以得到一个圆角矩形选区的效果。

但需要注意的是，使用此方法得到的圆角矩形选区圆角部位是非常尖锐的、没有任何的平滑处理。如图3.47所示为原矩形选区的状态，图3.48所示为设置“平滑”数值为15后得到的圆角效果。图3.49所示为填充选区为黑色并放大观察图像后的效果，可以看出，其圆角部分图像具有明显的锯齿。

图3.47

图3.48

图3.49

除上述方法外，还可以采用下面所列的操作方法来制作圆角矩形。

- 使用“圆角矩形工具”：Photoshop提供了一个用于绘制圆角矩形图像的工具，因此可以利用它先绘制出路径，然后再将路径转换为选区，即可得到具有圆角的矩形选区。
- 利用通道：首先可以将矩形选区保存成为一个通道，然后利用“高斯模糊”命令对图像进行模糊处理（此数值越大，得到的圆角效果越明显），再使用“色阶”命令对图像进行调整，即可得到具有圆角的矩形选区。

3.4.7 边界

在当前文件存在选区的状态下，选择“选择”|“修改”|“边界”命令，在弹出的“边界选区”对话框的“宽度”文本框中输入像素值，可以将当前选区边框化。

3.4.8 羽化

利用“选择”|“修改”|“羽化”命令，可以通过羽化选区改变选区的选择状态，使选区不再呈现为绝对的可选或不可选状态，使用户对选中的图像操作时，不再呈现为绝对的被改变或不被改变状态。

如图3.50所示为原图像，我们将对该人物的嘴唇调整颜色，图3.51所示为选中人物唇部后的状态。

图3.50

图3.51

图3.52是没有为选区添加羽化时直接调整颜色后的效果，可以看出，调整区域的边缘非常生硬。图3.53是先为选区设置4个像素的羽化效果，然后再使用同样的调整参数调整颜色后的效果，对比不难看出，后者的调整效果更为自然一些。

图3.52

图3.53

除了调色之外，还可以在执行变换等操作时，也先为选区设置一定的羽化数值，使变换后的图像边缘不至于太生硬。

3.4.9 取消选区

在当前存在选区的情况下，只要按Ctrl+D键或选择“选择”|“取消选区”命令，即可取消当前创建的选区。此命令对任何工具或命令创建的选区都适用。

3.4.10 调整边缘

“调整边缘”命令不仅拥有编辑选区的功能，还提供了非常强大的抠图功能，对于抠选头发等具有纤细边缘的图像，通过适当的设置及正确的操作，能够快速得到很好的抠选结果。

从其工作原理上来说，该命令仍然是依据图像的边缘创建选区，从而抠选出图像。

在操作时，主要是以一个大致的选区轮廓为基础——当然，这个轮廓是指沿要抠选对象的边缘进行绘制，然后结合该命令提供的智能边缘检测功能及调整工具，从而依据图像的边缘创建出抠图选区。

下面将通过一个典型的实例，来讲解使用“调整边缘”命令抠选图像的操作方法。

01 打开随书所附光盘中的文件“源文件\第3章\3.4.10-素材.jpg”，如图3.54所示。在本实例中，要将其中的人物图像抠选出来，其中“调整边缘”命令主要负责的是人物的头发。

02 使用“套索工具” 将人物头发周围的大致轮廓选择出来，如图3.55所示。

图3.54

图3.55

03 选择“选择”|“调整边缘”命令，即可调出其对话框，如图3.56所示。

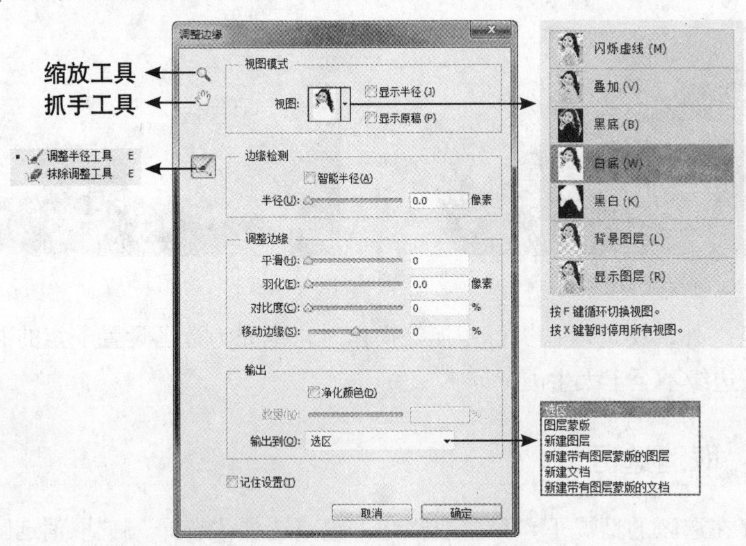

图3.56

04 在“视图模式”选项组中可设置不同的预览方式，以便于查看抠选的结果。

- 视图：在此下拉列表中，Photoshop依据当前处理的图像，生成了实时的预览效果，以满足不同的观看需求。根据此下拉列表底部的提示，按F键可以在各个视图之间进行切换，按X键即只显示原图。
- 显示半径：勾选此复选框后，将根据下面所设置的“半径”数值，仅显示半径范围以内的图像。
- 显示原稿：勾选此复选框后，将依据原选区的状态及所设置的视图模式进行显示。

05 结合“调整半径工具”和“抹除调整工具”，在人物头发周围进行涂抹，直至抠选出满意的结果。当然，这个过程根据图片难易的不同，需要反复地使用这两个工具进行调整才可以。

- “调整半径工具”：使用此工具可以编辑检测边缘时的半径，以放大或缩小选择的范围。
- “抹除调整工具”：使用此工具可以擦除部分多余的选择结果。当然，在擦除过程中，Photoshop仍然会自动对擦除后的图像进行智能优化，以得到更好的选择结果。

06 如果图像的边缘变化较小，使用“边缘检测”选项组中的参数，可以更好地辅助进行抠图处理。

- 半径：此项可以设置检测边缘时的范围。
- 智能半径：勾选此复选框后，将依据当前图像的边缘自动进行取舍，以获得更精彩的选择结果。

07 在“调整边缘”选项组中，可以对预览到的抠图结果进行细调，按照如图3.57所示的参数，将调整得到如图3.58所示的效果，从而使得边缘更加规整。

- 平滑：当创建的选区边缘非常生硬，甚至有明显的锯齿时，可使用此选项来进行柔化处理。
- 羽化：此参数与“羽化”命令的功能基本相同，都是用来柔化选区边缘的。
- 对比度：设置此参数可以调整边缘的虚化程度，数值越大，边缘越锐化。通常可以创建比较精确的选区。
- 移动边缘：该参数与“收缩”和“扩展”命令的功能基本相同，向左侧拖动滑块可以收缩选区，而向右侧拖动则可以扩展选区。

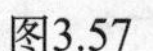
图3.57

图3.58

08 在得到满意的抠选结果后，可以在“输出”选项组中设置选区最终输出的方式，此选项组中的各参数解释如下。

- **净化颜色：**勾选此复选框后，下面的“数量”滑块被激活，拖动滑块调整其数值，可以去除选择后的图像边缘的杂色。
- **输出到：**在此下拉列表中，可以选择输出的结果。

09 确定得到需要的抠图结果后，单击“确定”按钮退出对话框即可。

10 如果需要将人物的其他部分也抠选出来，那么比较快速的方法是使用“磁性套索工具”进行选择，如果是使用“钢笔工具”绘制路径进行抠选，那么将得到比较精确的选择结果。图3.59所示为将其应用于写真模板后的效果。

图3.59

需要注意的是，“调整边缘”命令相对于通道或其他专门用于抠图的软件及方法，其功能还是比较简单的，因此无法苛求它能够抠出高品质的图像，通常可以在要求不太高的情况下，或图像对比非常强烈时使用，以快速达到抠图的目的。

3.5 变换选区

除了对选区进行较为精确的编辑修改以外，在对选区的调整精确度要求并不高的情况下，可以选择更为自由的方法进行操作。通过对选择区域进行缩放、旋转、镜像等自由变换操作，可以实现对现存选区的二次利用，得到新的选区，从而大大降低制作新选择区域的难度。

要变换选区，可以调出要变换的选区，然后选择“选择”|“变换选区”命令，即可调出选区自由变换控制框，拖动各个控制句柄，可以对选区进行各种变换操作，如图3.60所示。

图3.60

3.6 变换图像

3.6.1 缩放

要缩放图像，可以选择“编辑”|“变换”|“缩放”命令或按Ctrl+T键调出自由变换

控制框，将光标移至变换控制框中的变换控制句柄上，当光标变为双箭头形↔时拖动鼠标，即可改变图像的大小。

其中，拖动左侧或右侧的控制句柄，可以在水平方向上改变图像大小；拖动上方或下方的控制句柄，可以在垂直方向上改变图像大小；拖动角部的控制句柄，可以同时在水平或垂直方向上改变图像大小。图3.61所示为水平及垂直缩放图像的操作示例。

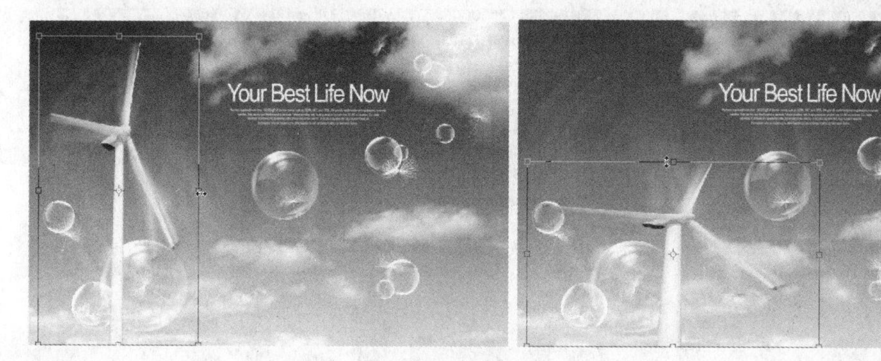

图3.61

3.6.2 旋转

要旋转图像，可以选择“编辑”|“变换”|“旋转”命令或按Ctrl+T键，将光标移至变换控制框附近，当光标变为一个弯曲箭头↰时拖动鼠标，即可以中心点为基准旋转图像。

提示

如果需要按15°的倍数旋转图像，可以在拖动鼠标的时候按住Shift键。

当得到需要的效果后，按Enter键或在控制框内双击即可。如图3.62所示为旋转图像操作示例。

图3.62

另外，还可以通过以下操作对图像进行特殊角度的旋转。

- 如果要将图像旋转180°，可以选择“编辑”|“变换”|“旋转180度”命令。
- 如果要将图像顺时针旋转90°，可以选择“编辑”|“变换”|“旋转90度（顺时针）”命令。
- 如果要将图像逆时针旋转90°，可以选择“编辑”|“变换”|“旋转90度（逆时针）”命令。

3.6.3 斜切

选择“编辑”|“变换”|“斜切”命令，将光标移至变换控制框附近，当光标变为一个箭头时拖动鼠标，即可使图像在光标移动的方向上发生斜切变形。如图3.63所示为斜切图像操作示例。

图3.63

3.6.4 扭曲

扭曲图像是应用非常频繁的一类变换操作，通过此类变换操作，可以使图像在任何一个控制句柄处发生变形，其操作方法如下所述。

01 打开随书所附光盘中的文件“源文件\第3章\3.6.4-素材1.psd和3.6.4-素材2.psd”，如图3.64所示，将波浪素材图像拖动至电脑素材图像中，得到“图层1”。

图3.64

02 选择“编辑”|“变换”|“扭曲”命令，以调出扭曲变换控制框，将光标移至变换控制框附近或控制句柄上，当光标变为一个箭头时拖动鼠标，即可使图像发生拉斜变形。

03 得到需要的效果后释放鼠标，并按Enter键确认扭曲操作。

图3.65所示为通过对处于选择状态的图像执行扭曲操作的过程，图3.66所示为对图像进行一些亮度调整等处理后得到的最终整体效果。

图3.65

图3.66

3.6.5 透视

通过对图像应用透视变换命令，可以使图像获得透视效果，其操作方法如下所述。

01 打开随书所附光盘中的文件“源文件\第3章\3.6.5-素材.psd”，如图3.67所示。在本实例中，将针对“图层3”中的图像进行透视处理，从而制作得到一个创意作品。

图3.67

02 选择“编辑”|“变换”|“透视”命令，将光标移至变换控制句柄上，当光标变为一个箭头▷时拖动鼠标，即可使图像发生透视变形，如图3.68所示。得到需要的效果后释放鼠标，双击变换控制框以确认透视操作，然后对图像位置进行调整后的状态如图3.69所示。

图3.68

图3.69

提示 执行此操作时应该尽量缩小图像的观察比例，尽量多显示一些图像外周围的灰色区域，以便于拖动控制句柄。

3.6.6 变形

使用变形功能，可以对图像进行更为灵活和细致的变形操作。选择“编辑”|“变换”|“变形”命令，即可调出变形控制框，同时工具选项条将变为如图3.70所示的状态。

图3.70

在调出变形控制框后，可以采用两种方法对图像进行变形操作。

- 直接在图像内部、节点或控制句柄上拖动，直至将图像变形为所需的效果。
- 在工具选项条上的“变形”下拉列表中选择适当的形状，如图3.71所示。

图3.71

变形工具选项条上的各个参数解释如下。

- 变形：在该下拉列表中可以选择15种预设的变形选项，如果选择“自定”选项则可以随意对图像进行变形操作。

提示 在选择了预设的变形选项后，则无法再随意地对图形控制框进行编辑，需要在“变形”下拉列表中选择“自定”选项才可以继续编辑。

- “更改变形方向”按钮：单击该按钮，可以改变图像变形的方向。
- 弯曲：在此输入正数或负数可以调整图像的扭曲程度。
- H、V文本框：在此输入数值可以控制图像扭曲时在水平和垂直方向上的比例。

下面将以一个实例讲解变形控制框的使用方法。

01 打开随书所附光盘中的文件“源文件\第3章\3.6.6-素材.psd”，如图3.72所示。在本实例中将利用变形功能，对一系列的图像进行变形，以增加整体的装饰效果。

02 选择“编辑”|“变换”|“变形”命令，此时的图像如图3.73所示。

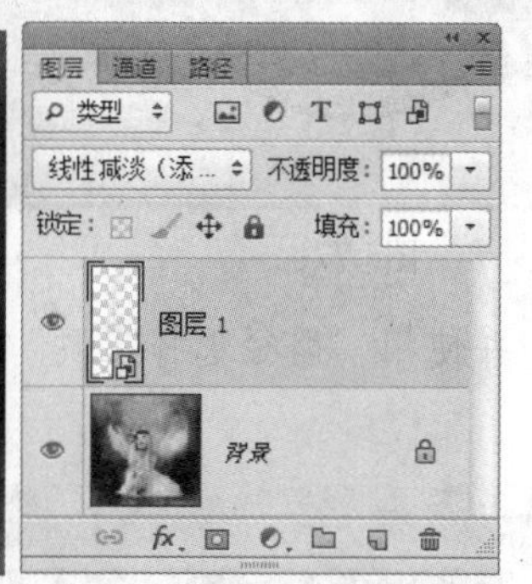

图3.72

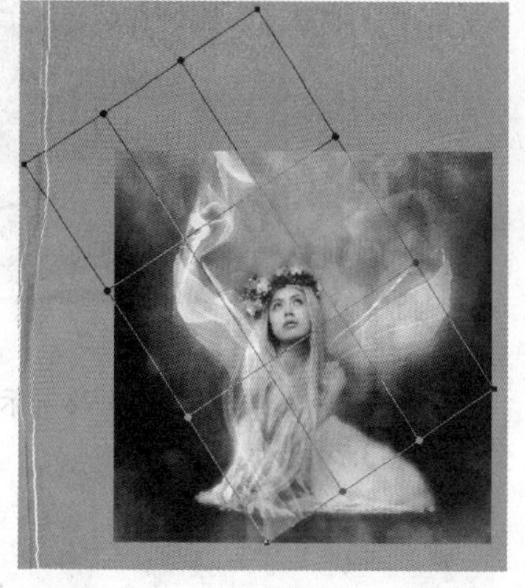

图3.73

03 对图像进行变形，以得到自己满意的效果，如图3.74所示。最后按Enter键确认变换操作后的效果如图3.75所示。

04 根据上面的步骤尝试对另一个图像制作出如图 3.76所示的效果。

图3.74

图3.75

图3.76

3.6.7 再次变换

在没有退出Photoshop的前提下，可以按Ctrl+Shift+T键或选择“编辑”|“变换”|“再次”命令，调用上一次执行的变换操作对图像进行处理，这样可以确保前后两次变换的参数是完全相同的。

提示

这里所说的变换操作不包括变形处理，即无法对变形操作执行“再次”命令。

如果在选择此命令或按此命令快捷键的同时按住Alt键——即Ctrl+Alt+Shift+T键，则可以在对被操作图像进行变换的同时进行复制。下面通过一个小实例讲解此操作。

01 打开随书所附光盘中的文件“源文件\第3章\3.6.7-素材.psd”，如图3.77所示。

图3.77

02 选择“形状1”，如图3.78所示，并使用“路径选择工具”选中此图层中的路径，如图3.79所示。

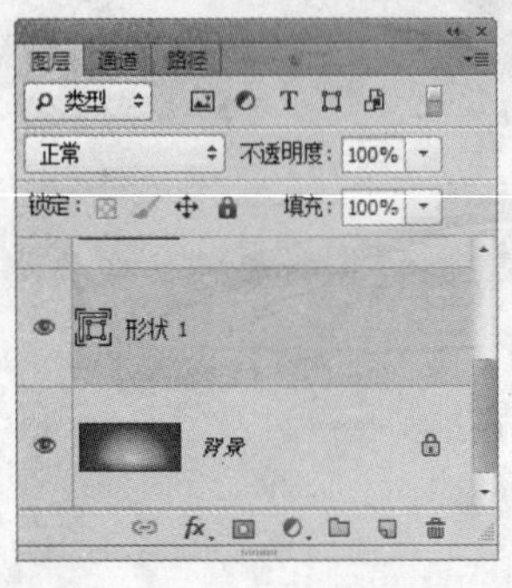

图3.78

图3.79

03 按Ctrl+Alt+Shift+T键调出自由变换并复制控制框，然后将控制中心点移至控制框的右下角，如图3.80所示。

图3.80

04 按住Shift键将图像旋转至如图3.81所示的位置，按Enter键确认变换操作。

图3.81

05 下面应用再次变换并复制控制框制作规则的图像效果。连续按Ctrl+Alt+Shift+T键多次，直至得到如图3.82所示的效果为止，图3.83所示是在此基础上，设置适当的图层混合模式及不透明度后得到的融合效果。

图3.82

图3.83

06 如果旋转的角度不同，经上面的操作步骤后，得到的效果也不同，图3.84所示为旋转角度为45° 时的效果。

图3.84

如果在执行步骤4的操作时，对图像同时进行旋转与缩放操作，则可以得到如图3.85所示的效果，此效果各位读者可以自己尝试制作。

图3.85

3.6.8 翻转

翻转图像操作包括水平翻转和垂直翻转两种，操作如下所述。

- 如果要水平翻转图像，可以选择“编辑”|“变换”|“水平翻转”命令。

- 如果要垂直翻转图像，可以选择“编辑”|“变换”|“垂直翻转”命令。

图3.86所示为原图像及对应的“图层”面板，图3.87所示分别为对图像进行水平翻转和垂直翻转后的效果。

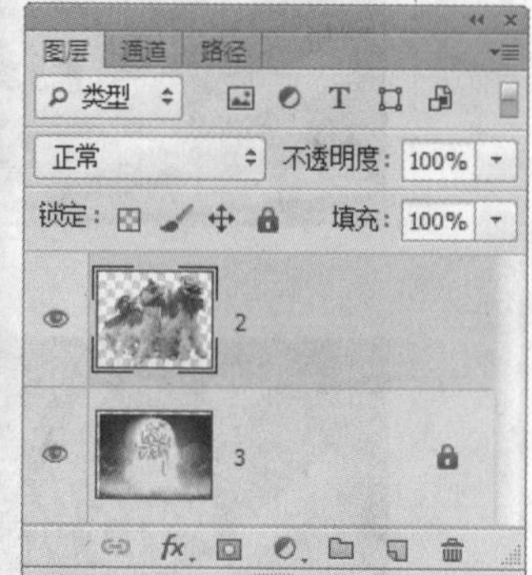

图3.86

图3.87

3.7 使用内容识别比例变换

使用内容识别比例变换功能对图像进行缩放处理，可以在不更改图像中重要可视内容（如人物、建筑、动物等）的情况下调整图像大小。

如图3.88所示为原素材图像，图3.89所示为使用常规变换缩放操作的结果，图3.90所示为使用内容识别比例变换对图像进行水平放大操作后的效果，可以看出原图像中的建筑基本没有受到影响，并将右下方的多余建筑隐藏起来了。

图3.88

图3.89

图3.90

提示 此功能不适用于处理调整图层、图层蒙版、各个通道、智能对象、3D图层、视频图层、图层组，或者同时处理多个图层。

此功能的使用方法如下所述。

01 选中要缩放的图像后，选择“编辑”|“内容识别比例”命令。

02 在如图3.91所示的工具选项条中设置相关选项。

图3.91

- 数量：在此可以指定内容识别缩放与常规缩放的比例。
- 保护：如果要使用Alpha通道保护特定区域，可以在此选择相应的Alpha 通道。
- “保护肤色”按钮：如果试图保留含肤色的区域，可以单击选中此按钮。

03 拖动围绕在被变换图像周围的变换控制框，则可得到需要的变换效果。

3.8 操控变形

操控变形是一项强大的变形功能，它提供了更加丰富的网格，用于进行更精细的图像变形处理。下面就以一个实例来讲解其使用方法。

01 打开随书所附光盘中的文件“源文件\第3章\3.8-素材.psd”，如图3.92所示，对应的“图层”面板如图3.93所示。其中“组1”里的图层是用于将两棵树抠选出来，并将原来的树修除的图层，读者可以尝试制作，由于并非本例讲解的重点，因此不再详细说明。

02 选择“编辑”|“操控变形”命令，可调出如图3.94所示的变形网格（为了便于观看，暂时隐藏了“图层2”），此时的选项条参数如图3.95所示。

图3.92

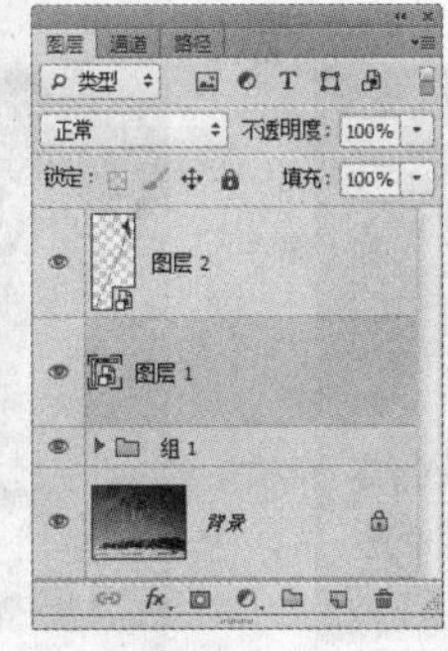

图3.93

图3.94

图3.95

“操控变形”工具选项条中的参数解释如下。

- 模式：在此下拉列表中，选择不同的选项，变形的程度也各不相同。
- 浓度：在此可以选择网格的密度。越密的网格占用的系统资源越多，但变形也越精确，在实际操作时应注意根据情况进行选择。
- 扩展：在此输入数值，可以设置变形风格相对于当前图像边缘的距离，该数值可以为负数，即可以向内缩减图像内容。
- 显示网格：勾选此复选框时，将在图像内部显示网格，反之则不显示网格。
- “将图钉前移”按钮：单击此按钮，可以将当前选中的图钉向前移动一个层次。

- “将图钉后移”按钮：单击此按钮，可以将当前选中的图钉向后移动一个层次。
- 旋转：在此下拉列表中选择“自动”选项，可以手工拖动图钉以调整其位置，如果在后面的文本框中输入数值，则可以精确地定义图钉的位置。
- “移去所有图钉”按钮：单击此按钮，可以清除当前添加的图钉，同时还会复位当前所做的所有变形操作。

03 在调出变形网格后，光标将变为状态，此时在变形网格内部单击即可添加图钉，用于编辑和控制图像的变形，如图3.96所示。

04 拖动中间位置的图钉，以对树进行变形，如图3.97所示。

图3.96

图3.97

05 按照上面的方法，继续添加图钉并变形树图像，直至得到如图3.98所示的效果。确认变形完成之后，可以按Enter键确认操作。

06 按照步骤2～5的方法，显示“图层2”并对该图层中的树添加图钉并变形，直至得到如图3.99所示的最终效果。

图3.98

图3.99

提示 在进行操控变形时，可以将当前图像所在的图层转换成为智能对象图层，这样所做的操控变形就可以记录下来，以供下次继续进行编辑。

3.9 修剪图像及显示全部图像

3.9.1 修剪图像

除了可以使用工具箱中的“裁剪工具”进行裁切操作外，Photoshop CS6还提供了

有较多选择条件的裁切方法，即“图像”|“裁切”命令。

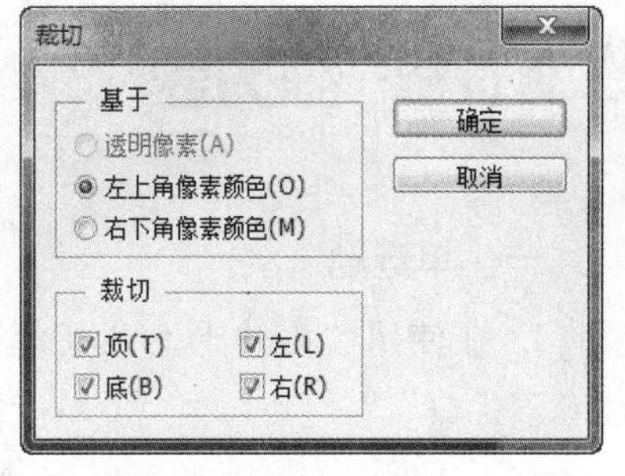

图3.100

使用此命令可以裁切图像的空白边缘，选择该命令后，将弹出“裁切”对话框，如图3.100所示。

首先需要在“基于”选项组中选择一种裁切方式，以确定基于某个位置进行裁切。

- 如果选中“透明像素”单选按钮，则以图像中有透明像素的位置为基准进行裁切。
- 如果选中“左上角像素颜色”单选按钮，则以图像左上角位置为基准进行裁切。
- 如果选中“右下角像素颜色”单选按钮，则以图像右下角位置为基准进行裁切。

在“裁切”选项组中可以选择裁切的方位，其中有“顶”、“左”、“底”、“右”4个复选框，如果仅勾选某一复选框，如“顶”复选框，则在裁切时从图像顶部开始向下裁切，而忽略其他方位。

如图3.101所示为原图像，如图3.102所示为使用此命令得到的效果，可以看出图像四周中的透明区域已被修剪去。

图3.101

图3.102

3.9.2 显示全部图像

在某些情况下，图像的部分区域会处于画布的可见区域外，如图3.103所示。选择“图像”|“显示全部”命令，可以扩大画布，从而使处于画布可见区域外的图像完全显示出来，如图3.104所示为使用此命令后完全显示的图像。

图3.103

图3.104

3.10 练习题

一、单选题

1. 在使用“多边形套索工具”制作选择区域的过程中，按什么键可以暂时切换为“套索工具”？（ ）

A. Ctrl键　　B. Alt键　　C. Shift键　　D. Ctrl+Alt键

2. 在使用“磁性套索工具”制作选择区域的过程中，做什么操作可以暂时切换成为“多边形套索工具”？（ ）

A. 按Ctrl键并单击　　B. 按Alt键并单击　　C. 按Shift键并双击　　D. 直接按Ctrl+Alt键

3. 在使用“矩形选框工具”创建矩形选区时，得到的是一个具有圆角的矩形选区，其原因是下列各项的哪一项？（ ）

A. 拖动“矩形选框工具”的方法不正确

B.“矩形选框工具”具有一个较大的羽化值

C. 使用的是“圆角矩形工具”而非“矩形选框工具”

D. 所绘制的矩形选区过大

4. 要使“图层1”中的图像缩小，而“背景”层的大小保持不变，应该怎样操作？（ ）

A. 选择“图层1”，按Ctrl+T键调出变换控制框，并向内拖动控制框

B. 选择“图层1”，按Ctrl+ －键

C. 选择“图层1”，利用“裁剪工具”裁剪“图层1”中的图像

D. 选择“图层1”，利用“切片工具”切割“图层1”中的图像

二、多选题

1. 下面用于创建规则选区的工具包括：（ ）

A. 矩形选框工具　　B. 椭圆选框工具　　C. 套索工具　　D. 单行选框工具

2. 下面用于创建不规则选区的工具包括：（ ）

A.“色彩范围”命令　　B. 套索工具　　C. 快速选择工具　　D.魔棒工具

3.“调整边缘”命令的功能可以覆盖以下哪些选区编辑命令？（ ）

A.“羽化”命令　　B.“收缩”命令　　C.“扩展”命令　　D.“变换选区”命令

4. 应用“变换选区”命令可以对选择范围进行哪些编辑？（ ）

A. 缩放　　B. 变形　　C. 不规则变形　　D. 旋转

5. 执行以下哪些操作，可以取消图像中的全部选区？（ ）

A. 按Ctrl+D键

B.在任何情况下，用矩形或椭圆选框工具在选区外单击

C. 选择“选择”|“取消选区”命令

D.按Delete键

6. 如果当前图像中存在一个选择区域，执行下列哪一种操作，能够对图像进行缩放、旋转等操作。（ ）

A. 按Ctrl+T键

B.选择工具箱中的“移动工具”并选择“显示定界框”选项

C. 选择“选择”|“变换选区”命令

D.选择工具箱中的“抓手工具”

三、判断题

1. 在释放某一选区后，即使进行了若干步操作，仍然可以通过选择“选择”|“重新选择”命令调出该选区。（ ）

2. 如果矩形选框工具选项条中的“添加到选区”按钮被按下，则无法使用此工具移动一个已存在的选区。（ ）

3. 使用矩形与椭圆选框工具绘制选择区域时，如果尚未释放鼠标左键，可按空格键移动正在绘制的选择区域。（ ）

4. 在Photoshop中修改选区，可以选择边界、平滑、扩展、收缩和羽化。（ ）

四、操作题

打开随书所附光盘中的文件“源文件\第3章\3.10-素材.psd”，如图3.105所示。结合本章中讲解的选区运算功能，制作得到如图3.106所示的效果。制作完成后的效果可以参考随书所附光盘中的文件“源文件\第3章\3.10.psd”。

图3.105

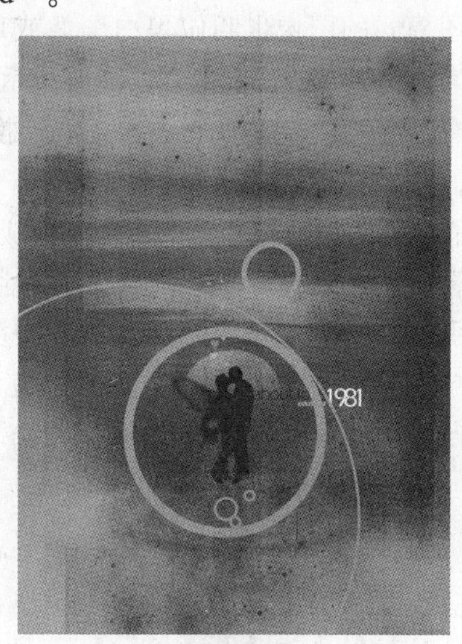

图3.106

第4章　色彩艺术

Photoshop提供了很多用于调整图像颜色的命令，用户可以根据需要对图像中的颜色进行色相、饱和度及亮度等多方面的调整。例如，可以改变图像色调的“照片滤镜”命令，既能减少颜色也能叠加颜色的“色彩平衡”命令，以及“去色”、“反相”及“色调分离”等可以快速编辑图像颜色的命令。本章就来体验一下Photoshop的调色功能。

4.1 掌握颜色模式

4.1.1　位图模式

位图模式的图像也叫做黑白图像或1位图像，此类模式的图像是非常纯粹的黑白图像，因为位图图像的每个像素仅能够显示黑或白两种颜色。

只有处于灰度模式下的图像才能转换为位图模式，在将一幅彩色图像转换为位图的过程中，能够得到非常精美的直线图像。

下面以将一个RGB模式的图像转换成位图模式的图像为例，讲解具体的操作步骤。

01 打开随书所附光盘中的文件“源文件\第4章\4.1.1-素材.png”，如图4.1所示。选择“图像”|“模式”|“灰度”命令，在弹出的提示框中提示用户删除图像颜色信息，单击“扔掉”按钮，将图像转换为灰色调图像。

02 选择“图像”|“模式”|“位图”命令，弹出如图4.2所示的“位图”对话框。

图4.1

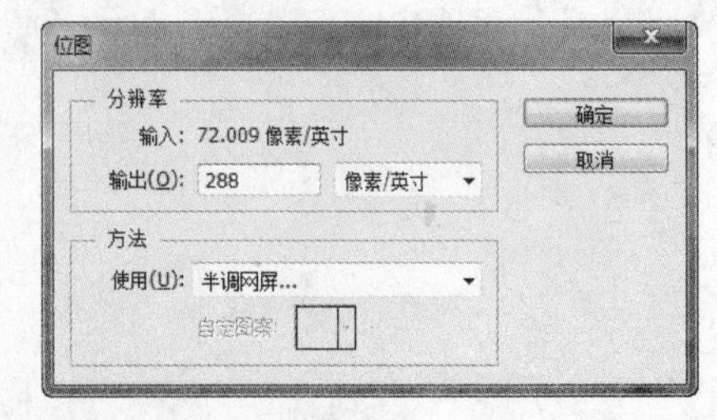

图4.2

“位图”对话框中的重要参数解释如下。

- 输入：“输入”右侧显示的是当前图像的分辨率。
- 输出：在该文本框中输入改变为位图模式后希望位图图像所具有的分辨率数值。
- 使用：在该下拉列表中选择图像改变为位图模式时的颜色组成方式。

提示 在“输出”文本框中输入的数值应该是当前图像分辨率的2～3倍，本例操作的图像分辨率为288dpi。

03 在“位图”对话框中设置图像的分辨率和方法后单击“确定”按钮，设置弹出的对话框如图4.3所示，单击“确定”按钮，即可得到精美的直线图像，如图4.4所示。

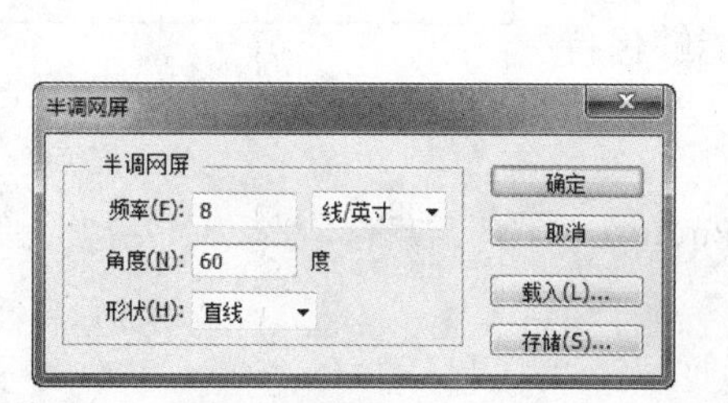

图4.3

图4.4

使用此方法可以制作类似于图4.5所示的图案仿色、50%阈值、扩散仿色3幅图像。

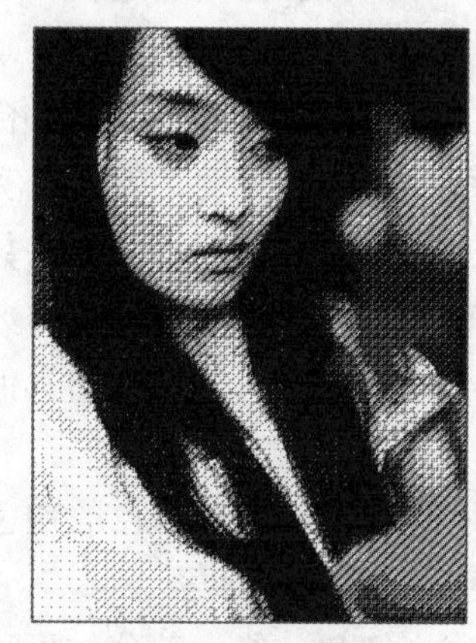

图案仿色图像

50%阈值图像

扩散仿色图像

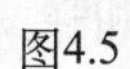

图4.5

4.1.2 灰度模式

灰度模式的图像是由256级灰度颜色组成的，灰度图像的每个像素都可以具有0～255之间的任意一个亮度值。将彩色图像转换成灰度图像，Photoshop会删除原图像中所有的颜色信息，被转换的像素用灰度级表示原像素的亮度。

4.1.3 Lab模式

L*a*b颜色由亮度或光亮度分量（L）和两个色度分量组成，这两个色度分量即a分量（从绿到红）和b分量（从蓝到黄）。图4.6所示为L*a*b颜色原理图，其中A为光度=100（白），B为绿到红分量，C为蓝到黄分量，D为光度=0（黑）。

L*a*b 颜色模型是在1931年国际照明委员会（CIE）制定的颜色度量国际标准的基础上建立的，1976年这种模型被重新修订并命名为CIE L*a*b。

在Photoshop的Lab模式（名称中删除了星号）中，光亮度分量（L）范围可以从0～100，a分量（绿到红）和b分量（蓝到黄）范围都为+120～-120。

L*a*b颜色设计与设备无关，因此无论使用什么设备（如显示器、打印机、计算机或扫描仪）创建或输出图像，这种颜色模型产生的颜色都能够保持一致。

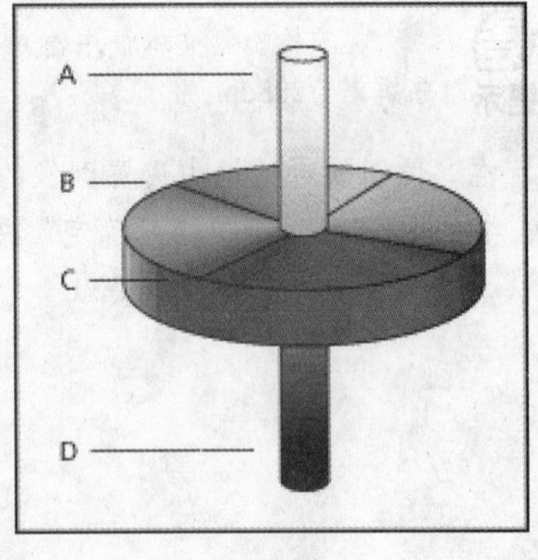

图4.6

提示　因为Lab颜色与设备无关，所以是Photoshop在不同颜色模式之间转换时使用的内部颜色模式。

4.1.4 RGB模式

RGB模式的颜色是由红色、绿色和蓝色三种基色构成，计算机也正是通过调和这三种颜色，来表现其他成千上万种颜色。

Photoshop中最小的单位是像素，每个像素的颜色都可以通过调配基色来完成，合并在一起就是一幅色彩鲜艳的图像。通过改变每个像素点上每个基色的亮度，就可以实现不同的颜色。例如，将三种基色的数值都设置为255，就形成了白色；将三种基色的数值都设置为0，就形成了黑色；如果某一种基色的数值最大为255，而其他两种基色的数值最小为0，则可以得到基色本身；而将这些基色之间的值混合搭配，就可以调和出其他成千上万种颜色。

从某种角度来说，计算机可以处理再现任何颜色。我们将这种基于三原色的颜色模型称为RGB模型，RGB分别是红色、绿色和蓝色三种颜色英文的首字母缩写。

由于RGB三种颜色合成起来可以产生白色，因此也被称为加色。绝大部分的可见光谱可以用红、绿和蓝三色光按照不同比例和强度混合来表示，其原理如图4.7所示。

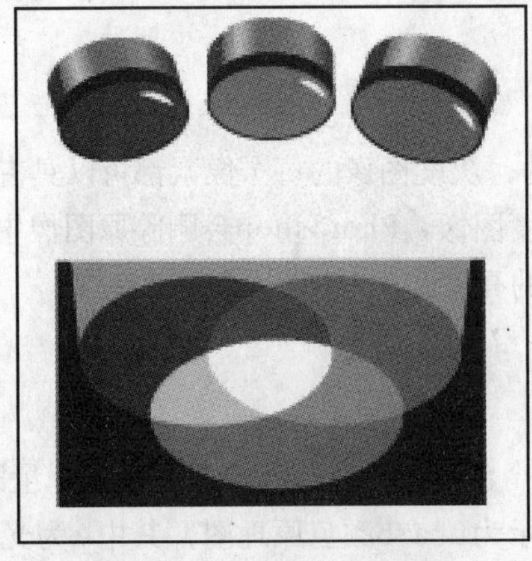
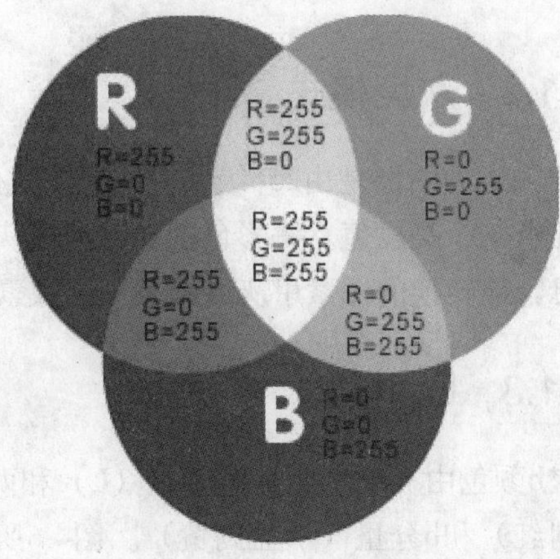

图4.7

4.1.5 CMYK模式

CMYK模式是以C（青色）、M（洋红）、Y（黄色）、K（黑）4种颜色为基色，其中青色、洋红和黄色三种色素能够合成吸收所有颜色并产生黑色，因此，CMYK模式也被称为减色模式。

CMYK模式是用于出片印刷的图像模式，以打印在纸张上油墨的光线吸收特性为基础，当白光照射到半透明油墨上时，部分光谱被吸收，部分被反射回眼睛。

因为所有打印油墨都会包含一些杂质，所以CMY这三种油墨混合起来实际上产生一种有点红的暗色，必须与黑色油墨混合才能产生真正的黑色，因此将这些油墨混合起来进行印刷称为四色印刷，其原理如图4.8所示。

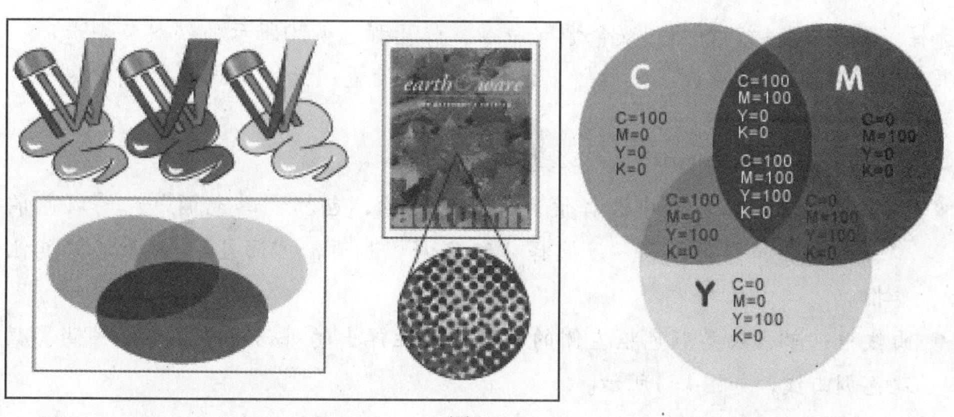

图4.8

在Photoshop的CMYK模式中，每个像素的每种印刷油墨会被分配一个百分比值。百分比值越小表示基色印刷油墨越浅，所得到的颜色就偏亮；百分比值越大表示基色印刷油墨越深，所得到的颜色就偏暗。例如，在CMYK图像中要表现白色，4种颜色的颜色值都设置为0%即可。

提示 受现有印刷条件的限制，大多数情况下，当图像中某一点或某一区域的颜色值低于5%时，则可能无法印刷出来，从而在最终成品中显示出纸色。

4.1.6 双色调模式

双色调模式虽然名称为"双色"，但实际上，用户可以根据需要最多使用4种颜色来表现图像的色彩，即可以创建双色调（两种颜色）、三色调（三种颜色）和四色调（四种颜色）的彩色图像效果。

若将其他模式的图像转换为双色调模式，可按照以下步骤操作。

01 打开随书所附光盘中的文件"源文件\第4章\4.1.6-素材.jpg"，选择"图像"|"模式"|"灰度"命令，先将RGB模式的图像转换为灰度模式，如图4.9所示。注意图中箭头所指的图像模式名称。

提示 要将其他模式的图像转换为双色调模式，必须先转换为灰度模式。

图4.9

02 选择“图像”|“模式”|“双色调”命令，弹出如图4.10所示的“双色调选项”对话框，在该对话框中勾选“预览”复选框，以在设置“油墨”选项时观察图像的变化效果。

“双色调选项”对话框中的重要参数解释如下。

- 类型：在此下拉列表中选择使用色调的数量，包括“单色调”、“双色调”、“三色调”和“四色调”。选择“双色调”选项，“油墨2”被激活，其他依此类推。
- 曲线框：单击油墨颜色框左侧的曲线框，在弹出的对话框中调整每种油墨颜色的双色调曲线，如图4.11所示。

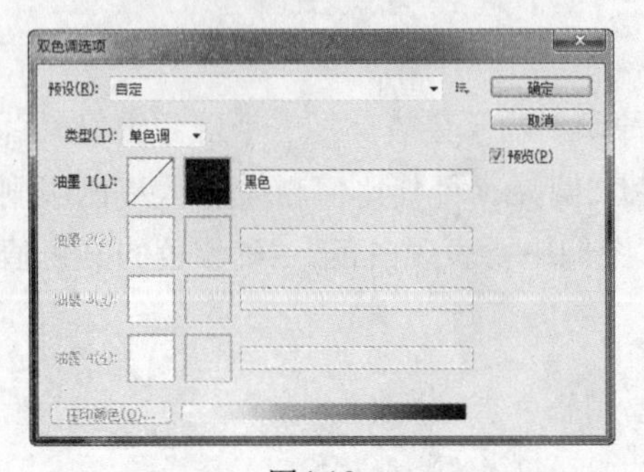

图4.10

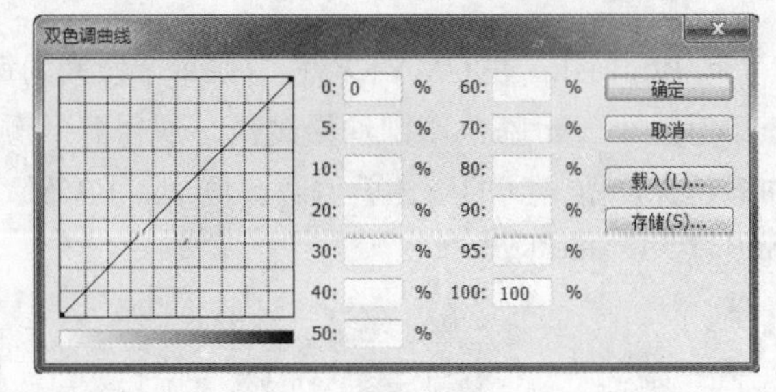

图4.11

- 颜色框：单击油墨的颜色框（纯色方框），在弹出的“拾色器”或“颜色库”对话框中选择油墨颜色。

03 单击“确定”按钮，则此图像被转换为双色调图像。如图4.12所示为按照此方法操作得到的双色调图像。

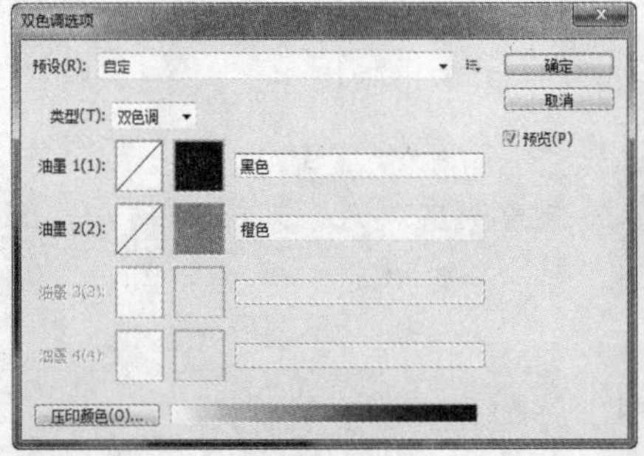

图4.12

4.2 简单调整图像色彩

4.2.1 减淡工具

使用“减淡工具”在图像中拖动可将光标掠过处的图像变亮，因此该工具常用于提高图像的局部亮度和为图像添加眩目高光，其工具选项条如图4.13所示。

图4.13

如图4.14所示为原图像，图4.15所示为分别在“范围”下拉列表中选择“中间调”及“高光”选项，对人物的面部及唇部进行处理后的效果。

图4.14

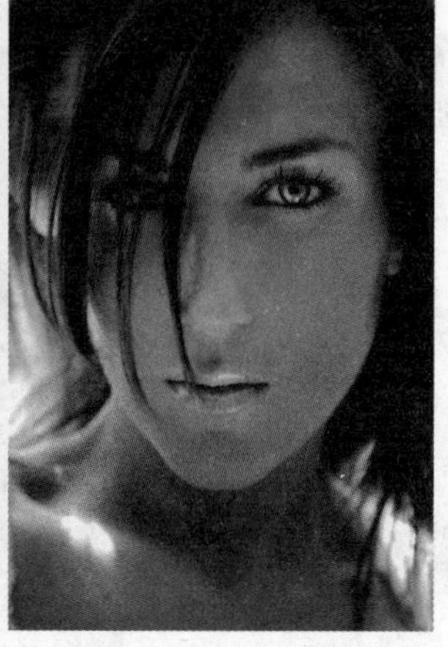

图4.15

4.2.2 加深工具

“加深工具”与“减淡工具”恰恰相反，可使图像中被编辑的区域变暗，其工具选项条及操作方法与“减淡工具”的相同，故不再重述。

如图4.16所示为原图像，图4.17是为中间花朵进行加深处理后的效果。

图4.16　　图4.17

另外，“加深工具”常与“减淡工具”配合使用为图像增加立体感，其中最为典型的应用就是绘制CG作品。图4.18所示为一些Photoshop大师结合“加深工具”及“减淡工具”绘制得到的优秀作品。

图4.18

提示 鉴于每个人的绘画方式都不同，所以并非所有的人都使用这两个工具绘制全部的图像，也有很多人习惯于先使用绘画功能绘制出基本的光影后，再使用这两个工具进行细致的处理。

4.2.3 “去色”命令

选择“图像”|“调整”|“去色”命令，可以去掉彩色图像中的所有颜色值，将其转换为相同颜色模式的灰度图像。与选择“图像”|“模式”|“灰度”命令不同，选择“图像”|“调整”|“去色”命令后，可在原图像的颜色模式下将图像转换为灰度效果。

如果要选择图像中非重点的区域，然后使用此命令，可以制作出使用彩色突出视觉焦点的效果。图4.19所示为将特定图像以外的区域去色后得到的效果。

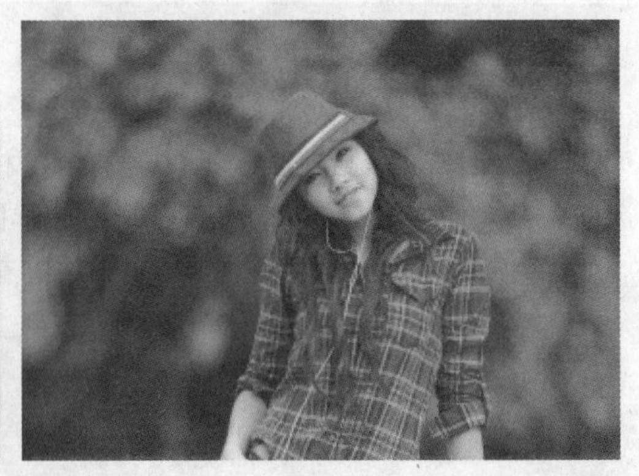

图4.19

4.2.4 “反相”命令

选择“图像”|“调整”|“反相”命令，可以对图像进行反相，将正片黑白图像变成负片或将扫描的黑白负片转换为正片是此命令最为典型的应用实例。图4.20所示为原图像，图4.21所示为反相图像后得到的效果。

图4.20

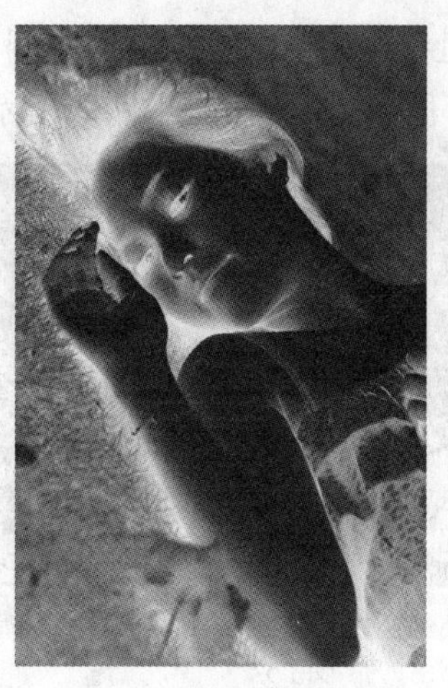

图4.21

4.2.5 “阈值”命令

利用“阈值”命令可以将一个灰度或彩色图像转换为高对比度的黑白图像，该命令允许用户将一个色阶值指定为“阈值”，调整后所有比该“阈值”亮的像素会被转换为白色，所有比该“阈值”暗的像素会被转换为黑色，此命令的对话框如图4.22所示。

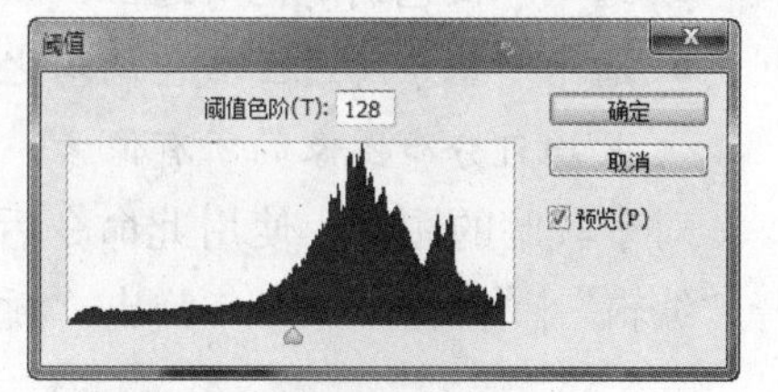

图4.22

图4.23所示为原图像，图4.24所示为执行“阈值”命令后的图像效果。

图4.23

图4.24

虽然将图像转换为位图模式也可以得到黑白图像的效果，但“阈值”命令在使用的过程中，可以动态地调整黑白比例，因此在制作黑白图像效果时，使用此命令得到的效果往往比直接将图像转换为位图模式具有更大的灵活性。

4.2.6 “色调均化”命令

当图像的色调分布不均匀的时候，可以选择“图像”|“调整”|“色调均化”命令，按亮度重新分布图像的像素，使其更均匀地分布在整个图像上。

使用此命令时，Photoshop先查找图像最亮及最暗处像素的色值，然后将最暗的像素重新映射为黑色，最亮的像素映射为白色。然后，Photoshop对整幅图像进行色调均化，即重新分布处于最暗与最亮的色值中间的像素。

如图4.25所示为原图像，图4.26所示为使用“色调均化”命令后的效果。

图4.25

图4.26

提示 如果在执行此命令前存在一个选择区域，选择此命令后弹出如图4.27所示的对话框。

- 选中“仅色调均化所选区域”单选按钮，将仅均匀分布所选区域的像素。
- 选中“基于所选区域色调均化整个图像”单选按钮，则Photoshop基于选区中的像素均匀分布图像的所有像素。

对于较暗的图像，使用此命令后，往往会使图像的亮部过亮，在此情况下，可以选择“编辑”|“渐隐”命令，弹出“渐隐”对话框，如图4.28所示。

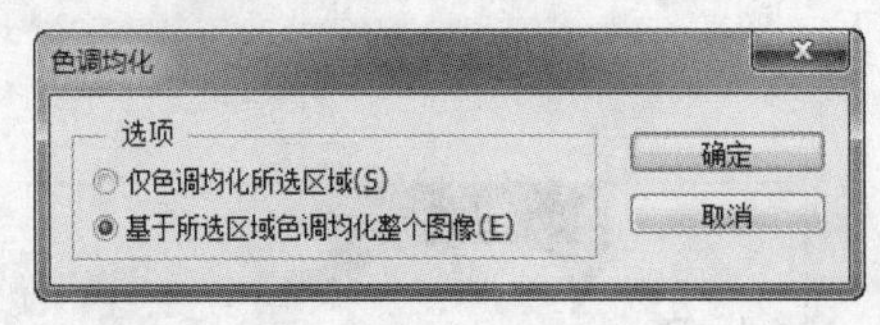

图4.27

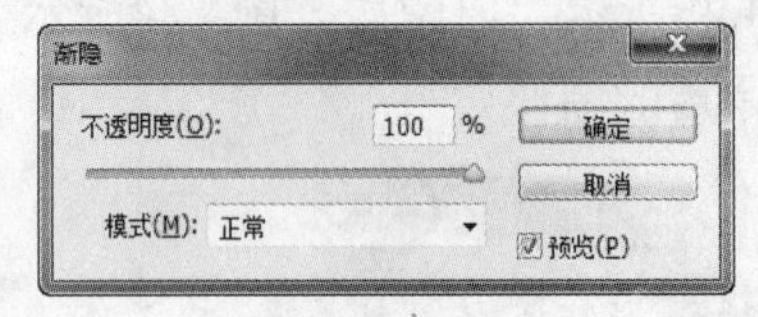

图4.28

另外，“渐隐”命令也是平时对图像进行调色时经常会用到的，它能够将对图像引用的部分效果以不同的程度显现出来，特别是对一些没有参数设置的命令，可以用渐隐命令做一些中和。

4.2.7 “色调分离”命令

使用“色调分离”命令可以根据需要人为地控制图像中色调的层次，例如可以将彩色图像的色调等级制定为6级。Photoshop可以在图像中找出6种基本色，并将图像中所有的颜色强制与这6种颜色匹配，此命令常用于创建特殊的图像效果，例如制作较大的单色调区域，其操作步骤如下所述。

01 打开随书所附光盘中的文件“源文件\第4章\4.2.7-素材.jpg”。选择“图像”|“调整”|“色调分离”命令，弹出如图4.29所示的“色调分离”对话框。

02 在该对话框中的“色阶”文本框中输入数值或拖动其下方的滑块，同时预览被操作图像的变化，直至得到所需要的效果即可。

图4.29

在“色调分离”对话框中，可以使用上下方向键来快速试用不同的色调等级。

如图4.30所示为原图像，图4.31所示为设置“色阶”数值为4时所得到的效果，图4.32所示为设置“色阶”数值为10时所得到的效果，图4.33所示为设置“色阶”数值为20时所得到的效果。

图4.30

图4.31

图4.32

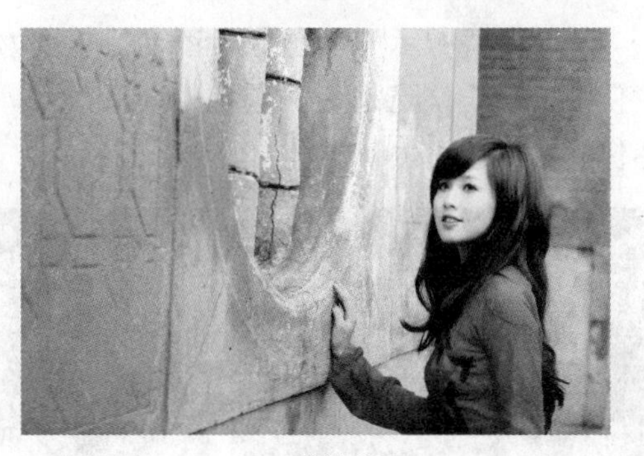

图4.33

4.2.8 “替换颜色”命令

“替换颜色”命令允许用户在图像中基于特定颜色创建暂时的选区，以调整该区域的色相、饱和度及明度，从而用自己需要的颜色替换图像中不需要的颜色。如图4.34所示为执行“图像”|“调整”|“替换颜色”命令后弹出的对话框。

如图4.35所示为原图像，图4.36所示为使用“替换颜色”命令后的效果。

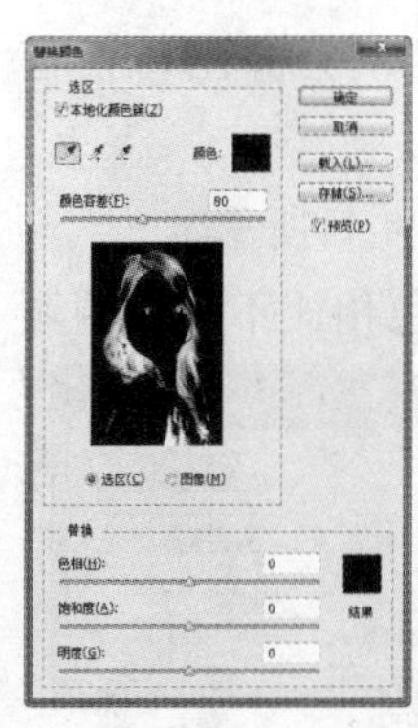

图4.34

图4.35

图4.36

4.2.9 “亮度/对比度”命令

“亮度/对比度”命令用于调整图像的明暗度，用户可以通过调整数值来控制效果，选择“图像”|“调整”|“亮度/对比度”命令，弹出如图4.37所示的对话框。

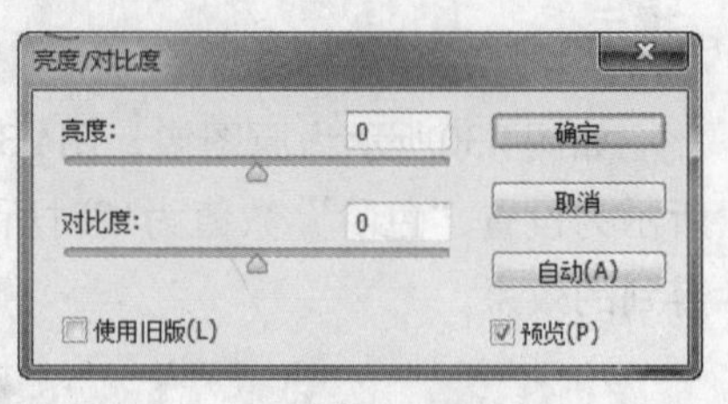

图4.37

- 亮度：用于调整图像的亮度。数值为正时，增加图像亮度；数值为负时，降低图像的亮度。
- 对比度：用于调整图像的对比度。数值为正时增加图像的对比度，数值为负时降低图像的对比度。
- 使用旧版：通过勾选此复选框，可以使用CS3版本以前的“亮度/对比度”命令来调整图像，而默认情况下，则使用新版的功能进行调整。新版命令在调整图像时，将仅对图像的亮度进行调整，而色彩的对比度则保持不变。
- “自动”按钮：在Photoshop CS6中，单击此按钮后，即可自动针对当前的图像进行亮度及对比度的调整。

如图4.38所示为原图像，图4.39所示为处理完成后的效果。图4.40所示为在勾选了“使用旧版”复选框后对图像处理的效果，可以看出，除了亮度与对比度发生变化外，图像的色彩也发生了很大的变化。

图4.38

图4.39

图4.40

4.2.10 “自然饱和度”命令

使用“自然饱和度”命令调整图像时，可以使图像颜色的饱和度不会溢出，换言之，此命令可以仅调整与已饱和的颜色相比那些不饱和的颜色的饱和度。

选择“图像”|“调整”|“自然饱和度”命令后，弹出的对话框如图4.41所示。

拖动“自然饱和度”滑块可以使Photoshop调整那些与已饱和的颜色相比不饱和的颜色的饱和度，从而获得更加柔和自然的图像饱和度效果。

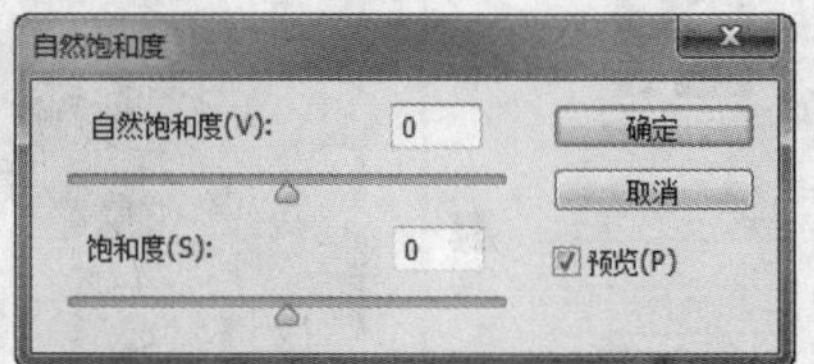

图4.41

拖动“饱和度”滑块可以使Photoshop调整图像中所有颜色的饱和度，使所有颜色获得等量饱和度调整，因此使用此滑块可能导致图像的局部颜色过于饱和。

使用此命令调整人像照片时，可以防止人像的肤色过度饱和。以图4.42所示的原图像为例，图4.43所示为使用此命令调整后的效果，图4.44所示则为使用“色相/饱和度”命令提高图像饱和度时的效果，对比可以看出此命令在调整颜色饱和度方面的优势。

图4.42

图4.43

图4.44

提示

关于“色相/饱和度”命令的详细讲解请参见4.3.6节中的内容。

4.3 图像色彩的高级调整

4.3.1 快速使用调整命令的技巧——使用预设

在Photoshop CS6中，许多调整命令有了预设功能，图4.45所示为有预设工具的几个调整命令的对话框。

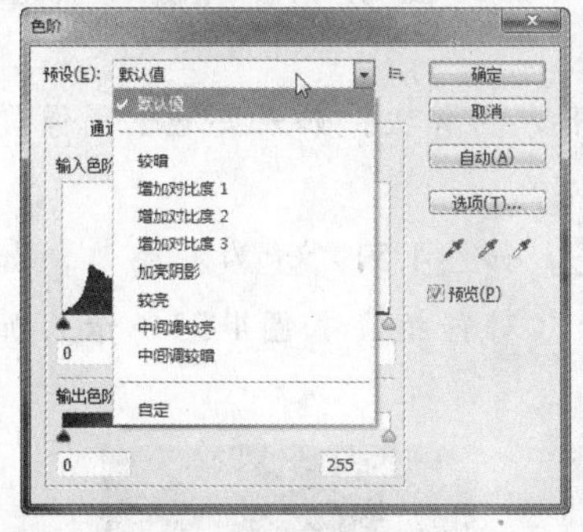

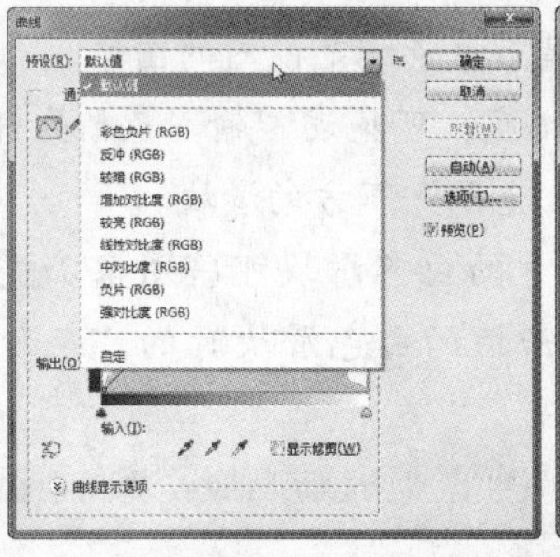

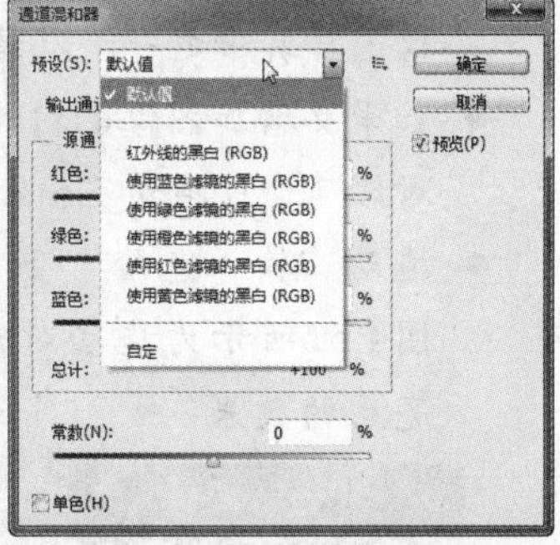

图4.45

这一功能大大简化了调整命令的使用方法，例如对于“曲线”命令可以直接在“预设”下拉列表中选择一个Photoshop自带的调整方案。如图4.46所示为原图像，图4.47、图4.48和图4.49所示则为分别设置“反冲”、“彩色负片”和“强对比度”以后的效果。

对于那些不需要得到较精确的调整效果的用户而言，此功能大大简化了操作步骤。

图4.46

图4.47

图4.48

图4.49

4.3.2 “色阶”命令

“色阶”命令是绝大多数Photoshop用户调整图像色调时最常用到的命令之一，其功能非常强大，不仅能够调整图像的高光和阴影显示，还可以通过改变黑白场的形式修改图像色调。选择“图像”|“调整”|“色阶”命令，可弹出如图4.50所示的“色阶”对话框。

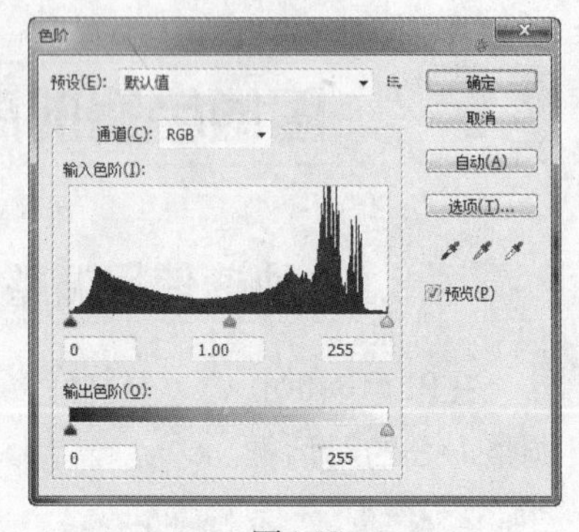

图4.50

使用此命令调整图像的准则如下。

- 如果要对图像的全部色调进行调节，可使用“通道”下拉列表中默认的RGB/CMYK通道，否则仅选择其中之一，以调节该色调范围内的图像。
- 如果要增加图像的对比度，可拖动“输入色阶”下方的滑块；如果要减少图像的对比度，可拖动“输出色阶”下方的滑块。
- 拖动“输入色阶”下方的白色滑块可将图像加亮。如图4.51所示为原图像，如图4.52所示为拖动对话框的白色滑块时的“色阶”对话框，如图4.53所示为加亮后的效果。

图4.51

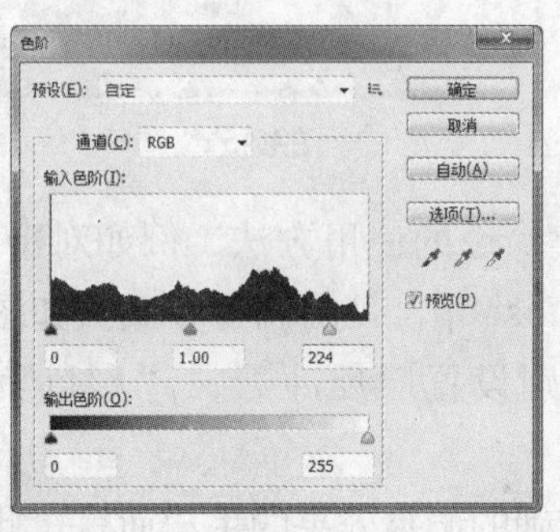

图4.52

图4.53

- 拖动“输入色阶”下方的黑色滑块可将图像变暗。如图4.54所示为拖动对话框的黑色滑块时的“色阶”对话框，如图4.55所示为变暗后的效果。

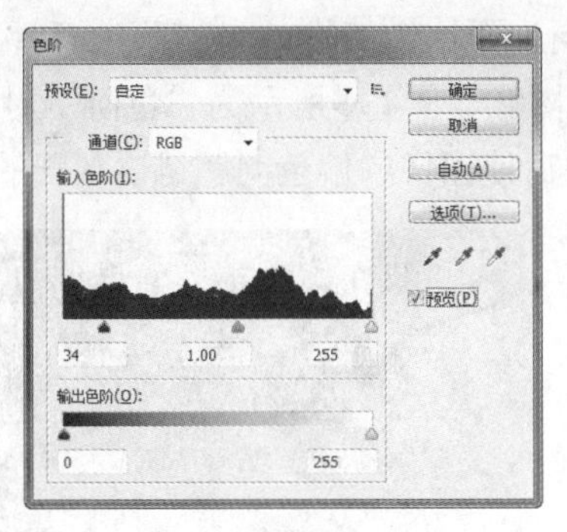

图4.54

图4.55

- 拖动“输入色阶”下方的灰色滑块，可以使图像像素重新分布，其中向左拖动使图像变亮，向右拖动使图像变暗。如图4.56所示为向左拖动灰色滑块时的“色阶”对话框，如图4.57所示为拖动灰色滑块后的效果。

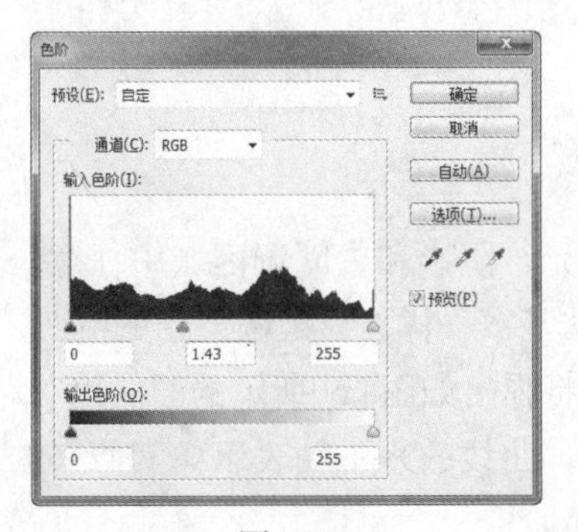

图4.56

图4.57

- 如果需要将对话框中的设置保存为一个设置文件，在以后的工作中使用，可以单击“预设选项”按钮，在弹出的快捷菜单中选择“存储预设”命令，在弹出的对话框中输入文件名称。
- 如果要调用“色阶”命令的设置文件，可以单击“预设选项”按钮，在弹出的快捷菜单中选择“载入预设”命令，在弹出的对话框中选择该文件。
- 单击“自动”按钮，可使Photoshop自动调节图像的对比度及明暗度。

除上述方法外，利用对话框中的滴管工具，也可以对图像的明暗度进行调节。其中，使用“黑色滴管工具”可以使图像变暗；使用“白色滴管工具”可以加亮图像；使用“灰色滴管工具”可以去除图像的偏色，3个滴管工具的功用如下所述。

- “黑色滴管工具”：可以将图像中的单击位置定义为图像中最暗的区域，从而使图像的明阴影重新分布，大多数情况下，可以使图像更暗一些，此操作即为重新定义黑场。
- “白色滴管工具”：可以将图像中的单击位置定义为图像中最亮的区域，从而使图像的明阴影重新分布，大多数情况下，可以使图像更亮一些，此操作即为重新定义白场。
- “灰色滴管工具”：可以将图像中的单击位置的颜色定义为图像的偏色，从而使图像的色调重新分布，用于去除图像的偏色情况。

在上述的3个滴管工具中，“黑色滴管工具”和“白色滴管工具”的功能与前面讲解的“输入色阶”中的黑、白滑块功能基本相同，而比较特别的是“灰色滴管工具”，它可以校正图像中的偏色。如图4.58所示为原图像，图4.59所示为“色阶”对话框处于打开状态下，使用“灰色滴管工具”单击图像后使图像的偏色问题得以纠正的效果。

图4.58

图4.59

4.3.3 “曲线”命令

利用“曲线”命令可以精确调整图像高光、阴影和中间调区域中任意一点的色调与明暗。其调整图像的原理与“色阶”调整方法基本一样，只是调整会更精细。

选择“图像”|“调整”|“曲线”命令，将弹出如图4.60所示的“曲线”对话框。

在此对话框中最重要的工作是调节曲线，曲线的水平轴表示像素原来的色值，即输入色阶，垂直轴表示调整后的色值，即输出色阶。

提示 在RGB图像对话框中显示的是0～255间的亮度值，其中阴影（数值为0）位于左边；而在CMYK图像对话框中显示的是0～100间的百分数，高光（数值为0）在左边。

下面通过一个实例精确调整图像的颜色。

01 打开随书所附光盘中的文件“源文件\第4章\4.3.3-1-素材.png”，如图4.61所示。确定需要调整的区域，在此数码照片中需要将暗部区域适当加亮。

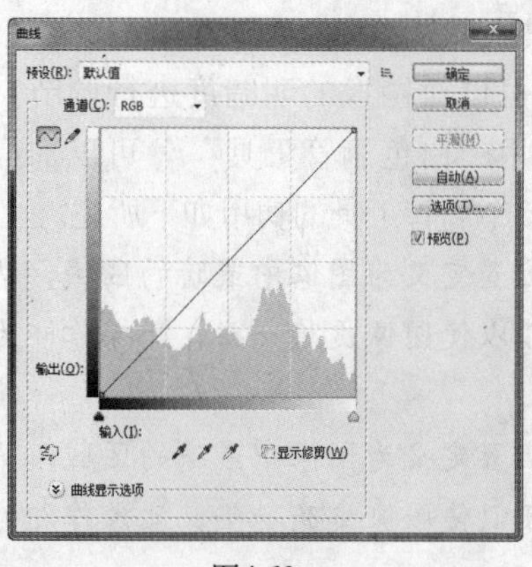

图4.60

图4.61

02 选择“图像”|“调整”|“曲线”命令，弹出“曲线”对话框。

03 由于本例需要调整不同部分的亮部，因此在“通道”下拉列表中分别调整红、绿、蓝通道，如图4.62所示，得到如图4.63所示的效果。

调整曲线的第二种方法是使用铅笔绘制曲线，然后通过平滑曲线来达到调节数码照片的目的，其操作步骤如下。

01 选择“曲线”对话框左侧的“铅笔工具”。

02 拖动鼠标在“曲线”图表区绘制需要的曲线。

03 单击“平滑”按钮以平滑曲线。

提示 如果需要使对话框中的网格更加精细，可以按住Alt键单击网格，此时对话框如图4.64所示，再次按住Alt键单击网格可使其恢复至原始状态。

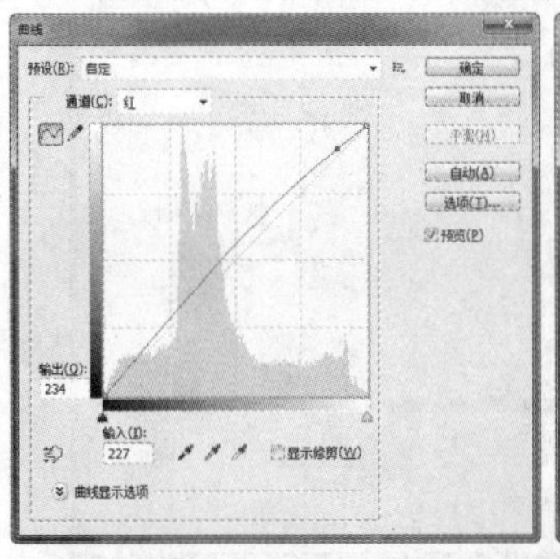
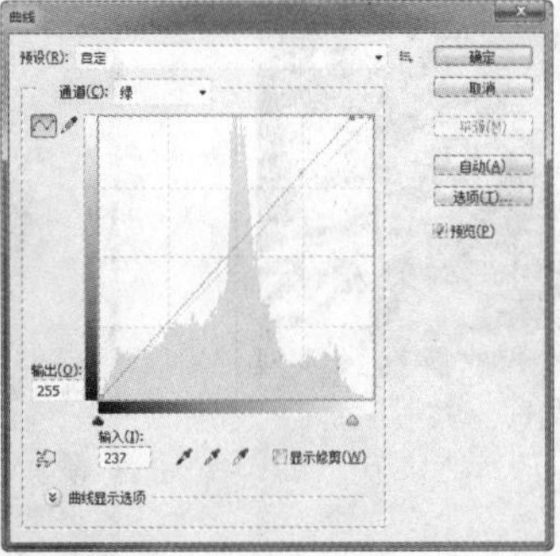
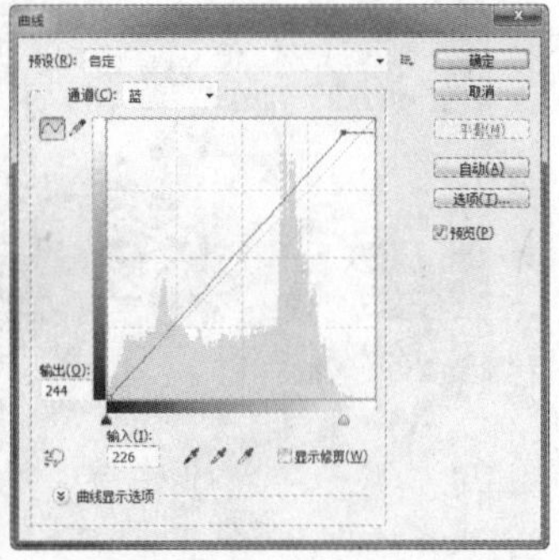

图4.62

图4.63

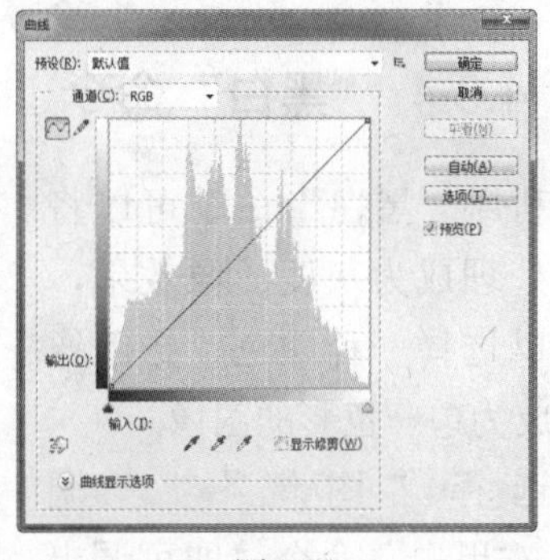

图4.64

在“曲线”对话框中，还可以使用“拖动调整工具”，在图像中通过拖动的方式快速调整图像的色彩及亮度。

如图4.65所示为选择“拖动调整工具”后在要调整的图像位置摆放光标时的状态，由于当前摆放光标的位置显得曝光不足，所以将向上拖动光标以提亮图像，如图4.66所示，此时的“曲线”对话框如图4.67所示。

图4.65

在上面处理的图像基础上，再将光标置于阴影区域要调整的位置，如图4.68所示，按照前面所述的方法，此时将向下拖动光标以调整阴影区域，如图4.69所示，此时的“曲线”对话框如图4.70所示。

图4.66

图4.67

图4.68

图4.69

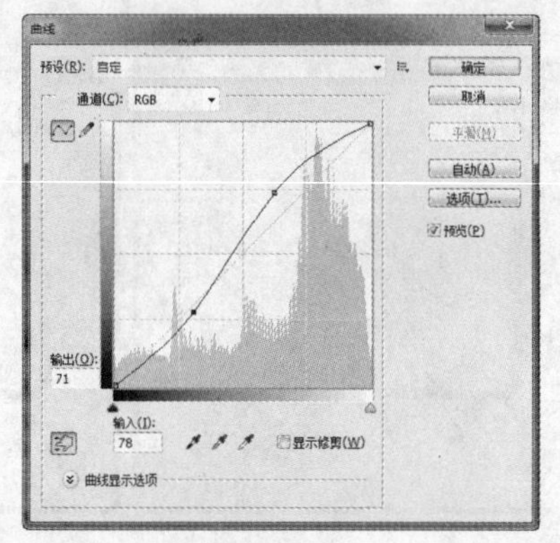

图4.70

4.3.4 “黑白”命令

利用“黑白”命令可以将图像处理成为灰度图像效果，也可以选择一种颜色，将图像处理成为单一色彩的图像。

选择“图像”|“调整”|“黑白”命令，即可调出如图4.71所示的对话框。

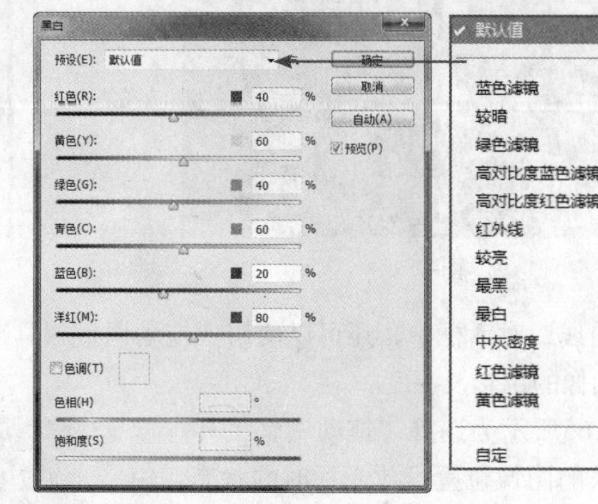

图4.71

在“黑白”对话框中，各参数的解释如下。

- 预设：在此下拉列表中，可以选择Photoshop自带的多种图像处理方案，从而将图像处理成为不同程度的灰度效果。
- 颜色设置：在对话框中间的位置存在着6个滑块，分别拖动各个滑块，即可对原图像中对应色彩的图像进行灰度处理。
- 色调：勾选该复选框后，对话框底部的两个色条及右侧的色块将被激活，如图4.72所示。其中，两个色条分别代表了“色相”与“饱和度”，在其中调整出一个要叠加到图像上的颜色，即可轻松地完成对图像的着色操作；另外，也可以直接单击右侧的色块，在弹出的“拾色器（色调颜色）”对话框中选择一种需要的颜色。

下面将通过一个实例，来讲解如何使用“黑白”命令先制作灰度图像，再为图像叠加颜色，从而处理得到艺术化的摄影图像效果。

01 打开随书所附光盘中的文件“源文件\第4章\4.3.4-素材.jpg”，如图4.73所示。

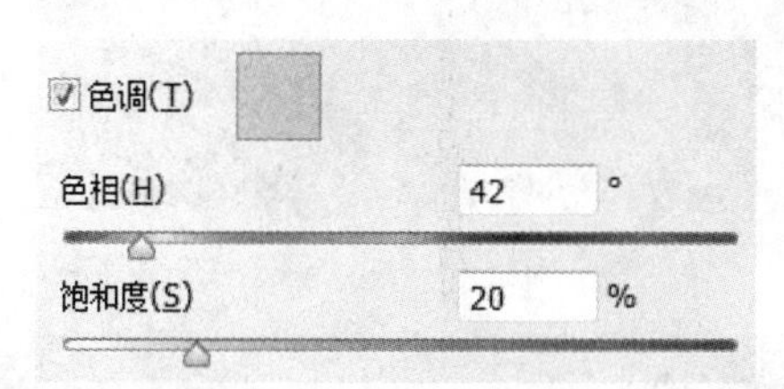

图4.72

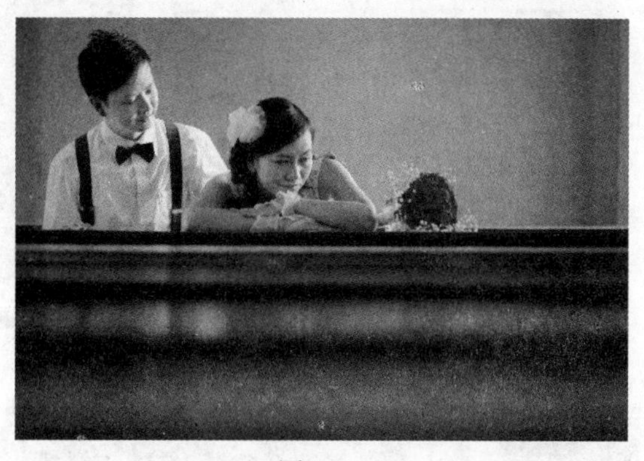

图4.73

02 选择“图像”|“调整”|“黑白”命令，在弹出的对话框中，可以在“预设”下拉列表中选择一种处理方案，或直接在中间的颜色设置区域中拖动各个滑块，以调整图像的效果。

03 在“预设”下拉列表中选择“绿色滤镜”预设方案，如图4.74所示，此时图像的状态如图4.75所示。

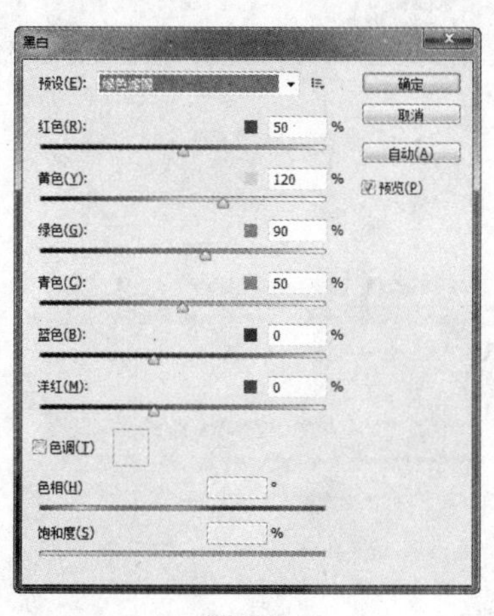

图4.74

图4.75

提示 至此，已经将图像处理为满意的灰度效果了，下面继续在此基础上为图像叠加一种艺术化的色彩。

04 勾选对话框底部的“色调”复选框，此时下面的两个色条将被激活，分别拖动“色相”及“饱和度”滑块，同时预览图像的效果，直至满意为止。如图4.76所示为设置的颜色参数，图4.77所示为得到的图像效果。

除了上面讲解的为图像叠加黄色以外，还可以调整其他不同的颜色，如图4.78是分别为图像叠加了绿色和红色后得到的不同效果。

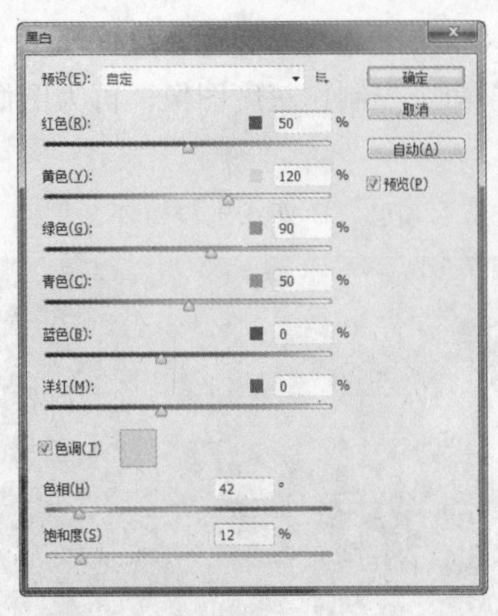

图4.76

图4.77

图4.78

4.3.5 “色彩平衡”命令

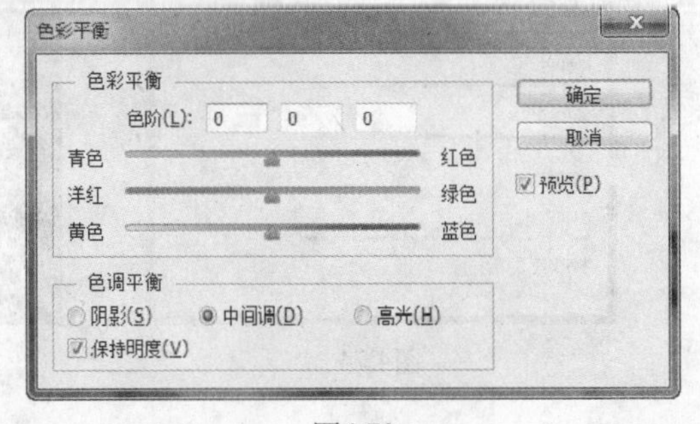

图4.79

利用“色彩平衡”命令，可以在图像或选择区域中增加或减少处于高亮度色、中间色以及阴影色区域中特定的颜色，适用于调整图像中大面积区域的情况。

选择“图像”|“调整”|“色彩平衡”命令，弹出如图4.79所示的对话框。

在“色彩平衡”对话框中，有如下选项可调整图像的颜色平衡。

- 颜色调节滑块：颜色调节滑块区显示互补的CMYK和RGB色。在调节时可以通过拖动滑块增加该颜色在图像中的比例，同时减少该颜色的补色在图像中的比例。例如，要减少图像中的蓝色，可以将“蓝色”滑块向“黄色”方向拖动。
- 阴影、中间调、高光：选中相应的单选按钮，然后拖动滑块，可以调整图像中这些区域的颜色值。
- 保持明度：勾选该复选框，可以保持图像的亮调。即在操作时只有颜色值可被改变，像素的亮度值不可改变。

使用“色彩平衡”命令调整图像的操作步骤如下所述。

01 打开随书所附光盘中的文件“源文件\第4章\4.3.5-素材.psd”，如图4.80所示。在此需要将偏冷的图像色调调整成为偏暖的感觉。

对于这项调整任务，实际上完成的方法很多，在此仅展示了其中一种，在本章学习结束后，读者可以尝试采用不同的方法进行调整，并在调整时进行对比，以加深对调整命令的理解。

02 选择“图像”|“调整”|“色彩平衡”命令，在弹出的对话框中选中“阴影”单选按钮，设置对话框中的参数如图4.81所示。

图4.80

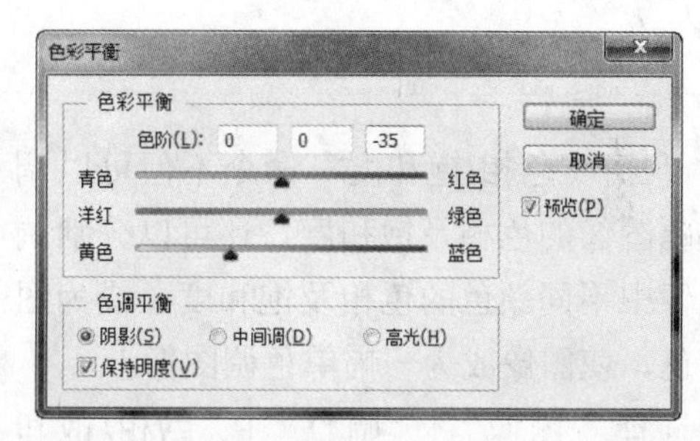

图4.81

03 分别选中“中间调”、“高光”两个单选按钮，分别设置对话框中的参数如图4.82所示。

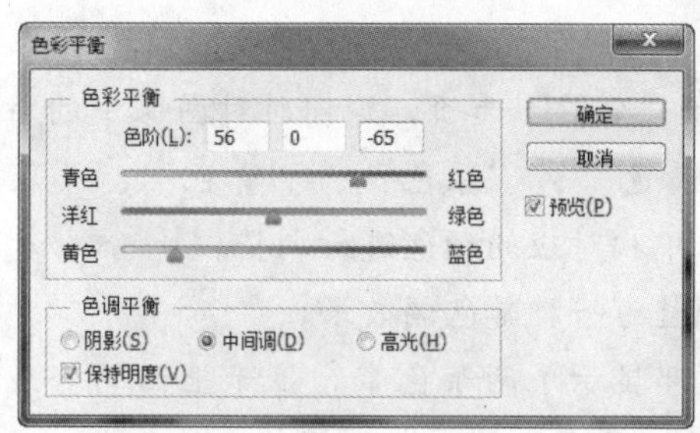

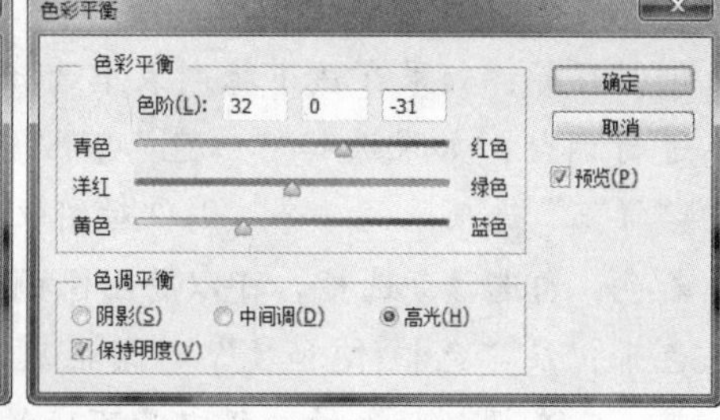

图4.82

04 单击“确定”按钮退出对话框，得到如图4.83所示的效果。

图4.83

采用同样的方法，还可以将图像调整成为如图4.84所示的色调效果。

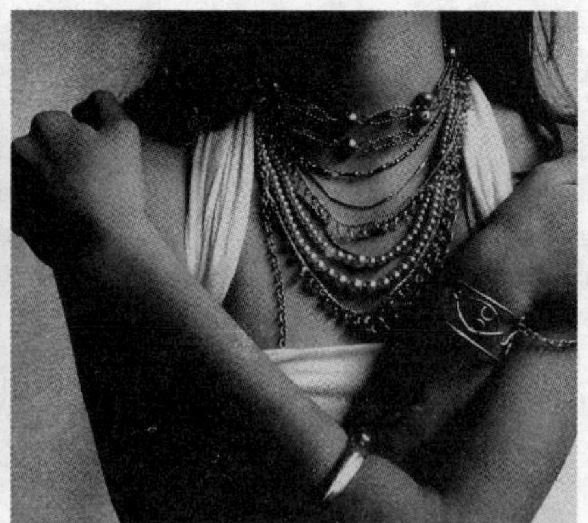

图4.84

4.3.6 “色相/饱和度”命令

利用“色相/饱和度”命令不但可以调整整幅图像的色相及饱和度，还可以分别调整图像中不同颜色的色相及饱和度，或为图像着色，使图像成为一幅单色调图像。

选择“图像”|“调整”|“色相/饱和度”命令，弹出如图4.85所示的对话框。

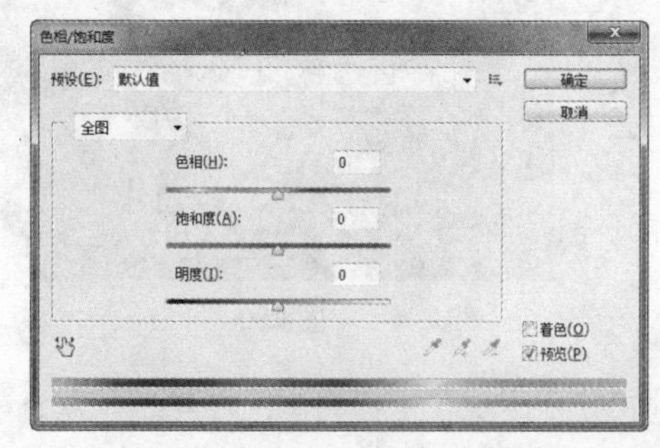

图4.85

“色相/饱和度”对话框中的参数解释如下。

- 调整目标：如果在该下拉列表中选择“全图”选项，则同时对图像中的所有颜色进行调整；如果选择“红色”、“黄色”、“绿色”、“青色”、“蓝色”或“洋红”选项中的一个，则仅对图像中相对应的颜色进行调整。
- 着色：勾选该复选框，可以将图像调整为一种单色调效果。
- 色带：在“色相/饱和度”对话框底部显示了两条色带，位于上面的一条是原色带，它在调整颜色的过程中是不变的，而下面的一条是调整后的色带，它会随着颜色的变化而变化。
- 拖动调整工具：在对话框中单击选中此工具后，在图像中单击某一种颜色，并在图像中向左或向右拖动，可以减少或增加包含所单击像素的颜色范围的饱和度；如果在执行此操作时按住了Ctrl键，则左右拖动可以改变相对应区域的色相。与前面讲解的“曲线”对话框中的“拖动调整工具”类似，此处的工作也是不同操作方式、但调整原理相同的一个替代功能，读者可以在后面学习了此命令基本的颜色调整方法后，再尝试使用此工具对图像颜色进行调整。

下面将通过一个简单的实例，来讲解一下此命令的使用方法。

01 打开随书所附光盘中的文件“源文件\第4章\4.3.6-素材.psd”，如图4.86所示。在本实例中，要提高此照片图像的饱和度，并使其唇色变成紫色，与指甲的颜色相匹配。

02 下面来提高图像的饱和度。按Ctrl+U键执行“色相/饱和度”命令，在弹出的对话框中提高图像的饱和度，如图4.87所示，此时图像的预览效果如图4.88所示。

图4.86

图4.87

图4.88

03 下面来提高图像的亮度。在“色相/饱和度”对话框中向右侧拖动“明度”滑块，如图4.89所示，此时图像的预览效果如图4.90所示。

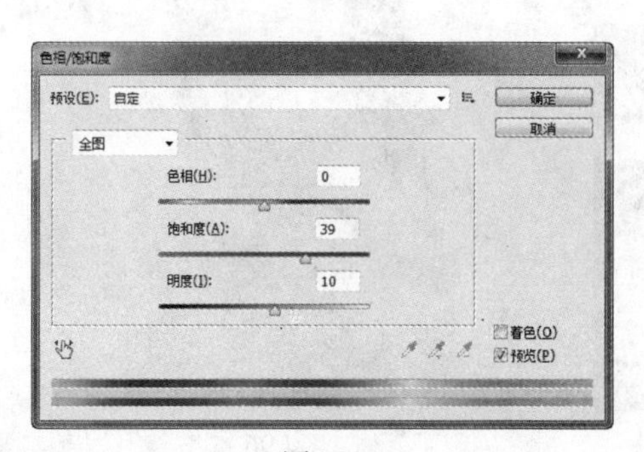

图4.89

图4.90

提示 由于后面需要将图像的唇色调整成为紫色，所以目前人物面部的偏黄色与紫色不太匹配，下面来进行一些细节的调整。

04 在调整目标下拉列表中选择“黄色”选项，如图4.91所示，然后校正图像的偏色，如图4.92所示，得到如图4.93所示的效果，单击“确定”按钮退出对话框，完成初步的调整。

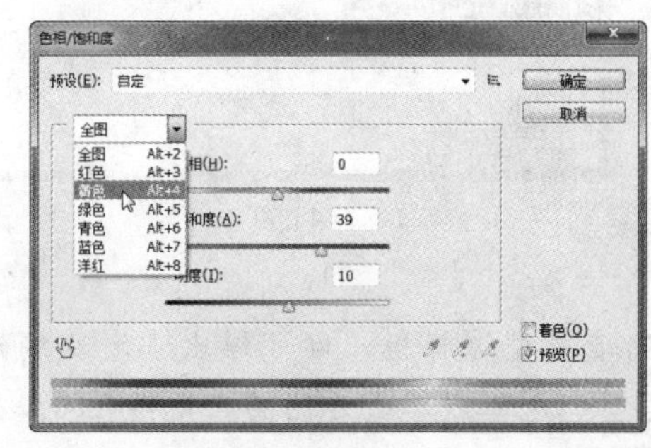

图4.91

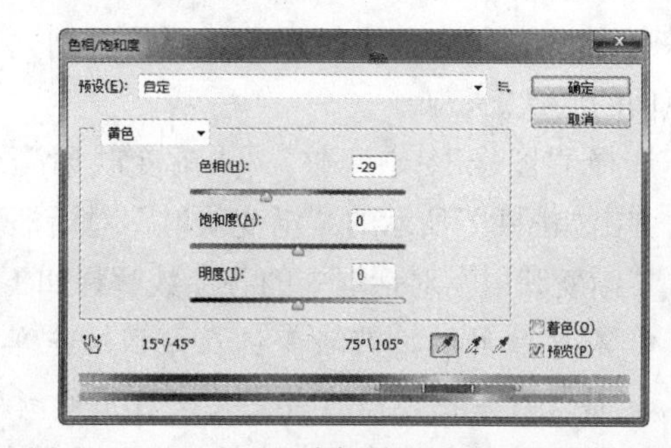

图4.92

05 下面来调整一下人物的唇色。选择“套索工具”，沿着人物唇部边缘绘制选区，如图4.94所示。

图4.93

图4.94

06 按Ctrl+U键执行“色相/饱和度”命令，然后调整图像的颜色，如图4.95所示，单击“确定”按钮退出对话框，按Ctrl+D键取消选区，得到如图4.96所示的效果。

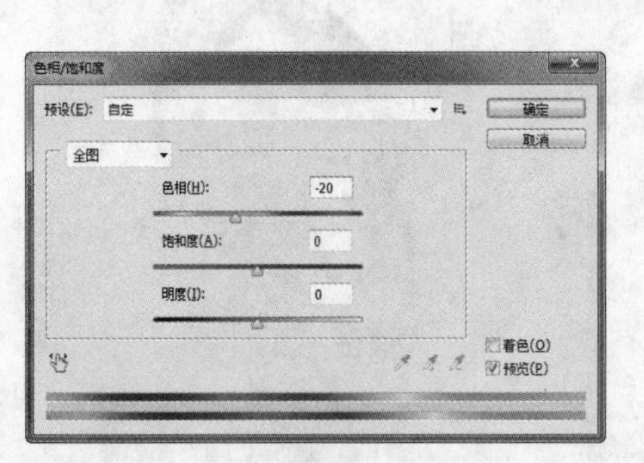

图4.95

图4.96

4.3.7 “渐变映射”命令

利用“渐变映射”命令可以将渐变效果作用于图像，此命令将图像的灰度范围映射为指定的渐变填充色。

例如，如果指定了一个双色渐变，则图像中的阴影映射到渐变填充的一个端点颜色，高光映射到另一个端点颜色，中间调映射到两个端点间的层次。

选择“图像”|“调整”|“渐变映射”命令，弹出如图4.97所示的“渐变映射”对话框。

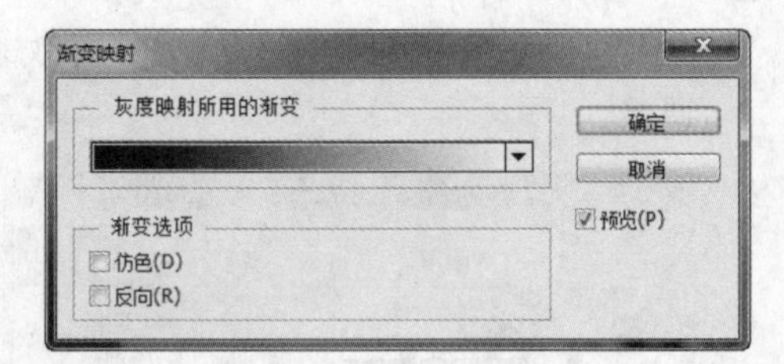

图4.97

“渐变映射”对话框中的各参数解释如下。

- 灰度映射所用的渐变：在该区域中单击渐变类型选择框，即可弹出“渐变编辑器”对话框，然后自定义要应用的渐变类型。也可以单击右侧的三角按钮▾，在弹出的渐变预设框中选择一个预设的渐变。
- 仿色：勾选该复选框后，将添加随机杂色以平滑渐变填充的外观并减少宽带效果。
- 反向：勾选该复选框后，会按反方向映射渐变。

下面就以一个实例来讲解“渐变映射”命令的使用方法，其操作步骤如下。

01 打开随书所附光盘中的文件“源文件\第4章\4.3.7-素材.jpg”，如图4.98所示。

02 选择“图像”|“调整”|“渐变映射”命令，弹出“渐变映射”对话框。

03 在弹出的“渐变映射”对话框中执行下面的操作之一。

- 单击对话框中的渐变类型选择框，在弹出的“渐变编辑器”对话框中自定义渐变的类型。
- 单击渐变类型选择框右侧的三角按钮▾，在弹出的渐变预设框中选择一个预设的渐变。

04 根据需要勾选“仿色”、“反向”复选框后，单击“确定”按钮退出对话框即可。

图4.99所示为应用不同的渐变映射后的效果。

图4.98

图4.99

4.3.8 “照片滤镜”命令

“照片滤镜”命令可以模拟传统的光学滤镜特效，调整图像的色调，使其具有暖色调或冷色调，也可以根据实际情况自定义为其他的色调。选择“图像”|“调整”|“照片滤镜”命令，弹出如图4.100所示的对话框。

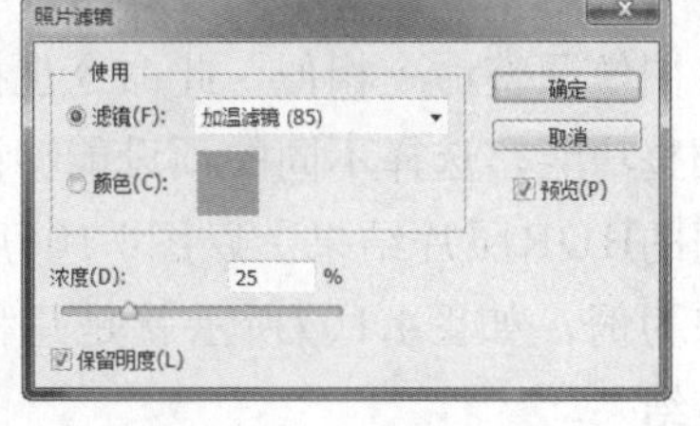

图4.100

图4.101所示为在“照片滤镜”对话框中选择“冷却滤镜（LBB）”选项，设置“浓度”值为25%，将照片调整为冷色调后的效果；图4.102所示为使用对话框中自定义的颜色，并设置“浓度”值为80%，将照片调整为暖色调后的效果。

图4.101

图4.102

4.3.9 “阴影/高光”命令

利用“阴影/高光”命令，可以处理图像中过暗或过亮的部分，并尽量恢复其中的细节，该命令的对话框如图4.103所示。

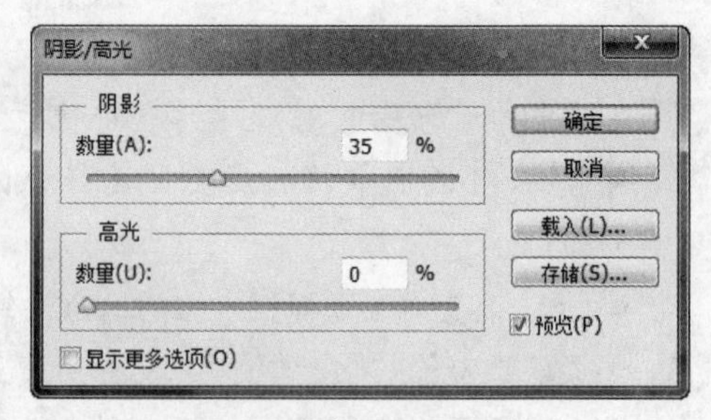

图4.103

在“阴影”或“高光”选项组中拖动“数量”滑块，可以对图像阴影或高光区域进行调整，该数值越大则调整的幅度也越大。

如图4.104所示为原图像及使用“阴影/高光”命令显示阴影细节图像后得到的效果。

图4.104

4.3.10 “HDR色调”命令

“HDR色调”命令是针对单一照片进行HDR合成的命令，选择“图像”|“调整”|“HDR色调”命令，弹出如图4.105所示的对话框。

从这个对话框中不难看出，与其他大部分图像调整命令相似，此命令也提供了预设调整功能，选择不同的预设能够调整得到不同的HDR照片结果。以图4.106所示的原图像为例，如图4.107所示就是几种不同的调整结果。

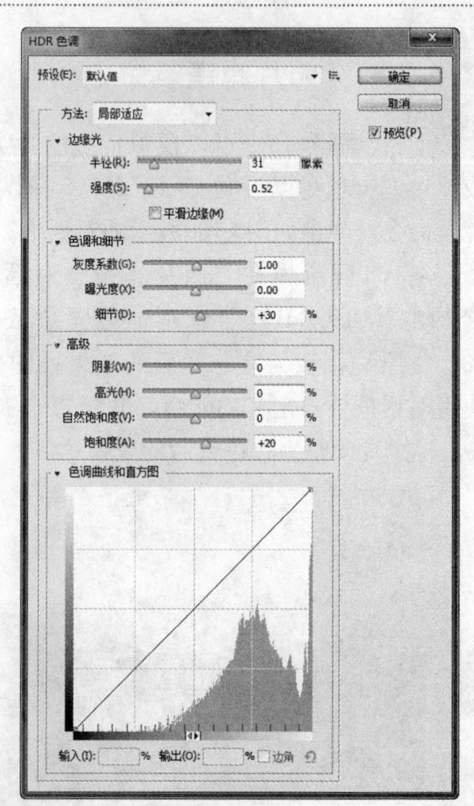

图4.105

图4.106

图4.107

下面将针对此命令提供的几种调整方法进行讲解。

1. 局部适应

这是“HDR色调”命令默认情况下选择的处理方法，使用此命令时可控制的参数也最多。下面分别来讲解一下此命令中各部分的参数功能。

“边缘光”选项组中的参数用于控制图像边缘的发光及其对比度，各参数的具体解释如下。

- 半径：此参数可控制发光的范围。图4.108所示为分别设置不同数值时的对比效果。

图4.108

- 强度：此参数可控制发光的对比度。图4.109所示为分别设置不同数值时的对比效果。

图4.109

“色调和细节”选项组中的参数用于控制图像的色调与细节，各参数的具体解释如下。

- 灰度系数：此参数可控制高光与暗调之间的差异，其数值越大（向左侧拖动）则图像的亮度越高，反之则图像的亮度越低，如图4.110所示。
- 曝光度：此参数可控制图像整体的曝光强度，也可以将其理解为亮度。
- 细节：数值为负数（向左侧拖动）时画面变得模糊，反之，数值为正数（向右侧拖动）时，可显示出更多的细节内容，如图4.111所示。

“高级”选项组中的参数用于控制图像的色彩饱和度，各参数的具体解释如下。

- 阴影/高光：此参数用于控制图像阴影或高光区域的亮度。
- 自然饱和度：拖动此滑块可以使Photoshop调整那些与已饱和的颜色相比不太饱和的颜色的饱和度，从而获得更加柔和自然的图像饱和度效果。
- 饱和度：拖动此滑块可以使Photoshop调整图像中所有颜色的饱和度，使所有颜色获得等量饱和度调整，因此使用此滑块可能导致图像的局部颜色过于饱和。

图4.110

图4.111

“色调曲线和直方图”选项组中的参数用于控制图像整体的亮度，其使用方法与编辑“曲线”对话框中的曲线基本相同，单击其右下角的“复位曲线”按钮，可以将曲线恢复到初始状态。

如图4.112所示为初始状态的图像效果，图4.113所示为调整的曲线状态，图4.114所示为得到的相应效果。

图4.112

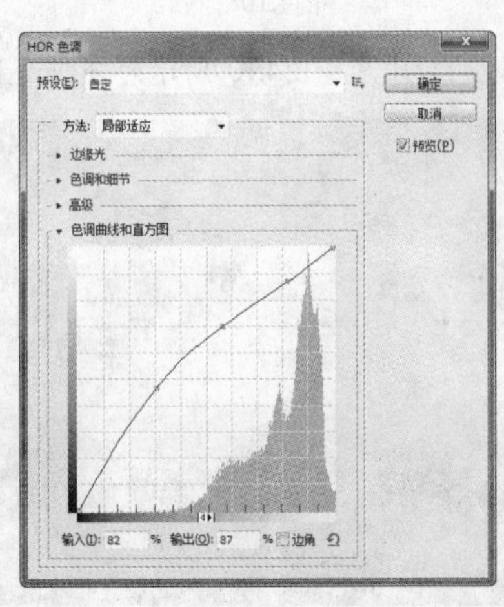

图4.113

图4.114

2. **曝光度和灰度系数**

选择此方法后，在其中分别调整“曝光度”和“灰度系数”两个参数，可以改变照片的曝光等级，以及灰度的强弱。图4.115所示为调整前后的效果对比。

图4.115

3. **高光压缩**

选择此方法后，可对照片中的高光区域进行降暗处理，从而调节得到比较特殊的效果。

4. **色调均化直方图**

选择此方法后，将对画面中的亮度进行平均化处理，对于低调照片有强烈的提亮作用。图4.116所示为调整前后的效果对比。

图4.116

4.4 练习题

一、单选题

1. 下面可以去除图像颜色的功能包括：（ ）

A.“去色”命令　　B. 减淡工具　　C.“反相”命令　　D. 加深工具

2. 在下列选项中哪个命令可以用来调整色偏？（ ）

A. 色调均化　　B. 阈值　　C. 色彩平衡　　D. 亮度／对比度

3. 在Photoshop中，“图像”|“调整”|“去色”命令的含义是下列哪一项？（ ）

A. 将图像中所有颜色的色相值设置为0　　B. 将图像中所有颜色的亮度设置为0

C. 将图像中所有颜色的饱和度设置为0　　D. 以上答案都不对

4. 在不改变图像色彩模式的情况下，要将彩色或灰阶的图像变成高对比度的黑白图像，可以使用下面哪一个命令？（ ）

A. “图像”|“调整”|“色相/饱和度”命令

B. “图像”|“模式”|“位图”命令

C. “图像”|“调整”|“阈值”命令

D. “图像”|“调整”|“去色”命令

5.若想同时调整图像的色相、饱和度和明度，应该选择哪一个命令？（ ）

A. “图像”|“调整”|“色彩平衡”命令

B. “图像”|“调整”|“亮度/对比度”命令

C. “图像”|“调整”|“色相/饱和度”命令

D. 以上答案都不对

6. 下面对于“图像”|“调整”|“色阶”命令叙述正确的是哪一项？（ ）

A. 使用此命令调整图像，不会造成像素点（或色调）丢失的现象

B. 在此命令对话框中向左侧拖动上方滑块条的白色三角时，会使图像整体变亮

C. 在此命令对话框中向右侧拖动上方滑块条的黑色三角时，会使图像整体变亮

D. 在此命令对话框中按Ctrl键单击“取消”按钮，可以在不退出对话框的情况下，复位所有参数

二、多选题

1. 下列属于图像颜色模式的包括：（ ）

A. CMYK模式　　B. RGB模式　　C. Lab模式　　D. 灰度模式

2. 下列可以提亮图像的功能包括：（ ）

A. 减淡工具　　B. 加深工具　　C. “亮度/对比度”命令　　D．“色阶”命令

3. 使用“色相/饱和度”命令可以：（ ）

A. 调整图像颜色　　B. 增加图像的饱和度

C. 降低图像的亮度　　D. 增加图像的对比度

4. 默认情况下只有一个颜色通道的颜色模式包括哪些？（ ）

A. 位图模式　　B. 灰度模式　　C. 双色调模式　　D. 索引模式

5. 下面各项对于“图像”|“调整”|“阈值”命令而言，叙述正确的是：（ ）

A. 使用此命令时，图像中高于此命令对话框中滑块所处位置的数值的像素将变为白色

B. 使用此命令时，图像中低于此命令对话框中滑块所处位置的数值的像素将变为黑色

C. 使用此命令时，图像中高于此命令对话框中滑块所处位置的数值的像素将变为黑色

D. 使用此命令时，图像中低于此命令对话框中滑块所处位置的数值的像素将变为白色

三、判断题

1.“曲线”对话框中曲线的调整状态，可以保存成为后缀名为.acv的文件。（ ）

2.“色阶”对话框中滑块的调整状态，可以保存成为后缀名为.acv的文件。（ ）

3.“色阶”与“曲线”命令的不同之处在于：前者只能调整图像的亮部、中间灰度和暗部；后者则可以调整图像中的任何一个色阶。（ ）

4. 如果要将一幅图像的颜色模式转换为位图，必须先将其颜色模式转换为灰度模式。（ ）

5.将一个图层文件由RGB模式转换成为CMYK模式，再由CMYK模式转换成为RGB模式不会有颜色损失。（ ）

四、操作题

打开随书所附光盘中的文件“源文件\第4章\4.4-素材.jpg”，如图4.117所示。结合本章讲解的关于位图模式的内容，尝试制作得到如图4.118所示的图像效果。制作完成后的效果可以参考随书所附光盘中的文件“源文件\第4章\4.4.psd”。

图4.117

图4.118

第5章　绘图与修饰

Photoshop所提供的绘图功能十分出色，可以进行制作各种商业及视觉类作品所需要的简单绘图，也可以直接绘制十分精美的CG作品。Photoshop中修饰图像的功能也非常强大，灵活运用软件中的工具可以修复破损的照片，使模糊的图片变得清晰，还可以克隆图像的局部、修复面部的斑点以及擦除图像等。

5.1 选色与绘图工具

5.1.1　选色

1. 在工具箱中选择颜色

Photoshop在工具箱底部提供了用于基本颜色设置的操作区，如图5.1所示，在此区域内可以分别选择前景色与背景色，其中前景色又被称为绘图色，背景色则被称为画布色。虽然从功能上来说非常简单，但在进行绘图或填充颜色操作时，却是不可或缺的。

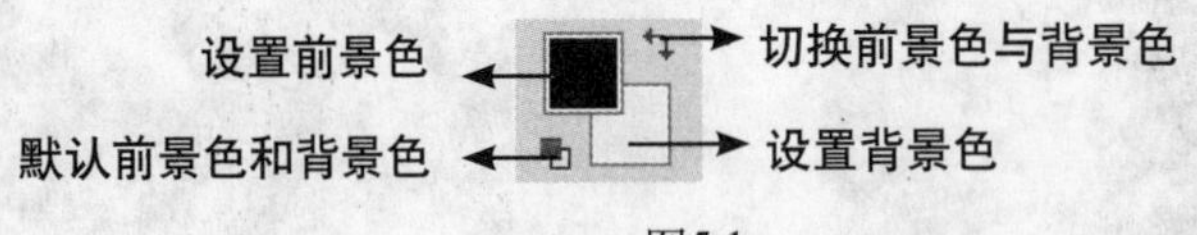

图5.1

- “切换前景色与背景色”按钮：单击该按钮，可以交换前景色和背景色的颜色。
- “默认前景色和背景色”按钮：单击该按钮，可恢复前景色为黑色、背景色为白色的默认状态。

无论单击前景色样本块还是背景色样本块，都可以弹出如图5.2所示的“拾色器”对话框，只不过在标题栏的名称略有不同。

在“拾色器”对话框中单击任何一点即可选择一种颜色，如果拖动颜色条上的三角形滑块，就可以选择不同颜色范围中的颜色。如果需要选择网络安全颜色，可在“拾色器”对话框中勾选“只有Web颜色”复选框，此时“拾色器”对话框如图5.3所示，在此状态下可直接选择能正确显示于互联网的颜色。

2. 使用吸管工具选择颜色

除了使用“拾色器”对话框选择所需要的颜色外，选择颜色时使用较多的还有“吸管工具”。使用“吸管工具”可以读取图像的颜色，并将取样颜色设置为前景色。

提示　在Photoshop中，可以按Alt+Delete键使用前景色进行快速填充；而按Ctrl+Delete键则可以使用背景色进行快速填充。

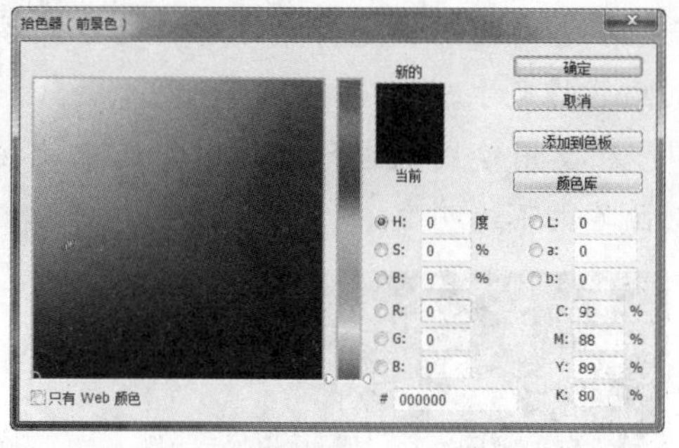

图5.2

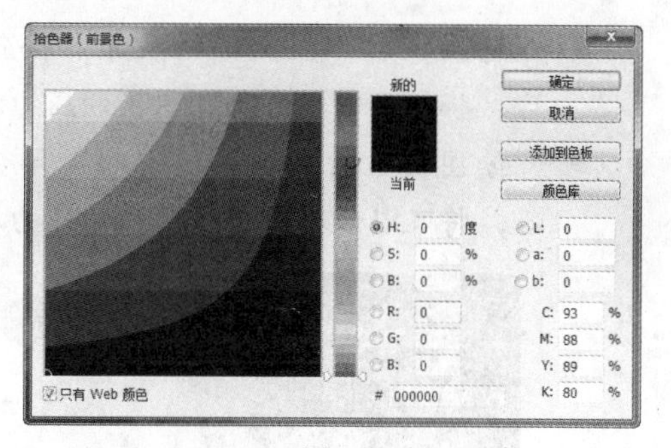

图5.3

5.1.2 画笔工具

使用“画笔工具”能够绘制各类线条，此工具在绘制操作中使用最为频繁。图5.4所示为一些使用“画笔工具”绘制出来的优秀作品。

图5.4

在使用“画笔工具”进行绘制操作时，除了需要选择正确的绘图前景色以外，还必须正确设置“画笔工具”的选项。在工具箱中选择“画笔工具”，其工具选项条如图5.5所示，在此可以选择画笔的笔刷类型并设置绘图透明度及其混合模式。

图5.5

画笔工具选项条中的参数解释如下。

- 画笔：在此下拉列表中选择合适的画笔大小。
- 模式：设置用于绘图的前景色与作为画纸的背景之间的混合效果。
- 不透明度：设置绘图颜色的不透明度，数值越大绘制的效果越明显，反之则越不明显。如图5.6所示为在设置适当的画笔动态参数情况下，分别利用100%和50%的不透明度创建的不同绘制效果。
- 流量：设置拖动光标一次得到图像的清晰度，数值越小，越不清晰。
- “喷枪工具”：单击此图标，将“画笔工具”设置为“喷枪工具”，在此状态下得到的画笔边缘更柔和，而且如果在图像中单击并按住鼠标左键不放，前景色将在此点淤集，直至释放鼠标。

- “绘图板压力控制画笔尺寸”按钮：在使用绘图板进行涂抹时，选中此按钮后，将可以依据给予绘图板的压力控制画笔的尺寸。
- “绘图板压力控制画笔透明”按钮：在使用绘图板进行涂抹时，选中此按钮后，将可以依据给予绘图板的压力控制画笔的不透明度。

图5.6

5.1.3 铅笔工具

“铅笔工具”用于绘制边缘较硬的线条，其工具选项条如图5.7所示。

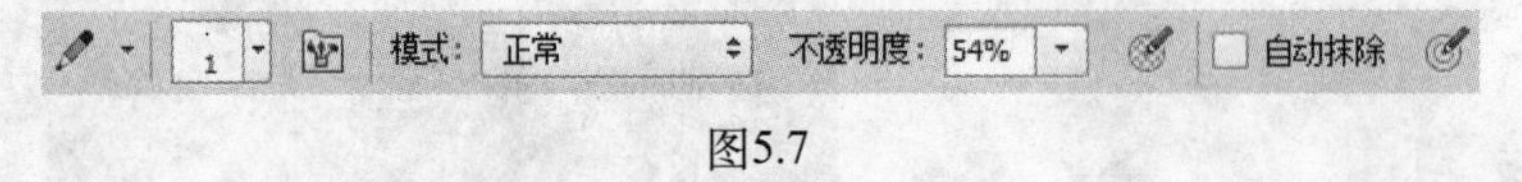

图5.7

“铅笔工具”选项条中的选项与“画笔工具”选项条的选项非常相似，不同之处是在此工具被选中的情况下，“画笔”面板中所有笔刷均为硬边，如图5.8所示。

自动抹除：在此复选框被勾选的情况下进行绘图时，如绘图处不存在使用“铅笔工具”所绘制的图像，则此工具的作用是以前景色绘图。反之，如果存在以前使用“铅笔工具”所绘制的图像，则此工具可以起到擦除图像的作用。

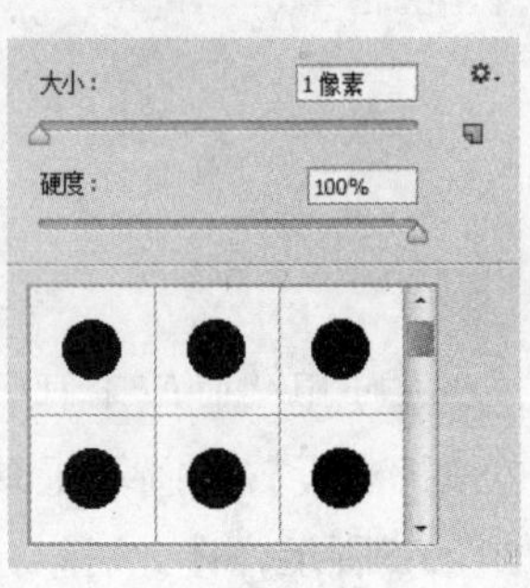

图5.8

5.1.4 颜色替换工具

“颜色替换工具”用于替换图像中某种颜色区域，其工具选项条如图5.9所示，其选项内容与“画笔工具”相同。

图5.9

5.1.5 混合器画笔工具

“混合器画笔工具”是一个可用于绘图的工具，更准确地说，它可以模拟绘画的笔触进行艺术创作，如果配合手写板进行操作，将会变得更加自由、更像在自己的画板上绘画，其工具选项条如图5.10所示。

自定　潮湿：80%　载入：75%　混合：90%　流量：100%　对所有图层取样

当前画笔载入

图5.10

下面来讲解一下各参数的含义。

- 当前画笔载入：在此可以重新载入或者清除画笔。在此下拉列表中选择“只载入纯色”选项，此时按住Alt键将切换至“吸管工具”吸取要涂抹的颜色；如果没有选中此选项，则可以像“仿制图章工具”一样，定义一个图像作为画笔进行绘画。直接单击此缩览图，可以调出“拾色器（混合器画笔颜色）”对话框，选择一个要绘画的颜色。
- “每次描边后载入画笔”按钮：选中此按钮后，将可以自动载入画笔。
- “每次描边后清理画笔”按钮：选中此按钮后，将可以自动清理画笔，也可以将其理解成为画家绘画一笔之后，是否要将画笔洗干净。
- 画笔预设：在此下拉列表中可以选择多种预设的画笔，选择不同的画笔预设，可自动设置后面的“潮湿”、“载入”以及“混合”等参数。
- 潮湿：此参数可控制绘画时从画布图像中拾取的油彩量。如图5.11所示为原图像，图5.12所示为分别设置此参数为0和100时的不同涂抹效果。

图5.11

图5.12

- 载入：此参数可控制画笔上的油彩量。
- 混合：此参数可控制色彩混合的强度，数值越大混合得越多。

如图5.13所示为原图像，图5.14所示为使用“混合器画笔工具”涂抹后的效果，图5.15所示为仅显示涂抹内容时的状态。

图5.13

图5.14

图5.15

5.2 “画笔”面板

使用Photoshop之所以能够绘制出丰富、逼真的图像效果，很大原因在于其具有强大的“画笔”面板，它使绘画者能够通过控制画笔的参数，获得丰富的画笔效果。

选择“窗口”|“画笔”命令或按F5键，可弹出如图5.16所示的“画笔”面板。

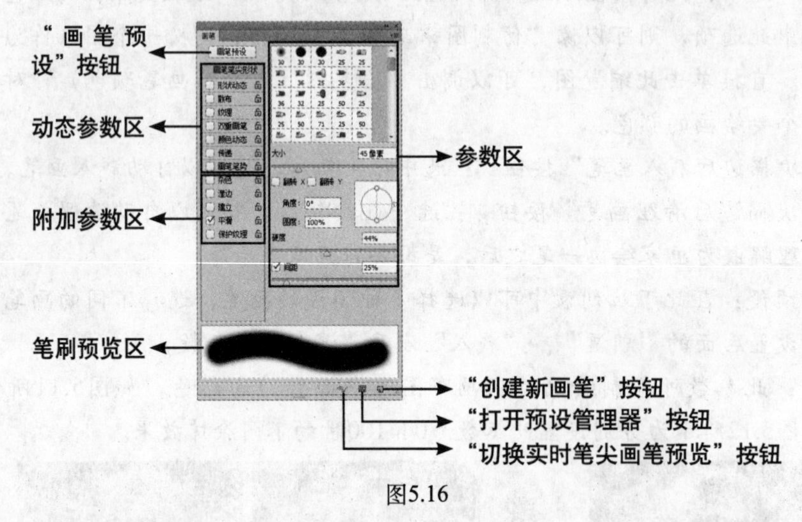

图5.16

下面对“画笔”面板中各区域的作用进行简单的介绍。

- “画笔预设”按钮：单击此按钮，可以调出“画笔预设”面板。
- 动态参数区：在该区域中列出了可以设置动态参数的选项，其中包含“画笔笔尖形状”、“形状动态”、“散布”、“纹理”、“双重画笔”、“颜色动态”、“传递”和“画笔笔势”8个选项。
- 附加参数区：在该区域中列出了一些选项，选择它们可以为画笔增加杂色及湿边等效果。
- 笔刷预览区：在该区域可以看到根据当前的画笔属性而生成的预览图。
- 参数区：该区域中列出了与当前所选的动态参数相对应的参数，在选择不同的选项时，该区域所列的参数也不相同。
- “切换实时笔尖画笔预览”按钮：选中此按钮后，默认情况下将在画布的左上方显示笔刷的形态，如图5.17所示。需要注意的是，必须启用“使用图形处理器”选项才能使用此功能。
- “打开预设管理器”按钮：单击此按钮，将可以调出画笔的“预设管理器”对话框，用于管理和编辑画笔预设。
- “创建新画笔”按钮：单击该按钮，在弹出的对话框中单击“确定”按钮，按当前所选画笔的参数创建一个新画笔。

图5.17

5.2.1 设置7种画笔动态参数

1. 形状动态

下面都是在画笔大小为12像素，间距为180%时进行的操作。

选择该选项后，“画笔”面板如图5.18所示。下面将利用如图5.19所示的图像作为底图，讲解此选项中各参数的作用。

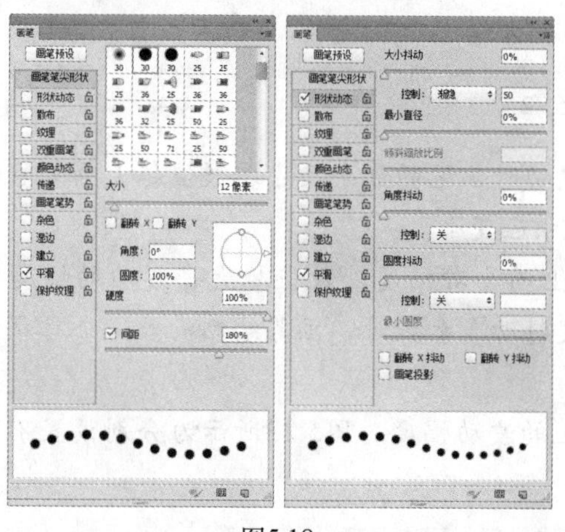

图5.18

图5.19

选择“形状动态”选项时，“画笔”面板中的参数含义如下。

- 大小抖动：此参数控制画笔在绘制过程中尺寸的波动幅度，数值越大，波动的幅度越大。未设置“大小抖动”参数时，画笔绘制的每一处笔触大小相等，如图5.20所示。设置“大小抖动”值为60%时，其大小将随机缩小（缩小的程度还与“最小直径”中的数值有关），如图5.21所示。

图5.20

图5.21

- 控制：在该下拉列表中包括“关”、“渐隐”、“钢笔压力”、“钢笔斜度”和“光笔轮”5个选项，它们可以控制画笔波动的方式，其中“渐隐”选项使用最为频繁，“渐隐”的数值越大，笔触达到消隐时经过的距离就越长，反之笔触就会消隐至无。如图5.22所示为在“大小抖动”值为0%，“渐隐”选项的数值为20和100时得到的不同绘画效果。

提示 由于“钢笔压力”、“钢笔斜度”和“光笔轮”3种方式都需要有压感笔的支持，因此，如果没有安装此硬件，在“控制”选项的左侧将显示一个叹号。

图5.22

- 最小直径：此参数控制在尺寸发生波动时画笔的最小尺寸。数值越大画笔笔触发生波动的范围越小，波动的幅度也会相应变小。
- 角度抖动：此参数控制画笔在角度上的波动幅度，数值越大，波动的幅度也越大，画笔显得越紊乱。未设置“角度抖动”参数时，画笔绘制的每一个对象的旋转角度相同。
- 圆度抖动：此参数控制画笔在圆度上的波动幅度。图5.23所示为分别设置不同的“圆度抖动”值所得到的绘画效果。

图5.23

- 最小圆度：此参数可控制画笔在圆度发生波动时，画笔的最小圆度尺寸值。
- 画笔投影：在选中此选项后，并在“画笔笔势”选项中设置倾斜及旋转参数，可以在绘图时得到带有倾斜和旋转属性的笔尖效果。

2. 散布

在“画笔”面板中选择“散布”选项，“画笔”面板如图5.24所示。

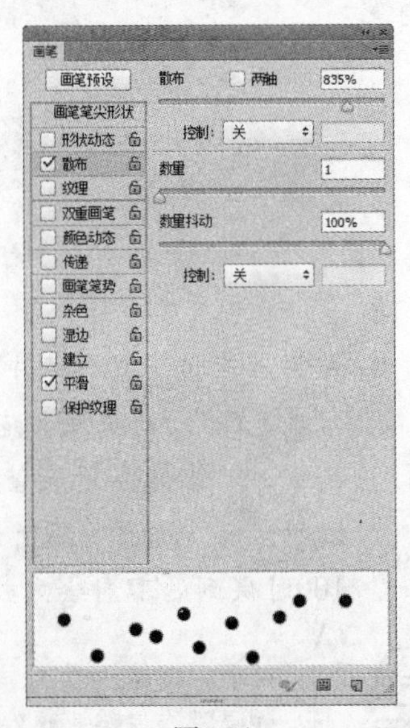

图5.24

如图5.25所示为原图像，在使用画笔制作实例的过程中，为便于读者对比效果，将按照如图5.26所示的白色笔画进行涂抹。另外，为了得到更加漂亮的效果，在画笔工具选项条中设置其模式为“颜色减淡”。

图5.25

图5.26

选择“散布”选项时，“画笔”面板中的参数解释如下。

- 散布：此参数控制使用画笔绘制的笔画的偏离程度，百分数越大，偏离的程度越大。如图5.27所示为在其他参数相同的情况下，设置不同的“散布”值时的不同绘画效果。

图5.27

- 两轴：勾选此复选框，画笔在x及y两个轴向上发生分散；如果不勾选此复选框，则只在x轴向上发生分散。
- 数量：此参数可以控制绘画时画笔的数量。图5.28所示为其他参数相同的情况下，使用较小“数量”值与较大“数量”值时所得到的绘画效果。

图5.28

- 数量抖动：此参数控制在绘制的笔画中画笔数量的波动幅度。

3. 纹理

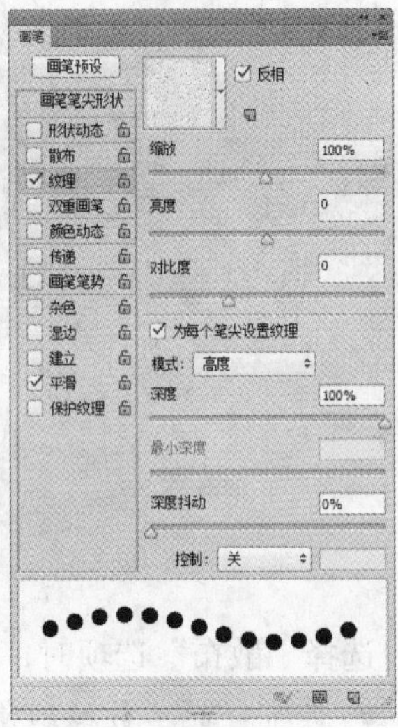
图5.29

在“画笔”面板中选择“纹理”选项，其“画笔”面板如图5.29所示。选择此处的参数，可以在画笔中增加不同的纹理效果。

- 选择纹理：在“画笔”面板上方的纹理选择下拉列表中选择合适的纹理效果，其中包括系统默认的和用户自定义的所有纹理。
- 缩放：拖动滑块或在文本框中输入数值，设置纹理的缩放比例。
- 模式：在该下拉列表中选择一种纹理与画笔的叠加模式。
- 深度：此参数用于设置所使用的纹理显示时的浓度，数值越大则纹理的显示效果越明显，反之纹理效果越不明显。如图5.30所示为此数值为20时的效果，图5.31所示为此数值为100时的效果。

图5.30

图5.31

- 最小深度：此参数用于设置纹理显示时的最浅浓度，参数越大纹理显示效果的波动幅度越小，例如“最小深度”参数值为80%而“深度”参数值为100%，两者间的波动幅度仅有20%。
- 深度抖动：此参数用于设置纹理显示浓淡度的波动程度，数值越大则波动的幅度也越大。

4. 双重画笔

在“画笔”面板中选择“双重画笔”选项，其“画笔”面板如图5.32所示。选择此选项，可以在原画笔中填充另一种画笔效果。

- 大小：此选项用于控制叠加画笔的大小。
- 间距：此选项用于控制叠加画笔的间距。
- 散布：此选项用于控制叠加画笔偏离绘制线条的距离。
- 数量：此选项用于控制叠加画笔的数量。

如图5.33所示为应用双重画笔绘制的效果。

5. 颜色动态

在“画笔”面板中选择“颜色动态”选项，其“画笔”面板如图5.34所示。选择此选项，可以动态地改变画笔的颜色效果。

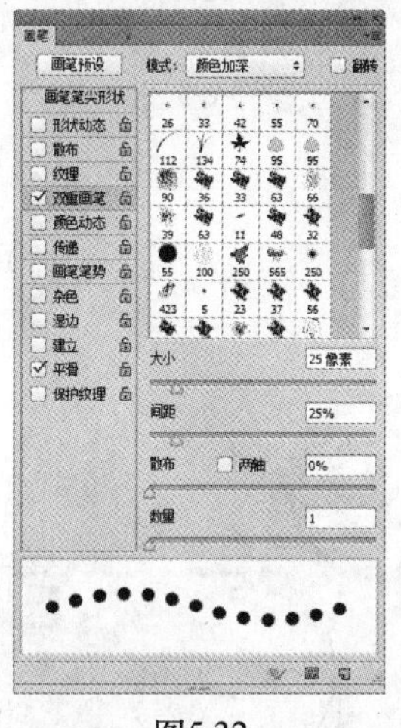

图5.32

图5.33

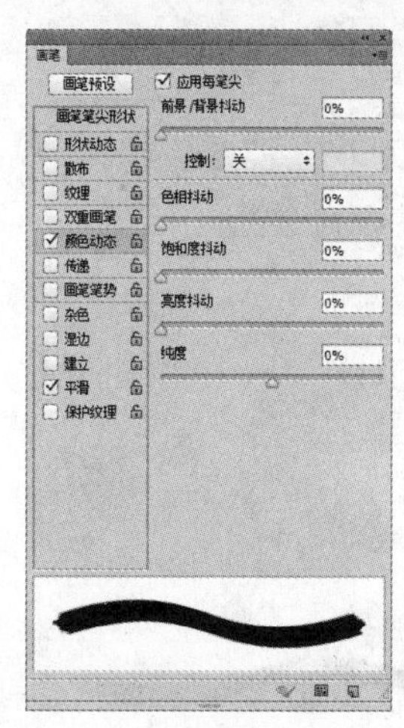

图5.34

- 应用每笔尖：选择此选项后，将在绘画时，针对每个画笔进行颜色动态变化；反之，则仅使用第一个画笔的颜色。
- 前景/背景抖动：在此输入数值或拖动滑块，可以在应用画笔时，控制画笔的颜色变化情况。数值越大，画笔的颜色发生随机变化时越接近于背景色；数值越小，画笔的颜色发生随机变化时越接近于前景色。
- 色相抖动：此选项用于控制画笔色相的随机效果。数值越大，画笔的色相发生随机变化时越接近于背景色色相；数值越小，画笔的色相发生随机变化时越接近于前景色色相。
- 饱和度抖动：此选项用于控制画笔饱和度的随机效果。数值越大，画笔的饱和度发生随机变化时越接近于背景色的饱和度；数值越小，画笔的饱和度发生随机变化时越接近于前景色的饱和度。
- 亮度抖动：此选项用于控制画笔亮度的随机效果。数值越大，画笔的亮度发生随机变化时越接近于背景色亮度；数值越小，画笔的亮度发生随机变化时越接近于前景色亮度。
- 纯度：在此输入数值或拖动滑块，可以控制画笔的纯度。数值为-100时画笔呈现饱和度为0的效果；数值为100时画笔呈现完全饱和的效果。

6. 传递

“传递”动态参数的前身即CS4中的“其他动态”，其中的参数也从原来的“不透明度抖动”与“流量抖动”两个主要参数，增加了“湿度抖动”与“混合抖动”两个参数。但需要注意的是，这两个参数主要是针对“混合器画笔工具”使用的。

在“画笔”面板中选择“传递”选项，其“画笔”面板如图5.35所示。

选择“传递”选项时，“画笔”面板中的参数解释如下。

- 不透明度抖动：此选项用于控制画笔的随机不透明度效果。如图5.36所示为在保持其他参数不变的情况下，以不同“不透明度抖动”数值绘制图像背景的效果。另外，关于“最小”参数，其作用与“形状动态”中的“最小直径”参数基本相同，即设置不透明度抖动时的最小数值，故不再详细讲解。

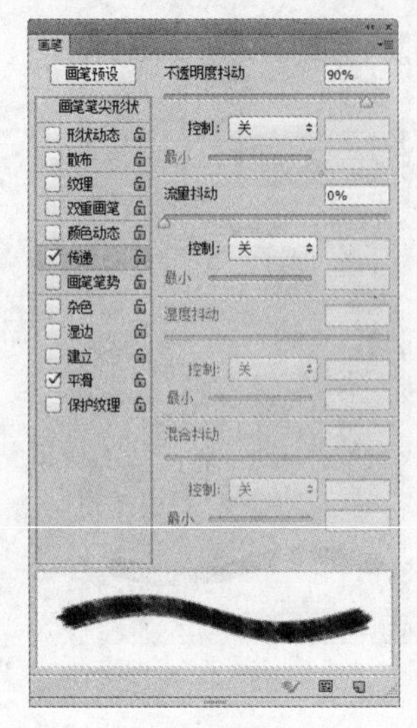

图5.35

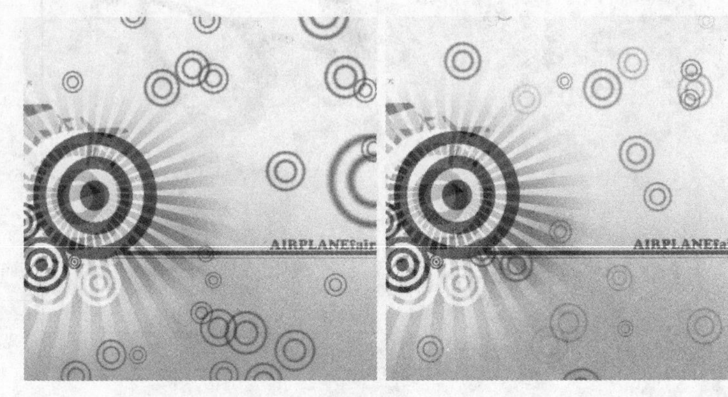

图5.36

- 流量抖动：此选项用于控制用画笔绘制时的消褪速度，百分数越大，消褪越明显。
- 湿度抖动：在混合器画笔工具选项条上设置了“潮湿”参数后，在此处可以控制其动态变化。
- 混合抖动：在混合器画笔工具选项条上设置了“混合”参数后，在此处可以控制其动态变化。

7.画笔笔势

在Photoshop CS6中，在“画笔”面板中新增了“画笔笔势”选项，当使用光笔或绘图笔进行绘画时，在此选项中可以设置相关的笔势及笔触效果。

5.2.2 设置附加选项

在动态参数选项下面有5个附加选项，选择其中的任一选项，即可为画笔添加相应的效果，附加选项包括“杂色”、“湿边”、“建立”、“平滑”和“保护纹理”。

5.2.3 硬毛刷画笔

硬毛刷画笔可以控制硬毛刷上硬毛的数量，以及硬毛的长度等，从而改变绘画的效果。默认情况下，在“画笔”面板中已经显示了一部分该画笔，选择此画笔后，会在“画笔笔尖形状”区域中显示相应的参数控制，如图5.37所示。

下面分别介绍一下关于硬毛刷画笔的相关参数功能。

- 形状：在此下拉列表中可以选择硬毛刷画笔的形状，如图5.38所示为在其他参数不变的情况下，分别设置其中8种形状后得到的绘画效果。
- 硬毛刷：此参数用于控制当前笔刷硬毛的密度。

- 长度：此参数用于控制每根硬毛的长度。
- 粗细：此参数用于控制每根硬毛的粗细，最终决定了整个笔刷的粗细。
- 硬度：此参数用于控制硬毛的硬度。越硬则绘画得到的结果越淡、越稀疏，反之则越深、越浓密。
- 角度：此参数用于控制硬毛的角度。

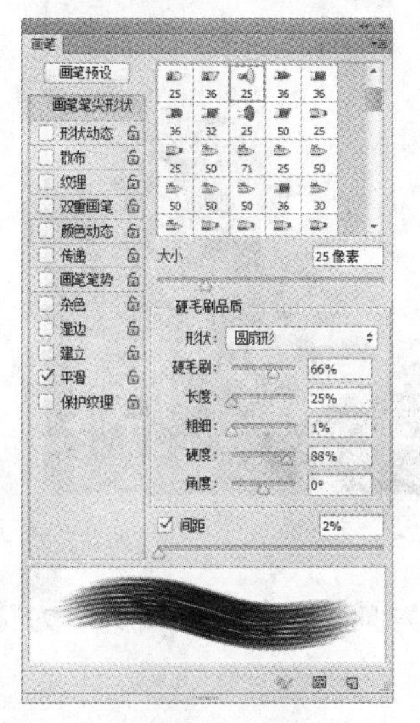

图5.37

图5.38

5.2.4 创建自定义画笔

Photoshop提供了自定义画笔的功能，用户可以根据实际需要定义不同的画笔内容，以绘制出丰富的画笔效果。其操作方法非常简单，只要利用选区将要定义为画笔的区域选中，Photoshop就可以将任意一种图像定义为画笔。

下面以将一幅花素材图像定义为画笔为例，讲解定义画笔的方法，其操作步骤如下。

01 打开随书所附光盘中的文件“源文件\第5章\5.2.4-素材1.psd”，如图5.39所示。

02 选择“编辑”|“定义画笔预设”命令，在弹出的对话框中输入新画笔的名称，如图5.40所示。

图5.39

图5.40

03 单击“确定”按钮退出对话框即完成定义画笔。按F5键显示“画笔”面板，就可以看到刚刚定义的画笔了，如图5.41所示。

04 打开随书所附光盘中的文件“源文件\第5章\5.2.4-素材2.psd”，选择定义的画笔，根据需要设置“画笔”面板参数，应用后得到如图5.42所示的效果。

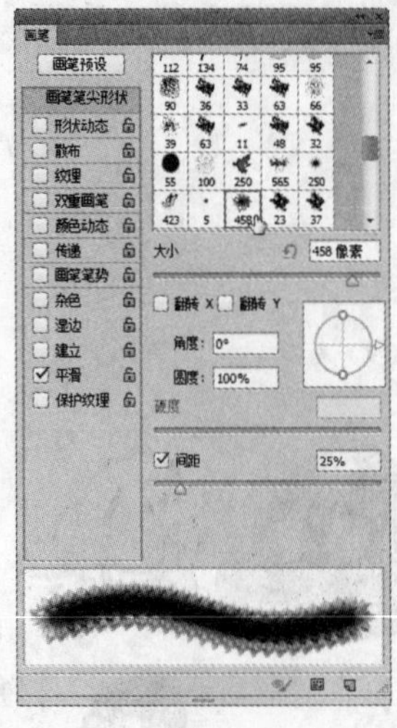

图5.41

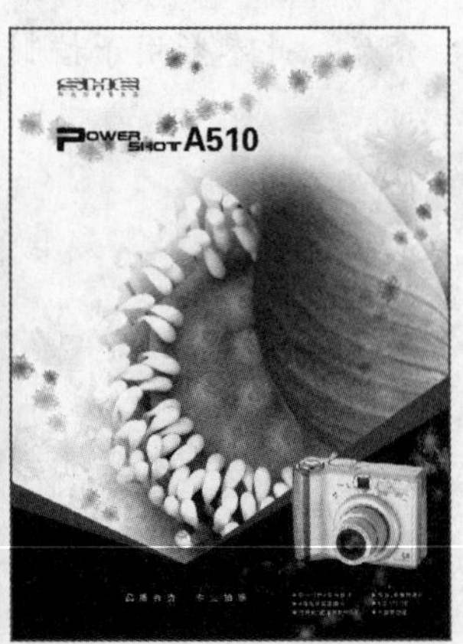

图5.42

按照上面所讲解的方法，也可以将其他的各种图像定义为画笔，如图5.43所示为将各式各样的图像定义为画笔后的“画笔”面板。

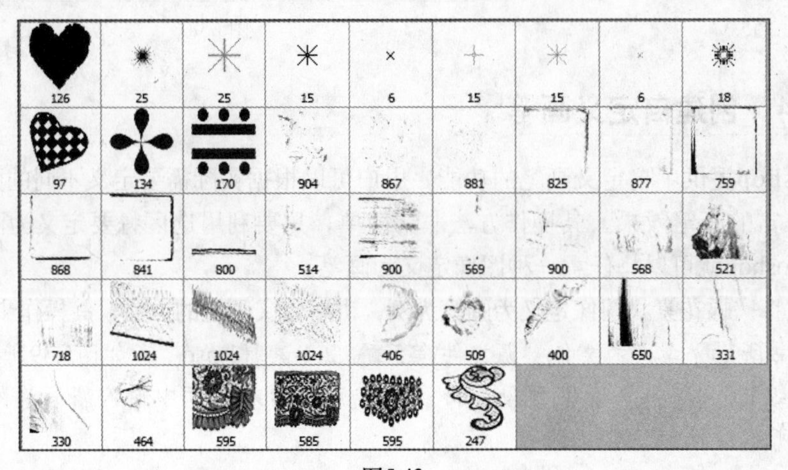

图5.43

除了使用素材来定义画笔外，最常见的情况是绘制图像并将所绘制的图像定义为画笔，两种方法基本相同，在此不再赘述。

5.3 渐变工具

5.3.1 使用渐变工具

渐变效果是最常见的图像背景，利用“渐变工具”可以轻松创建或单纯、或复杂的背景效果，如果前景图像有阴影，还可以得到一种空间感。下面展示的作品都有不同类型，如图5.44所示。

图5.44

选择“渐变工具”后，其工具选项条如图5.45所示。

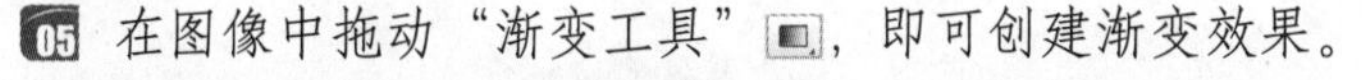

图5.45

“渐变工具”的使用方法较为简单，其操作步骤如下。

01 在工具箱中选择“渐变工具”。

02 在工具选项条中所示的5种渐变类型中选择合适的渐变类型。

03 单击“渐变类型选择框”下拉按钮，在弹出的如图5.46所示的“渐变类型”面板中选择合适的渐变效果。

图5.46

04 设置“渐变工具”选项条中其他的选项。

05 在图像中拖动“渐变工具”，即可创建渐变效果。

提示 在拖动“渐变工具”的过程中，拖动的距离越长则渐变过渡越柔和，反之，则过渡越急促。如果在拖动过程中按住Shift键，则可以在水平、垂直或45°方向应用渐变。

- 渐变类型：在Photoshop中共可以创建5种类型的渐变，如图5.47所示。

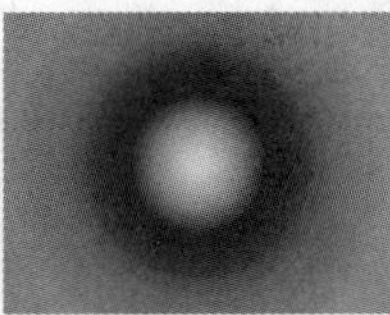

线性渐变　径向渐变　角度渐变　对称渐变　菱形渐变

图5.47

- 反向：勾选该复选框，可以使当前的渐变以相反的颜色顺序进行填充。
- 仿色：勾选该复选框，可以平滑渐变中的过渡色，以防止在输出混合色时出现色带效果，从而导致渐变过渡出现跳跃效果。

● 透明区域：勾选该复选框，可使当前所使用的渐变按设置呈现透明效果。

5.3.2 创建渐变

1. 创建实色渐变

虽然Photoshop自带的渐变类型足够丰富，但在有些情况下，用户还是需要自定义新渐变，以配合图像的整体效果。要创建实色渐变，可按照如下步骤操作。

01 在工具选项条中选择任意一种渐变工具。

02 在工具选项条中单击“渐变类型选择框”，可调出如图5.48所示的“渐变编辑器”对话框。

03 单击“预设”列表框中的任意一种渐变，以基于该渐变来创建新的渐变。在此应该选择一种与要创建的渐变最相近的渐变。

04 在“渐变类型”下拉列表中选择“实底”选项，如图5.49所示。

05 单击起点颜色色标，使该色标上方的三角形变成灰色，以将其选中，如图5.50所示。

图5.48

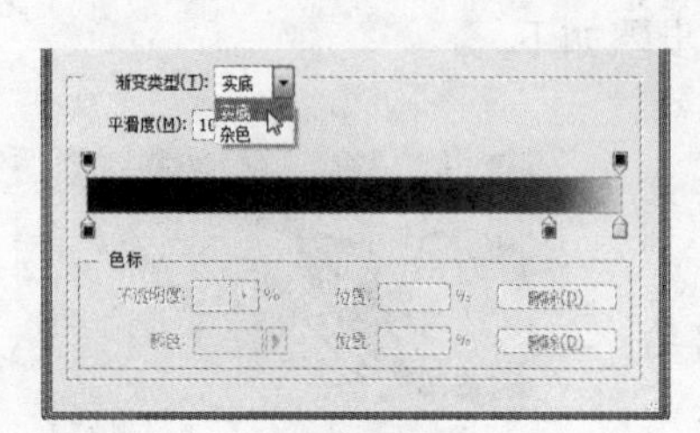

图5.49

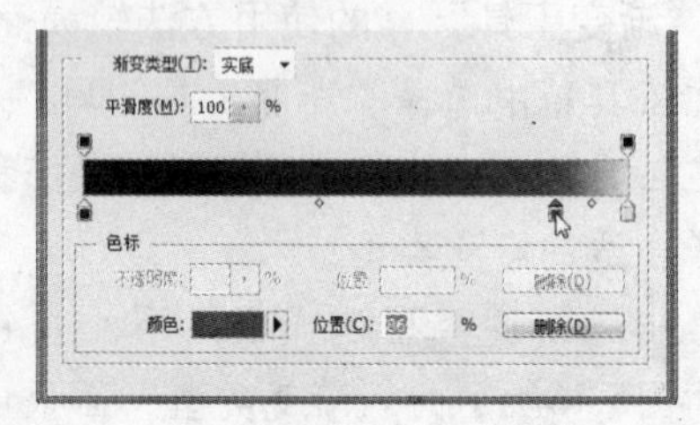

图5.50

06 单击对话框底部的“颜色”右侧的三角按钮，弹出选项菜单，该菜单中各选项的含义如下。

● 选择“前景”选项可以将该色标定义为前景色。
● 选择“背景”选项可以将该色标定义为背景色。
● 如果需要选择其他颜色来定义该色标，可选择“用户颜色”选项或双击色块，在弹出的“拾色器（色标颜色）”对话框中选择颜色。

> **提示** 如果将色标定义为“前景”或“背景”，可以使该色标随着前景色与背景色的变化而变化。

07 按照步骤5～6中所述方法为其他色标定义颜色。

08 如果需要在起点与终点色标中添加色标，以将该渐变类型定义为多色渐变，可以直接在渐变条下面的空白处单击，如图5.51所示，然后按照步骤5～6中所述的方法定义该处颜色色标。

09 要调整色标的位置，可以按住鼠标左键将色标拖动到目标位置，如图5.52所示，或在色标被选中的情况下，在“位置”文本框中输入数值，以精确定义色标的位置，如图5.53所示为改变色标位置后的状态。

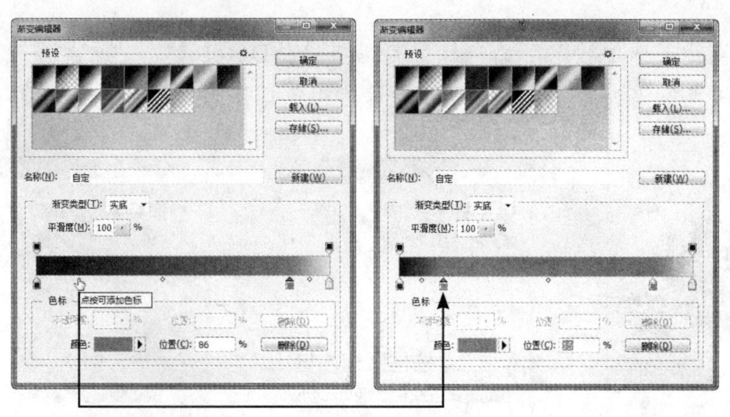

单击鼠标左键添加一个色标并设置其颜色

图5.51

图5.52

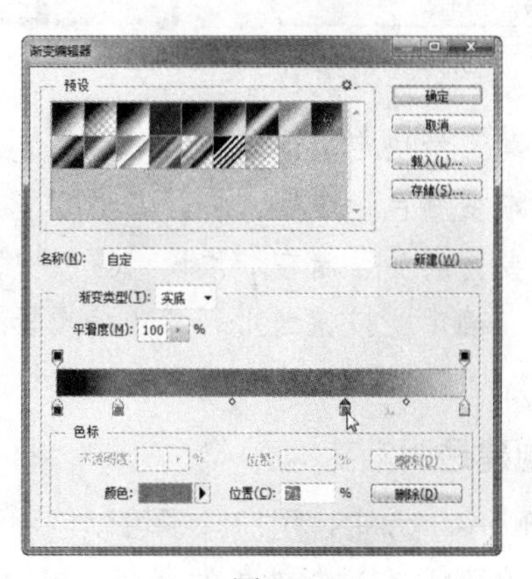

图5.53

10 如果需要调整渐变的急缓程度，可以拖动两个色标中间的菱形滑块，如图5.54所示。向左侧拖动可以使右侧色标所定义的颜色缓慢向左侧色标所定义的颜色过渡；反之，如果向右侧拖动则可使左侧色标所定义的颜色缓慢向右侧色标所定义的颜色过渡。在菱形滑块被选中的情况下，在“位置”文本框中输入一个百分数，可以精确定位菱形滑块，如图5.55所示为向右侧拖动菱形滑块后的状态。

图5.54

图5.55

提示 至此，已经基本创建完成了一个实色渐变，图5.56所示为将其应用于图形视觉表现作品中的效果。

11 如果要删除处于选中状态下的色标，可以直接按Delete键，或者按住鼠标左键向下拖动，直至该色标消失为止。如图5.57所示为将色标删除后的状态。

图5.56

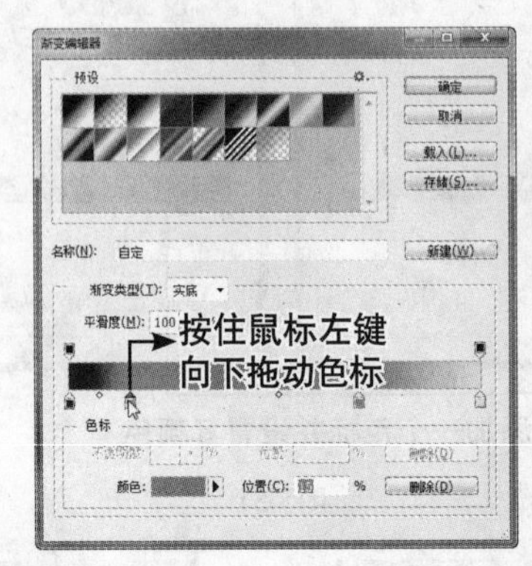

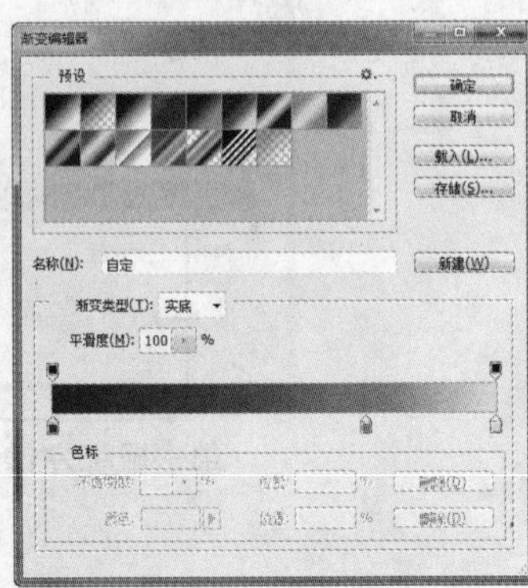

图5.57

12 拖动菱形滑块定义该渐变的平滑程度。

13 完成渐变颜色设置后，在“名称”文本框中输入该渐变的名称。

14 如果要将渐变存储在“预设”面板中，单击“新建”按钮即可。

15 单击“确定”按钮退出“渐变编辑器”对话框，则新创建的渐变样式自动处于被选中状态。

2. 创建透明渐变

在Photoshop中，用户除了可以创建不透明的实色渐变外，还可以创建具有透明效果的渐变。创建具有透明效果的渐变，可以按照如下步骤操作。

01 按照创建实色渐变的方法创建一种实色渐变。

02 在渐变条上方需要产生透明效果处单击，以增加一个不透明度色标，如图5.58所示。

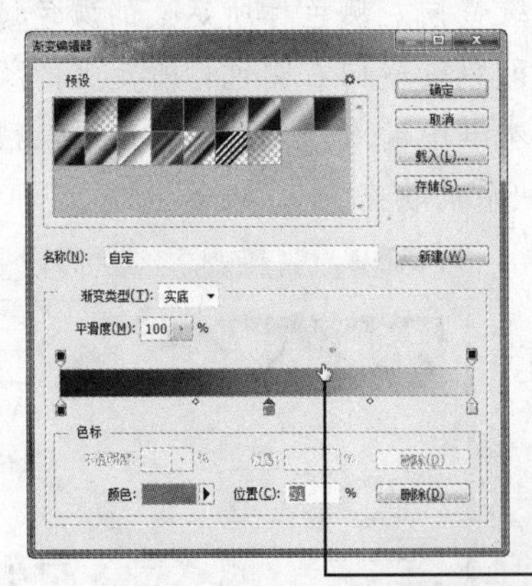

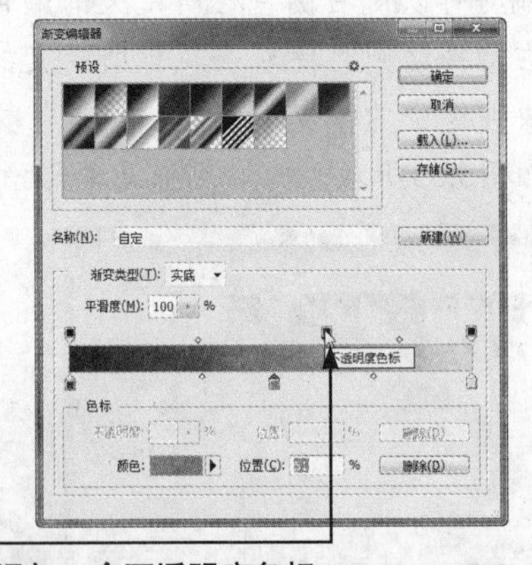

单击鼠标左键添加一个不透明度色标

图5.58

03 在该不透明度色标处于被选中状态时，在“不透明度”文本框中输入数值以定义其透明度。

04 如果需要在渐变条的多处产生透明效果，可以在渐变条上多次单击，以增加多个不透明度色标。

05 如果需要控制由两个不透明度色标所定义的透明效果间的过渡效果，可以拖动两个色标中间的菱形滑块。

如图5.59所示为一个非常典型的具有多个不透明度色标的透明渐变，图5.60所示为原图像，图5.61为应用此渐变后的图像效果。应用具有透明效果的渐变时，注意在工具选项条中勾选“透明区域”复选框。

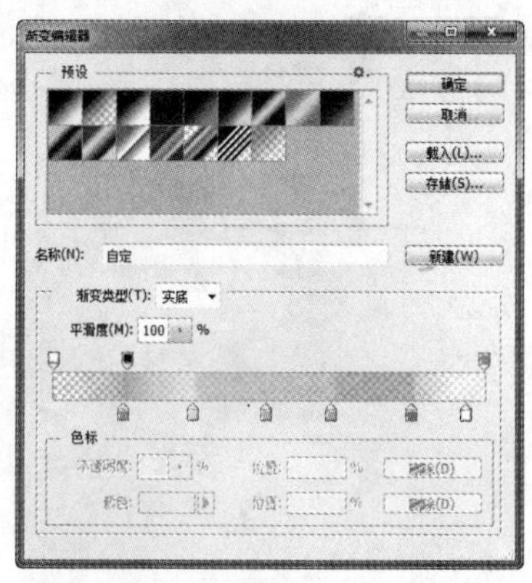

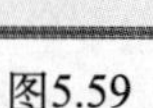

图5.59

图5.60

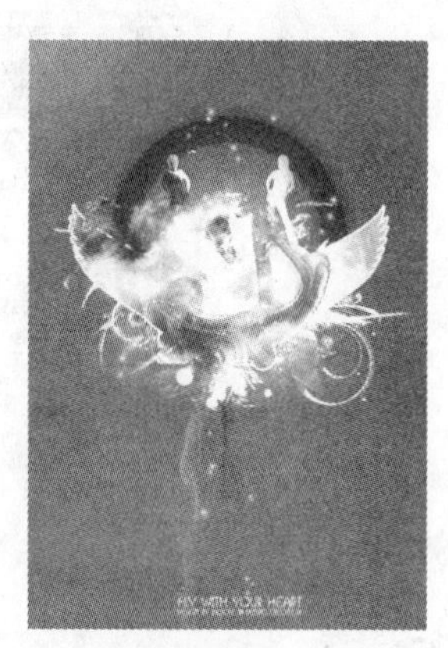

图5.61

5.3.3 保存及管理渐变

为了更好地将自定义的渐变分类保存，可在“渐变编辑器”对话框中单击“存储”按钮，在弹出的“存储”对话框中将当前渐变列表框保存为一个文件，需要时单击“载入”按钮，然后在弹出的“载入”对话框中载入存储在文件中的渐变效果。

5.4 运用选区作图

5.4.1 填充操作

利用“编辑”|“填充”命令可以进行填充操作。选择“编辑”|“填充”命令，将弹出如图5.62所示的“填充”对话框。

提示 按Shift+Back Space键或Shift+Delete键同样可以调出“填充”对话框。

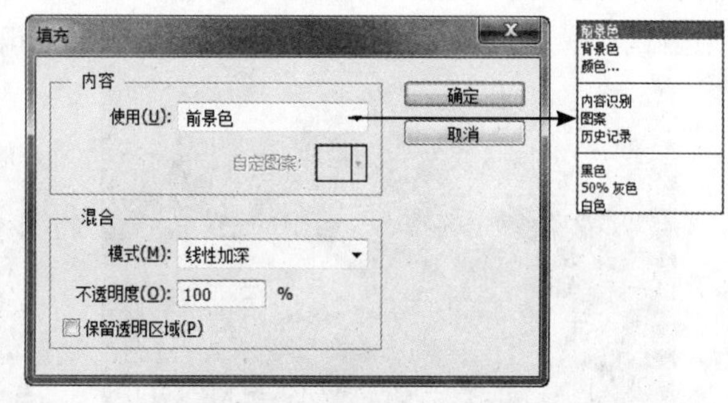

图5.62

“填充”对话框中各参数的含义如下。

- 使用：在此下拉列表中可以选择9种不同的填充类型，其中包括“前景色”、“背景色”、“颜色”、“内容识别”、“图案”、“历史记录”、“黑色”、

"50%灰色"、"白色"。

- 自定图案：在"使用"下拉列表中选择"图案"选项后，该选项将被激活，单击其图案缩览图，在弹出的图案选择框中可以选择一个用于填充的图案，如图5.63所示。

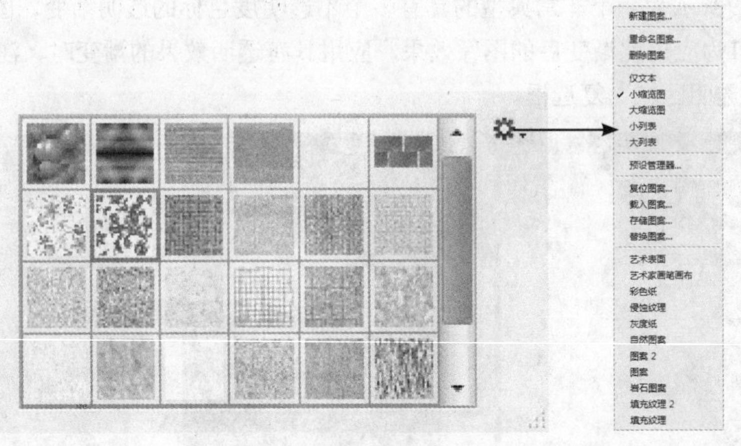

图5.63

提示　单击图案选择框右上角的图标⚙，在弹出的菜单底部选择相应的命令，可以载入Photoshop自带的大量图案。

- 模式/不透明度：这两个参数与画笔工具选项条中的参数意义相同。
- 保留透明区域：如果当前填充的图层中含有透明区域，勾选该复选框后，则只填充含有像素的区域。

通常，在使用此命令执行填充操作前，需要制作一个合适的选择区域，如果在当前图像中不存在选区，则填充效果将作用于整幅图像。

在"使用"下拉列表中选择"内容识别"选项后，可以根据所选区域周围的图像进行修补。就实际的效果来说，虽不能说百发百中，但确实为图像处理工作提供了一个更智能、更有效率的解决方案。

以图5.64所示的图片为例，使用"套索工具"绘制一个选区，如图5.65所示。将其中的船只选中后，选择"编辑"|"填充"命令，在弹出的对话框中使用"内容识别"选项进行填充，如图5.66所示。取消选区后可得到如图5.67所示的效果。

图5.64

图5.65

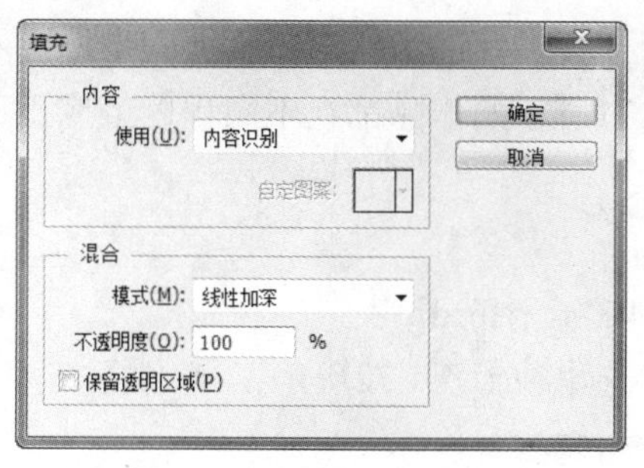

图5.66

图5.67

通过上面的实例不难看出，该功能还是非常强大的，如果对于填充后的结果不太满意，也可以尝试缩小选区的范围，而对于细小的瑕疵，可以配合“仿制图章工具”进行细节的二次修补，直至得到满意的结果为止。

5.4.2 描边操作

在当前存在选区的情况下，选择“编辑”|“描边”命令，弹出如图5.68所示的对话框。

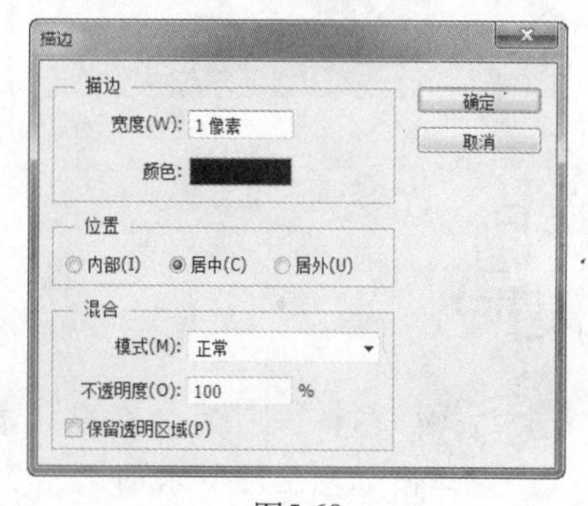

图5.68

“描边”对话框中各参数的含义如下。

- 宽度：在该文本框中输入数值可确定描边线条的宽度，数值越大线条越宽。
- 颜色：单击该颜色块，可在弹出的“选取描边颜色”对话框中选择一种合适的颜色。
- 位置：选择其中的选项，可以设置描边线条相对于选区的位置。
- 保留透明区域：如果当前描边的选区范围内存在透明区域，则勾选该复选框后，将不对透明区域进行描边。

如图5.69所示为原选区状态，图5.70是利用“描边”命令为选区进行描边后得到的图像效果。

图5.69

图5.70

5.4.3 自定义图案

虽然Photoshop自带了大量的自定义图案，但在很多情况下，这并不能完全满足不同的工作需要，所以需要根据要求自定义图案。图5.71所示的作品都在不同程度上应用了自定义图案的强大功能。

定义图案的操作很简单，其步骤如下。

01 打开随书所附光盘中的文件“源文件\第5章\5.4.3-素材.psd”。

02 利用“矩形选框工具”将要定义图案的图像选中，如图5.72所示。

图5.71

图5.72

提示

利用“矩形选框工具”制作选区时，其“羽化”值一定要为0。

03 选择“编辑”|“定义图案”命令，将会弹出如图5.73所示的“图案名称”对话框。

04 在“图案名称”对话框中单击“确定”按钮，将图案添加到“填充”对话框的“自定图案”列表框中。

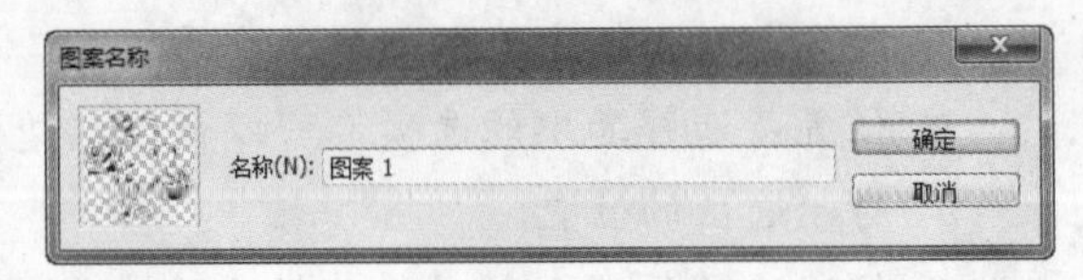

图5.73

如图5.74所示为原图像，图5.75所示为使用自定义的花纹图案进行填充并对填充后的图层进行蒙版修饰后的效果。

图5.74

图5.75

5.5 修饰图像

5.5.1 仿制图章工具

使用“仿制图章工具”可以用绘图的方式复制图像的局部，通常该工具用于复制原图像的部分细节，以弥补图像在局部显示出的不足之处，或通过复制图像的局部使图像在整体视觉上更丰富。“仿制图章工具”选项条如图5.76所示。

模式：正常 不透明度：70% 流量：100% 对齐 样本：当前和下方图层

图5.76

仿制图章工具选项条的重要参数含义如下。

- 对齐：在此复选框被勾选的状态下，整个取样区域仅应用一次，即使操作由于某种原因而停止，再次使用“仿制图章工具”进行操作时，仍可从上次操作结束时的位置开始；如果未勾选此复选框，则每次停止操作后再继续绘画时，都将从初始参考点位置开始应用取样区域。
- 样本：在此下拉列表中，可以选择定义源图像时所取的图层范围，其中包括了“当前图层”、“当前和下方图层”和“所有图层”3个选项。
- “忽略调整图层”按钮：在“样本”下拉列表中选择“当前和下方图层”或“所有图层”选项时，该按钮将被激活，按下以后将在定义源图像时忽略图层中的调整图层。

如图5.77所示为原图像，图5.78所示为利用“仿制图章工具”向右上方复制鸽子后的效果。

图5.77

图5.78

5.5.2 污点修复画笔工具

“污点修复画笔工具”有一个非常明显的特点就是不需要定义任何源图像，只需要在有瑕疵的地方单击即可进行修复，其工具选项条如图5.79所示。

模式：正常 类型：近似匹配 创建纹理 内容识别 对所有图层取样

图5.79

"污点修复画笔工具"选项条中的参数解释如下。

- 模式：在该下拉列表中可以设置修复图像时与目标图像之间的混合方式。
- 近似匹配：选中该单选按钮后，在修复图像时，将根据当前图像周围的像素来修复瑕疵。
- 创建纹理：选中该单选按钮后，在修复图像时，将根据当前图像周围的纹理自动创建一个相似的纹理，从而在修复瑕疵的同时保证不改变原图像的纹理。

下面以一个实例来讲解使用"污点修复画笔工具"修复图像的操作方法。

01 打开随书所附光盘中的文件"源文件\第5章\5.5.2-素材.jpg"，如图5.80所示。面部特写如图5.81所示。

图5.80

图5.81

02 在工具箱中选择"污点修复画笔工具"，设置其工具选项条如图5.82所示。将光标置于人物额头区域有斑点的位置单击以将其修除，如图5.83所示为修除前后的对比效果。

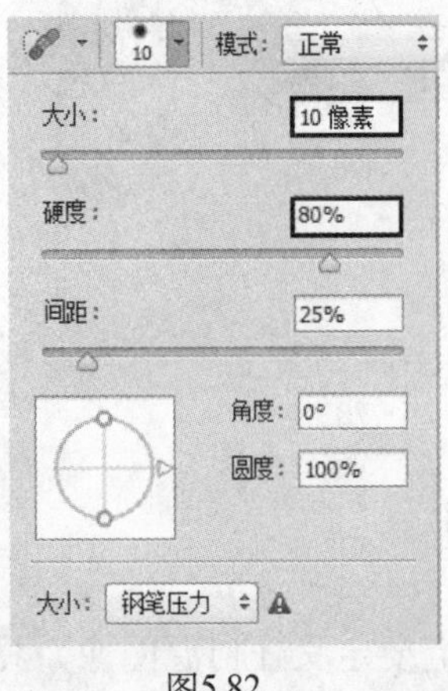

图5.82

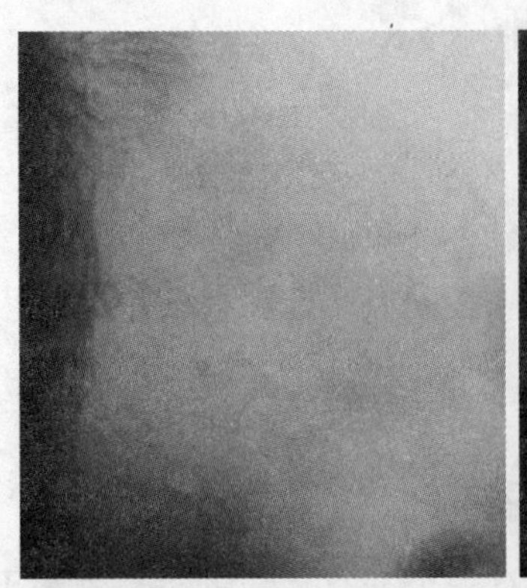

图5.83

03 按照上一步的操作方法，继续应用"污点修复画笔工具"将面部及眼角的斑点修除，如图5.84所示。如图5.85所示为整体的最终效果。

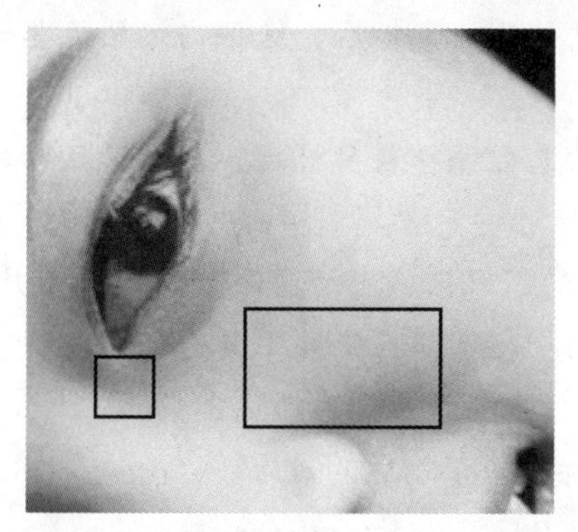

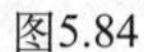

图5.84

图5.85

5.5.3 修复画笔工具

“修复画笔工具”的操作对象可以是有皱纹或雀斑等杂点的人物照片，也可以是有污点、划痕的图像，此工具能够根据修改点周围的像素及色彩将其完美无缺地复原。

在操作时，首先需要按住Alt键在完好的图像区域单击，以定义修复的源图像，然后在要修复的区域进行单击或涂抹即可。

如图5.86所示为原图像，图5.87所示为使用“修复画笔工具”修除文身后的效果。

图5.86

图5.87

5.5.4 修补工具

比起“修复画笔工具”只能对图像中的某一点进行修复处理，“修补工具”的效率明显提高了很多，此工具能够按照区域的形式对图像进行修补。“修补工具”选项条如图5.88所示。

图5.88

修补工具选项条中的参数解释如下。

- 修补：在此下拉列表中，选择“正常”选项时，将按照默认的方式进行修补；选择“内容识别”选项时，Photoshop将自动根据修补范围周围的图像进行智能修补。
- 源：选中“源”单选按钮，当拖动选区并释放鼠标后，选区内的图像将被选区释放时所在的区域所代替。
- 目标：选中“目标”单选按钮，当拖动选区并释放鼠标后，释放选区时的图像区域将被原选区的图像所代替。
- 透明：勾选“透明”复选框后，被修饰的图像区域内的图像效果呈半透明状态。
- 使用图案：在未勾选“透明”复选框的状态下，在修补工具选项条中选择一种图案，然后单击“使用图案”按钮，则选区内将被应用为所选图案。

如图5.89所示为原图像以及使用该工具修除大块杂物后的效果。

图5.89

5.5.5 内容感知移动工具

Photoshop CS6中新增了“内容感知移动工具”，其特点是可以将选中的图像移至其他位置，并根据原图像周围的图像对其所在的位置进行修复处理，其工具选项条如图5.90所示。

图5.90

- 模式：在此下拉列表中选择“移动”选项，则仅针对选区内的图像进行修复处理；若选择“扩展”选项，则Photoshop会保留原图像，并自动根据选区周围的图像进行自动的扩展修复处理。
- 适应：在此下拉列表中，可以选择在修复图像时的严格程度，其中包括了5个选项供用户选择。

下面将通过一个简单的实例来讲解其使用方法。

01 打开随书所附光盘中的文件“源文件\第5章\5.5.5-素材.jpg”，如图5.91所示。在本实例中，将使用“内容感知移动工具”将位于中央的人像，移至左侧三分线的位置，使用画面整体显得更为自然。

02 选择“内容感知移动工具”，在其工具选项条上设置“模式”为“移动”，“适应”为“中”，并沿着人物身体周围绘制选区，如图5.92所示。

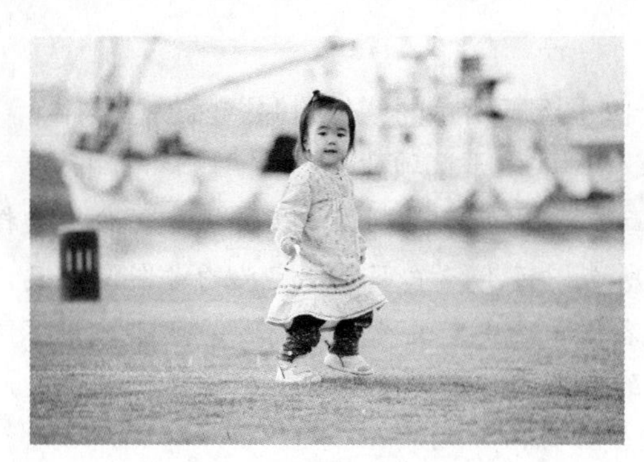

图5.91

图5.92

03 使用“内容感知移动工具”将选区中的图像向左侧拖动，直至使人物位于画面左侧的三分线位置，然后释放鼠标，此时Photoshop将对原图像所在位置进行修复处理，得到如图5.93所示的效果。

04 按Ctrl+D键取消选区后，可以在人物图像周围看到较明显的痕迹，如图5.94所示，此时可以使用“仿制图章工具”或“修复画笔工具”对其进行处理，直至得到满意的效果为止，如图5.95所示。

图5.93

图5.94

05 若在拖动选区中的图像之前，在“内容感知移动工具”选项条上设置“模式”为“扩展”，再按照第3步的方法移动选区中的图像，将会得到类似如图5.96所示的效果。

图5.95

图5.96

5.5.6 “仿制源”面板

“仿制源”面板不仅能够设置多个仿制源点来进行仿制，而且还能够在复制时旋转、缩放被复制的图像，从而为复制工作增加更多的灵活性，下面详细讲解这一革命性的“仿制源”面板。

选择“窗口”|“仿制源”命令，即可弹出如图5.97所示的“仿制源”面板。

下面分别讲解“仿制源”面板中用于定义仿制的若干选项意义。

- 定义仿制源列表区：该区域就是位于面板上方的5个仿制图章工具图标，分别选择各个图标，然后定义源图像，都会在所选图标上记录下用户定义的源图像信息，例如定义的位置、图像文件及图层的名称等。要定义多个仿制源，可以选择不同的仿制源图标，然后按照定义源图像的方法操作，即可将定义的源图像记录在所选的图标中。
- 位移：此处包含了X和Y两个参数，表示仿制源图像在画布中的位置。需要注意的是，该位置不是用户按住Alt键单击定义仿制源图像时的位置，而是用户定义了仿制源图像后，第一次在图像中单击时的位置。
- 缩放：此处包含了W和H两个参数，当定义了仿制源后，在复制图像时，得到的图像大小与仿制源是完全相同的，但如果在此处设置一定的参数，则可以改变这种情况。在选中了链接按钮的情况下，在W和H任意一个文本框中输入数值，即可对仿制源进行等比例的缩放，否则将分别对仿制源的宽度和高度进行缩放设置。
- 角度：在此处可以设置仿制源的旋转角度，这对于用户在复制具有一定旋转角度的图像时非常有用。
- “复位变换”按钮：单击此按钮，则所有对仿制源设置的缩放及角度参数都将恢复到默认的状态，即宽度和高度恢复为100%，而角度则恢复为0°。
- 显示叠加：勾选此复选框后，可以在仿制操作中显示预览效果，使用户能够更加准确地预见操作后的效果，从而避免错误操作。
- 不透明度：此参数用于制作叠加预览图的不透明度显示效果，数值越大，显示效果越真实、清晰。
- 已剪切：在此复选框及“显示叠加”复选框被勾选的情况下，Photoshop将操作中的预览区域的大小剪切为画笔大小。
- 自动隐藏：在此复选框被勾选的情况下，在按住鼠标左键进行仿制操作时，叠加预览图像将暂时处于隐藏状态，不再显示。
- 模式：在此下拉列表中可以显示叠加预览图像与原始图像的叠加模式，如图5.98所示。读者可以尝试选择不同的模式时的显示状态。
- 反相：在此复选框被勾选的情况下，叠加预览图像呈反相显示状态。

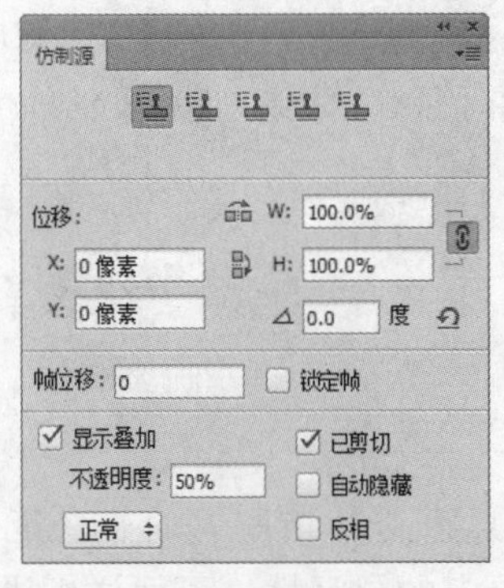

图5.97

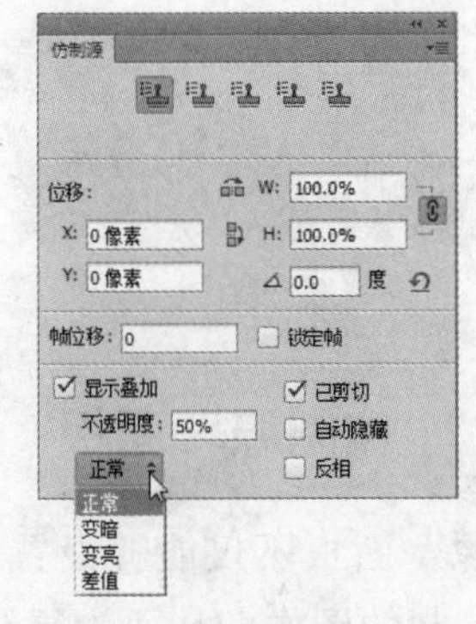

图5.98

5.6 擦除图像

5.6.1 橡皮擦工具

在工具箱中选择“橡皮擦工具”，其工具选项条如图5.99所示。

模式：画笔 不透明度：100% 流量：100% 抹到历史记录

图5.99

使用“橡皮擦工具”在图像的背景层中擦除时，擦除的区域将填充背景色；如果擦除非背景层中的内容，被擦除的区域将变为透明。

在“模式”下拉列表中选择擦除时的模式，其中包括画笔、铅笔和块，这3种模式的擦除效果如图5.100所示。

另外，在设置不同的不透明度参数时，擦除的效果也各不相同，如果数值低于100%，则擦除后不会完全去除被操作区域的像素，如图5.101所示。

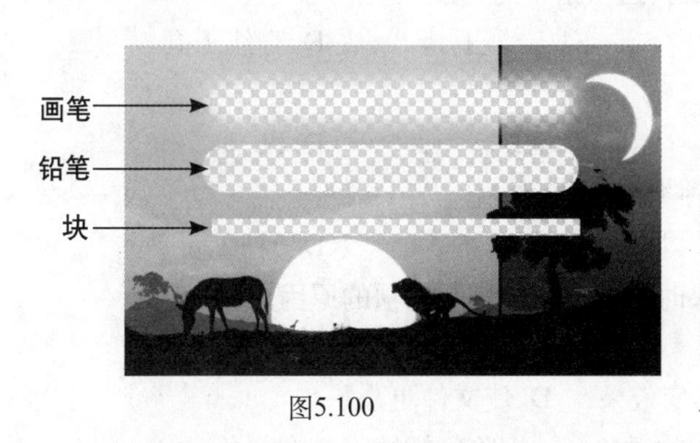

图5.100

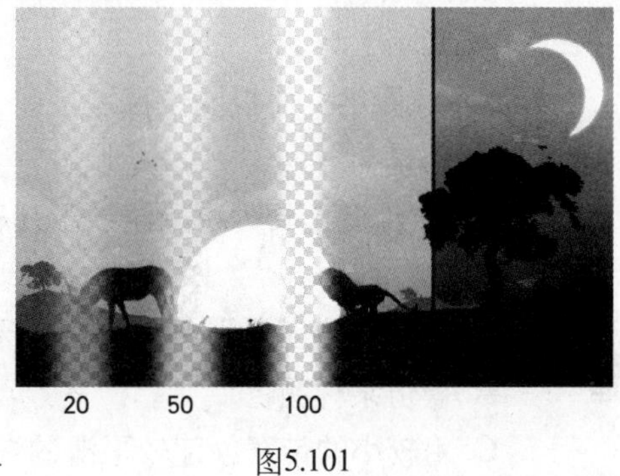

图5.101

5.6.2 魔术橡皮擦工具

使用“魔术橡皮擦工具”可以一次性地完成使用魔术棒选择相同的颜色再将其擦去的操作，其工具选项条如图5.102所示。

容差：32 ☑消除锯齿 ☑连续 □对所有图层取样 不透明度：100%

图5.102

如图5.103所示为原图像，图5.104所示为在勾选“连续”复选框时擦除背景图像后的效果，图5.105所示为未勾选“连续”复选框时擦除青色背景后的效果，图5.106所示为重新将图像的背景色填充为渐变颜色得到的效果。

图5.103

图5.104

图5.105

图5.106

十字准心与操作处显示的图标或空心圆间的相对位置与角度不变。

5.7 练习题

一、单选题

1. “自动抹除”选项是哪种工具的工具选项条中的功能？（ ）

A. 画笔工具　B. 喷笔工具　C. 铅笔工具　D. 直线工具

2. 显示“画笔”面板的快捷键是：（ ）

A. F5键　B. F4键　C. F2键　D. F6键

3. 使用“渐变工具”可以绘制出几种类型的渐变？（ ）

A. 3种　B. 4种　C. 5种　D. 6种

4.在使用“渐变工具”创建渐变效果时，选择“仿色”选项的原因是：（ ）

A. 模仿某种颜色　B. 使渐变具有条状质感

C. 用较小的带宽创建较平滑的渐变效果　D. 使文件更小

5.利用“橡皮擦工具”擦除背景层中的对象，被擦除区域填充什么颜色？（ ）

A. 黑色　B. 白色　C. 透明　D. 背景色

二、多选题

1. 下列可以用于修复图像的工具包括：（ ）

A. 仿制图章工具　B. 污点修复画笔工具　C. 修复画笔工具　D. 修补工具

2. 下列可以擦除图像的工具是：（ ）

A. 橡皮擦工具　B. 魔术橡皮擦工具　C. 修补工具　D. 红眼工具

3.在使用“仿制图章工具”时，虽然有一个正确的取样点，但在使用此工具操作后，无法得到需要复制的图像，造成此现象的原因是下列哪几项？（ ）

A. 此工具的颜色模式选择不正确　B. 此工具的不透明度为0%

C. 存在一个选择区域，但此选择区域不在当前操作的区域

D.“所有图层”选项未被选中，而且当前图层的取样点处为透明像素

4.当前图像的背景图层为白色，而且前景色也为白色，但使用“画笔工具”在背景图层上涂抹后，却得到黑色笔画效果，其原因是下列哪几项？（ ）

A.“画笔工具”的不透明度值为50%　B.“画笔工具”的颜色模式为“排除”

C.“画笔工具”的颜色模式为“差值”　D.“画笔工具”的“湿边”复选框被勾选

5.导致使用“定义图案”命令操作失败的原因可能是下面的哪几个？（ ）

A. 没有选择区域　　　　　　　　　　　B. 选择区域具有羽化效果

C. 选择区域所选择的图像区域没有任何像素

D. 有一条路径处于被选中的状态

三、判断题

1. 无论渐变工具选项条中的“透明区域”复选框是否被勾选，只要在渐变类型拾色器中选择一款具有透明效果的渐变，在使用此渐变时就可以得到具有透明效果的渐变。（ ）

2.“画笔工具”在与某些命令、功能一同使用时，最终也可以达到创建选区的目的。（ ）

3.“渐变工具”包括6种不同的渐变类型，它们所产生的效果不同，所以应用方法也不一样。（ ）

4.“模糊工具”与“画笔工具”具有相同的“模式”选项。（ ）

5.“内容感知移动工具”能智能地移动或复制图像到另外的地方。（ ）

四、操作题

打开随书所附光盘中的文件“源文件\第5章\5.7-素材.jpg”，如图5.107所示，结合本章讲解的各种修复工具，将该图像修复成为如图5.108所示的效果。制作完成后的效果可以参考随书所附光盘中的文件“源文件\第5章\5.7.psd”。

图5.107

图5.108

第6章　绘制路径和形状

在Photoshop软件操作中，路径和形状是非常重要的技术，其特点是可以自由绘制，不受图像的影响，比如图像纹理、图像大小等。同样，在可编辑性上也具有相当大的空间，绘制完的路径或形状可以自由修改外形，此功能是选区不可及的。本章将详细讲解关于路径及形状的绘制、编辑等。

6.1 路径的概念

Photoshop虽然是一个位图处理软件，但它也兼容了一部分矢量功能，路径就是其中最具有代表性的一项。

路径的组成并不复杂，它可以是一条曲线、一条直线或两者兼而有之，甚至它可以只是简单的一个锚点。但归纳来说，路径的组成通常包括3部分，即控制句柄、路径线和锚点，如图6.1所示。

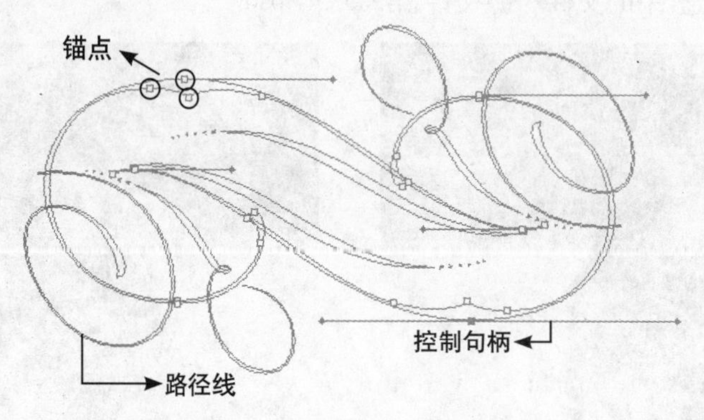

图6.1

在Photoshop中路径被用作以下两种用途。

使用“钢笔工具” 及其他路径功能，可以在Photoshop中绘制精美的图形，如图6.2所示的矢量风格作品均属于此类。

图6.2

尤其是近几年来日韩欧美的矢量素材流行，更增强了Photoshop创作类似作品的能力，如图6.3中展示了一些优秀的矢量素材。

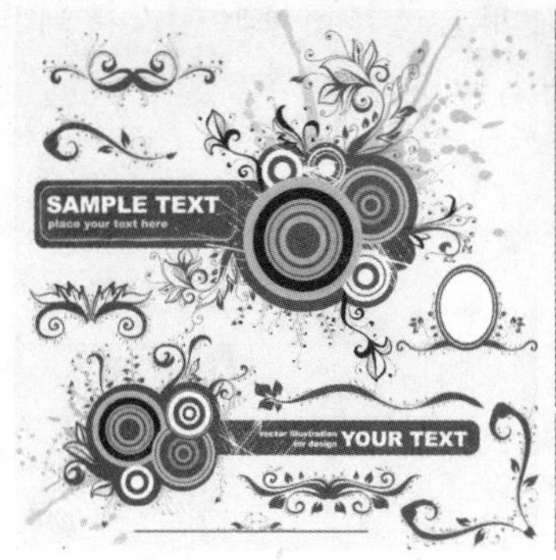

图6.3

通过使用路径绘制图形，并将路径转换为选区的操作，可以得到精确的选区。如图6.4所示为在原图像上沿着衣服边缘绘制的路径，图6.5所示为在白色背景上显示此路径时的状态，图6.6所示为将当前路径转换成为选区后的状态，图6.7所示为将选区中的图像复制出来并置于白色背景上之后的效果，可以看出图像的边缘很平滑，没有影响质量的锯齿等内容。

图6.4

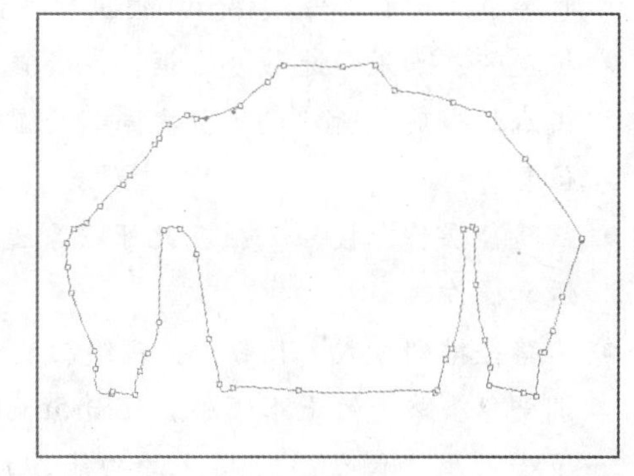

图6.5

图6.6

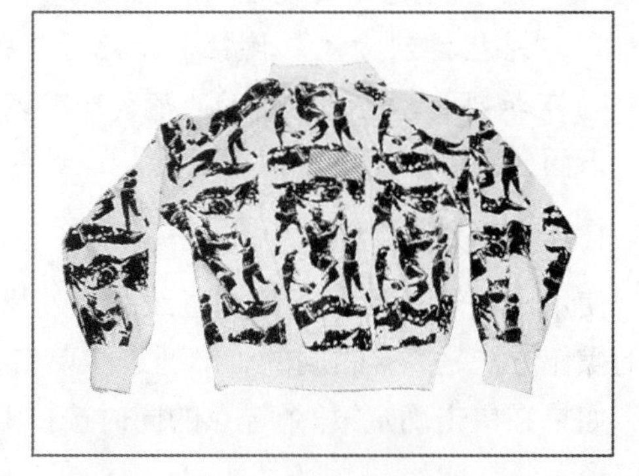

图6.7

对于边缘较为规则（即无虚边或碎边）的图像，使用路径进行选择可以得到更高质量的图像，具体原因主要包括以下几点。

- 可操作性：使用“钢笔工具”可以绘制任何形状的曲线，以满足用户选择不同形状的图像。

- 可编辑性：在创建并保存了路径的情况下，如果对选择的图像效果不满意，还可以随时对选择区域（即路径形状）进行修改，直至满意为止。
- 平滑性：鉴于路径自身的矢量特性，所以用户使用它选择图像时可以得到非常平滑的图像效果，并可以对路径进行无损失的放大与缩小操作。

6.2 绘制路径

6.2.1 钢笔工具

在开始绘制路径前，首先应该了解路径工具的选项，以绘制正确的路径形状，钢笔工具选项条如图6.8所示。

图6.8

- 自动添加/删除：勾选此复选框，可用“钢笔工具”直接增加或删除锚点。要暂时屏蔽此功能，可按住Shift键执行操作。
- 橡皮带：如果勾选该复选框，在屏幕上移动“钢笔工具”时，从上一个鼠标单击点到当前笔所在的位置之间将会显现一条线段，这样有助于确定下一个锚点的位置。
- “路径操作”按钮：在此可以像选区运算模式一样，对路径进行相加、相减等运算操作。
- “路径排列方式”按钮：在绘制多个路径时，常需要调整各条路径的上下顺序，在Photoshop CS6中，提供了专门用于调整路径顺序的功能。在使用“路径选择工具”选择要调整的路径后，单击工具选项条上的“路径排列方式”按钮，此时将弹出如图6.9所示的下拉列表，选择不同的选项，即可调整路径的顺序。

将形状置为顶层
将形状前移一层
将形状后移一层
将形状置为底层

图6.9

下面分别讲解使用“钢笔工具”绘制路径的常见操作。

1. 绘制直线型路径

使用“钢笔工具”绘制直线路径的操作方法与使用“多边形套索工具”创建选区的操作方法是完全相同的，即通过“单击-单击”的方式创建锚点。

如果在单击确定第2个锚点的同时按住Shift键，则可绘制出水平、垂直或45°角的直线路径。

2. 绘制曲线型路径

要使用“钢笔工具”绘制曲线路径，可以先单击创建一个锚点，如图6.10所示，然后在单击添加第2个锚点时，按住鼠标左键不放，拖动至所要得到的曲线效果即可，如图6.11所示。图6.12所示为创建第3个锚点并拖动得到的曲线效果。

图6.10

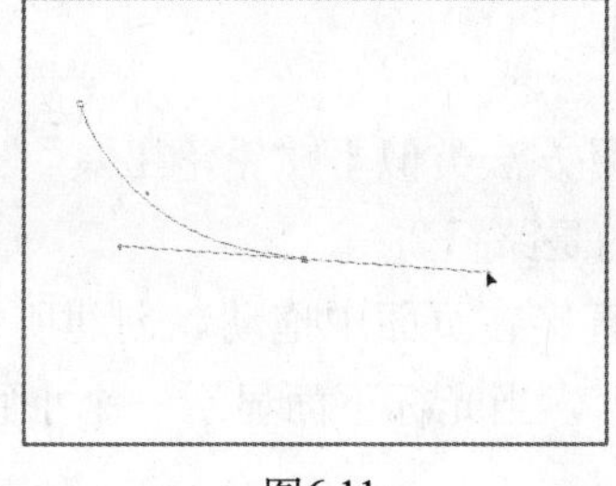

图6.11

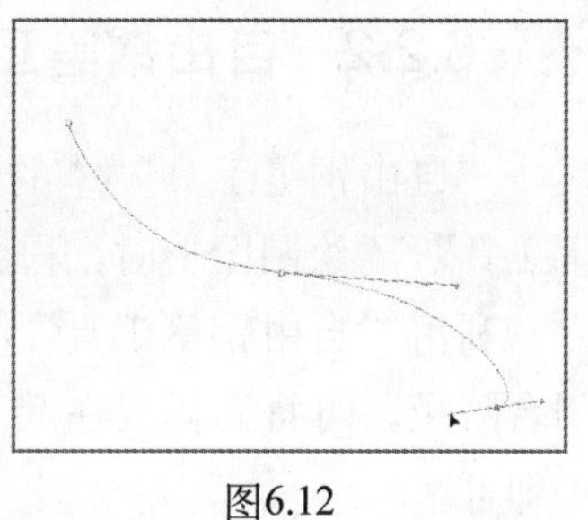

图6.12

提示　曲线路径的线条有一定的曲率，路径中的锚点两侧最少有一个控制句柄，用于控制其曲线状态。

3. 混合绘制曲线及直线

如果要在曲线段后绘制直线，可以按照上一小节中讲解的操作方法，创建第2个带有曲线的锚点，然后按住Alt键用鼠标单击此锚点中心，以取消一侧控制句柄，如图6.13所示，此时再按照前面讲解的“单击-单击”的方法绘制直线路径即可，如图6.14所示。

如果要继续在直线路径后面绘制曲线路径，那么直接在绘制下一个锚点时按住鼠标左键拖动即可，如图6.15所示。

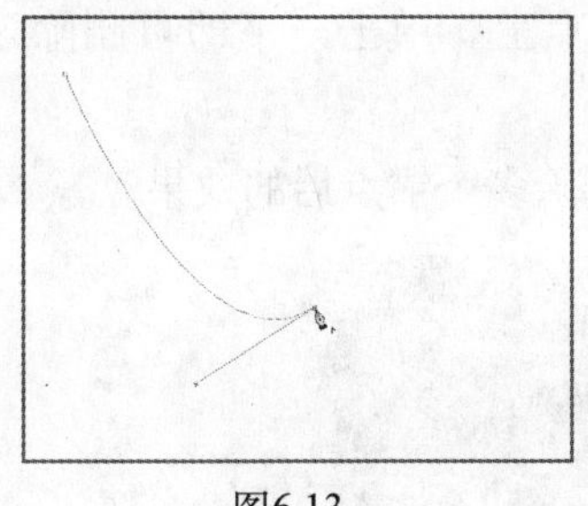

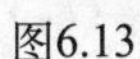

图6.13

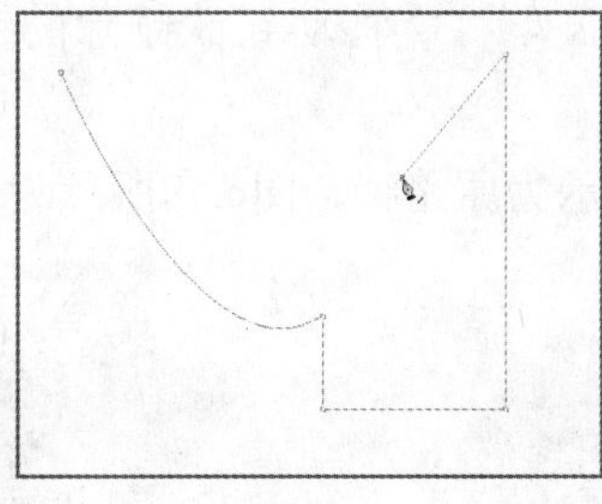

图6.14

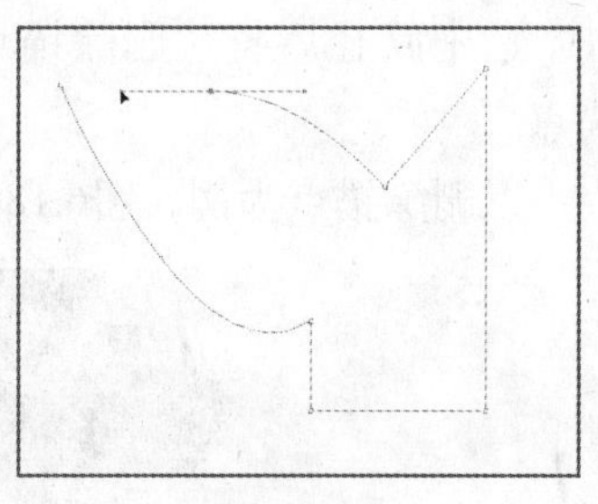

图6.15

4. 绘制开放/闭合路径

如果需要绘制一条开放路径，可以在路径终点切换为“直接选择工具”，然后在工作页面上单击一下，放弃对路径的选定。

也可以在完成对开放路径的绘制后，再随意向下绘制一个锚点，然后按Delete键以删除该锚点。

要绘制闭合路径，必须使路径的最后一个锚点与第一个锚点相重合。在绘制结束时，如果将光标放于路径第一个锚点处，则在钢笔光标的右下角处显示一个小圆圈，如图6.16所示，此时单击该处即可使路径闭合。

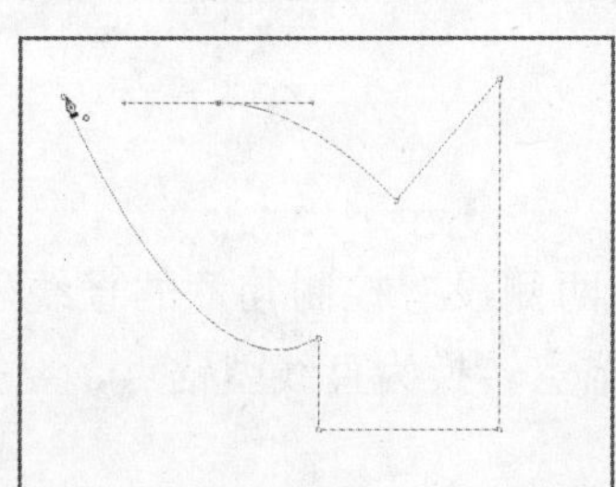

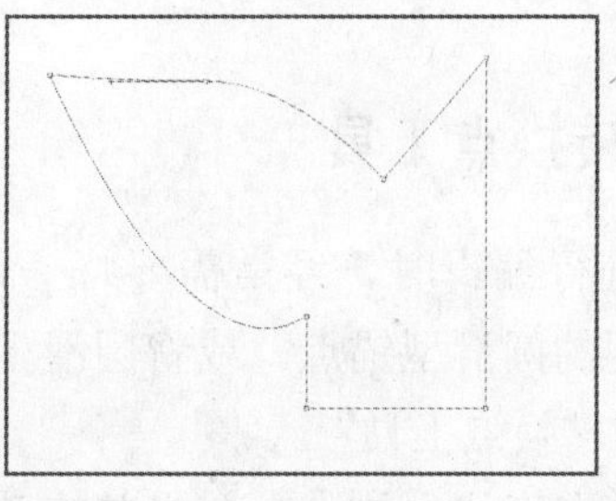

图6.16

6.2.2 自由钢笔工具

“自由钢笔工具”的使用方法类似于“铅笔工具”，不同的是，使用“自由钢笔工具”绘制图形时，得到的是路径。

利用“自由钢笔工具”直接在页面中拖动，创建所需要的路径形状即可。要得到闭合路径，可将光标放在起点上，当光标下面显示一个小圆圈时单击即可。

单击工具选项条上的花形图标，弹出如图6.17所示的面板，在其中可以设置“自由钢笔工具”的参数。

在此面板中，仅有一个“曲线拟合”参数是用于设置“自由钢笔工具”的，此参数的作用是控制绘制路径时对鼠标移动的敏感性，输入的数值越高，所创建路径的锚点越少，路径也越光滑。

曲线拟合：2像素
☑磁性的
宽度：10像素
对比：10%
频率：57
☑钢笔压力

图6.17

6.2.3 添加、删除锚点工具

选择“添加锚点工具”，可以在已绘制完成的路径上增加锚点。在路径被选中的状态下，使用“添加锚点工具”直接单击要增加锚点的位置，即可以增加一个锚点。

选中路径后将“删除锚点工具”移动到欲删除的锚点上，单击一下即可删除该锚点。

以删除锚点为例，图6.18所示为原路径，图6.19所示为删除多个锚点后的效果。

图6.18

图6.19

提示　如钢笔工具选项条中的“自动添加/删除”复选框处于勾选状态，可以利用“钢笔工具”直接添加或删除锚点，其方法为：首先应该将包含此锚点的路径选中，然后将“钢笔工具”移动到欲删除的锚点或要添加锚点的路径线段上，直接单击即可。

6.2.4 转换点工具

在对锚点进行编辑时，经常需要将一个两侧没有控制句柄的直线型锚点转换为两侧具有控制句柄的圆滑型锚点，或将圆滑型锚点转换为直线型锚点，要完成此类操作任务，可以使用“转换点工具”。

使用此工具在直线型锚点上单击并拖动，可以将此锚点转换为圆滑型锚点；反之，如果使用此工具单击圆滑型锚点，则可以将此锚点转换为直线型锚点。

如图6.20所示为转换前的路径，图6.21所示为转换后的路径，可以看到转换后，整条路径的形状更加平滑，也更贴近原图像的外形。

图6.20

图6.21

6.3 “路径”面板

对路径的所有操作几乎都可以在“路径”面板中完成，在页面中创建路径后，路径显示在“路径”面板中。

利用此面板可以对路径执行“保存”、“删除”、“填充”、“描边”及“将路径作为选区载入”等操作。如图6.22所示为保存有路径的“路径”面板。

图6.22

6.3.1 新建路径

单击“路径”面板底部的“创建新路径”按钮，可以建立空白路径。

如果需要在新建路径时为其命名，可以按住Alt键并单击“创建新路径”按钮，在弹出的对话框中输入新路径的名称，单击“确定”按钮即可。

提示 在“路径”面板中选择路径，是与选择图层类似的操作，只有在此面板中选择了一个路径，才可以将其中的路径线显示出来，然后进行下一步的编辑；而通常所说的使用“直接选择工具”或“路径选择工具”来选择路径，指的是选中路径线或锚点，所以读者要注意将两者进行区分。

6.3.2 填充路径

相对于选区而言，为路径填充色彩较为简单。选择需要进行填充的路径，然后单击“路径”面板底部的“用前景色填充路径”按钮，即可为路径填充前景色。如图6.23左图所示为一条人形路径，右图所示为使用此方法为路径填充前景色后的效果。

图6.23

如果要控制填充路径的参数及样式，可以按住Alt键并单击“用前景色填充路径”按钮，或单击“路径”面板右上角的面板按钮，在弹出的菜单中选择“填充路径”命令，设置弹出的对话框如图6.24所示。

此对话框的上半部分与选择“编辑”|“填充”命令打开的对话框相同，其参数的作用和应用方法也相同，在此不一一详述，下面只介绍“渲染”选项组中的内容。

- 羽化半径：该选项可控制填充的效果，在该文本框中输入一个大于0的数值，可以使填充具有柔边效果。如图6.25所示为将“羽化半径”数值设置为6时填充前景色的效果。

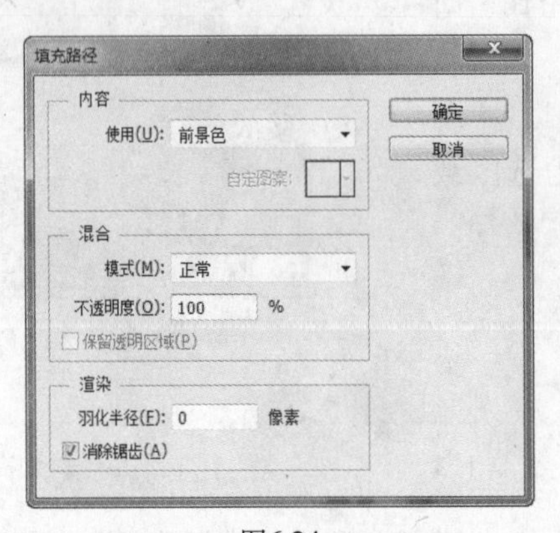

图6.24

图6.25

- 消除锯齿：勾选该复选框，可以消除填充时的锯齿。

提示　填充路径时，如果当前图层处于隐藏状态，则“用前景色填充路径”按钮及“填充路径”命令均不可用。

6.3.3 描边路径

要为路径进行描边，可以按照下面的步骤进行操作。

01 在“路径”面板中选择要描边的路径，按住Alt键单击“用画笔描边路径”按钮，或选择“路径”面板弹出菜单中的“描边路径”命令。

02 此时弹出“描边路径”对话框，在“工具”下拉列表中列出了能够用于描边的所有工具，如图6.26所示，在此选择一种工具。

03 将工具箱中的前景色设置为需要的颜色。

04 单击“路径”面板底部的“用画笔描边路径”按钮 即可。

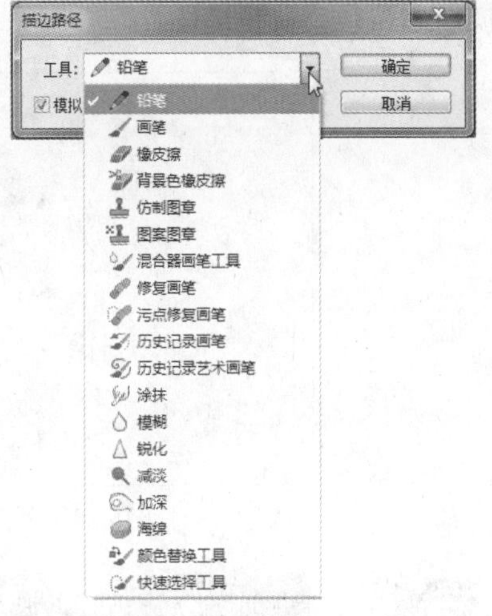

图6.26

如果希望以默认的参数进行描边，应该直接单击“路径”面板底部的“用画笔描边路径”按钮 。值得一提的是，在很多设计作品中，经常可以看到两头细、中间粗的线条效果，它们就是结合画笔描边路径制作出来的。

这种线条的制作方法非常简单，用户可以在描边路径时，按住Alt键单击“路径”面板底部的“用画笔描边路径”按钮 ，在弹出的对话框中勾选“模拟压力”复选框，并在其中选择要描边的绘图工具，然后单击“确定”按钮退出对话框即可。如图6.27所示为原路径及用不同的画笔对路径进行描边操作后的效果。

提示　勾选“模拟压力”复选框的目的在于，让描边路径后得到的线条图像具有两端细、中间粗的效果。但需要注意的是，此时必须在“画笔”面板的“形状动态”区域中，设置“控制”下拉列表中的选项为“钢笔压力”，否则将无法得到这样的效果。

图6.27

 6.3.4　删除路径

当需要删除路径时，可以执行以下操作之一。

- 选中要删除的路径，单击“路径”面板底部的“删除当前路径”按钮 ，在弹出的对话框中单击“是”按钮，即可删除路径。
- 按住鼠标左键将要删除的路径拖动至“路径”面板底部的“删除当前路径”按钮 上即可。

 6.3.5　将选区转换为路径

对于制作出来的选区，可以通过单击“路径”面板底部的“从选区生成工作路径”按钮 ，即可将选区转换为相同形状的路径。如图6.28所示为原选区，图6.29所示为转

换后的路径。

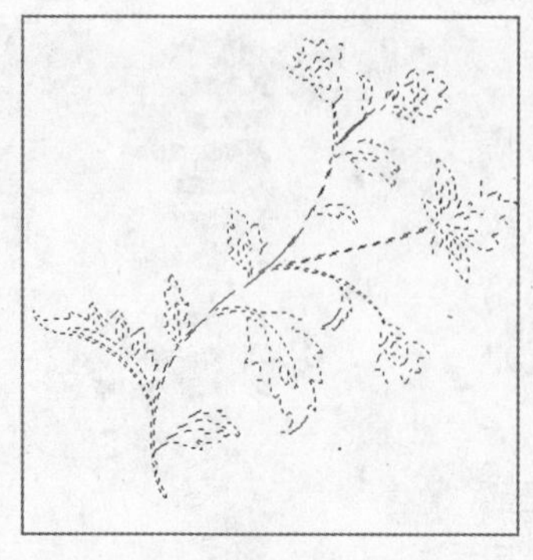

图6.28

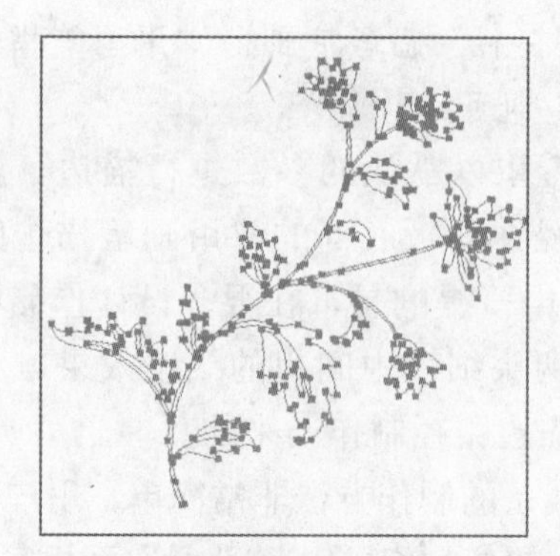

图6.29

提示　采用这种方法，可以通过创建选区的方法创建形状非常难以绘制的选区，或通过转换选区到路径的方法得到形状复杂且难以绘制的路径。

6.3.6 将路径转换为选区

通过路径制作选区是路径在应用方面非常重要的一项功能，通常的工作流程是先使用“钢笔工具”大致绘制出围绕着要选择的图像的一条封闭路径，然后使用各种功能对路径进行调整，使路径精确地围绕着要选择的图像，最后将路径转换为选区。

要将当前选择的路径转换为选区，可以单击“路径”面板底部的“将路径作为选区载入”按钮，或在此面板的弹出菜单中选择“建立选区”命令。

下面将通过一个小实例，来讲解将路径转换为选区的基本操作流程。

01 打开随书所附光盘中的文件“源文件\第6章\6.3.6-素材.tif”，如图6.30所示。在本例中将通过使用“钢笔工具”绘制路径的方法，将图像中的老鹰及树干图像选择出来。

02 在工具箱中选择“钢笔工具”，并设置其工具选项条如 路径 建立：选区... 蒙版 形状 自动添加/删除 对齐边缘 所示。

03 使用“钢笔工具”沿着老鹰图像的边缘绘制路径，直至将整个老鹰和树干图像全部选中为止，如图6.31所示。

04 按Ctrl+Enter键将上一步绘制的路径转换为选区，如图6.32所示。

图6.30

图6.31

图6.32

05 按Ctrl+J键将选区中的图像复制到新图层中，得到“图层1”。隐藏“背景”图层后，可以看到如图6.33所示的图像状态，图6.34所示为将选出的图像应用于视觉作品后的效果。

图6.33

图6.34

通过制作本例不难看出，所谓的使用路径选择图像，其本质还是先利用路径来勾画出图像的轮廓，接着将路径转换为选区，最终利用选区将图像选出。

也可以按住Ctrl键单击面板中的路径名称，或按Ctrl+Enter键直接将路径转换为选区。

提示 上述两种方法都是直接将当前所有显示的路径同时转换为选区，而如果仅希望将当前路径中的一部分转换为选区，可以在选中这些路径的情况下，单击“将路径作为选区载入”按钮。

6.4 路径运算

除了通过直接绘制路径选择图像轮廓的方法外，也可以在需要的情况下利用路径运算来选择图像，或利用路径及其运算功能进行选择，读者可以尝试着进行操作。路径运算是Photoshop提供的一项非常重要且好用的路径功能，使用此功能可以通过运算轻易地得到手动绘制很难得到的路径，从而得到非常复杂的选择区域。

这一功能在图像设计方面也有不可估量的作用，下面将以图6.35所示的形状及对应的“图层”面板为例，分别讲解4个按钮的含义，图6.36是为形状增加了图层样式以提升其美观程度后的效果。

图6.35

图6.36

选择“新建图层”选项，然后绘制形状，可以在不改变原有任意一个形状的情况下，绘制一个新的形状。如图6.37所示为绘制了新形状后得到的效果及对应的“图层”面板，图6.38是分别为两个形状图层添加了图层样式后得到的效果。

图6.37

图6.38

选择“与形状区域相交”选项，再绘制路径，生成的新区域被定义为新路径与现有路径的交叉区域。对上例而言，选择此按钮后再绘制路径，“图层”面板如图6.39所示，图6.40是为形状添加了图层样式后得到的效果。

图6.39

图6.40

选择“排除重叠形状”选项，再绘制路径，可以定义生成的新区域为新路径和现有路径的非重叠区域。对上例而言，选择此按钮后再绘制路径，得到如图6.41所示的路径，图6.42是为形状添加了图层样式后得到的效果。

图6.41

图6.42

提示 在绘制第二条路径时确定路径间的运算模式，具有灵活的可编辑性。即如果要得到其他运算模式所定义的效果，可以在该路径被选中的情况下，直接在工具选项条上选择不同的运算按钮选项。以下进行的形状之间的运算，都必须在选择形状图层矢量蒙版的情况下才可以执行，因为只有在选择了该矢量蒙版后，各个运算按钮才可以使用。

在选择了形状图层矢量蒙版的情况下，选择“合并形状”选项，然后绘制平面，可向现有形状中添加新形状所定义的区域，得到如图6.43所示的效果。图6.44是为形状添加了图层样式后得到的效果。

图6.43

图6.44

选择“减去顶层形状”选项，再绘制路径，可从现有路径中删除新路径与原路径的重叠区域。对上例而言，如果选择此按钮后再绘制路径，“图层”面板如图6.45所示，图6.46是为形状添加了图层样式后得到的效果。

图6.45

图6.46

6.5 绘制形状

6.5.1 矩形工具

选择“矩形工具”，将显示如图6.47所示的矩形工具选项条。单击花形图标，弹出如图6.48所示的“矩形选项”面板，在其中可设置相应的选项。

图6.47

“矩形选项”面板中重要参数的含义如下。

- 不受约束：选中该单选按钮，可以任意地绘制矩形，其长宽比不受限制。
- 方形：选中该单选按钮，绘制的所有形状都是正方形。

不受约束
方形
固定大小 W: H:
比例 W: H:
从中心

图6.48

- 固定大小：选中该单选按钮，便可在其后的W和H文本框中输入数值，以精确定义矩形的宽度与高度尺寸。
- 比例：选中该单选按钮，便可在其后的W和H文本框中输入数值，定义矩形宽度与高度的比例值。
- 从中心：无论选择以上4种绘制方式中的哪一种，都可以勾选“从中心”复选框，勾选该复选框后，绘制矩形时将从中心向外扩展。

提示 在使用“矩形工具”绘制图形时，按住Shift键可以直接绘制出正方形，而无须选择“矩形选项”面板中的“方形”选项，如果按住Alt键就可实现从中心开始向四周扩展绘图的效果，在Alt键与Shift键同时被按下的情况下，可实现从中心绘制出正方形的效果。

如图6.49所示为“矩形工具”的应用示例。

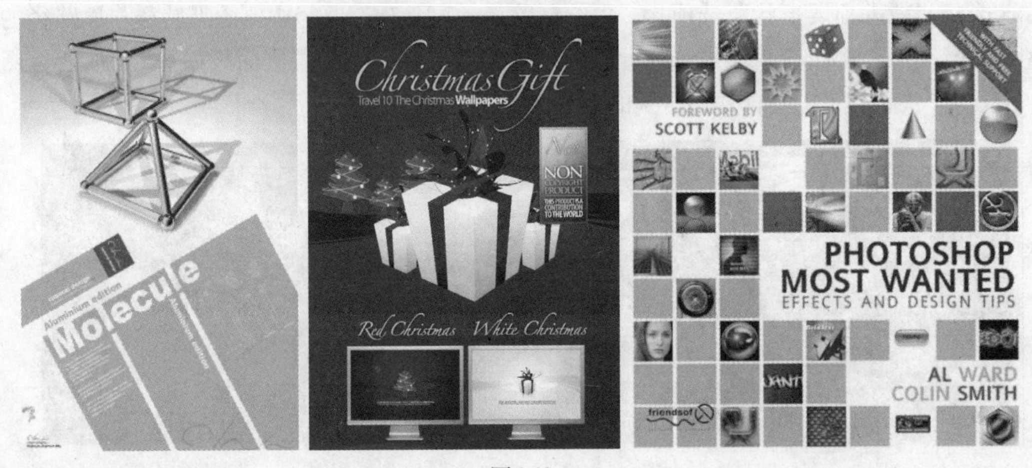

图6.49

6.5.2 圆角矩形工具

选择“圆角矩形工具”，可以绘制圆角矩形，其工具选项条与“矩形工具”相似，选项设置与“矩形工具”完全一样，如图6.50所示。

图6.50

与“矩形工具”不同的是，该工具多了一个“半径”选项，在该文本框中输入数值，可以设置圆角的半径值。数值越大角度越圆滑，如果“半径”值为0 px，就可创建矩形。

如图6.51所示为“圆角矩形工具”的应用示例。

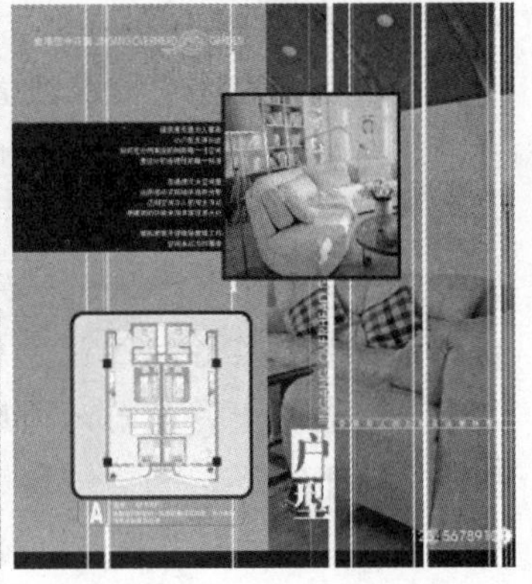

图6.51

6.5.3 椭圆工具

利用“椭圆工具”可以绘制出圆形和椭圆形，其使用方法和选项设置与“矩形工具”一样，其工具选项条如图6.52所示。

图6.52

可以看出其工具选项与“矩形工具”的选项基本相同，故不再重述。

使用“椭圆工具”制作得到的效果如图6.53所示。

图6.53

6.5.4 多边形工具

“多边形工具”用于绘制不同边数的多边形或星形，其工具选项条及选项面板如图6.54所示。

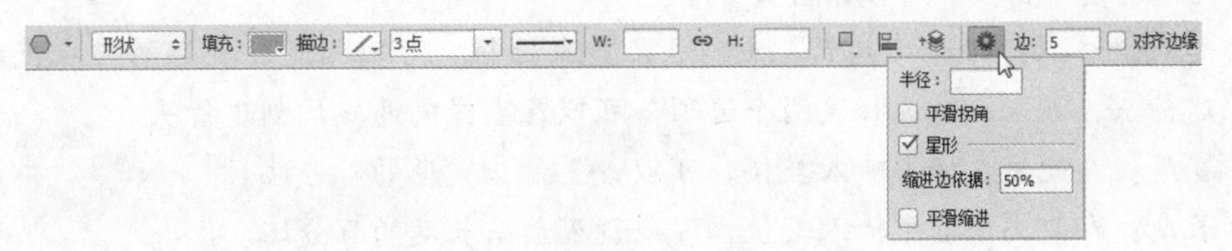

图6.54

"多边形选项"面板中的参数含义如下。

- 半径：在该文本框中输入数值，可以设置多边形或星形的半径值。
- 平滑拐角：勾选该复选框，所绘制的多边形或星形都具有圆滑形拐角。
- 星形：勾选该复选框后，使用"多边形工具"将可以绘制出星形效果，且"缩进边依据"和"平滑缩进"两个选项被激活。
- 缩进边依据：在该文本框中输入数值，可以定义星形的缩进量，其范围为1%～99%，数值越大，星形的内缩效果越明显。图6.55所示为设置"缩进边依据"数值为30%时的效果。
- 平滑缩进：勾选该复选框，可使星形平滑缩进。

在工具选项条中的"边"文本框中输入数值，可设置多边形或星形的边数，边数范围为3～100。图6.56所示为设置边数及缩进边依据不同时所绘制的多边形效果。

图6.55

图6.56

6.5.5 直线工具

选择"直线工具"，可以绘制不同形状的直线，另外还可以根据需要为直线增加箭头，其工具选项条及选项面板如图6.57所示。

图6.57

在工具选项条中的"粗细"文本框中输入数值，可以确定直线的宽度，数值范围为1～1000像素。

"直线选项"面板中的参数含义如下。

- 起点、终点：勾选"起点"或"终点"复选框，可以指定在直线的起点或终点创建箭头，如果同时选择这两个选项，可以在直线的两端均创建箭头。
- 宽度：在此文本框中输入数值，可以设置箭头宽度的百分比。
- 长度：在此文本框中输入数值，可以设置箭头长度的百分比。

● 凹度：在此文本框中输入数值，可以设置箭头最宽处的尖锐程度，箭头和直线在此相接，凹度范围为-50%～+50%，正数向内凹陷，负数向外凸起。

图6.58所示为“直线工具”的应用示例。

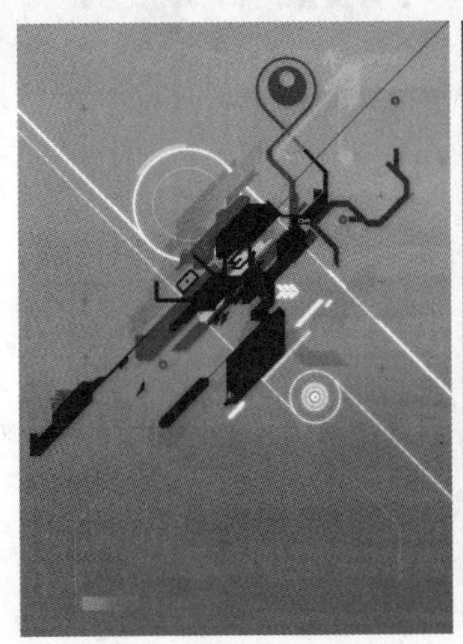

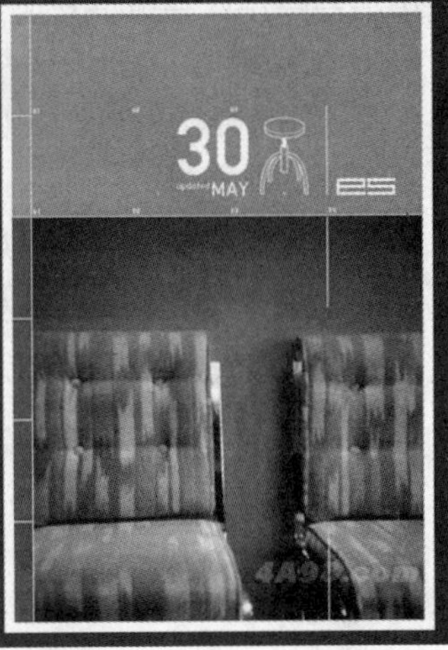

图6.58

6.5.6 自定形状工具

Photoshop提供了大量的特殊形状，利用该工具可以非常方便地在页面中创建相应的形状或路径，其工具选项条及选项面板如图6.59所示。

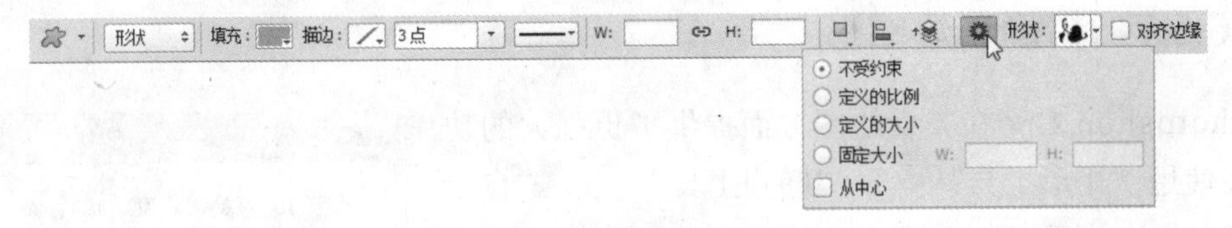

图6.59

“自定形状选项”面板中的选项与“矩形选项”面板相似，区别是在“自定形状选项”面板中，勾选“定义的比例”复选框创建的形状均维持原图形的比例，勾选“定义的大小”复选框创建的形状是原图形的大小。

单击自定形状工具选项条“形状”选项后的三角按钮，弹出如图6.60所示的形状列表框，选择其中的一个图形，即可在页面中创建相应的形状。

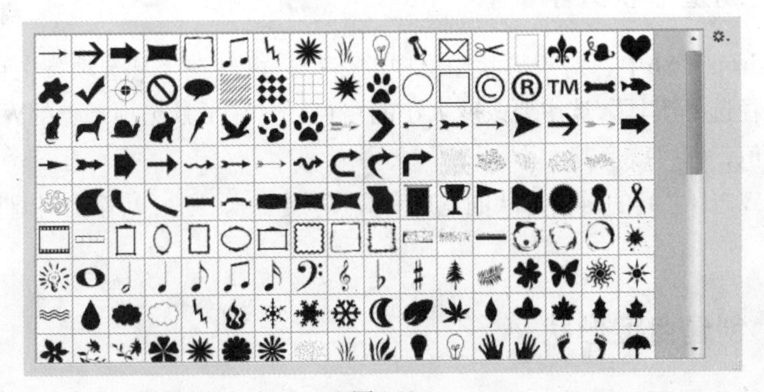

图6.60

单击形状列表框右上方的花形图标，弹出其下拉菜单，选择其中的命令可以改变图形的显示状态，并进行保存、添加或替换图形等操作，其中重要命令如下。

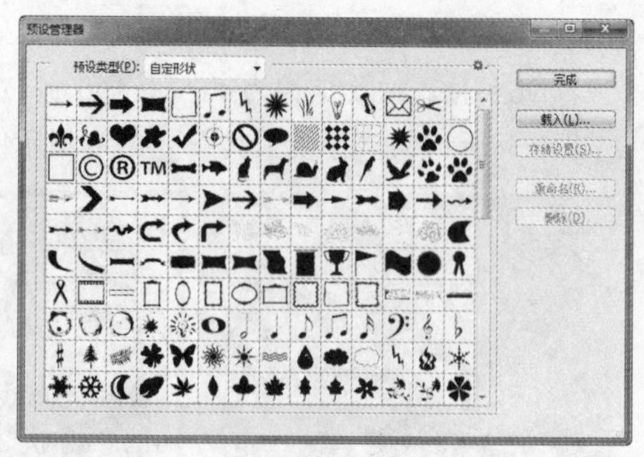

图6.61

- 预设管理器：选择该命令，可弹出如图6.61所示的“预设管理器”对话框。
- 复位形状：在经过多次删除与增加形状操作后，如果要将其恢复为默认状态，就可以选择此命令。
- 载入形状：选择此命令，可以在弹出的“载入”对话框中选择一个存储形状的文件，并将该文件所存储的形状载入到形状列表框中。
- 存储形状：选择此命令，可以将形状列表框中的形状保存为一个文件，以便以后使用。
- 内置形状命令：选择菜单中的各种内置形状区域中的命令，例如“形状”、“符号”、“自然”、“音乐”等，可以调出相应的Photoshop预置形状，选择其中的任意一个命令后，在弹出的对话框中单击“确定”按钮，即可将选择的命令文件中的形状调入至形状列表框中；单击“取消”按钮，可取消该操作；单击“追加”按钮可将选择的文件中的形状添加至形状列表框中。

6.5.7 精确创建图形

Photoshop CS6在矢量绘图方面提供了更强大的功能，在使用“矩形工具”、“椭圆工具”、“自定形状工具”等图形绘制工具时，可以在画布中单击，此时会弹出一个相应的对话框，以使用“椭圆工具”在画布中单击为例，将弹出如图6.62所示的参数设置对话框，在其中设置适当的参数并选择选项，然后单击“确定”按钮，即可精确创建圆角矩形。

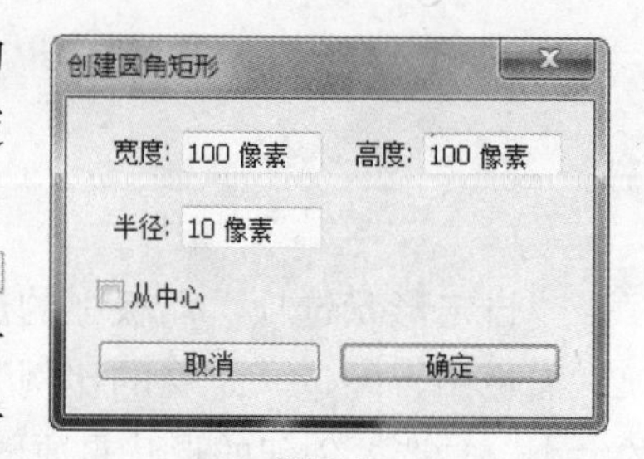

图6.62

6.5.8 调整形状大小

在Photoshop CS6中，对于形状图层中的路径，可以在工具选项条上精确调整其大小。使用“路径选择工具”选中要改变大小的路径后，在工具选项条上的W和H文本框中输入具体的数值，即可改变其大小。

若是选中W与H之间的链接形状的宽度和高度按钮，则可以等比例调整当前选中路径的大小。

6.5.9 创建自定形状

与定义画笔、图案一样，在Photoshop也可以自定义形状，使图像效果更加丰富多彩。要创建自定义图形，可以按照下列步骤操作。

01 选择“钢笔工具”，使用该工具创建所需要形状的外轮廓路径，如图6.63所示。

02 选择“路径选择工具”，将步骤1中所绘制的路径选中。

03 选择“编辑”|“定义自定形状”命令，在弹出的如图6.64所示的对话框中输入新形状的名称，然后单击“确定”按钮。

图6.63

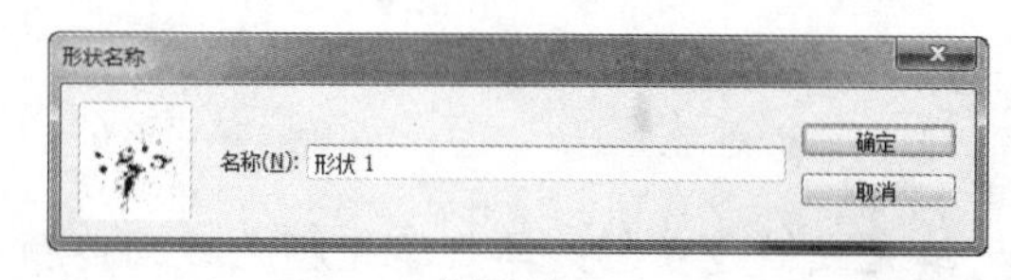

图6.64

04 选择“自定形状工具”，显示形状列表框，在其中可选择自定义的形状，如图6.65所示。图6.66所示为将所定义的形状应用于视觉作品后的效果。

图6.65

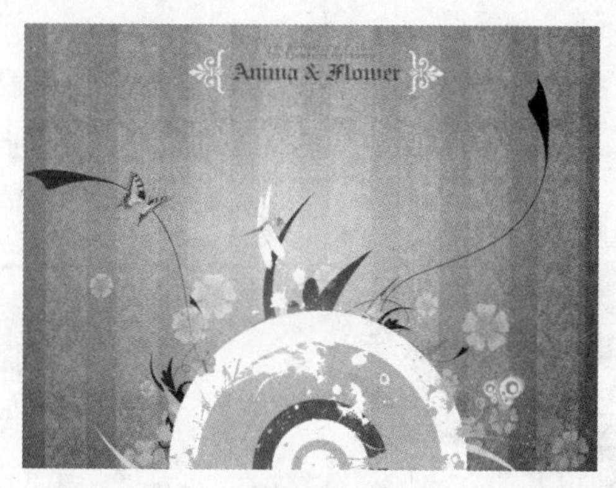

图6.66

6.5.10 保存形状

形状列表框中的形状与笔刷一样，都可以文件形式保存，以方便用户保存及共享。要将形状列表框中的形状保存为文件，可以按照如下步骤操作。

01 单击形状列表框右侧的三角按钮。

02 在弹出的菜单中选择“存储形状”命令。

03 在弹出的如图6.67所示的对话框中设置保存路径并输入名称。

04 单击“保存”按钮。

图6.67

6.6 为路径设置填充与描边

在Photoshop CS6中，可以直接为形状图层设置多种渐变及描边的颜色、粗细、线型等属性，从而更加方便地对矢量图形进行控制。

要为形状图层中的图形设置填充或描边属性，可以在“图层”面板中选择相应的形状图层，然后在工具箱中选择任意一种形状绘制工具或“路径选择工具”，工具选项条上即可显示类似如图6.68所示的参数。

图6.68

- 填充或描边颜色：单击填充颜色或描边颜色按钮，在弹出的类似如图6.69所示的面板中可以选择形状的填充或描边颜色，其中可以设置的填充或描边颜色类型为无、纯色、渐变和图案4种。
- 描边粗细：在此可以设置描边的线条粗细数值。
- 描边线型：在此下拉列表中，如图6.70所示，可以设置描边的线型、对齐方式、端点及角点的样式。若单击“更多选项”按钮，将弹出如图6.71所示的对话框，在其中可以更详细地设置描边的线型属性。

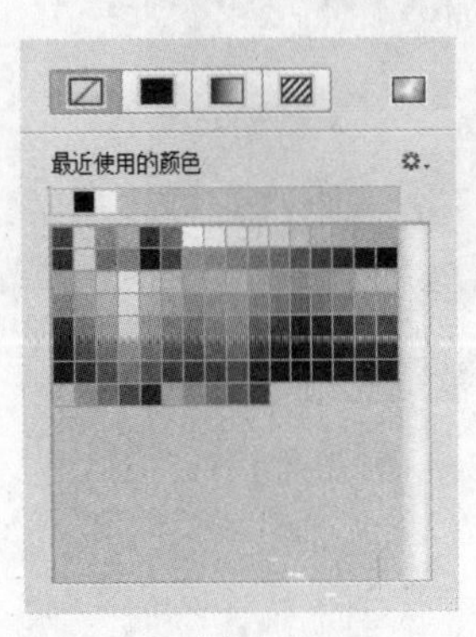

图6.69

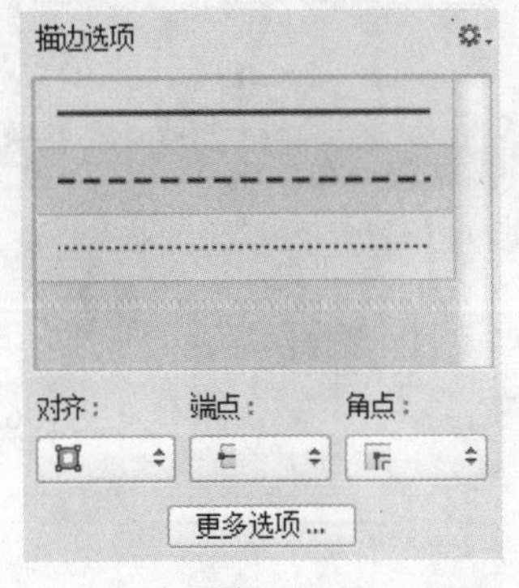

图6.70

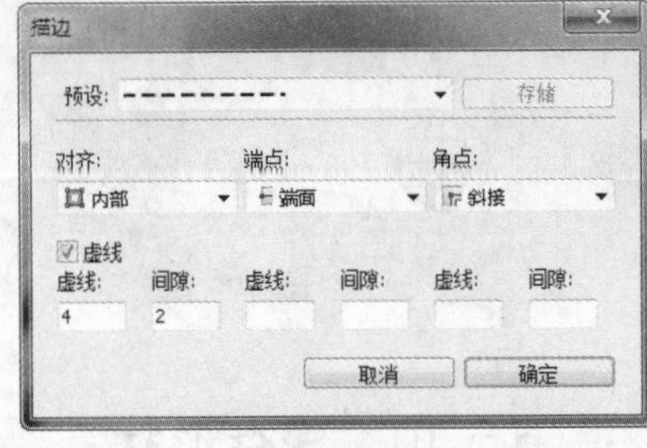

图6.71

6.7 练习题

一、单选题

1. 将选区转换为路径时，将创建哪种类型的路径？（ ）

A. 工作路径　B. 打开的子路径　C. 剪贴路径　D. 填充路径

2. 当用户使用“矩形工具”或“椭圆工具”绘制图像时，在松开鼠标前按下哪个键可以移动所绘制的图形？（ ）

A. Ctrl键　B. Alt键　C. Shift键　D. 空格键

3. 在“路径”面板中单击“从选区生成工作路径”按钮，即创建一条与选区相同形状的路径，利用“直接选择工具”对路径进行编辑，路径区域中的图像有什么变化？（ ）

A. 随着路径的编辑而发生相应的变化　B. 没有变化

C. 位置不变，形状改　D. 形状不变，位置改变

4. 要暂时隐藏路径在图像中的形状，执行以下的哪一种操作？（ ）

A. 在“路径”面板中单击当前路径栏左侧的眼睛图标

B. 在“路径”面板中按Ctrl键单击当前路径栏

C. 在“路径”面板中按Alt键单击当前路径栏

D. 单击“路径”面板中的空白区域

5. 利用“钢笔工具”在图像中绘制一条开放路径，绘制完成后，要取消对路径的选择，应该执行以下哪种操作？（ ）

A. 选择工具箱中的“直接选择工具”在路径以外的位置单击

B. 用“钢笔工具”在路径以外的位置单击

C. 按Delete键

D. 选择工具箱中的其他任意一个工具，路径自动放弃选择

二、多选题

1. 路径是由什么组成的？（ ）

A. 直线　B. 曲线　C. 锚点　D. 像素

2. 下列用于绘制路径的工具包括：（ ）

A. 钢笔工具　B. 自由钢笔工具　C. 直接选择工具　D. 添加锚点工具

3. 下列可以用于编辑路径的工具包括：()

A. 转换点工具　B. 路径选择工具　C. 删除锚点工具　D. 钢笔工具

4. 下列关于选择路径的说法正确的是：（ ）

A. 使用“路径选择工具”可以选中整条路径

B. 使用“直接选择工具”可以选中路径中的某个锚点

C. 使用“直接选择工具”按住Alt键可以选中整条路径

D. 使用“直接选择工具”只能选择路径中的锚点及路径线

5. 下列可以绘制并得到形状图层的工具包括：（ ）

A. 钢笔工具　B. 矩形工具　C. 椭圆工具　D. 直线工具

6.下面能够正确描述路径节点及路径线的是哪几项？（ ）

A.节点两侧如果存在两根方向线，则方向线一定在一条直线上

B.节点两侧可以仅存在一根方向线

C.如果节点两侧存在方向线，当拖动一根方向线时，另外一根必然随之一起移动

D.即使一个节点位于路径的端点位置，也可能存在两根方向线

三、判断题

1. 使用“直接选择工具”无法选择整条路径，因此此工具仅可以用于选择路径节点与路径线。( )

2. 使用“路径选择工具”选择路径后，无须按任何快捷键，选择任何菜单命令，即

可对路径执行缩放、旋转操作。（ ）

3. Shift键对于使用“钢笔工具”绘制路径线的操作，没有约束作用。（ ）

4. 在使用“磁性钢笔工具”时，如果按Alt键单击可以绘制出直线段路径。（ ）

5. 在使用“磁性钢笔工具”时，此工具的“频率”参数值越大，通常情况下得到的路径上的节点越多。（ ）

四、操作题

1. 新建一个尺寸为1024×768的文件，然后结合“钢笔工具”以及路径自由变换控制框、剪贴蒙版等功能，制作得到类似如图6.72所示的矢量渐变背景。制作完成后的效果可以参考随书所附光盘中的文件“源文件\第6章\6.7-1.psd”。

2. 以上一题制作的背景图像为基础，结合“钢笔工具”、“椭圆工具”、“矩形工具”以及复制路径、路径运算等功能，尝试制作得到类似如图6.73所示的完整作品。制作完成后的效果可以参考随书所附光盘中的文件“源文件\第6章\6.7-2.psd”。

图6.72

图6.73

第7章 图层的应用

简单地说，任何一件作品都是图像与图像之间搭配处理的结果。图层的出现为这种搭配处理提供了更为广阔的平台，从而可以获得更多、更炫丽的效果。可以这样说，如果没有图层，很难甚至不可能完成各种图像的合成工作。

7.1 图层的功用

“图层”面板主要用于编辑和管理图层，在其中可以设置图层混合模式、不透明度和填充透明度，添加、复制、删除图层，组合图层和剪贴图层，还可以为图层添加样式和蒙版效果。图7.1所示为一个典型的“图层”面板，下面介绍其中各个图标的含义。

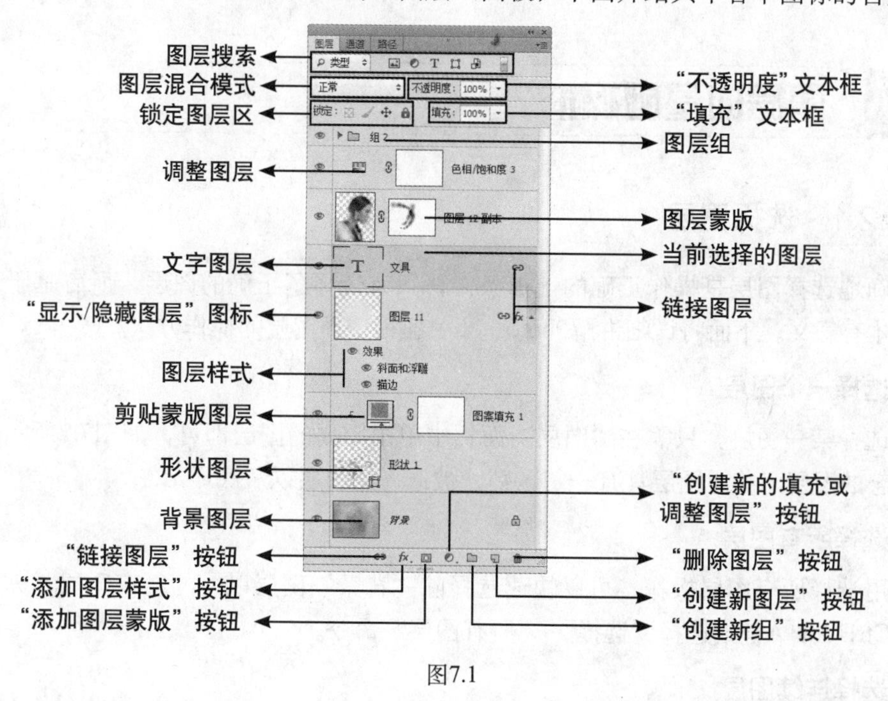

图7.1

- 类型：在其下拉列表中可以快速查找、选择及编辑不同属性的图层。
- 图层混合模式 正常：在此下拉列表中可以设置当前图层的混合模式。
- 不透明度 不透明度: 100%：在此文本框中输入数值可以控制当前图层的透明属性，数值越小则当前图层越透明。
- 锁定图层区 锁定：在此可以分别控制图层的“透明区域可编辑性”、“编辑”、“移动”等图层属性。
- 填充 填充: 100%：在此文本框中输入数值可以控制当前图层中非图层样式部分的透明度。

- “显示/隐藏图层”图标：单击此图标可以控制当前图层的显示与隐藏状态。
- “图层组折叠”按钮：单击此按钮，将其转换为，则打开处于折叠状态的图层组。
- “图层组”图标：此图标右侧显示为图层组的名称。
- “链接图层”按钮：在选中多个图层的情况下，单击此按钮可以将选中的图层链接起来，这样可以让用户对图层中的图像执行对齐、统一缩放等操作。
- “添加图层样式”按钮 fx.：单击该按钮，在弹出的菜单中选择“图层样式”命令，可以为当前图层添加图层样式。
- “添加图层蒙版”按钮：单击该按钮，可以为当前图层添加图层蒙版。
- “创建新组”按钮：单击该按钮，可以新建一个图层组。
- “创建新的填充或调整图层”按钮：单击该按钮，可以在弹出的菜单中为当前图层创建新的填充或调整图层。
- “创建新图层”按钮：单击该按钮，可以创建一个新图层。
- “删除图层”按钮：单击该按钮，在弹出的提示框中单击“是”按钮，即可删除当前所选图层。

7.2 图层的基础操作

7.2.1 选择图层

正确地选择图层是操作正确的前提条件，只有选择了正确的图层，所有基于此图层的操作才有意义。下面将详细讲解Photoshop中各种选择图层的操作方法。

1. 选择一个图层

要选择某一图层，只需在“图层”面板中单击需要的图层即可，如图7.2所示。处于选择状态的图层与普通图层具有一定区别，被选择的图层以灰底显示。

2. 选择所有图层

使用选择所有图层操作，可以快速选择除“背景”图层以外的所有图层，其操作方法是按Ctrl+Alt+A键或选择“选择”|“所有图层”命令。

3. 选择连续图层

如果要选择连续的多个图层，在选择一个图层后，按住Shift键在“图层”面板中单击另外的图层名称，则两个图层间的所有图层都会被选中，如图7.3 所示。

4. 选择非连续图层

如果要选择不连续的多个图层，在选择一个图层后，按住Ctrl键在“图层”面板中单击另外的图层名称，如图7.4 所示。

5. 选择链接图层

当要选择的图层处于链接状态时，可以选择“图层”|“选择链接图层”命令，此时

所有与当前图层存在链接关系的图层都会被选中，如图7.5 所示。

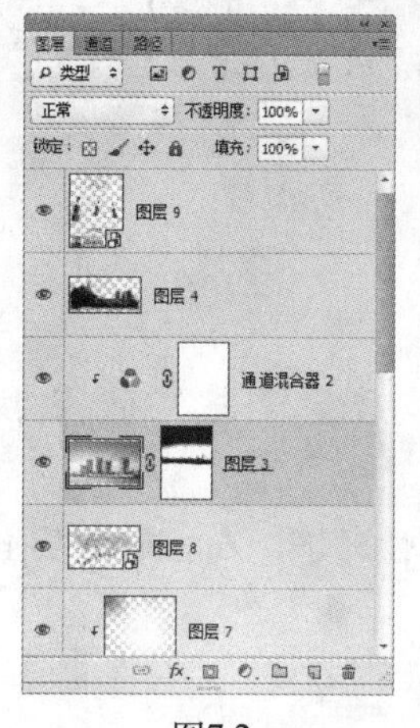
图7.2

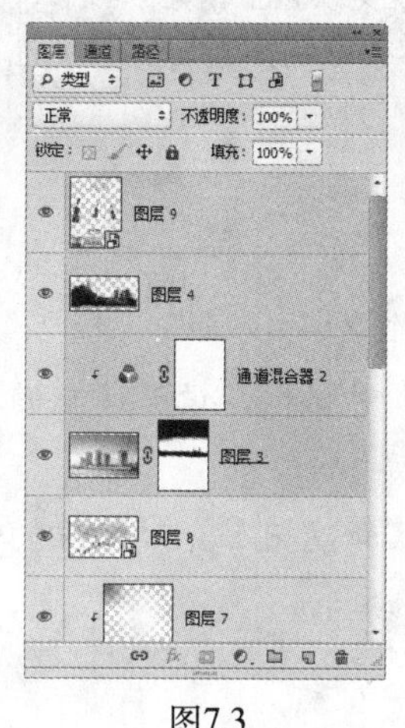
图7.3

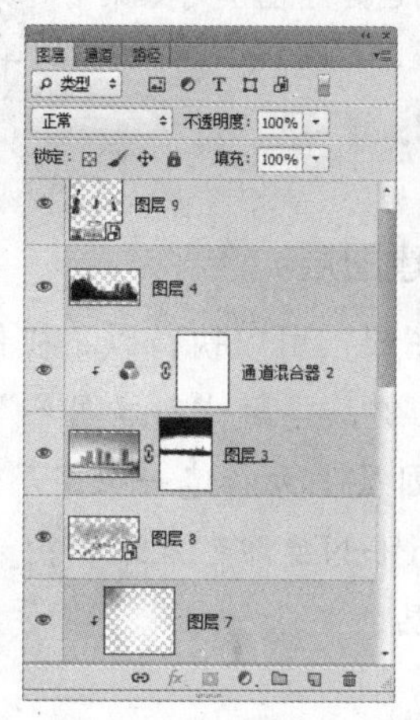
图7.4

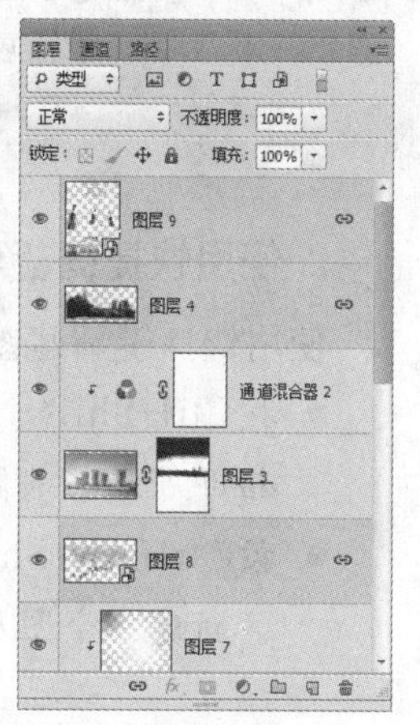
图7.5

6. 利用图像选择图层

除了在“图层”面板中选择图层外，用户还可以直接在图像中使用“移动工具”来选择图层，其方法如下。

- 选择“移动工具”，直接在图像中按住Ctrl键单击要选择的图层中的图像，如果已经在此工具的工具选项条中勾选“自动选择”复选框，则不必按住Ctrl键。
- 如果要选择多个图层，按住Shift键直接在图像中单击要选择的其他图层的图像，则可以选择多个图层。

7.2.2 显示和隐藏图层

显示/隐藏图层操作是非常简单而且基础的一类操作。用户只需要在“图层”面板中单击图层左侧的眼睛图标，使该处图标呈现为，即可隐藏该图层，再次单击相同位置即可重新显示图层。

提示

如果在眼睛图标列中按住鼠标左键不放向下拖动，可以显示或隐藏拖动过程中所有光标掠过的图层或图层组。按住Alt键单击图层左侧的眼睛图标，可以只显示该图层而隐藏其他图层；再次按住Alt键单击该图层左侧的眼睛图标，即可重新显示其他图层。

7.2.3 创建新图层

新建图层是Photoshop中极为常用的操作，其创建方法有很多种，但最为常用的则是通过功能按钮和快捷键两种方法，下面分别进行介绍。

1. 使用按钮创建图层

单击“图层”面板底部的“创建新图层”按钮，可直接创建一个Photoshop默认值的新图层，这也是创建新图层最常用的方法。

提示

按照此方法创建新图层时如果需要改变默认值，可以按住Alt键单击，然后在弹出的对话框中进行修改；按住Ctrl键的同时单击“创建新图层”按钮，则可在当前图层下方创建新图层。

2. 使用快捷键新建图层

使用快捷键新建图层，可以执行以下操作之一。

- 按Ctrl+Shift+N键，弹出“新建图层”对话框，设置适当的参数，单击“确定”按钮即可在当前图层上方新建一个图层。
- 按Ctrl+Alt+Shift+N键即可在不弹出“新建图层”对话框的情况下，在当前图层上方新建一个图层。

7.2.4 复制图层

复制图层是最常执行的基础操作之一，通过此操作可以直接复制得到与原图层中完全相同的图像，以便于在此基础上继续编辑。下面分别讲解几种最常用的复制图层操作方法。

1. 利用按钮复制图层

在同一图像文件中复制图像时，可以直接在“图层”面板中将此图层拖动至“创建新图层”按钮上，释放鼠标按键后即可得到当前图层的副本图层。

2. 通过拖动复制图层

若通过拖动“图层”面板中的图层来达到复制图层的目的，其操作步骤如下所述。

01 打开图像文件，显示“图层”面板。
02 在“图层”面板中选中要复制的图层。
03 按住Alt键，使用鼠标左键拖动要复制的图层至目标位置，如图7.6所示。
04 待位置确认后，目标位置出现黑色线条，释放鼠标按键即可完成复制图层操作，如图7.7所示。

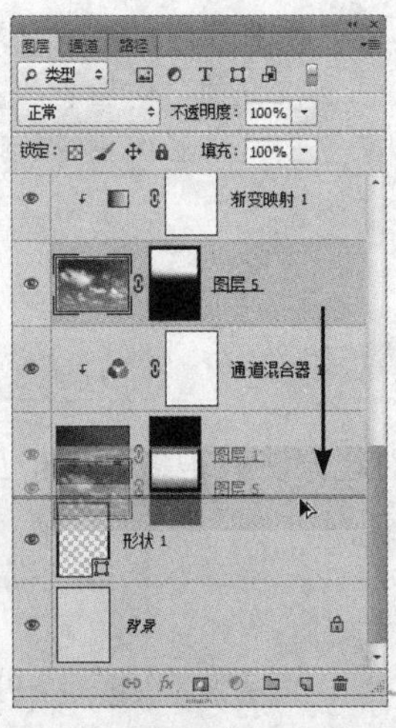

图7.6

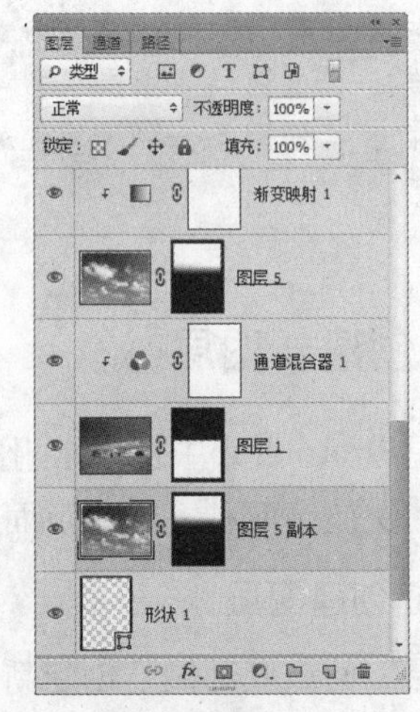

图7.7

3. **在不同图像中拖动复制图层**

如果要在不同图像文件之间复制图层，可以在Photoshop中并排显示两个图像，然后在一个图像文件中，使用“移动工具”将需要复制的图层直接拖至目标图像文件中，即可完成复制操作。

7.2.5 删除图层

在对图像进行操作的过程中，经常会产生一些无用的图层或临时图层，此时可以将这些多余的图层删除，以降低文件大小。

删除图层可以执行以下操作之一。

- 选择“图层”|“删除”|“图层”命令或单击“图层”面板底部的“删除图层”按钮，在弹出的提示框中单击“是”按钮，即可删除所选图层。
- 在“图层”面板中选中需要删除的图层，将其拖动至“图层”面板底部的“删除图层”按钮上即可。
- 如果要删除处于隐藏状态的图层，选择“图层”|“删除”|“隐藏图层”命令，在弹出的提示框中单击“是”按钮即可。
- 在选择“移动工具”的情况下，且当前图像中不存在选区，按Delete键或Back Space键，即可删除当前选中的一个或多个图层。

7.2.6 改变图层的顺序

由于图层具有上层图像覆盖下层的特性，因此在某些情况下需要改变图层间的上下顺序，以取得不同的效果。调整图层的顺序可以按照如下步骤操作。

01 打开随书所附光盘中的文件“源文件\第7章\7.2.6-素材.psd”，如图7.8 所示，选择要调整的图层。

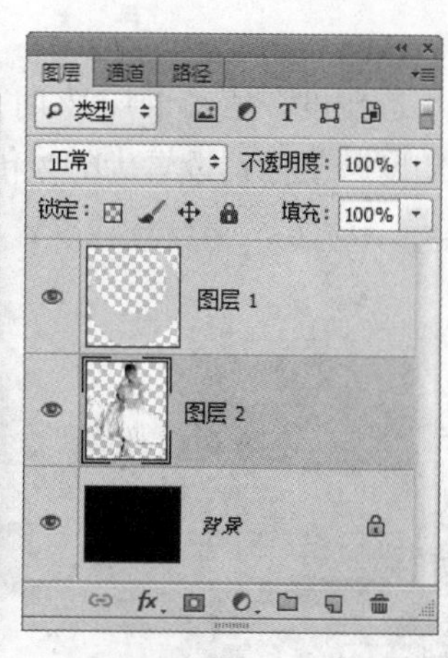

图7.8

02 单击并按住鼠标左键将图层拖动至目标位置。

03 待高光显示线出现在目标位置时，如图7.9所示，释放鼠标左键即可。

如图7.10所示为改变图层顺序后的效果及对应的“图层”面板。

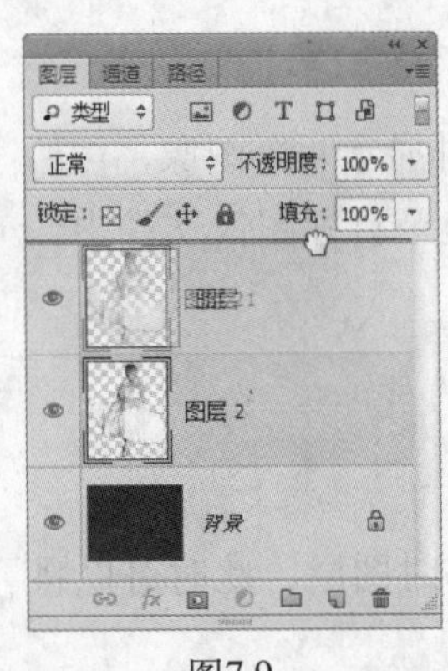

图7.9

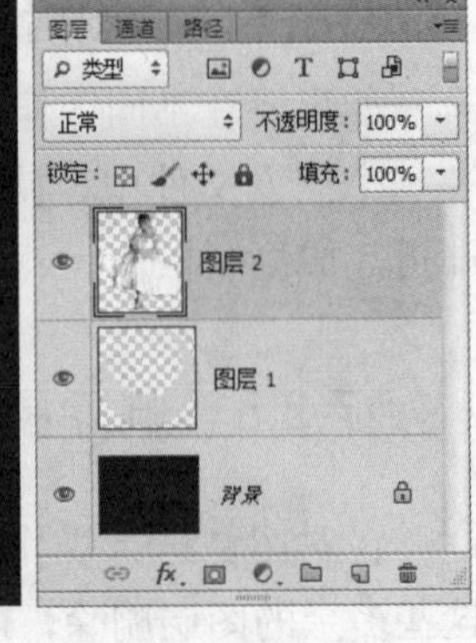

图7.10

7.2.7 设置图层不透明属性

通过设置图层的“不透明度”值可以使图层中的图像呈不透明状态显示。当图层“不透明度”值为100%时，当前投影图层完全显现出来的效果如图7.11所示。

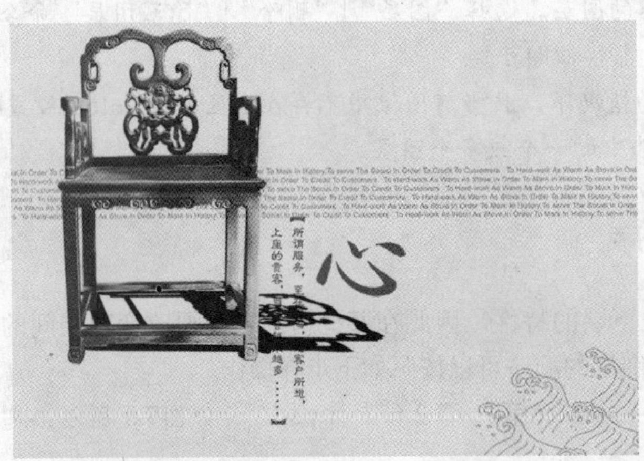
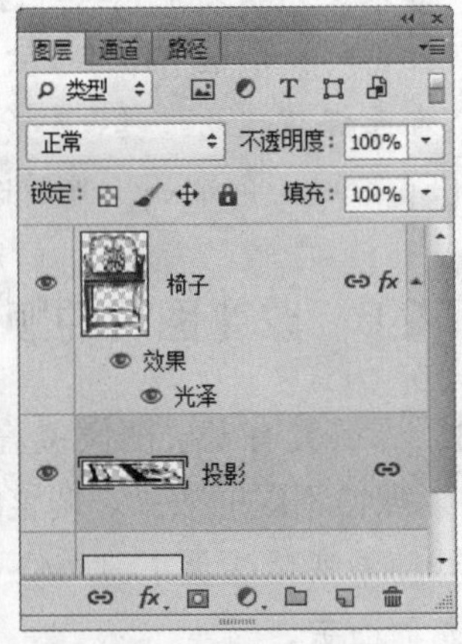

图7.11

而当“不透明度”值小于100%时，可以隐约显示下方图层的图像，如图7.12和图7.13是将“不透明度”值分别设置为60%和30%时的对比效果。

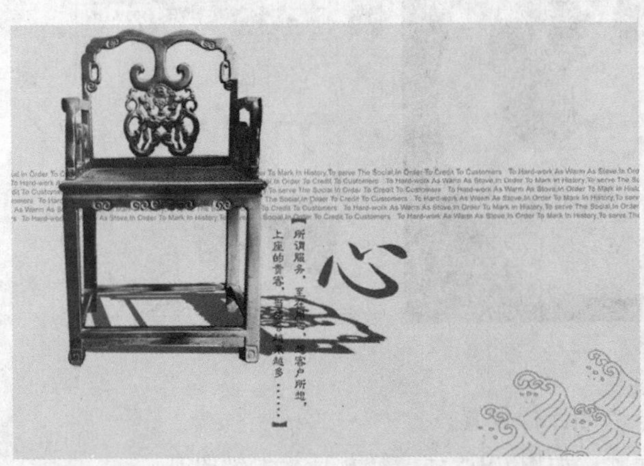
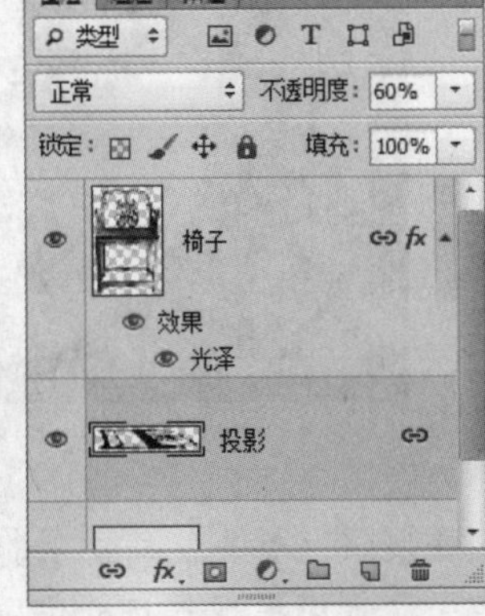

图7.12

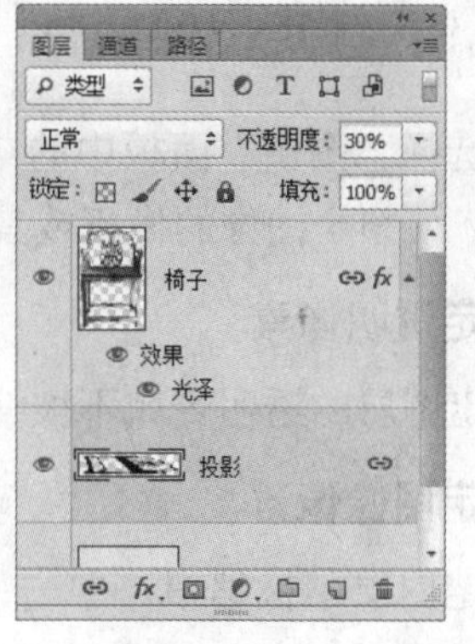

图7.13

7.2.8 设置填充透明度

与图层的不透明度不同，图层的“填充”透明度仅改变在当前图层上使用绘图类工具绘制得到图像的不透明度，不会影响图层样式的透明效果，此参数对于图层样式的效果影响尤其明显。

如图7.14所示为一个具有图层样式的图层，图7.15所示为将图层“不透明度”设置为0%时的效果，图7.16所示为将“填充”透明度设置为0%的效果。可以看出，在改变“填充”透明度后，图层样式的透明度不会受到影响。

图7.14

图7.15

图7.16

选中多个图层时，也可以在“图层”面板中设置“填充”不透明度数值，如果被选中的图层分别具有不同的“填充”不透明度数值，那么将以本次的设定为准。

7.2.9 锁定图层属性

通过选择"图层"面板中的按钮，可以锁定图层的属性，从而保护图层的非透明区域，使整个图像的像素或其位置不被误编辑。

1. 锁定透明像素

要锁定图层的透明区域不被编辑，单击"锁定透明像素"按钮即可。

2. 锁定图像像素

要锁定图层不被编辑，单击"锁定图像像素"按钮即可。在此状态下，图层中的非透明区域将不可被隐藏。

3. 锁定位置

要锁定图层位置不被移动，单击"锁定位置"按钮即可。

4. 锁定全部

要锁定图层的全部属性，单击"锁定全部"按钮即可。

7.2.10 图层搜索

在Photoshop CS6中，新增了根据不同图层类型、名称、混合模式及颜色等属性，对图层进行过滤及筛选的功能，从而便于用户快速查找、选择及编辑不同属性的图层。

要执行图层过滤操作，可以在"图层"面板左上角单击"类型"按钮，在弹出的菜单中选择图层过滤的条件，如图7.17所示。

当选择不同的过滤条件时，在其右侧会显示不同的选项，例如在上图中，当选择"类型"选项时，其右侧分别显示了"像素图层滤镜"按钮、"调整图层滤镜"按钮、"文字图层滤镜"按钮、"形状图层滤镜"按钮及"智能对象滤镜"按钮等5个按钮，单击不同的按钮，即可在"图层"面板中显示所选类型的图层。

例如，图7.18所示是单击"调整图层滤镜"按钮后的效果，"图层"面板中显示了所有的调整图层；图7.19所示是单击"文字图层滤镜"按钮后的效果，由于当前文件中不存在文字图层，因此显示"没有图层匹配此滤镜"的提示。

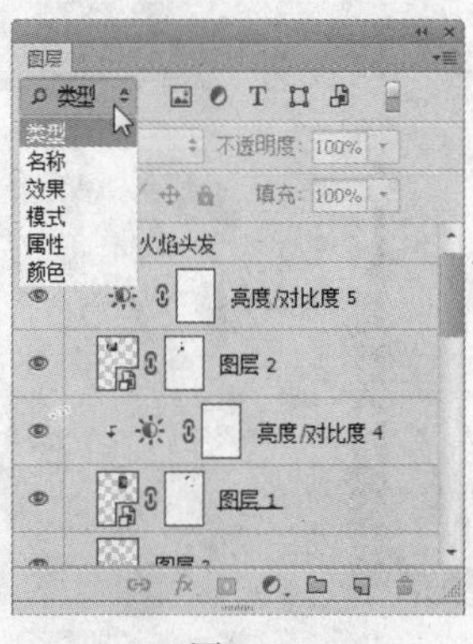

图7.17

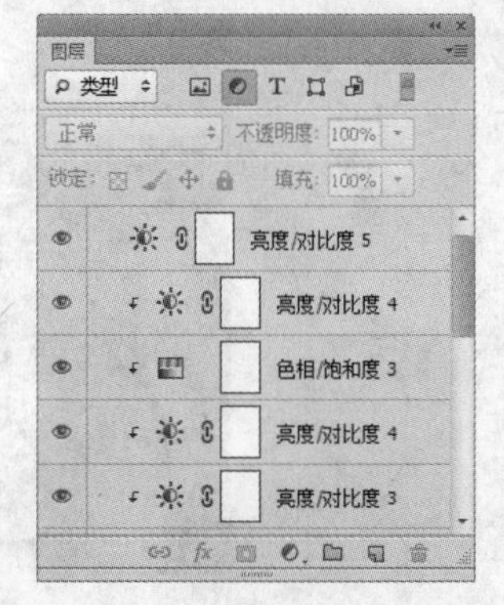

图7.18

图7.19

若要关闭图层过滤功能，单击过滤条件最右侧的"打开或关闭图层滤镜"按钮，使其变为状态即可。

7.3 填充图层

填充图层是一类非常简单的图层，使用此类图层可以创建填充有“纯色”、“渐变”或“图案”的三类图层。由于填充图层也是图层的一类，因此也可以通过改变图层的混合模式、不透明度，为图层增加蒙版或将其应用于剪贴蒙版等操作，获得不同的图像效果。

单击“图层”面板底部的“创建新的填充或调整图层”按钮，在弹出的菜单中选择一种填充类型，设置弹出的对话框，即可在目标图层之上创建一个填充图层。

7.3.1 创建实色填充图层

单击“创建新的填充或调整图层”按钮后，在弹出的菜单中选择“纯色”命令，然后在弹出的“拾色器（纯色）”对话框中选择一种填充颜色，即可创建实色填充图层。

如图7.20所示为创建一个“颜色填充”图层并设置混合模式后的效果。

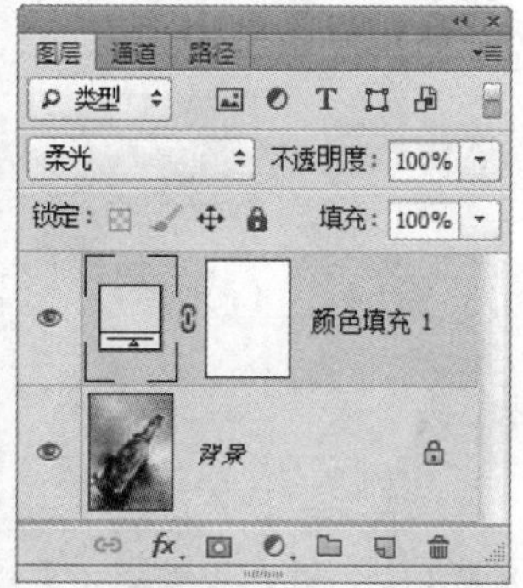

图7.20

7.3.2 创建渐变填充图层

单击“创建新的填充或调整图层”按钮后，在弹出的菜单中选择“渐变”命令，将弹出如图7.21所示的“渐变填充”对话框，在此对话框中可以设置填充图层的渐变效果。

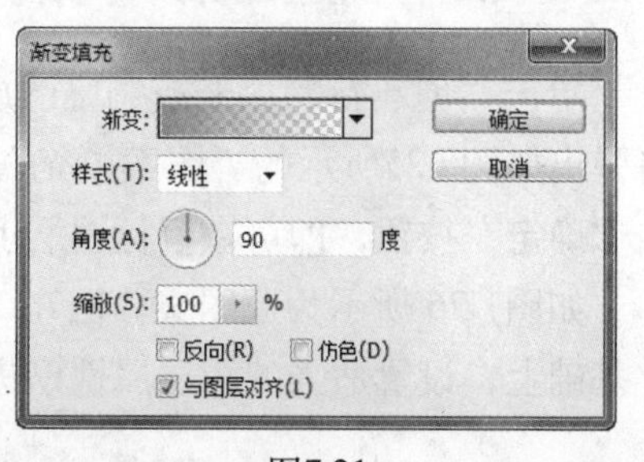

图7.21

“渐变填充”对话框中的参数解释如下。

- 渐变：单击后面的渐变类型选择框，会弹出“渐变编辑器”对话框，在此可以自定义一个需要填充的渐变类型；或单击渐变类型选择框右侧的三角按钮，在弹出的下拉列表中选择已有的渐变。
- 样式：在该下拉列表中可以选择渐变的样式，其中包括“线性”、“径向”、“角度”、“对称的”和“菱形”5个选项。

- 角度：使用鼠标拖动控制盘中的指针或在后面的文本框中输入数值，可以控制当前渐变的角度。
- 缩放：在此文本框中输入数值可以控制当前渐变的影响范围。
- 与图层对齐：勾选该复选框后，将根据当前渐变填充图层的影响范围进行填充，否则，按照整个图像画布的大小进行填充。

如图7.22所示为原图像，图7.23是在其中添加渐变填充图层，并设置适当的图层属性后为图像添加的径向彩虹渐变效果。

图7.22

图7.23

图7.24所示为通过编辑此渐变填充图层的蒙版，以隐藏部分渐变图像后的融合效果，以及对应的“图层”面板。

图7.24

7.3.3 创建图案填充图层

单击“创建新的填充或调整图层”按钮 后，在弹出的菜单中选择“图案”命令，将弹出如图7.25所示的“图案填充”对话框，在此对话框中选择图案并设置好参数后，单击“确定”按钮，即可在目标图层上方创建图案填充图层。

如图7.26 所示为原图案，图7.27所示为使用此图案进行填充后的效果，图7.28 则是在此基础上，设置适当的图层属性以进行混合后得到的最终结果。

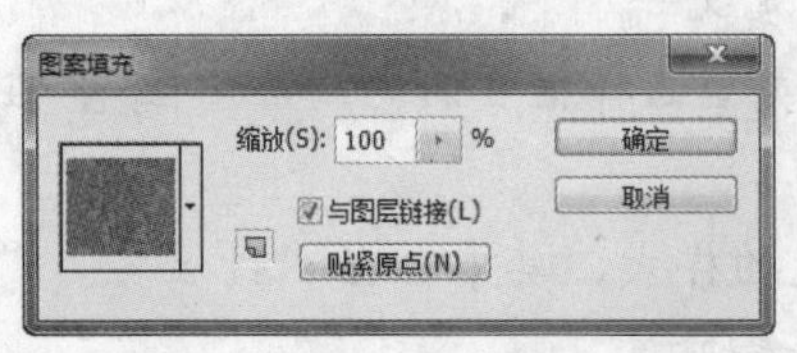

图7.25

图7.26

图7.27

图7.28

7.4 调整图层

7.4.1 “调整”面板

“调整”面板的作用就是在创建调整图层时，将不再通过对应的调整对话框设置其参数，而是转为在此面板中进行。

在没有创建或选择任意一个调整图层的情况下，选择“窗口”|“调整”命令，将调出如图7.29 所示的“调整”面板。

在选中或创建了调整图层后，将根据调整图层的不同，在面板中显示出对应的参数。如图7.30 所示为选择不同调整图层时的面板状态。

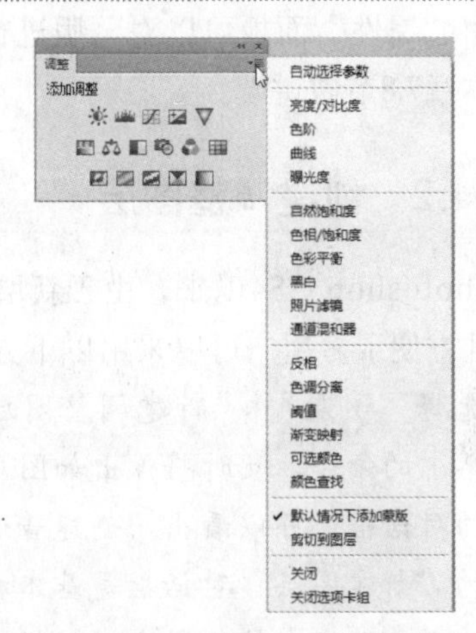

图7.29

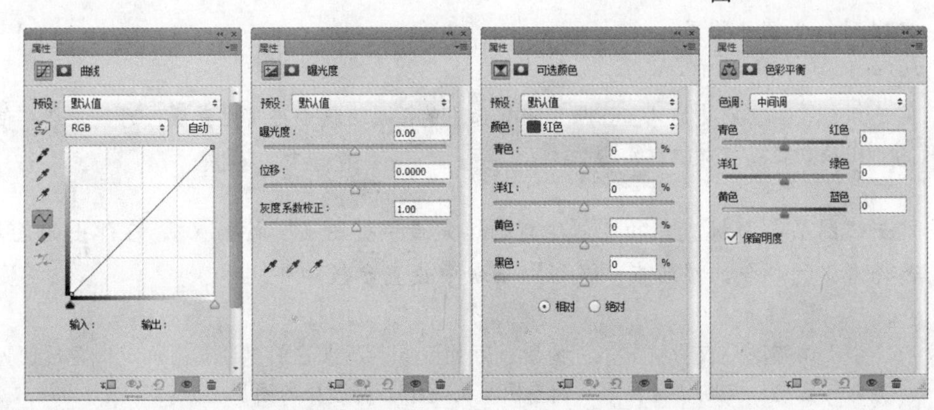

图7.30

在此状态下，面板底部有几个功能按钮，其功能解释如下。

- “创建剪贴蒙版”按钮：单击此按钮，可以在当前调整图层与下面的图层之间创建剪贴蒙版，再次单击则取消剪贴蒙版。

- “预览最近一次调整结果”按钮：按住此按钮，可以预览本次编辑调整图层参数时，最初始与刚刚调整完参数时的状态对比。
- “复位”按钮：单击此按钮，则完全复位到该调整图层默认的参数状态。
- “图层可见性”按钮：单击此按钮，可以控制当前所选调整图层的显示状态。
- “删除此调整图层”按钮：单击此按钮，并在弹出的对话框中单击“是”按钮，则可以删除当前所选的调整图层。
- “蒙版”按钮：在Photoshop CS6中，单击此按钮，将进入选中的调整图层的蒙版编辑状态，如图7.31所示。此面板能够提供用于调整蒙版的多种控制参数，使操作者可以轻松修改蒙版的不透明度、边缘柔化度等属性，并可以方便地增加矢量蒙版、反相蒙版或者调整蒙版边缘等。

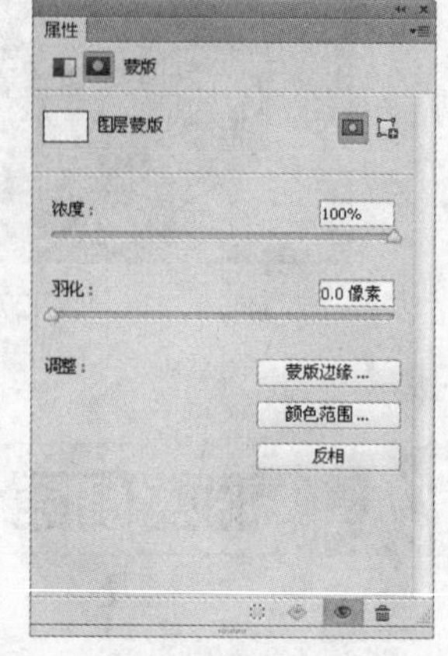

图7.31

使用“属性”面板可以对蒙版进行如羽化、反相及显示/隐藏蒙版等操作，具体的操作将在本章7.8节做讲解。

7.4.2 创建调整图层

自Photoshop CS4以来，由于新增了“调整”面板功能，所以创建调整图层的方式大大丰富且方便了。用户可以采用以下方法创建调整图层。

- 选择“图层”|“新建调整图层”子菜单中的命令，此时将弹出如图7.32 所示的对话框，可以看出与创建普通图层时的“新建图层”对话框是基本相同的，单击“确定”按钮退出对话框，即可创建得到一个调整图层。

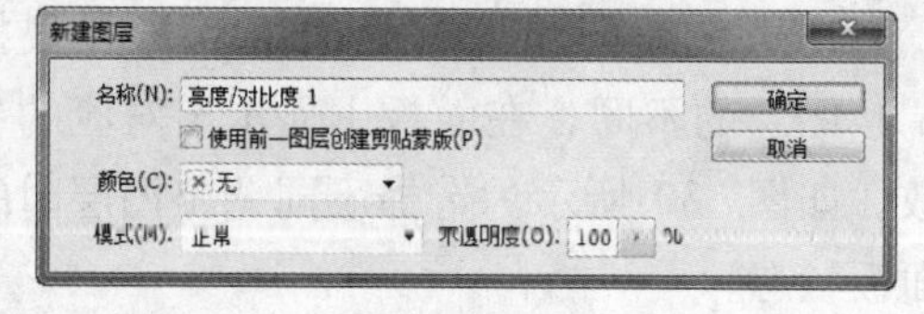

图7.32

提示 如果希望在创建的调整图层与当前选中的图层之间创建剪贴蒙版，可以勾选“使用前一图层创建剪贴蒙版”复选框。

- 单击“图层”面板底部的“创建新的填充或调整图层”按钮，在弹出的菜单中选择需要的命令，然后在“属性”面板中设置参数即可。

提示 由于调整图层仅影响其下方的所有可见图层，所以在创建调整图层时，图层位置的选择非常重要。在默认情况下，调整图层创建于当前选择的图层上方。

- 在“调整”面板中单击各个图标，即可创建相应的调整图层。

如图7.33所示组成画面的蝴蝶及花朵等图像，分别位于不同的图层上，图7.34所示为创建多个调整图层，并对整体的色彩进行修改后的效果。

图7.33

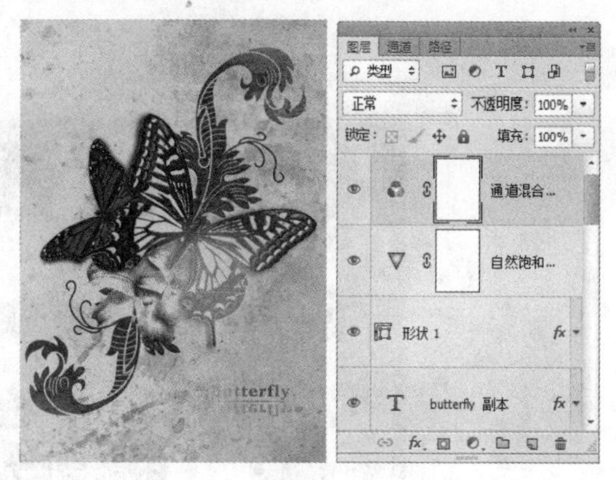

图7.34

7.4.3 改变调整图层的参数

重新设置调整图层中所包含的命令参数，可以先选择要修改的调整图层，再双击调整图层的图层缩览图，即可在“属性”面板中调整其参数。

提示 如果用户当前已经显示了“属性”面板，则只需选择要编辑参数的调整图层，即可在面板中进行修改。如果用户添加的是“反相”调整图层，则无法对其进行调整，因为该命令没有任何参数。

7.4.4 改变调整图层的属性

通过前面的学习可知，调整图层具有图层属性，因此若有需要，可以通过编辑调整图层来改变其属性，从而得到丰富的图像调整效果。

编辑调整图层的操作包括改变其不透明度、混合模式、添加蒙版、改变调整命令的参数、改变调整类型等。

7.5 对齐或分布图层

7.5.1 对齐图层

使用Photoshop的对齐功能，可以对分布于若干个图层中的图像执行对齐操作，既高效又准确。选择“图层”|“对齐”子菜单中的命令，或在选择“移动工具”的情况下单击其工具选项条上的按钮，可以将所有选中的图层或被链接的图层进行对齐。

下面将分别讲解各个对齐功能。

- 选择“顶边”命令，或在选择“移动工具”的情况下单击其工具选项条上的按钮，可将链接图层最顶端的像素与当前图层最顶端的像素对齐。如图7.35所示为未对齐前的图层效果及对应的“图层”面板，图7.36 所示为对齐后的效果。

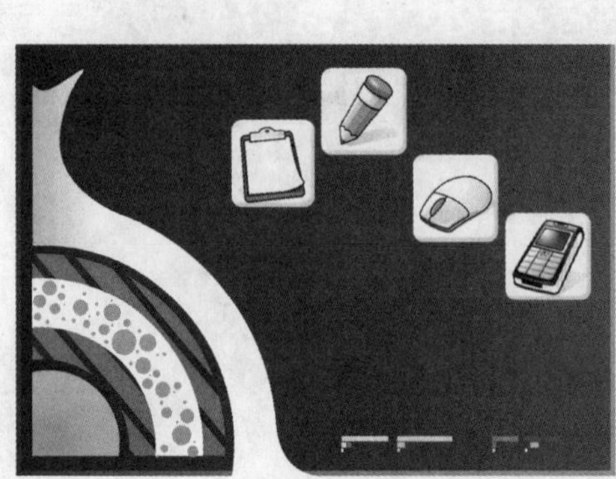

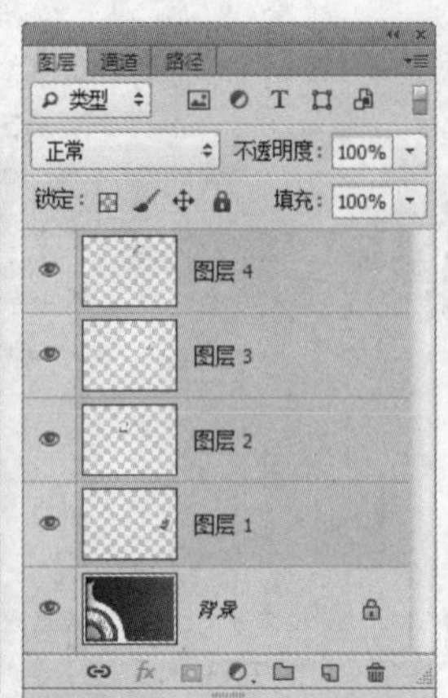

图7.35

- 选择“垂直居中”命令，或在选择“移动工具”的情况下单击其工具选项条上的按钮，可将链接图层垂直方向的中心像素与当前图层垂直方向的中心像素对齐。
- 选择“底边”命令，或在选择“移动工具”的情况下单击其工具选项条上的按钮，可将链接图层最底端的像素与当前图层最底端的像素对齐。
- 选择“左边”命令，或在选择“移动工具”的情况下单击其工具选项条上的按钮，可将链接图层最左端的像素与当前图层最左端的像素对齐。
- 选择“水平居中”命令，或在选择“移动工具”的情况下单击其工具选项条上的按钮，可将链接图层水平方向的中心像素与当前图层水平方向的中心像素对齐，如图7.37所示。
- 选择“右边”命令，或在选择“移动工具”的情况下单击其工具选项条上的按钮，可将链接图层最右端的像素与当前图层最右端的像素对齐。

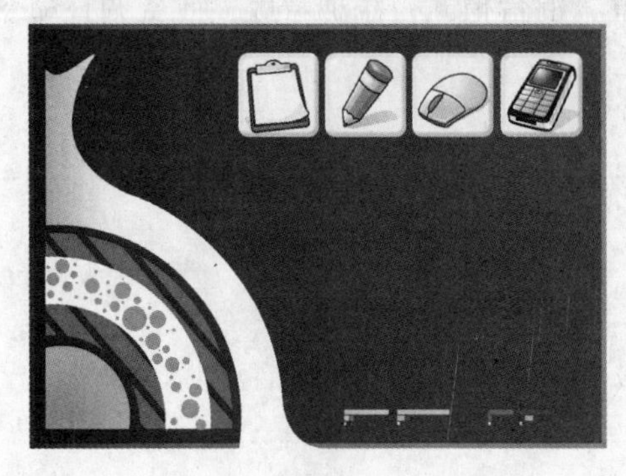

图7.36

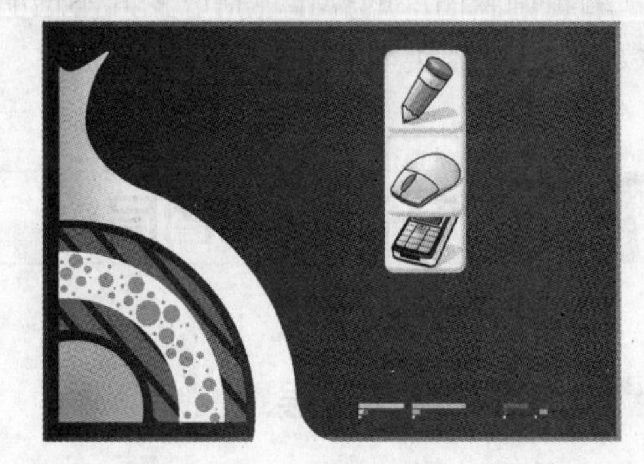

图7.37

7.5.2 分布图层

选择“图层”|“分布”子菜单中的命令，或在选择“移动工具”的情况下单击其工具选项条上的按钮，可以将被链接或被选择的若干个图层中的对象以特定的条件进行分布。

下面将分别讲解各个分布功能。

- 选择“顶边”命令，或在选择“移动工具”的情况下单击其工具选项条上的按钮，则从每个图层的顶部像素开始，以平均间隔分布链接的图层。
- 选择“垂直居中”命令，或在选择“移动工具”的情况下单击其工具选项条上的按钮，则从图层的垂直居中像素开始，以平均间隔分布链接图层。
- 选择“底边”命令，或在选择“移动工具”的情况下单击其工具选项条上的按钮，则从每个图层的底部像素开始，以平均间隔分布链接的图层。如图7.38所示为原图像及使用此命令执行分布操作后的效果。

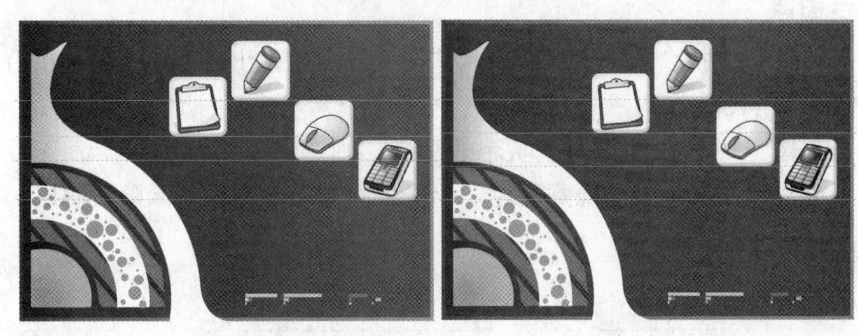

图7.38

- 选择“左边”命令，或在选择“移动工具”的情况下单击其工具选项条上的按钮，则从每个图层的最左边像素开始，以平均间隔分布链接的图层。如图7.39所示为原图像及执行“左边”命令后的效果。
- 选择“水平居中”命令，或在选择“移动工具”的情况下单击其工具选项条上的按钮，则从每个图层的水平中心像素开始，以平均间隔分布链接图层。
- 选择“右边”命令，或在选择“移动工具”的情况下单击其工具选项条上的按钮，则从每个图层的最右边像素开始，以平均间隔分布链接的图层。

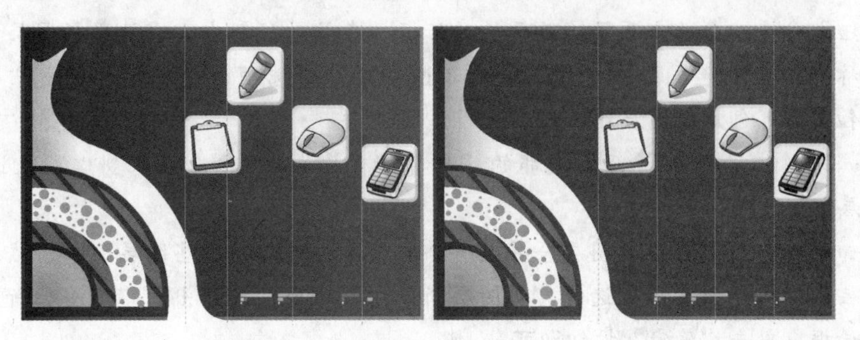

图7.39

7.5.3 合并图层

在Photoshop中可以显示多种多样的图层状态，例如链接图层、可见图层、剪贴图层等，根据图层状态的不同，可以使用不同的合并图层方法。

下面介绍在不同状态下合并图层的方法。

1. 合并任意多个图层

要合并任意多个图层，可以按住Ctrl或Shift键在“图层”面板中选择要合并的多个图

层，选择“图层”|“合并图层”命令或者选择“图层”面板弹出菜单中的“合并图层”命令。

2. 合并可见图层

如要一次性合并图像中所有的可见图层，需确保所有需要合并的图层可见，并且没有链接任何图层，然后选择“图层”|“合并可见图层”命令或从“图层”面板弹出菜单中选择“合并可见图层”命令。

3. 拼合图像

选择“图层”|“拼合图像”命令或从“图层”面板弹出菜单中选择“拼合图像”命令，即可合并所有图层。

如果当前图像中存在处于隐藏状态的图层，则选择“拼合图像”命令后将弹出一个提示框，询问用户是否删除隐藏图层。单击“确定”按钮将删除隐藏图层，单击“取消”按钮则取消拼合操作。

7.6 图层组

7.6.1 新建组或嵌套组

1. 创建图层组

要创建一个新的图层组，可以执行以下操作之一。

- 选择“图层”|“新建”|“组”命令或从“图层”面板弹出菜单中选择“新建组”命令，弹出如图7.40所示的对话框。在该对话框中可以设置新图层组的“名称”、“颜色”、“模式”和“不透明度”等选项，设置完后单击“确定”按钮，即可创建新图层组。
- 如果单击“图层”面板底部的“创建新组”按钮▭，可以创建默认选项的图层组。
- 如果要将当前存在的图层合并至一个图层组，可以将这些图层选中，然后在“图层”面板弹出菜单中选择“从图层新建组”命令，在弹出的“从图层新建组”对话框中单击“确定”按钮即可。
- 更为快捷的方法是选中要成组的图层后，直接按Ctrl+G键。

2. 创建嵌套图层组

嵌套图层组的功能是指一个图层组中可以包含另外一个或多个图层组的功能，使用嵌套图层组可以更加高效地管理图层。如图7.41所示为一个非常典型的多级嵌套图层组，在这些嵌套图层组中，可将嵌套于某一个图层组中的图层组称为“子图层组”。

根据不同的图像状态，可以采用不同的方法创建嵌套图层组。

- 如果一个图层组中已经有一个或若干个图层，且这些图层中的某一个处于选中状态，直接单击“图层”面板底部的“创建新组”按钮▭，即可创建一个子图层组。

- 如果将图层组拖动至“图层”面板的“创建新组”按钮□上，可以创建一个新图层组，同时将当前操作的图层组改变为新图层组的子图层组。

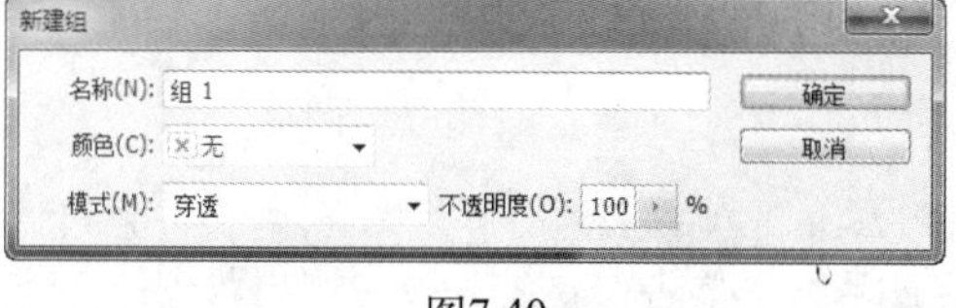

图7.40

图7.41

提示　对于图层组的复制及删除操作，与对图层进行操作的方法是完全相同的，故不再详细讲解。

7.6.2　将图层移入或移出组

图层组的灵活之处还在于可以将图层组中的图层随需要移出或加入，其操作如下所述。

- 如果目标图层组处于折叠状态，则将图层拖动到图层组文件夹□或图层组名称上，当图层组文件夹和名称高光显示时，释放鼠标左键，则图层被添加于图层组的底部。
- 如果目标图层组处于展开状态，则将图层拖动到图层组中所需的位置，当高光显示线出现在所需位置时，释放鼠标按键即可。图7.42 所示为操作过程及操作结果。

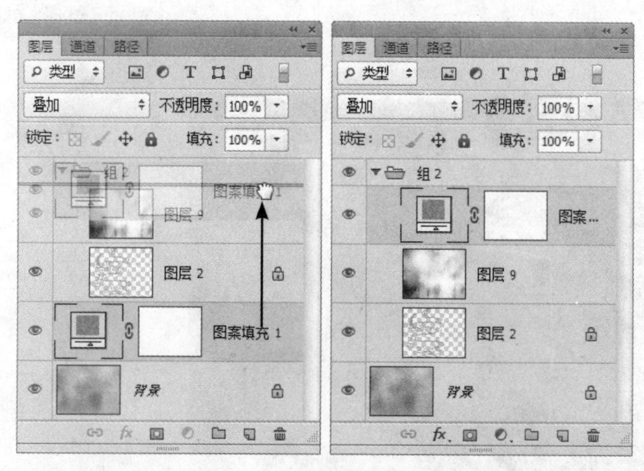

图7.42

- 要将图层移出图层组，只需在“图层”面板中单击该图层，并将其拖动至图层组文件夹或图层组名称上，当图层组文件夹和名称高光显示时，释放鼠标左键即可。

7.6.3 复制与删除组

要复制组，可以按照如下方法之一进行操作。

- 在组被选中的情况下，选择“图层”|“复制组”命令。
- 在“图层”面板弹出菜单中选择“复制组”命令，即可复制当前组。
- 将组拖动至“图层”面板底部的“创建新图层”按钮上，待该按钮高亮显示时释放鼠标左键，即可新建一个组，并把当前组放在新组里成为它的一个子组。

如果需要删除组，将目标组拖动至“图层”面板底部的“删除图层”按钮上，待该按钮高亮显示时释放鼠标左键即可。

提示　当组被选中的情况下，单击“图层”面板右上角的面板按钮，在弹出的菜单中选择“删除组”命令，然后在弹出的提示框中单击“仅组”按钮，则仅删除组，该组中的图层及子组全部被移出该组；如果单击“组和内容”按钮，可以删除所有组及其中的所有图层。

7.7 剪贴蒙版

7.7.1 关于剪贴蒙版

在Photoshop中，剪贴蒙版是由两部分组成的，即基层和内容层。如图7.43所示为创建剪贴蒙版前的效果及“图层”面板状态，图7.44所示为创建剪贴蒙版后的效果及“图层”面板状态。

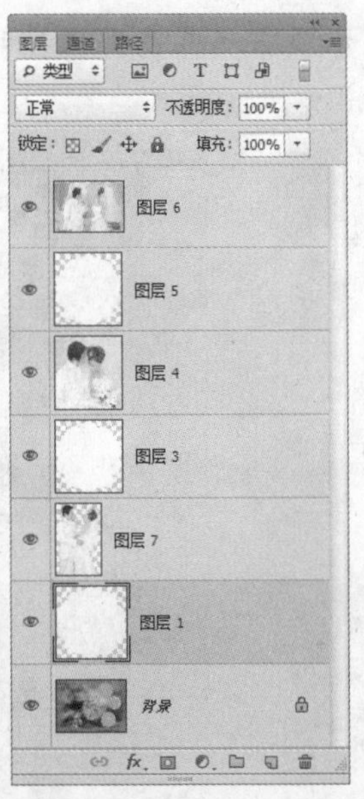

图7.43

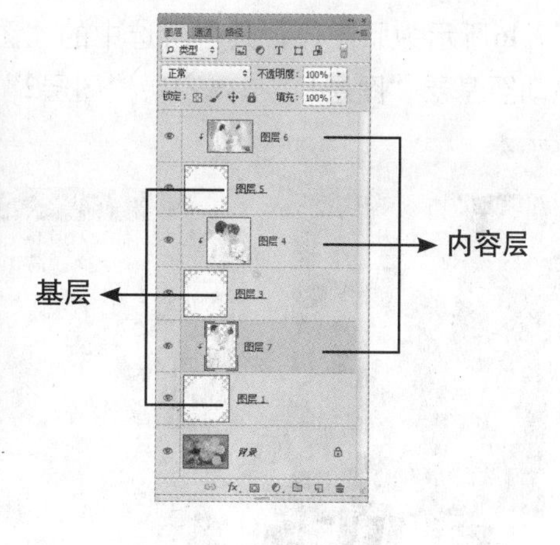

图7.44

通过上面的示例以及标示图可以了解到，基层位于剪贴蒙版的最下面，且限制着上面所有内容层的显示范围，如果需要的话，还可以创建有多个图层的剪贴蒙版，如图7.45所示。

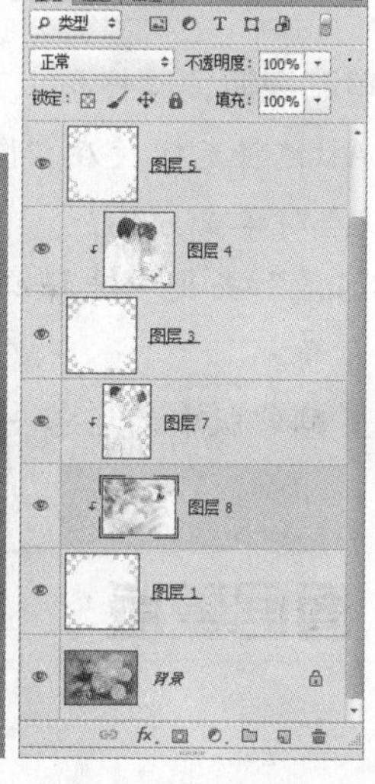

图7.45

7.7.2 创建剪贴蒙版

用户可以通过以下3种方法创建剪贴蒙版。

- 按住Alt键，将光标放在“图层”面板中分隔两个图层的实线上，待光标变为↓□状态时单击即可。
- 在“图层”面板中选择要创建剪贴蒙版的两个图层中的任意一个，选择“图层”|“创建剪贴蒙版”命令。
- 选择处于上方的图层，按Alt+Ctrl+G键执行“创建剪贴蒙版”操作。

需要注意的是，剪贴蒙版是一类特殊的蒙版，它需要两个或多个图层之间产生剪贴关系，才可以达到限制图象显示范围的目的，而凡是被拖入剪贴蒙版中内容层与基层之间的图层，都将被强制调整成为剪贴蒙版的一部分，最终导致图像的效果发生变化。如

图7.46所示为原图像，其中所选中的“图层3”混合模式为“差值”，此时如果将该图层拖动至基层“图层1”与内容层“图层2”之间，则自动被设置成为一个内容层，如图7.47所示。

图7.46

图7.47

7.7.3 取消剪贴蒙版

要取消剪贴蒙版，同样可以采用3种方法。

- 按住Alt键将光标放在“图层”面板中分隔两个编组图层的点状线上，待光标变为状态时单击分隔线。
- 在“图层”面板中选择剪贴蒙版中的任意一个图层，选择“图层”|“释放剪贴蒙版”命令。
- 选择剪贴蒙版中的任意一个图层，按Ctrl+Alt+G键。

7.8 图层蒙版

7.8.1 “属性”面板

“属性”面板能够提供用于图层蒙版及矢量蒙版的多种控制选项，使用户可以轻松更改其不透明度、边缘柔化程度，或方便地增加或删除蒙版、反相蒙版或调整蒙版边缘。

选择“窗口”|“属性”命令后，显示如图7.48所示的“属性”面板。

使用“属性”面板可以对蒙版进行如浓度、羽化、反相及显示/隐藏蒙版等操作，下面将以此面板为中心，讲解与图层蒙版相关的操作。

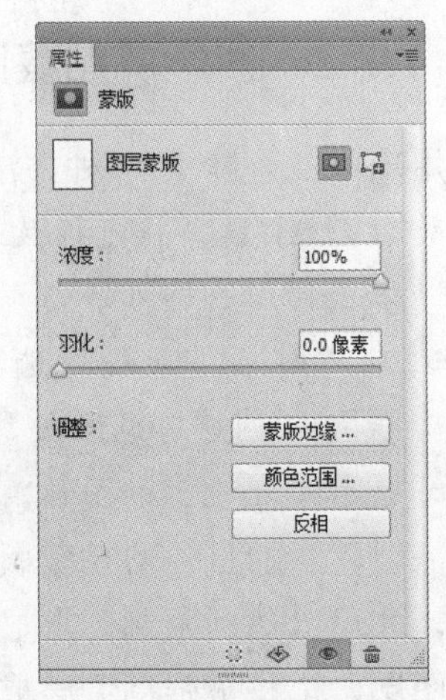

图7.48

7.8.2 创建图层蒙版

为图层增加图层蒙版是创造图层蒙版效果的第一步，根据当前操作状态，可以选择如下两种情况中的任意一种为当前图层增加蒙版。

1. 添加显示或隐藏整个图层的蒙版

01 在“图层”面板中选择想增加蒙版的图层，单击“图层”面板底部的“添加图层蒙版”按钮，或选择“图层”|“图层蒙版”|“显示全部”命令。

02 如要创建一个隐藏整个图层的蒙版，可以按住Alt键单击“添加图层蒙版”按钮，或者选择“图层”|“图层蒙版”|“隐藏全部”命令。

2. 添加显示或隐藏选区的蒙版

如果当前图层中存在选区，可以按照如下步骤操作，以创建一个显示或隐藏选区的蒙版。

- 选择“图层”|“图层蒙版”|“显示选区”命令，可以创建一个显示所选选区并隐藏图层其余部分的蒙版。
- 如果要创建一个隐藏所选选区并显示图层其余部分的蒙版，按住Alt键单击“添加图层蒙版”按钮，或者选择“图层”|“图层蒙版”|“隐藏选区”命令。

7.8.3 编辑图层蒙版

如前所述，图层蒙版利用黑白灰来控制图层中对象的显示状态，黑色区域表示隐藏当前图层中的对象，白色区域表示显示当前图层中的对象，灰度显示则表示图像若隐若现。

要编辑图层蒙版，可以参考以下操作步骤。

01 单击“图层”面板中的图层蒙版缩览图。

02 选择任意一种编辑或绘画工具，按照如下准则进行编辑。

- 如果要隐藏当前图层，用黑色在蒙版中绘图。
- 如果要显示当前图层，用白色在蒙版中绘图。
- 如果要使当前图层部分可见，用灰色在蒙版中绘图。

掌握了上面所列的3条图层蒙版显示与隐藏的规则，就能够在以后的工作中非常熟练地控制图层蒙版了。

03 如果要编辑图层而不是编辑图层蒙版，可单击“图层”面板中该图层的缩览图以将其激活。

提示 如果要将一幅图像粘贴至图层蒙版中，按住Alt键单击图层蒙版缩览图，以显示蒙版，然后选择“编辑”|“粘贴”命令或按Ctrl+V键执行“粘贴”操作，即可将图像粘贴至蒙版中。

如图7.49所示为原图像及对应的“图层”面板，图7.50是为“图层2”添加了蒙版，再载入“图层1”中金条图像的选区，然后使用“画笔工具”以黑色进行涂抹，从而隐藏部分飘带图像，使之具有缠绕在飘带上的效果。

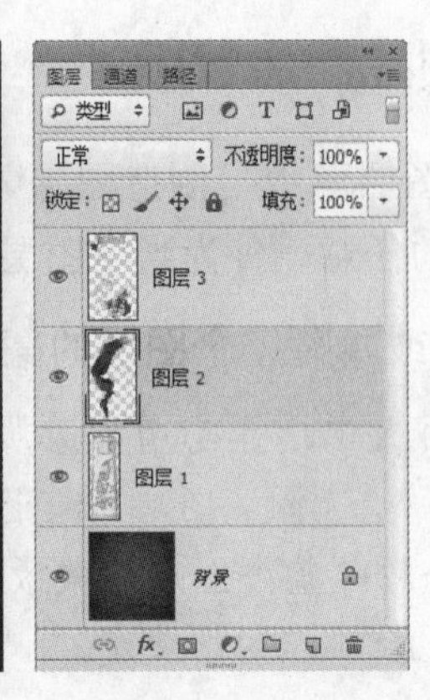

图7.49

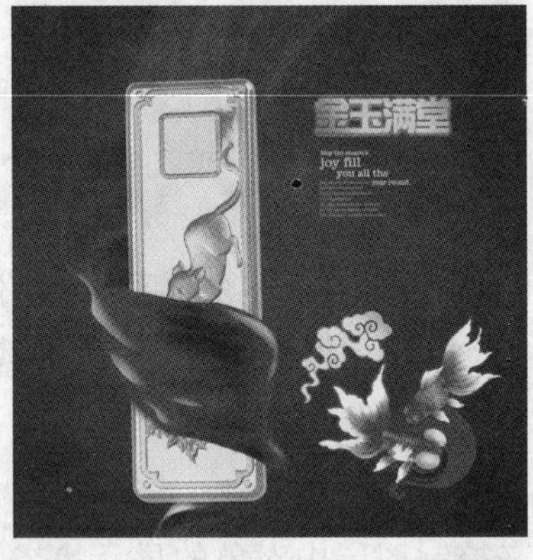

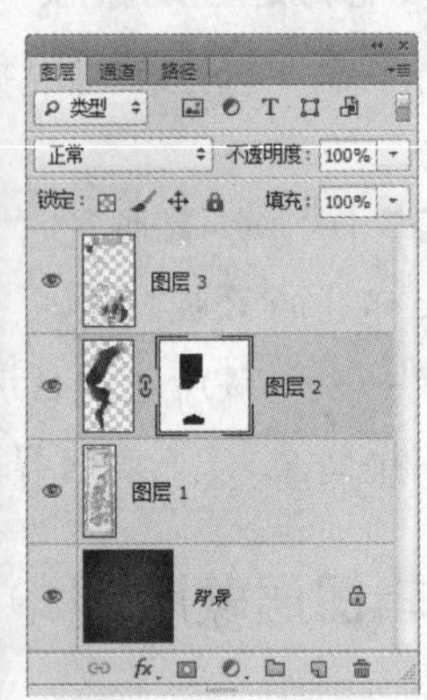

图7.50

7.8.4　更改图层蒙版的浓度

利用“属性”面板中的“浓度”滑块可以调整选定的图层蒙版或矢量蒙版的不透明度，其使用步骤如下所述。

01 在“图层”面板中，选择包含要编辑蒙版的图层。

02 单击“属性”面板中的“选择图层蒙版”按钮或“选择矢量蒙版”按钮将其激活。

03 拖动“浓度”滑块，当其数值为100%时，蒙版将完全不透明并遮挡图层下面的所有区域，此数值越低，蒙版下的更多区域变得可见。

如图7.51所示为原图像，图7.52所示为在“属性”面板中将“浓度”数值降低时的效果，可以看出由于蒙版中黑色变成了灰色，因此被隐藏的图层中的图像也开始显现出来。

图7.51

图7.52

7.8.5　羽化蒙版边缘

利用“属性”面板中的“羽化”滑块可以直接控制蒙版边缘的柔化程度，而无须像以前一样再使用“模糊”滤镜对其操作，其使用步骤如下所述。

01 在“图层”面板中，选择包含要编辑蒙版的图层。

02 单击“属性”面板中的“选择图层蒙版”按钮或“选择矢量蒙版”按钮将其激活。

03 在“属性”面板中，拖动“羽化”滑块以将羽化效果应用至蒙版的边缘，使蒙版边缘在蒙住和未蒙住区域之间创建较柔和的过渡。

如图7.53所示为在“属性”面板中将“羽化”数值提高时的效果，可以看出蒙版的边缘发生柔化。

图7.53

7.8.6　调整蒙版边缘及色彩范围

单击“蒙版边缘”按钮，将弹出“调整蒙版”对话框，此对话框的功能及使用方法等同于“调整边缘”对话框，在该对话框中可以对蒙版进行平滑、羽化、移动边缘等操作。

与使用“选择”|“调整边缘”命令不同的是，使用“调整蒙版”对话框后的结果将直接应用于蒙版，并可以实时预览调整得到的效果。

如图7.54是以前面的图像为例，调出“调整蒙版”对话框并设置其参数，图7.55 所示为创建得到的图像效果及对应的“图层”面板，可以看出，图像效果及蒙版状态同时发生了变化。

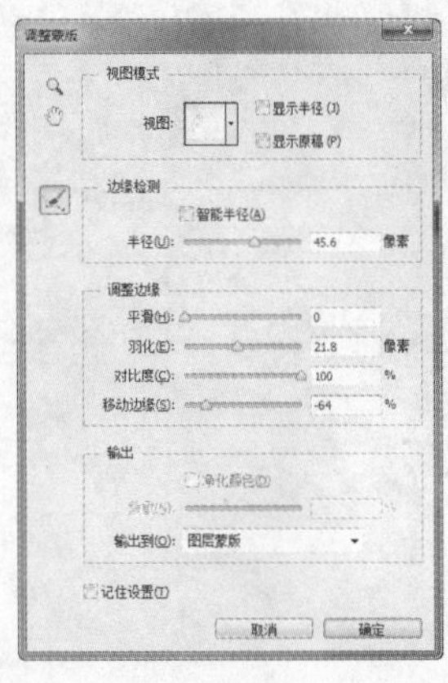

图7.54

图7.55

单击“颜色范围”按钮，将弹出“色彩范围”对话框，用户可以使用此对话框更好地在蒙版中进行选择操作，调整得到的选区直接应用于当前的蒙版中。

如果当前编辑的是图层组的蒙版，则调出的“色彩范围”对话框仅可以在蒙版范围内创建选区，且不会自动应用于蒙版中。

另外，同样情况下（当前编辑的是图层组的蒙版），可以在“通道”面板中单击选中顶部的复合通道（例如，RGB模式的图像就可以选择RGB复合通道），然后再单击“颜色范围”按钮，在弹出的“色彩范围”对话框中即可对图像整体创建选区，但不会直接应用当前的蒙版。

7.8.7 图层蒙版与通道的关系

在蒙版被选中的情况下，可以使用任何一种编辑或绘画工具对蒙版进行编辑，由于图层蒙版实际上是一个灰度Alpha通道，切换至“通道”面板中可以看到，此时“通道”面板中增加了一个名称为“图层蒙版”的通道。

图7.56所示为具有蒙版的“图层”面板，图7.57所示为切换至“通道”面板时，名称为“图层12蒙版”的Alpha通道的显示状态。

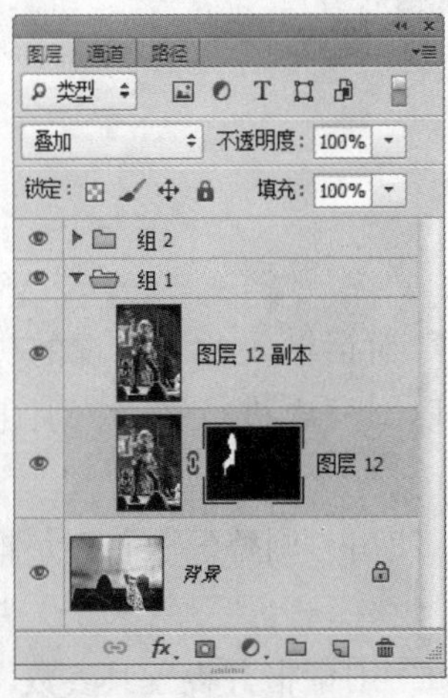

图7.56

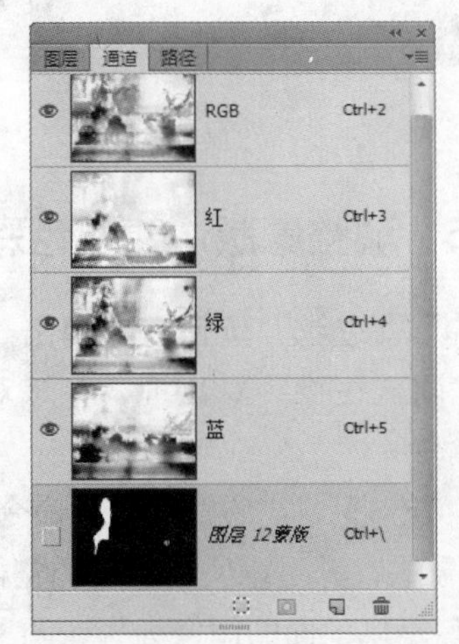

图7.57

7.8.8 应用与删除图层蒙版

应用图层蒙版可以将图层蒙版中黑色对应的图像删除，白色对应的图像保留，灰色过渡区域所对应的图像部分像素删除，以得到一定的透明效果，从而保证图像效果在应用图层蒙版前后不会发生变化。要应用图层蒙版可以执行以下操作之一。

- 在“属性”面板中单击“应用蒙版”按钮。
- 选择“图层”|“图层蒙版”|“应用”命令。
- 在图层蒙版缩览图上右击，在弹出的快捷菜单中选择“应用图层蒙版”命令。

如果不想对图像进行任何修改，而直接删除图层蒙版，可以执行以下操作之一。

- 单击“属性”面板中的“删除蒙版”按钮。
- 执行“图层”|“图层蒙版”|“删除”命令。
- 在图层蒙版缩览图上右击，在弹出的快捷菜单中选择“删除图层蒙版”命令。

7.8.9 显示与屏蔽图层蒙版

在图层蒙版存在的状态下，只能观察到未被蒙版隐藏的部分图像，因此不利于对图像进行编辑，在此情况下可以按住Shift键单击图层蒙版缩览图，暂时屏蔽蒙版效果，如图7.58 所示，再次按住Shift键单击蒙版缩览图，即可重新显示蒙版效果。

图7.58

提示 按住Alt+Shift键单击图层蒙版缩览图，可以在显示图像的情况下以红色（默认颜色）显示图层的蒙版状态，再次按住Alt+Shift键单击缩览图，可切换至正常显示状态。

选择“图层”|“图层蒙版”|“停用”或“启用”命令，也可以暂时屏蔽或显示图层蒙版效果。

7.9 图层样式

7.9.1 “图层样式”对话框

在具体学习各个图层样式的功能之前，需要先对“图层样式”对话框有一个整体的了解，以便于后面快速进入学习状态。

以“投影”对话框为例，可以将其大致分为3个主要的部分，如图7.59 所示。

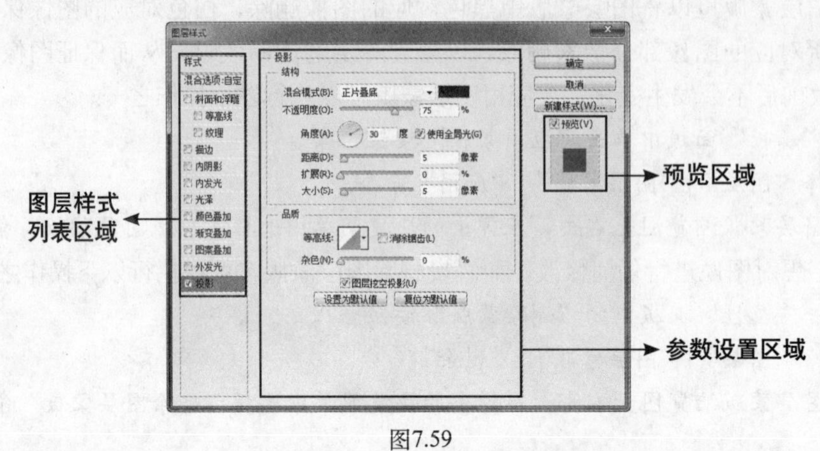

图7.59

下面分别来讲解一下这3个部分的功能。

- 图层样式列表区域：在该区域中列出了所有的图层样式，如果要同时应用多个图层样式，只需勾选图层样式名称左侧的复选框即可，如果要对某个图层样式的参数进行编辑，则直接单击该图层样式的名称，即可在对话框中间的参数设置区域显示出其参数。
- 参数设置区域：在选择不同图层样式的情况下，该区域会即时显示出与之对应的参数选项。
- 预览区域：在该区域中可以预览当前所设置的所有图层样式叠加在一起时的效果。

下面详细介绍参数区中各项参数的意义。

- 混合模式：在此下拉列表中，可以为投影效果选择不同的混合模式，从而得到不同的投影效果。单击“混合模式”下拉列表框右侧的颜色块，可以在弹出的“拾色器（投影颜色）”对话框中为投影效果设置不同的颜色。
- 不透明度：在该文本框中可以输入数值以定义投影效果的不透明度，数值越大则投影效果越浓重，反之越淡。
- 角度：在此拖动角度轮盘的指针或输入数值，可以定义投影投射的方向。

提示

如果“使用全局光”复选框被勾选，则投影效果使用全局设置，反之可以自定义角度。在“使用全局光”复选框被勾选的情况下，如果改变默认的角度值，将改变图像中所有图层样式的角度。

- 距离：在此拖动滑块条上的滑块或输入数值，可以定义投影效果的投射距离。
- 扩展：在此拖动滑块条上的滑块或输入数值，可以调整投影效果的投射强度，数值越大则投影效果的强度越大。
- 大小：此参数控制投影效果的柔化程度，数值越大则投影效果的柔化程度越大，反之则越小。
- 等高线：对“等高线”的讲解请参阅“斜面和浮雕图层样式”一节。
- 消除锯齿：勾选此复选框，可以使应用等高线后的投影效果更加细腻。
- 杂色：在该文本框中输入数值，可以为投影效果增加杂色。

7.9.2 斜面和浮雕图层样式

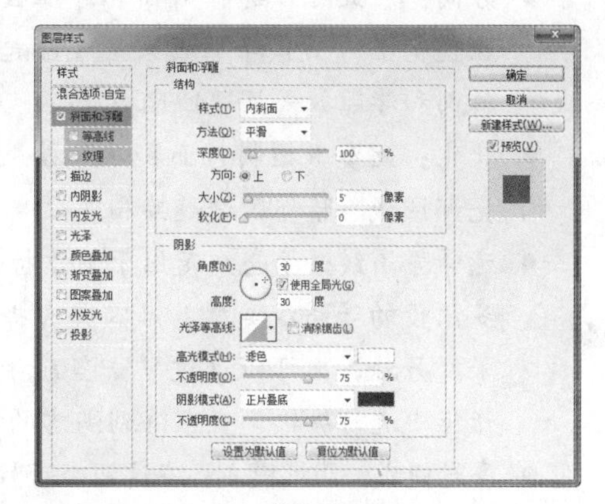

图7.60

“斜面和浮雕”样式是在模拟图像的立体效果时最为常用的样式之一，其对话框如图7.60 所示。

- 样式：选择该下拉列表中的各选项可以设置各种不同的效果。在此分别可以选择“外斜面”、“内斜面”、“浮雕效果”、“枕状浮雕”和“描边浮雕”5个选项，效果如图7.61所示。其中，在此基础上也可选择“平滑”、“雕刻清晰”和“雕刻柔和”3个选项，其效果如图7.62所示。

外斜面

内斜面

浮雕效果

枕状浮雕

描边浮雕

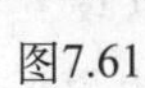

图7.61

平滑

雕刻清晰

雕刻柔和

图7.62

- 深度：此参数控制斜面和浮雕效果的深度，数值越大则效果越明显。
- 方向：在此可以选择斜面和浮雕效果的视觉方向，如果选中“上”单选按钮，则在视觉上斜面和浮雕效果呈现凸起效果；如果选中“下”单选按钮，则在视觉上斜面和浮雕效果呈现凹陷效果。
- 软化：此参数控制斜面和浮雕效果亮部区域与暗部区域的柔和程度，数值越大则亮部区域与暗部区域越柔和。
- 光泽等高线：等高线是用于制作特殊效果的一个关键性因素。Photoshop提供了很多预设的等高线类型，只需要选择不同的等高线类型，就可以得到非常丰富的效果。另外，也可以通过单击当前等高线的预览框，在弹出的“等高线编辑器”对话框中进行编辑，直至得到满意的浮雕效果为止。
- 高光模式、阴影模式：在这两个下拉列表中，可以为形成斜面或浮雕效果的高光与暗调部分选择不同的混合模式，从而得到不同的效果。如果分别单击右侧的颜色块，还可以在弹出的拾色器中为高光与暗调部分选择不同的颜色，因为在某些情况下，高光部分并非完全为白色，可能会呈现某种色调，同样暗调部分也并非完全为黑色。

7.9.3 描边图层样式

使用“描边”样式可以用颜色、渐变或图案3种方式为当前图层中的图像勾画轮廓，其对话框如图7.63 所示。

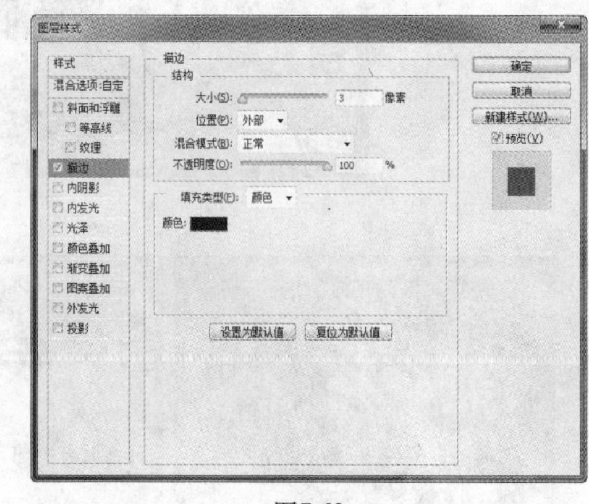

图7.63

- 大小：此参数用于控制描边的宽度，数值越大则生成的描边宽度越大。
- 位置：在此下拉列表中，可以选择“外部”、“内部”和“居中”3种位置。选择“外部”选项，描边效果完全处于图像的外部；选择“内部”选项，描边效果完全处于图像的内部；选择“居中”选项，描边效果一半处于图像的外部，一半处于图像的内部。
- 填充类型：在此下拉列表中，可以设置描边类型，其中有“颜色”、“渐变”和“图案”3个选项。如图7.64所示为原图像，图7.65、图7.66 、图7.67 所示分别为选择“颜色”、“渐变”和“图案”选项后得到的描边效果。

图7.64

图7.65

图7.66

图7.67

虽然使用上述任何一种图层样式，都可以获得非常确定的效果，但在实际应用中通常同时使用数种图层样式。

许多图层样式都是平时我们会经常用到的，使用这些图层样式不仅可以为图像添加丰富的效果，还可以随时对其参数进行调整，另外灵活地使用图层样式还可以完成许多其他操作。例如，使用“投影”和“描边”样式都可以为图像添加边框效果，使用“投影”命令还可以创建出外发光效果，在此基础上再次应用外发光，则可能得到更加丰富的效果。

7.9.4　内阴影图层样式

使用“内阴影”图层样式，可以为非背景图层添加位于图层不透明像素边缘内的投影效果，使图层呈凹陷的外观效果。如图7.68所示是为背景中圆形拱门图像增加了向内凹陷的效果。

图7.68

该样式对话框与“投影”样式完全相同，故不再重述。需注意的是，此图层样式常被用于制作凹陷效果，通常不会与“投影”图层样式同时使用。

7.9.5 内发光图层样式

使用“内发光”图层样式，可以在图像内部增加发光的效果，其对话框如图7.69所示。

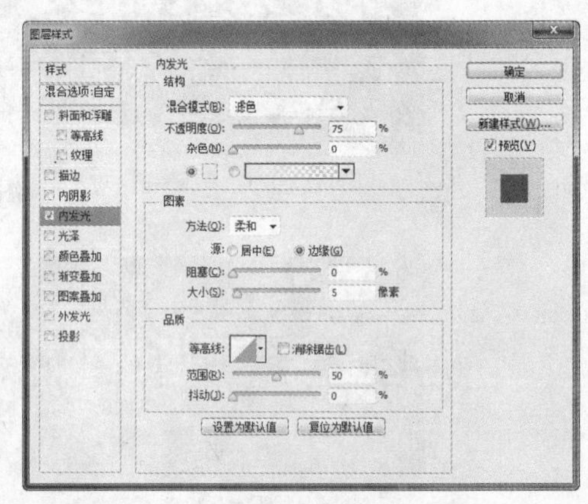

图7.69

由于此对话框中大部分参数与“投影”图层样式相同，故在此仅讲述不同的参数与选项。

- 发光方式：在此对话框中可以设置两种不同的发光方式，一种为纯色光，另一种为渐变式光。在默认情况下，发光效果为纯色，如果要得到渐变式发光效果，需要在对话框中单击渐变类型选择下拉按钮，并在弹出的渐变类型选择面板中选择一种渐变效果，即可得到渐变式发光效果。如图7.70所示为原图像及对应的“图层”面板，图7.71所示为增加蓝色内发光后的效果，图7.72所示则为增加了一个多彩的渐变内发光后的效果。

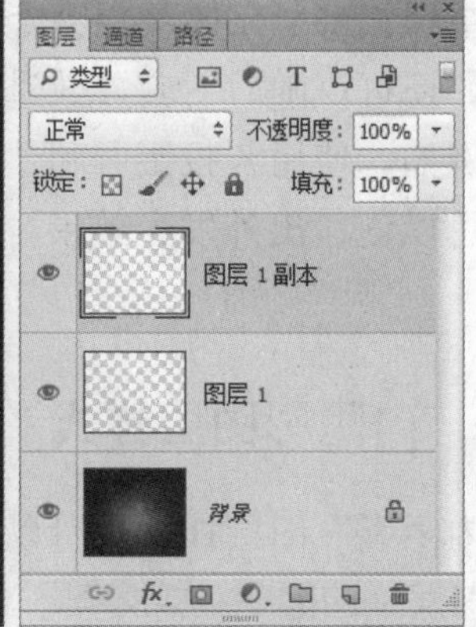

图7.70

图7.71

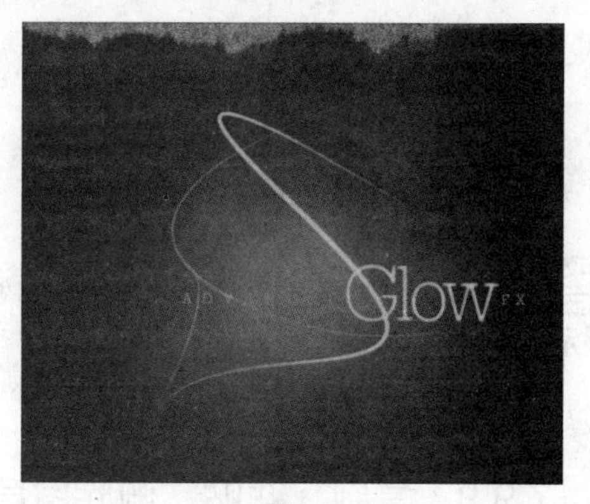

图7.72

- 方法：在该下拉列表中可以设置发光的方法，选择“柔和”选项所发出的光线边缘柔和；选择“精确”选项光线按实际大小及扩展度表现。
- 范围：此选项控制发光中作为等高线目标的部分或范围，数值偏大或偏小都会使等高线对发光效果的控制程度不明显。

7.9.6 光泽图层样式

使用“光泽”图层样式，可以在图层内部根据图层的形状应用投影，通常用于创建光滑的磨光及金属效果，其对话框如图7.73所示，其中各参数与选项前面均有相关介绍，故不再重述。图7.74所示为原图像，图7.75所示为应用等高线取得的光泽效果。

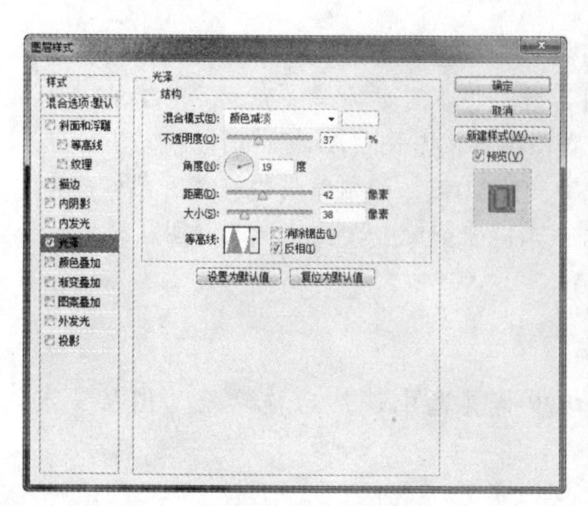

图7.73

图7.74

图7.75

提示

与“投影”样式非常类似，虽然“光泽”样式默认的发光为黑色，但用户仍然可以通过设置适当的混合模式及颜色，来模拟出高亮的光泽效果。

7.9.7 颜色/渐变/图案叠加图层样式

这3个叠加样式与前面讲解的颜色、渐变和图案填充3个填充图层的功能是基本相同的，只不过添加及编辑的方法略有不同，故不再详细讲解，读者在实际的应用过程中，可以根据需要选择合适的功能。

7.9.8 外发光图层样式

使用"外发光"图层样式，可以为图层增加发光效果，该样式的对话框与"内发光"样式相同，故不再重述。

提示 要调整外发光效果，对话框中的混合模式是重点，如果希望获得较柔和的效果，可以选择"滤色"、"柔光"等混合模式；如果希望获得强烈的亮光效果，可以选择"颜色减淡"、"线性减淡（添加）"等混合模式。

7.9.9 复制、粘贴、删除图层样式

如果两个图层需要设置同样的图层样式，可以通过复制与粘贴图层样式，减少重复性操作。要复制图层样式，可按照如下步骤操作。

01 在"图层"面板中选择包含要复制的图层样式的图层。

02 选择"图层"|"图层样式"|"拷贝图层样式"命令，或在图层上右击，在弹出的快捷菜单中选择"拷贝图层样式"命令。

03 在"图层"面板中选择需要粘贴图层样式的目标图层。

04 选择"图层"|"图层样式"|"粘贴图层样式"命令，或在图层上右击，在弹出的快捷菜单中选择"粘贴图层样式"命令。

除了使用上述方法外，按住Alt键将图层效果直接拖动至目标图层中（如图7.76左图所示），也可以起到复制图层样式的效果。

提示 事实上，在多数情况下，并不需要复制图层的所有图层样式，初学者往往是在复制了所有的图层样式后，再打开"图层样式"对话框，将不需要的样式去掉。更简单的方法是在图层样式列表中选择希望复制的任意一种图层样式，按住Alt键的同时拖动到目标图层上，即可完成图层样式的复制。注意一定要按住Alt键，否则完成的将是图层样式的移动操作，另外一点是一次只能复制一种图层样式，并不能一次性完成几种图层样式的复制。

要删除图层样式，可以按照如下方法进行操作。

- 要删除某一图层样式，只要在"图层"面板中将其选中，然后拖动至"图层"面板的"删除图层"按钮上即可。
- 双击包含要删除图层样式的图层名称或图层缩览图，在"图层样式"对话框中，取消图层样式名称左侧复选框的勾选状态。
- 要一次性删除应用于图层的所有图层样式效果，可以在"图层"面板中选中图层名称下的"效果"，将其拖动到"删除图层"按钮上，如图7.76右图所示。

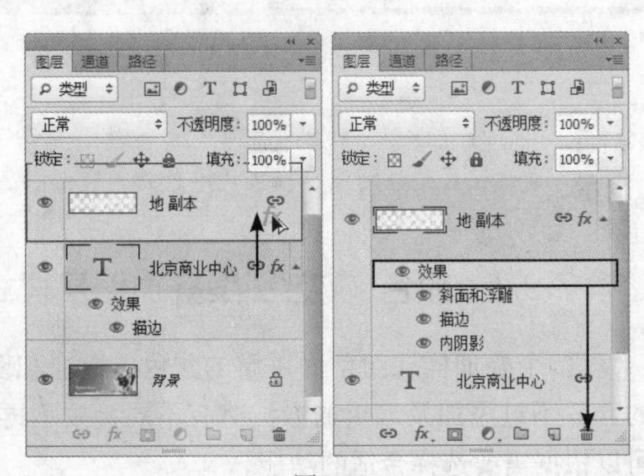

图7.76

7.9.10 为图层组设置图层样式

在Photoshop CS6中，新增了为图层组增加图层样式的功能，在选中一个图层组的情况下，可以为该图层组中的所有图像增加图层样式。

以图7.77所示的原图像为例，图7.78所示是为图层组“立体字”增加了“外发光”和“渐变叠加”图层样式后的效果。

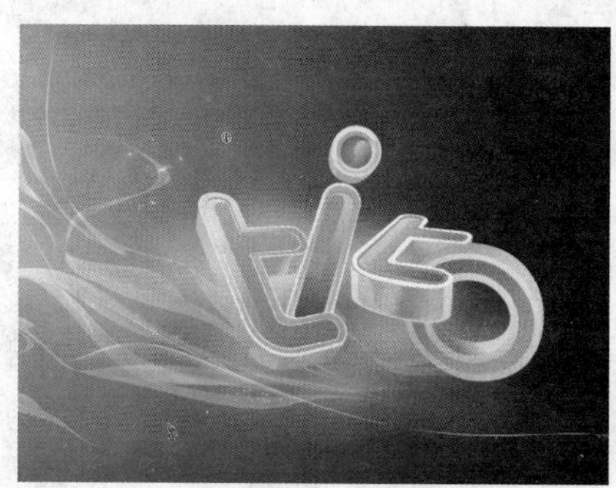

图7.77

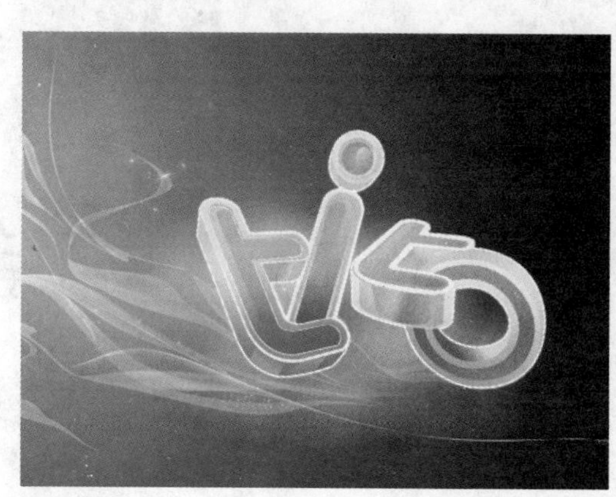

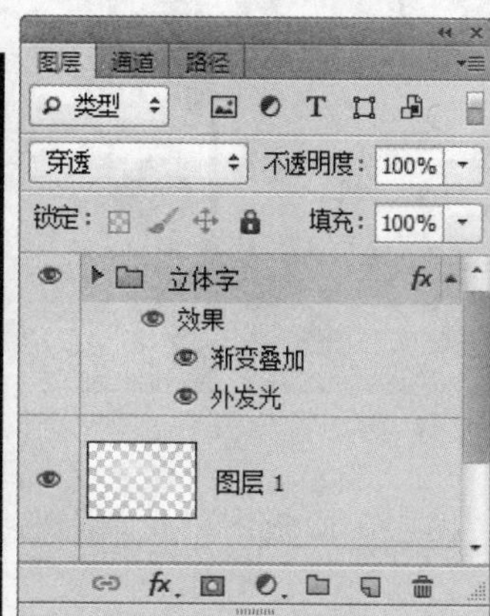

图7.78

7.10 图层的混合模式

在Photoshop中混合模式的应用非常广泛，“画笔工具”、“铅笔工具”、“渐变工具”、“仿制图章工具”等工具中均有使用，但其意义基本相同，因此如果掌握了图层的混合模式，则不难掌握其他操作中出现的混合模式选项。

图层的混合模式用于控制上下图层中图像的混合效果，在设置混合模式的同时，通常还需要调节图层的不透明度，以使其效果更加理想。如图7.79展示的若干幅图像都或多或少地使用了混合模式。

图7.79

单击“图层”面板中“正常”右侧的下拉按钮，将弹出一个有27种混合模式的下拉列表，如图7.80所示。

下面分别讲解一下这27种混合模式。

- 正常：将“图层1”的混合模式设置为“正常”时，上方图层中的图像将遮盖下方图层的图像。
- 溶解：将“图层1”的混合模式设置为“溶解”时，由于该图层不具有非透明像素，因此得到的效果与混合模式被设置为“正常”时相同，但会降低不透明度数值。
- 变暗：将“图层1”的混合模式设置为“变暗”时，两个图层中较暗的颜色将作为混合后的颜色保留，比混合色亮的像素将被替换，而比混合色暗的像素保持不变。
- 正片叠底：将“图层1”的混合模式设置为“正片叠底”时，最终将显示两个图层中较暗的颜色，另外在此模式下任何颜色与图像中的黑色重叠将产生黑色，任何颜色与白色重叠时该颜色保持不变。

- 颜色加深：将“图层1”的混合模式设置为“颜色加深”时，除上方图层的黑色区域以外，降低所有区域的对比度，使图像整体对比度下降，产生下方图层的图像透过上方图像的效果。
- 线性加深：将“图层1”的混合模式设置为“线性加深”时，上方图层将依据下方图层图像的灰阶程度与背景图像融合。
- 深色：选择此模式，可以依据图像的饱和度，用当前图层中的颜色，直接覆盖下方图层中的暗调区域颜色。
- 变亮：将“图层1”的混合模式设置为“变亮”时，上方图层的暗调变成透明，并通过混合亮区，使图像更亮。
- 滤色：将“图层1”的混合模式设置为“滤色”时，上方图层暗调变成透明后显示下方图像的颜色，高光区域的颜色同下方图像的颜色混合后，图像整体显得更亮。
- 颜色减淡：将“图层1”的混合模式设置为“颜色减淡”时，上方图层依据下方图层的灰阶程度提升亮度后，再与下方图层相融合。

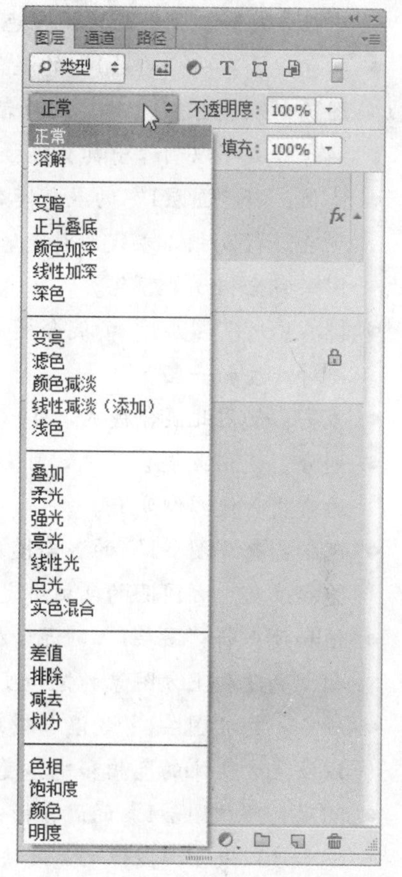

图7.80

- 线性减淡（添加）：将“图层1”的混合模式设置为“线性减淡（添加）”时，上方图层依据下方图层的灰阶程度变亮后与下方图层融合。
- 浅色：与“深色”模式刚好相反，选择此模式，可以依据图像的饱和度，用当前图层中的颜色直接覆盖下方图层中的高光区域颜色。
- 叠加：将“图层1”的混合模式设置为“叠加”时，同时应用正片叠底和滤色来制作对比度较高的图像，上方图层的高光区域和暗调维持原样，只是混合中间调。
- 柔光：将“图层1”的混合模式设置为“柔光”时，图像具有非常柔和的效果，亮于中性灰底的区域将更亮，暗于中性灰底的区域将更暗。
- 强光：将“图层1”的混合模式设置为“强光”时，上方图层亮于中性灰度的区域将更亮，暗于中性灰底的区域将更暗，而且其程度远大于“柔光”模式，用此模式得到的图像对比度比较大，适合于为图像增加强光照射效果。
- 亮光：将“图层1”的混合模式设置为“亮光”时，根据融合颜色的灰度减小对比度，以达到增亮或变暗图像的效果。
- 线性光：将“图层1”的混合模式设置为“线性光”时，根据融合颜色的灰度，减小或增加亮度，以得到非常亮的效果。
- 点光：将“图层1”的混合模式设置为“点光”时，如果混合色比中性灰度亮，则将替换比混合色暗的像素，但不会改变比混合色亮的像素；反之，如果混合色比中性灰度暗，则替换比混合色亮的像素，但不会改变比混合色暗的像素。

- 实色混合：将“图层1”的混合模式设置为“实色混合”时，将会根据上下图层中图像的颜色分布情况，取两者的中间值，对图像中相交的部分进行填充，利用该混合模式可以制作出具有较强对比度的色块效果。
- 差值：将“图层1”的混合模式设置为“差值”时，上方图层的亮区将下方图层的颜色进行反相，表现为补色，暗区将下方图像的颜色正常显示出来，以表现与原图像完全相反的颜色。
- 排除：将“图层1”的混合模式设置为“排除”时，混合方式和差值基本相同，只是对比度弱一些。
- 减去：使用此混合模式，可以使用上方图层中亮调的图像隐藏下方的内容。
- 划分：使用此混合模式，可以在上方图层中加上下方图层相应处像素的颜色值，通常用于使图像变亮。
- 色相：将“图层1”的混合模式设置为“色相”时，最终效果由下方图像的亮度、饱和度及上方图像的色相决定。
- 饱和度：将“图层1”的混合模式设置为“饱和度”时，最终效果由下方图像的色相、亮度和上方图像的饱和度决定。
- 颜色：将“图层1”的混合模式设置为“颜色”时，最终效果由下方图像的亮度，以及上方图像的色相和饱和度决定。
- 明度：将“图层1”的混合模式设置为“明度”时，最终效果由下方图像的色相、饱和度以及上方图像的亮度决定。

图层混合模式的效果与上、下图层中的图像（包括色调、明暗度等）有着密切的关系，因此，在应用时可以多试用几种模式，以寻找最佳效果。

7.11 智能对象

7.11.1 智能对象的优点

下面是智能对象的几个优点。

- 智能对象能够以一个独立文件的形式包含若干个图层，并且可以以一个特殊图层——即智能对象图层的形式，存在于图像文件中，因此当智能对象中的对象被编辑时，当前插入智能对象的图像也同时更新到最新状态。
- 如果在Photoshop中对图像进行频繁缩放，会引起图像信息的损失，最终导致图像变得越来越模糊，但如果将一个智能对象进行频繁缩放，则不会使图像变得模糊，因为并没有改变外部的子文件的图像信息。
- 由于Photoshop不能处理矢量文件，因此所有置入到Photoshop中的矢量文件会被位图化，避免这个问题的方法就是以智能对象的形式置入矢量文件，从而既能够在Photoshop文件中使用矢量文件的图形效果，又保证了外部的矢量文件在发生改变时，Photoshop的效果能够发生相应的变化。

在上面的实例中并没有体现出优点中的第2点、第3点，在下面的章节中将讲解如何对其进行验证，以更加直观地感受到第2、第3个优点。

7.11.2 创建智能对象

用户可以通过以下方法创建智能对象。

- 使用“置入”命令为当前工作的Photoshop文件置入一个矢量文件或位图文件，甚至是另外一个有多个图层的Photoshop文件。
- 选择一个或多个图层后，在“图层”面板菜单中选择“转换为智能对象”命令或选择“图层”|“智能对象”|“转换为智能对象”命令。
- 在AI软件中对矢量图像执行拷贝操作，到Photoshop中执行粘贴操作。
- 使用“文件”|“打开为智能对象”命令，将一个符合要求的文件直接打开成为一个智能对象。
- 从外部直接拖入到当前图像的窗口内，即可将其以智能对象的形式置入到当前图像中。

7.11.3 编辑智能对象

如前所述，智能对象的优点是能够在外部编辑智能对象的源文件，并使所有改变反映在当前工作的Photoshop文件中，要编辑智能对象的源文件，可以按照以下步骤操作。

01 打开随书所附光盘中的文件“第7章/7.11.3-素材.psd”，如图7.81所示，在“图层”面板中选择“图层1”，如图7.82所示。

图7.81

图7.82

02 直接双击“图层1”，或选择“图层”|“智能对象”|“编辑内容”命令，也可以直接在“图层”面板菜单中选择“编辑内容”命令。

03 无论是使用上面的哪一种方法，都会弹出如图7.83所示的提示框，以提示操作者。

04 直接单击“确定”按钮，则进入“图层1”的源文件中。

05 在源文件中，单击“创建新的填充或调整图层”按钮，在弹出的菜单中选择“曲线”命令，然后在面板中对其进行参数设置，选择“文件”|“存储”命令，并关闭此文件。

06 此时看到“图层1”随着源文件的修改而发生变化。如图7.84所示为最后的效果。

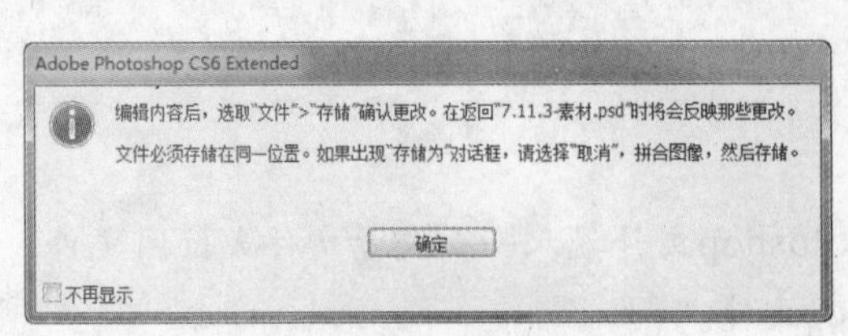

图7.83

图7.84

如果希望取消对智能对象的修改，可以按Ctrl+Z键，此操作不仅能够取消在当前Photoshop文件中智能对象的修改效果，而且还能够使被修改的源文件也回退至未修改前的状态。

7.11.4 导出智能对象

通过导出智能对象的操作，可得到一个包含所有嵌入到智能对象中位图或矢量信息的文件。要导出智能对象，可按照下面的步骤操作。

01 选择智能对象图层。

02 选择“图层”|“智能对象”|“导出内容”命令。

03 在弹出的“存储”对话框中为文件选择保存位置并对其进行命名。

7.11.5 栅格化智能对象

由于智能对象具有许多编辑限制，因此如果希望对智能对象进行进一步修改，例如使用滤镜命令对其进行操作，则必须要将其栅格化，即转换成为普通的图层。

选中智能对象图层后，选择“图层”|“智能对象”|“栅格化”命令，即可将智能对象转换成为图层。另外，也可以直接在智能对象图层的名称上右击，然后在弹出的快捷菜单中选择“栅格化”命令。

7.12 3D功能概述

7.12.1 认识3D图层

3D图层属于一类非常特殊的图层，为了便于与其他图层区别开来，其缩览图上存在一个特殊的标识，另外，根据设置的不同，其下方还有不等数量的贴图列表，如图7.85所示。

下面来介绍一下3D图层各组成部分的功能。

- 双击3D图层缩览图可以调出3D面板，以对模型进行更多的属性设置。
- 3D图层标志：可以方便认识并找到3D图层的主要标识。

- 纹理：Photoshop CS6提供了很多种纹理类型，比如用于模拟物体表面肌理的“漫射”类贴图，以及用于模拟物体表面反光的“环境”类贴图等，每种纹理类型下面都可以为其设置不同数量的贴图。本书将在后面的章节中详细讲解贴图的类型。
- 纹理贴图：此处列出了在不同的纹理类型中所包含的纹理贴图数量及名称，当光标置于不同的贴图上时，还可以即时预览其中的图像内容。关于纹理及纹理贴图的详细讲解，请参见本章7.16节的讲解。

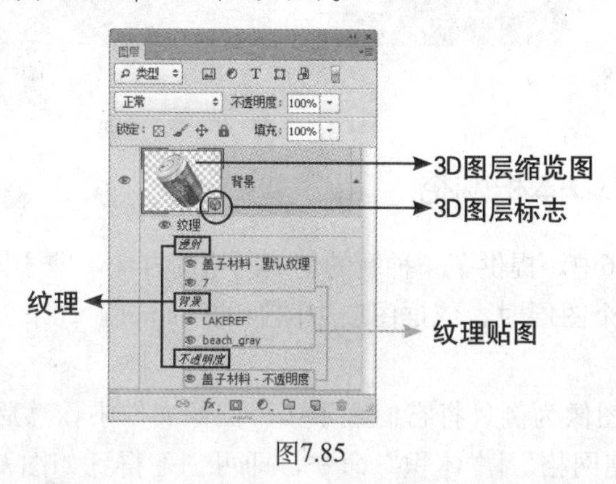

图7.85

提示

不能在3D图层上直接使用各类变换操作命令、颜色调整命令和滤镜命令，除非将此图层栅格化或转换成为智能对象。

7.12.2 栅格化3D图层

3D图层是一类特殊的图层，在此类图层中，无法进行绘画等编辑操作，要应用的话，必须将此类图层栅格化。

选择“图层”|“栅格化”|“3D”命令，或直接在此类图层中右击，在弹出的快捷菜单中选择“栅格化”命令，均可将此类图层栅格化。

7.13 3D模型操作基础

7.13.1 创建3D明信片

选择“3D”|“从图层新建网格”|“明信片”命令，或在选择一个普通图层的情况下，在3D面板中选择“3D明信片”选项，单击面板底部的“创建”按钮，从而将一个平面图像转换为3D平面，平面的两面以该平面图像为贴图材质，该平面图层也相应被转换成为3D图层。

如图7.86所示为一个平面图层，如图7.87所示为使用此命令将其转换成为3D明信片图层后，对其在3D空间内进行旋转的效果。

图7.86

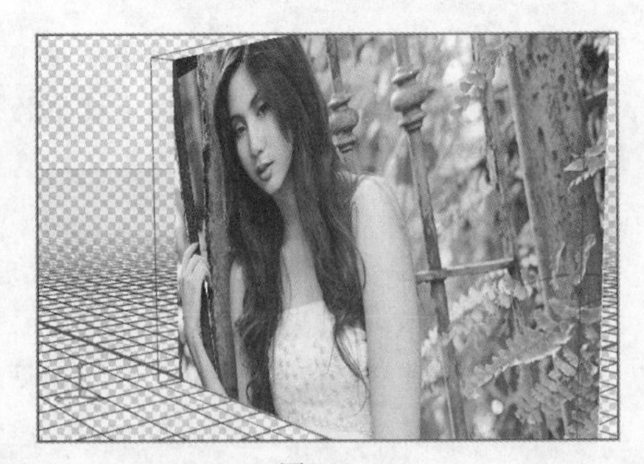

图7.87

7.13.2 创建3D体积网格

在Photoshop CS6中，提供了一种新的创建网格的方法，即“体积”命令。使用它可以在选中两个或更多个图层时，依据图层中图像的明暗映射，来创建一个图像堆叠在一起的3D网格。

以图7.88所示的图像为例，将它们置于一个图像文件中，然后将它们选中，再选择“3D”|“从图层新建网格”|“体积”命令，即可创建得到如图7.89所示的“图层”面板，图7.90所示是调整3D对象的位置及角度后的效果。

图7.88

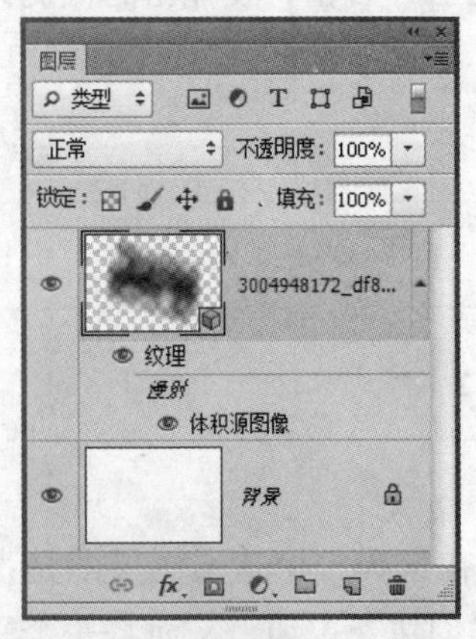

图7.89

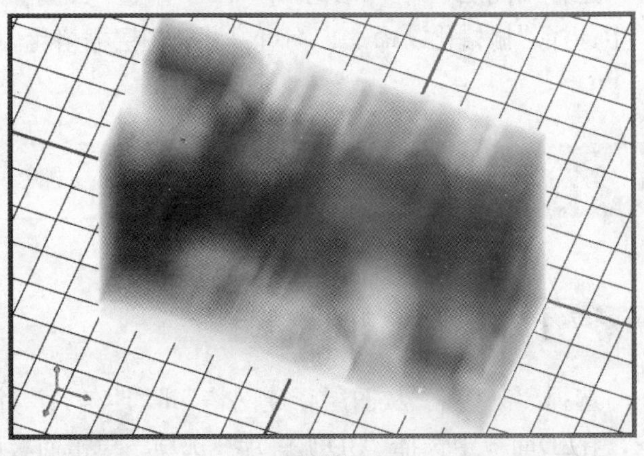

图7.90

7.13.3 创建3D凸纹模型

在Photoshop CS6中，允许用户依据文字图层、蒙版、选区及路径等对象创建3D模型，从而大大地增强了其3D功能的易用性和实用性。

以图7.91所示的图像为例，其路径是在“路径”面板中选中“路径1”所显示的状态，此时，选择“图层1”并选择“3D”|“从所选路径创建3D凸出”命令，即可以当前的9字形路径为轮廓、以当前图层中的图像为贴图，创建一个3D模型，如图7.92所示。

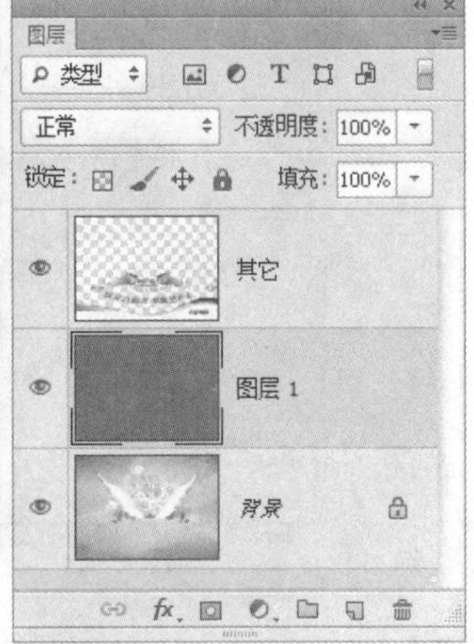

图7.91

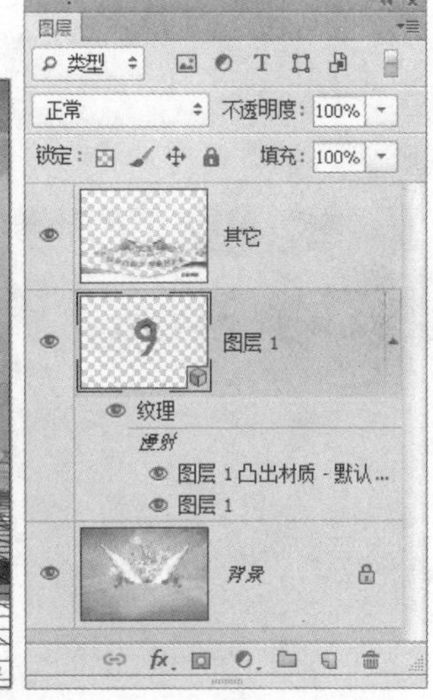

图7.92

当创建模型后，还可以继续使用约束功能来编辑模型的形态，例如要为本例的9字增加几个星形，可以先使用“多边形工具”在其上绘制路径，如图7.93所示，然后选择“9”字所在的边界约束，在本例中是“边界约束1”，如图7.94所示。在“属性”面板中单击“将路径添加到表面”按钮，此时3D面板中“边界约束1”下面新增了内部约束3至内

图7.93

部约束7，如图7.95所示。

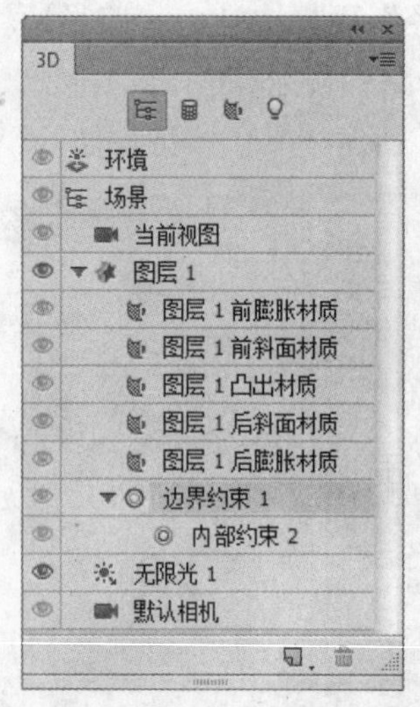

图7.94

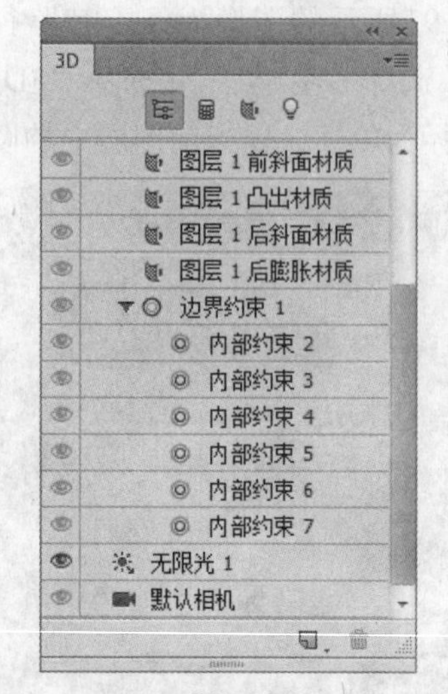

图7.95

选中上一步创建的内部约束3至内部约束7，在“属性”面板的“类型”下拉列表中选择“空心”选项，如图7.96所示，得到如图7.97所示的镂空效果。

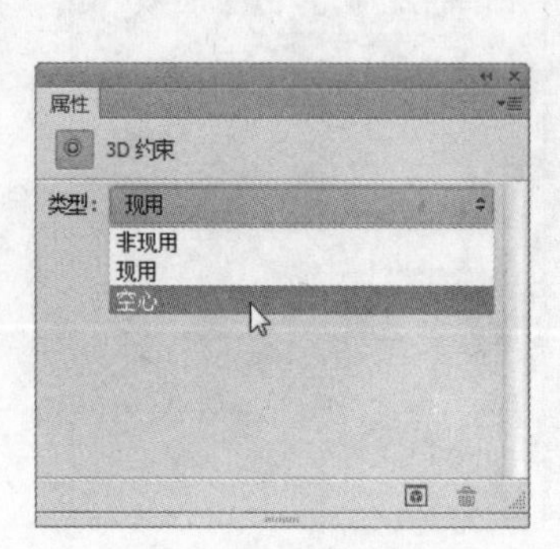

图7.96

图7.97

7.14 调整3D模型

7.14.1 使用3D轴编辑模型

3D轴用于控制3D模型，使用3D轴可以在3D空间中移动、旋转、缩放3D模型。要显示如图7.98所示的3D轴，需要在选择“移动工具”的情况下，在3D面板中选择“场景”，如图7.99所示。此时可以对模型整体进行调整，若是选中模型中的单个网络，则可以仅对该网络进行编辑。

在3D轴中，红色代表x轴，绿色代表y轴，蓝色代表z轴。

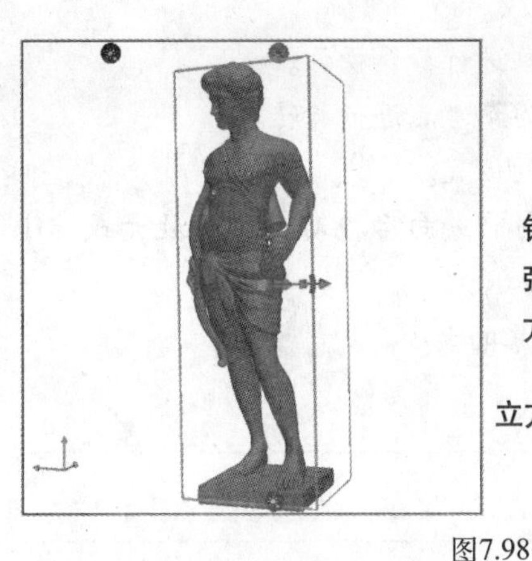

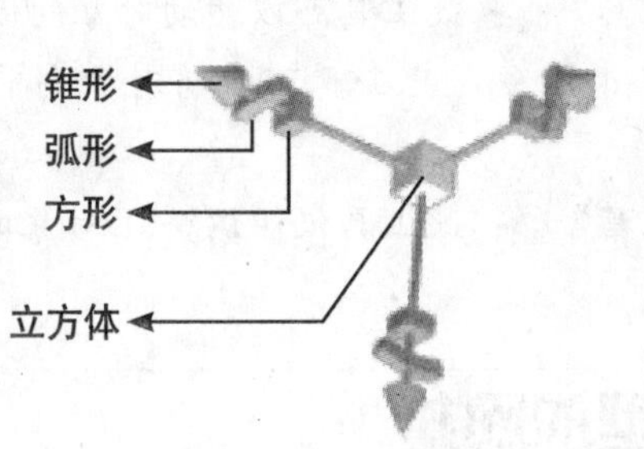

图7.98

图7.99

要使用3D轴，将光标移至轴控件处，使其高亮显示，然后进行拖动，根据光标所在控件的不同，操作得到的效果也各不相同，详细操作如下所述。

- 要沿着x、y或z轴移动3D模型，将光标放在任意轴的锥形，使其高亮显示，拖动鼠标即可以任意方向沿轴拖动，状态如图7.100所示。
- 要旋转3D模型，单击3D轴上的弧形，围绕3D轴中心沿顺时针或逆时针方向拖动圆环，状态如图7.101所示，拖动过程显示的旋转平面指示旋转的角度。

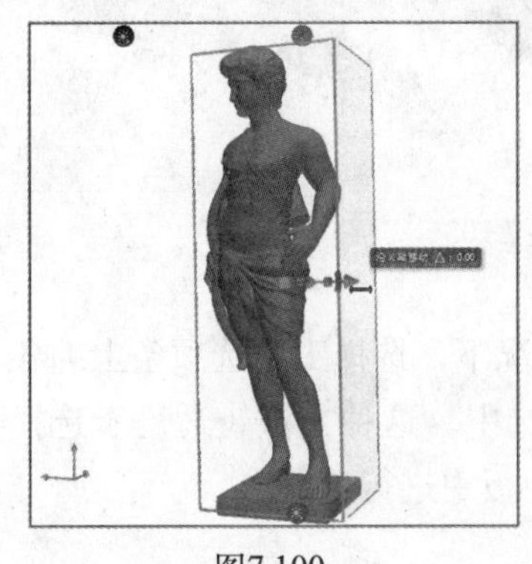

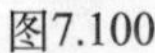

图7.100

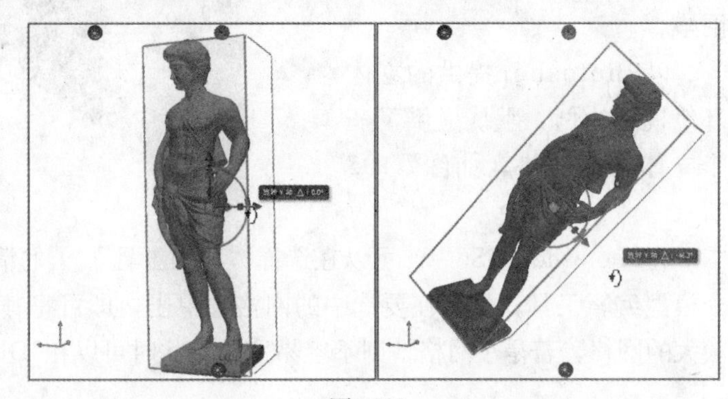

图7.101

- 要沿轴压缩或拉长3D模型，将光标放在3D轴的方形上，然后左右拖动即可。
- 要缩放3D模型，将光标放在3D轴中间位置的立方体上，然后向上或向下拖动。

7.14.2 使用工具调整模型

除了使用3D轴对3D模型进行控制外，还可以使用工具箱中的3D模型控制工具对其进行控制。在Photoshop CS6中，所有用于编辑3D模型的工具都被整合在“移动工具”的选项条上，选择任何一个3D模型控制工具后，移动工具的选项条将显示为如图7.102所示的状态。

自动选择： 组 显示变换控件 3D 模式：

图7.102

工具箱中的5个3D模型控制工具与工具选项条右侧显示的5个工具图标相同，其功能及意义也完全相同，下面分别进行讲解。

- “旋转3D对象工具”：拖动此工具可以对对象进行旋转操作。
- “滚动3D对象工具”：此工具以对象中心点为参考点进行旋转。
- “拖动3D对象工具”：此工具可以移动对象的位置。
- “滑动3D对象工具”：此工具可以将对象向前或向后拖动，从而放大或缩小对象。
- “缩放3D对象工具”：此工具仅能调整3D对象的大小。

7.15 3D模型的网格

简单地说，3D网格代表了当前3D图层中这个模型是由哪些独立的对象组合而成。要对网格进行操作，可以在3D面板顶部单击“网格”按钮，使3D面板仅显示当前3D物体的网格。

以Photoshop提供的立体环绕模型为例，默认提供了一个立体环绕网格，如图7.103所示。

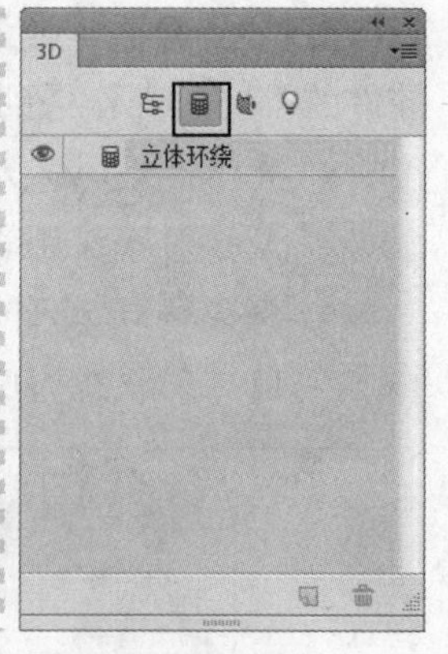

图7.103

在Photoshop CS6中，可以在选择“移动工具”的情况下，选择工具选项条上的各个模型编辑工具，然后在要选中的网格上单击，即可将其选中。这种方法较适用于选择较大的网格，若是小网格，则不容易选中，此时可以在3D面板中进行选择。

7.16 3D模型的材质、纹理与纹理贴图

在Photoshop中，关系到模型表面质感（如岩石质感、光泽感以及不透明度等）的主要包括材质、纹理及纹理贴图3大部分，而它们之间的联系又是密不可分的。下面将分别介绍一下这3个组成部分的作用及关系。

- 材质：指模型中可以设置贴图的区域，例如对于由Photoshop创建的模型来说，其材质的数量及贴图区域由软件自定义生成，用户无法对其进行修改，比如球体只具有1种材质，圆柱体具有3种材质；对于从外部导入的模型而言，其材质数量及贴图区域是由三维软件中的设置决定的，虽然它可以根据用户的需要随意进行修改，但难点就在于，它需要用户对三维软件有一定的了解，才能够正确地进行设置。

- 纹理：Photoshop提供了12类纹理以用于模拟不同的模型效果，比如用于设置材质表面基本质感的“漫射”纹理，用于设置材质表面凸凹程度的“凸凹”纹理等，也有些纹理是要相互匹配使用的，比如“环境”与“反射”纹理等。
- 纹理贴图：简单来说，材质的“纹理”是指它的纹理类型，而“纹理贴图”则决定了纹理表面的内容。比如为模型附加“漫射”类纹理，当为其指定不同的纹理贴图时，得到的效果会有很大差异。

在Photoshop中，每一种材质都可以为其定义12种纹理属性，综合调整这些纹理属性，能够使不同的材质展现出千变万化的效果，下面分别讲解这12种纹理属性的意义。

- 漫射：这是最常用的纹理映射，在此可以定义3D模型的基本颜色，如果为此属性添加了漫射纹理贴图，则该贴图将包裹整个3D模型。
- 镜像：在此可以定义镜面属性显示的颜色。
- 发光：此处的颜色指由3D模型自身发出的光线的颜色。
- 环境：设置在反射表面上可见的环境光颜色，该颜色与用于整个场景的全局环境色相互作用。
- 闪亮：低闪亮值（高散射）产生更明显的光照，而焦点不足；高闪亮值（低散射）产生较不明显、更亮、更耀眼的高光。此参数通常与“粗糙度”参数组合使用，以产生更多光洁的效果。
- 反射：此参数用于控制3D模型对环境的反射强弱，需要通过为其指定相对应的映射贴图，以模拟对环境或其他物体的反射效果。图7.104所示是设置3D面板右下角的“环境”纹理贴图并将“反射”值分别设置为5、20、50时的效果。

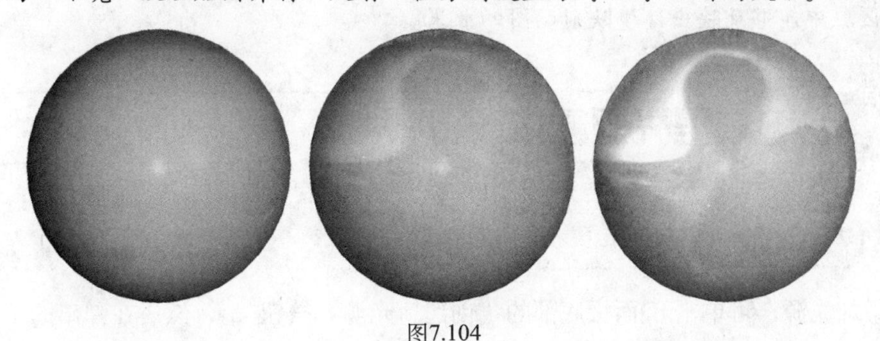

图7.104

- 粗糙度：在此定义来自灯光的光线经表面反射折回到人眼中的光线数量。数值越大则表示模型表面越粗糙，产生的反射光就越少；反之，此数值越小，则表示模型表面越光滑，产生的反射光也就越多。此参数常与“闪亮”参数搭配使用，图7.105所示为不同的参数组合所取得的不同效果。

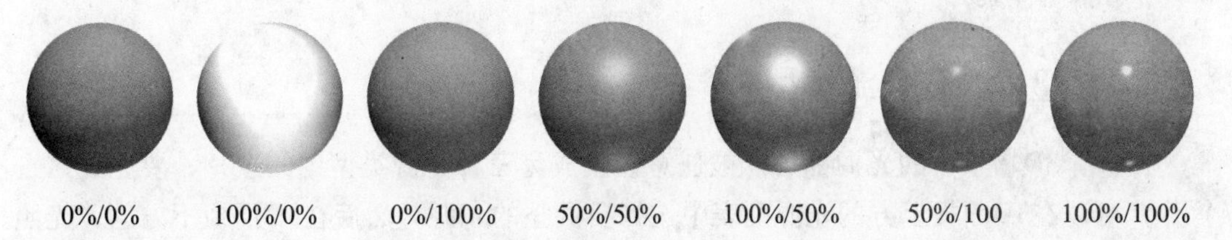

图7.105

- 凹凸：在材质表面创建凹凸效果，此属性需要借助于凹凸映射纹理贴图，凹凸映射纹理贴图是一种灰度图像，其中较亮的值创建凸出的表面区域，较暗的值创建平坦的表面区域。以图7.106所示的图片为例，图7.107所示是将其凹凸数值设置为10、50后的效果。

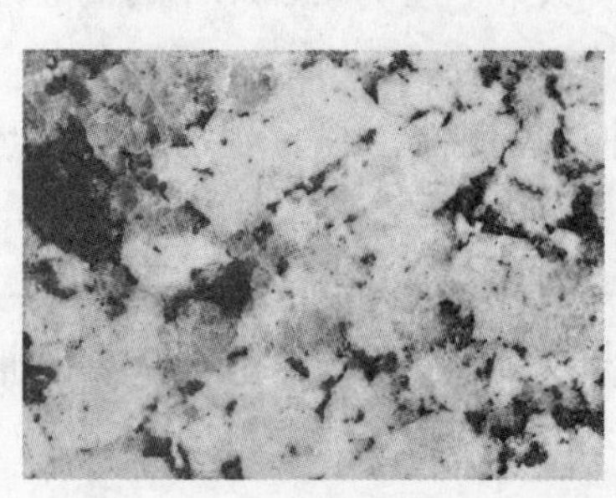

图7.106

图7.107

- 不透明度：此参数用于定义材质的不透明度，数值越大，3D模型的透明度越高。而3D模型的不透明区域则由此参数右侧的贴图文件决定，贴图文件中的白色使3D模型完全不透明，而黑色则使其完全透明，中间的过渡色可取得不同级别的不透明度。
- 折射：在此可以设置折射率。
- 正常：像凹凸映射纹理一样，正常映射用于为3D模型表面增加细节。与基于灰度图像的凹凸出理不同，正常映射基于RGB图像，每个颜色通道的值代表模型表面上正常映射的x、y和z分量。正常映射可使多边形网格的表面变得平滑。
- 环境：环境映射模拟将当前3D模型放在一个有贴图效果的球体内，3D模型的反射区域中能够反映出环境映射贴图的效果。

7.17 3D模型光源操作

7.17.1 添加光源

要添加光源，可单击3D面板底部的“创建新光源”按钮，然后在弹出的下拉列表中选择光源类型（点光、聚光灯或无限光）。

7.17.2 删除光源

要删除光源，在3D面板上方的光源列表中选择要删除的光源，单击面板底部的“删除”按钮即可。

7.17.3 改变光源类型

每一个3D场景中的光源都可以被任意设置成为三种光源类型中的一种，要完成这一操作，可以在3D面板上方的光源列表中选择要调整的光源，然后在3D面板下方的“光照类型”下拉列表中选择一种光源类型。

7.18 3D模型的渲染设置

Photoshop CS6提供了多种模型的渲染效果设置选项，以帮助用户渲染出不同效果的三维模型。用户可以在3D面板顶部单击“场景”按钮，选择其中的“场景”选项，然后在“属性”面板中会显示相应的渲染选项，如图7.108所示。

下面讲解如何更改这些设置。

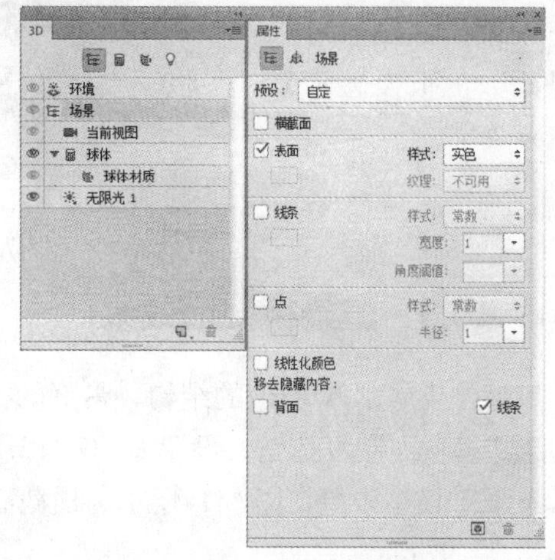

图7.108

7.18.1 选择渲染预设

Photoshop提供了多达20种标准渲染预设，并支持载入、存储、删除预设等功能，在“预设”下拉列表中选择不同的项目即可进行渲染。如图7.109展示了选择部分不同的预设所得到的渲染效果。

深度映射

隐藏线框

线条插图

正常

绘画蒙版

着色插图

图7.109

7.18.2 自定渲染设置

除了使用预设的标准渲染设置，也可以通过选择“表面”、“线条”以及“点”3个选项，以分别对模型中的各部分进行渲染设置。

例如，以“线条”渲染方式为例，图7.110所示是设置角度阈值为0时的渲染效果，图7.111所示是此数值被设置为5时的渲染效果。

图7.110

图7.111

7.18.3 渲染横截面效果

如果希望展示3D模型的结构，最好的方法是启用横截面渲染效果，在“属性”面板中勾选“横截面”复选框，设置如图7.112所示的“横截面”渲染选项参数即可。图7.113所示为原3D模型效果，图7.114所示为横截面渲染效果。

图7.112

图7.113

图7.114

- 切片：如果希望改变剖面的轴向，可以选择“X轴”、“Y轴”、“Z轴”3个选项。此选项同时定义“位移”及两个“倾斜”数值定义的轴向。
- 位移：如果希望移动渲染剖面相对于3D模型的位置，可以在此参数右侧输入数值。
- 倾斜Y/Z：如果希望以倾斜的角度渲染3D模型的剖面，可以控制“倾斜 Y”和“倾斜 Z”处的参数。
- 平面：勾选此复选框，渲染时显示用于切分3D模型的平面，其中包括X、Y或Z三个选项。
- 不透明度：在此处可以设置横截面处平面的透明属性。
- 相交线：勾选此复选框，渲染时在剖面处显示一条线，在其右侧可以控制该平面的颜色。
- “互换横截面侧面”按钮：单击此按钮，可以交换渲染区域。
- 侧面A/B：单击此处的两个按钮，可分别显示横截面A侧或B侧的内容。

7.19 练习题

一、单选题

1. 当“图层”面板左侧的什么图标显示时，表示这个图层是可见的。（ ）

   A. 链接图标　　B. 眼睛图标　　C. 毛笔图标　　D. 蒙版图标

2. 怎样复制一个图层？（ ）

A. 选择“编辑”|“复制”命令　　B. 选择“图像”|“复制”命令

C. 选择“文件”|“复制图层”命令

D. 将图层拖动到“图层”面板下方的“创建新图层”按钮上

3. 在Photoshop中，下列关于3D模型贴图的说法错误的有：（ ）

A. 如果所打开的模型有贴图，则三维模型文件应该与其贴图处于同一文件夹中，否则Photoshop无法显示该模型所使用的贴图

B. 贴图文件中最多只能包含不超过3个的图层

C. 在贴图文件中，我们可以像在正常的文件中操作一样，在其中执行新建图层、调整颜色等操作

D. 要使用自由变换控制框变换模型，必须先将其转换成为智能对象图层

4. 要应用“斜面和浮雕”图层样式对话框中的“描边浮雕”样式，就一定要先执行哪个命令？（ ）

A.“编辑”|“描边”命令　　B.“编辑”|“填充”命令

C.“图层”|“图层样式”|“描边”命令

D.单击“图层”面板右上角的面板按钮，在弹出的菜单中选择“描边”命令

5. 在拷贝图像某一区域后，创建一个矩形选择区域，选择“编辑”|“选择性粘贴”|“贴入”命令，此操作的结果是下列哪一项？（ ）

A. 得到一个无蒙版的新图层

B. 得到一个有蒙版的图层，但蒙版与图层间没有链接关系

C. 得到一个有蒙版的图层，而且蒙版的形状为矩形，蒙版与图层间有链接关系

D. 如果当前操作的图层有蒙版，则得到一个新图层，否则不会得到新图层

6.如果图层1的图层模式为“叠加”，图层2的图层模式为“强光”，图层2位于图层1的上方，当选择图层2执行向下合并操作后，得到的图层的图层模式是什么？（ ）

A. 叠加　　B. 强光　　C. 正常　　D. 柔光

二、多选题

1.下列哪些情况不可以同时对齐和分布图层？（ ）

A. 选中一个包含多个图层的图层组　　B. 选中任意2个图层

C. 选中3个形状图层　　D. 选中3个以上的隐藏图层

2.要合并选中的图层，可以执行下面的哪些操作？（ ）

A. 按Ctrl+E键　　B. 按Ctrl+Shift+E键

C. 选择“图层”|“合并图层”命令　　D. 选择“图层”|“拼合图像”命令

3. 剪贴蒙版由哪些图层组成？（ ）

A. 形状图层　　B. 剪贴图层　　C. 内容图层　　D. 基层

4. 下列关于图层蒙版的说法正确的有：（ ）

A. 单击“添加图层蒙版”按钮可以为当前所选的单个图层添加图层蒙版

B. 图层蒙版可以用来显示和隐藏图像内容

C. 在图层蒙版中，黑色可以隐藏图像

D. 在图层蒙版中，白色可以显示图像

5.下面对于填充图层叙述正确的是哪几项？（ ）

A.填充图层共有3种，分别是纯色填充图层、渐变填充图层、图案填充图层

B.每种填充图层，都可以被转换成为另外两种填充图层中的一种

C. 即使两个填充图层具有上下层关系，也无法使用向下合并图层的方法将其合并成为一个图层

D. 每一个填充图层在栅格化后，仍然具有蒙版

三、判断题

1. 通过为图层组粘贴图层样式的方法，可以将某一图层样式粘贴至该图层组中的所有图层上。（ ）

2. 在“图层”面板中，按Alt+]键可进入上一个层，如果用户已经位于最顶层，则按此组合键将使Photoshop返回最下方的图层。（ ）

3. 按Ctrl+~键可以使图层处于激活状态，而按Ctrl+\键可以使图层蒙版处于激活状态。（ ）

4.在“图层”面板中按Alt键单击“创建新图层”按钮，可以在当前图层（“背景”图层除外）的下面新建一个图层。（ ）

四、操作题

打开随书所附光盘中的文件“源文件\第7章\7.19-素材1.tif”~“源文件\第7章\7.19-素材3.tif”，如图7.115~图7.117所示。结合本章讲解的图层混合模式及图层蒙版等功能，制作得到如图7.118所示的效果。制作完成后的效果可以参考随书所附光盘中的文件“源文件\第7章\ 7.19.psd”。

图7.115

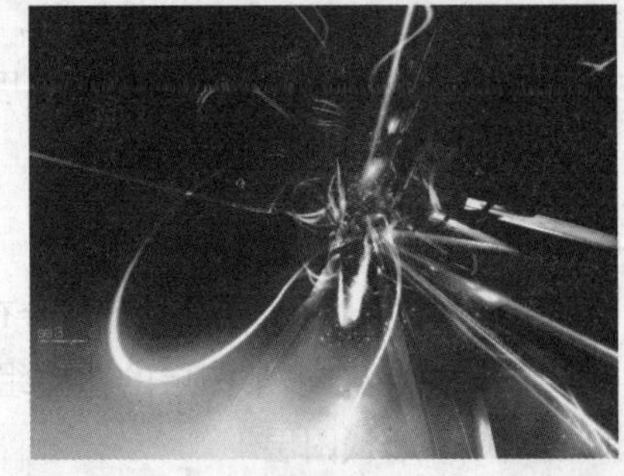

图7.116

图7.117

图7.118

第8章 通道的应用

通道是Photoshop的核心功能之一。简单地说，它是用于装载选区的一个载体。同时，在这个载体中还可以像编辑图像一样编辑选区，从而得到更多的选区状态，并最终制作出更为丰富的图像效果。除了通道，本章还将以Alpha通道为重点，对其编辑、调用、保存等操作进行详细讲解。

8.1 关于通道

在Photoshop中，通道被用来存放图像的颜色信息及自定义的选区，使用通道不仅可以得到非常特殊的选区，以辅助制图，还可以通过改变通道中存放的颜色信息来调整图像的色调。

无论是新建的文件、已有文件或扫描文件，当一个图像文件调入Photoshop后，Photoshop就将为其创建图像文件固有的颜色通道或称原色通道，原色通道的数目取决于图像的颜色模式。

8.2 “通道”面板

与路径、图层、画笔一样，在Photoshop中要对通道进行操作，必须使用“通道”面板，选择“窗口”|“通道”命令，即可显示“通道”面板，如图8.1所示。

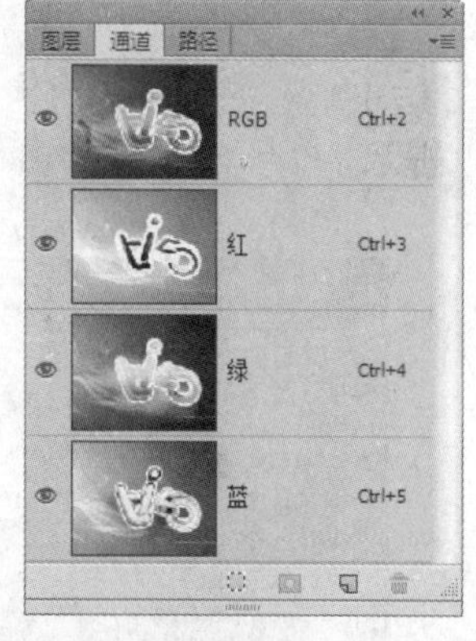

图8.1

“通道”面板的组成元素较为简单，其底部按钮的解释如下所述。

- “将通道作为选区载入”按钮：单击此按钮，可以将当前选择的通道所保存的选区调出。
- “将选区存储为通道”按钮：在选区处于激活的状态下，单击此按钮，可以将当前选区保存为Alpha通道。
- “创建新通道”按钮：单击此按钮，可以按照默认设置新建一个Alpha通道。
- “删除当前通道”按钮：单击此按钮，可以删除当前选择的通道。

8.2.1 新建通道

在“通道”面板中单击其右上方的面板按钮，在弹出的菜单中选择“新建通道”

命令，将会弹出“新建通道”对话框，如图8.2所示。设置其中的各项参数和选项后单击“确定”按钮，即可创建一个Alpha通道。

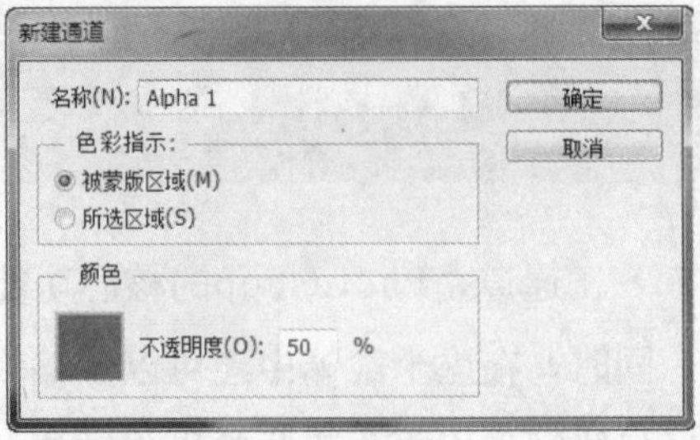

图8.2

- 被蒙版区域：选中此单选按钮后，新建的Alpha通道显示为黑色，Alpha通道中的白色区域代表选区。
- 所选区域：选中此单选按钮后，新建通道中显示白色，Alpha通道中的黑色代表对应的选区。

8.2.2 复制通道

当在“通道”面板中选择单个颜色通道或Alpha通道时，“复制通道”命令就会有效。选择此命令，将弹出如图8.3所示的“复制通道”对话框。

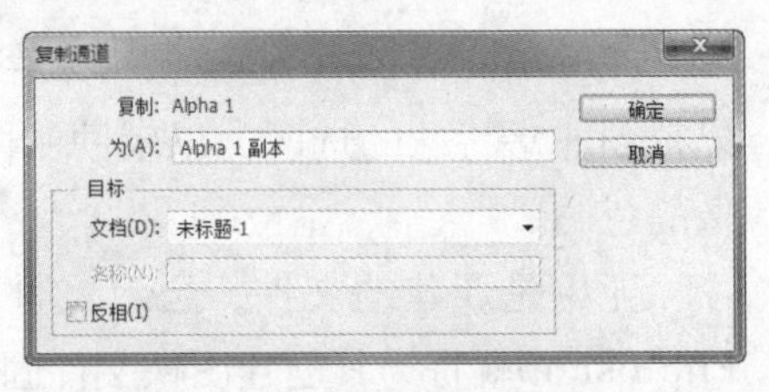

图8.3

- 复制：其后显示所复制的通道名称。
- 为：在此文本框中输入复制得到的通道名称，默认名称为“当前通道名称 副本”。
- 文档：在此下拉列表中选择复制通道的存放位置。选择“新建”选项，将会由复制的通道生成一个“多通道”模式新文件。

8.2.3 删除通道

删除通道的操作与删除图层的操作一样，将通道拖动至“通道”面板底部的“删除当前通道”按钮上即可。或者选择要删除的通道，单击“通道”面板右上角的面板按钮，在弹出的菜单中选择“删除通道”命令。

提示 如果要删除任一原色通道，图像的颜色模式将会自动转换为多通道模式，图8.4所示为在一幅RGB模式的图像中，分别删除红、绿、蓝原色通道后的“通道”面板。

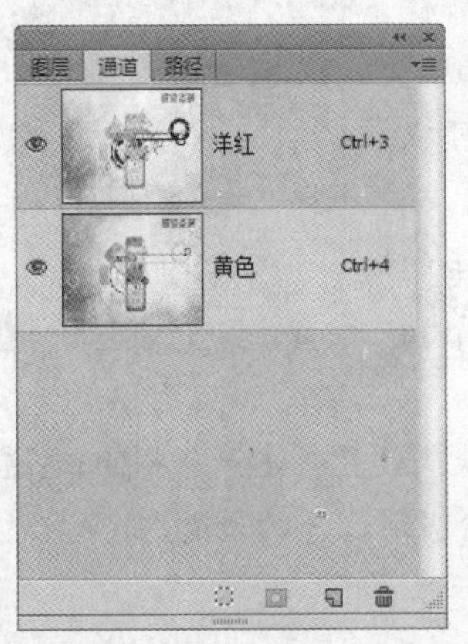

删除红通道

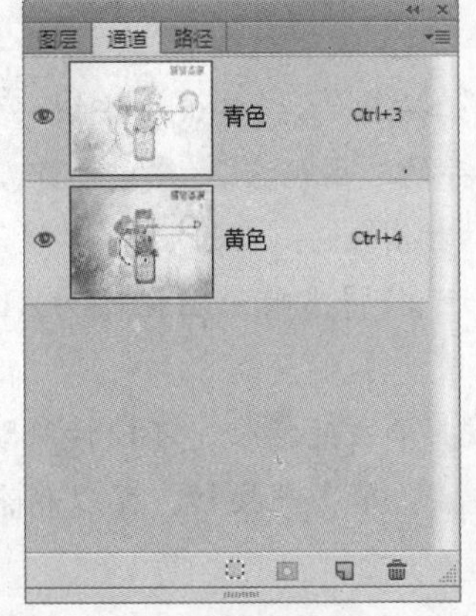

删除绿通道

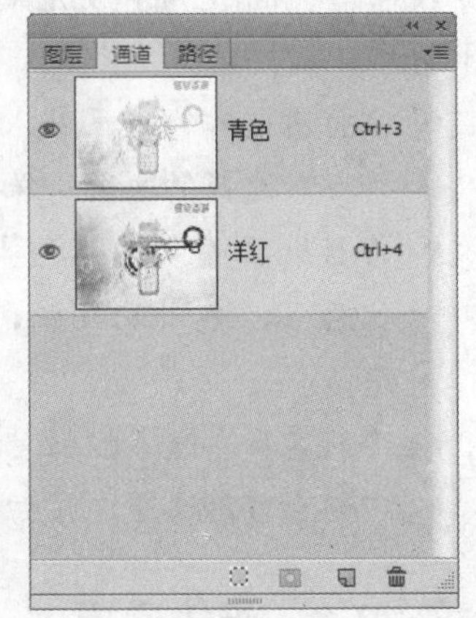

删除蓝通道

图8.4

8.2.4 通道选项

只有在选中Alpha通道或“专色”通道时，“通道选项”命令才会被激活。“通道选项”对话框和“新建通道”对话框相似，在此可以重新设置当前通道的参数和选项。

8.3 Alpha通道

8.3.1 将选区保存为通道

1. 基于选区创建Alpha通道

Photoshop可将选区存储为Alpha通道，以方便在以后的操作中调用Alpha通道所保存的选区，或通过对Alpha通道的操作来得到新的选区。

要将选区直接保存为具有相同形状的Alpha通道，可以在选区存在的情况下，单击面板底部的“将选区存储为通道”按钮，则该选择区域自动保存为新的Alpha通道，如图8.5所示。

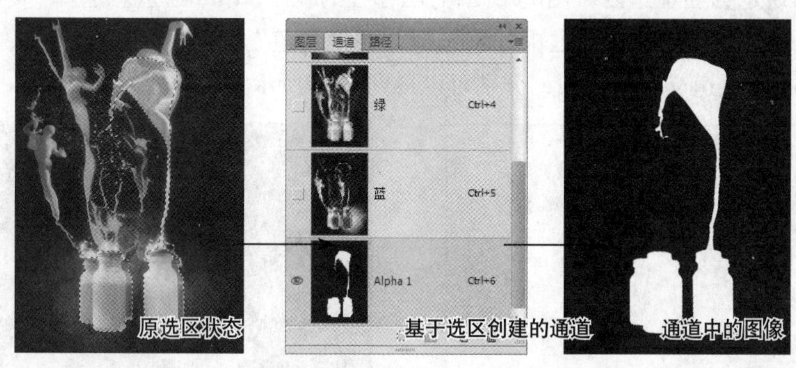

图8.5

2. 保存选区为Alpha通道并同时运算

选择“选择”|“存储选区”命令也可以将选区保存为Alpha通道，不同的是，选择此命令将弹出支持选区与Alpha通道间进行运算的“存储选区”对话框，如图8.6所示。通过设置此对话框中的选项，可以使选区与Alpha通道间进行运算，得到形状更为复杂的Alpha通道。

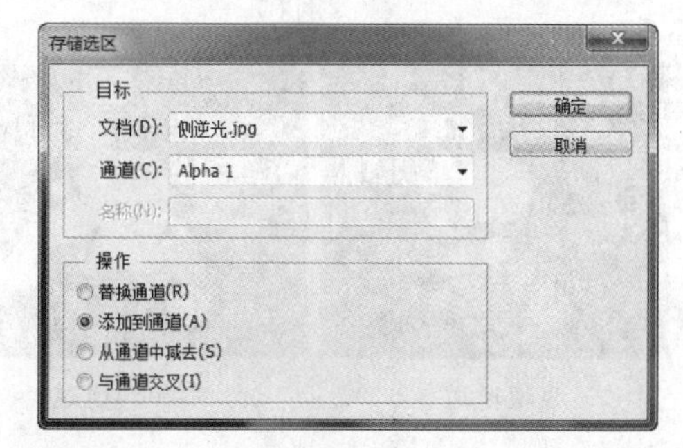

图8.6

“存储选区”对话框中各参数的含义如下。

- 文档：此下拉列表中显示了已打开的尺寸大小与当前操作图像文件相同的图像文件的名称，选择这些文件名称可以将选区保存在该图像文件中。如果在下拉列表中选择“新建”选项，则可以将选区保存在一个新文件中。

- 通道：此下拉列表中列出了当前文件已存在的Alpha通道的名称及“新建”选项。如果选择已存在的Alpha通道，则可以替换该Alpha通道所保存的选区；如果选择“新建”选项，则可以创建一个新Alpha通道。
- 替换通道：选中该单选按钮，当前选区被保存为一个新通道。如果在“通道”下拉列表中选择一个已存在的Alpha通道，“新建通道”选项将转换为“替换通道”选项，选中此单选按钮可以用当前选区生成的新Alpha通道替换所选择的Alpha通道。
- 添加到通道：当在“通道”下拉列表中选择一个已存在的Alpha通道时，此选项可被激活。选择此项可以在原Alpha通道中添加当前选区所定义的Alpha通道。
- 从通道中减去：当在“通道”下拉列表中选择一个已存在的Alpha通道时，此选项可被激活。选择此项可以在原Alpha通道的基础上减去当前选区所创建的Alpha通道，即在原通道中以黑色填充当前选区所确定的区域。
- 与通道交叉：当在“通道”下拉列表中选择一个已存在的Alpha通道时，此选项可被激活。选择该项可以得到原Alpha通道与当前选区所创建的Alpha通道的重叠区域。

下面通过一个实例，来示范“存储选区”对话框“操作”选项组中的4个选项。

如图8.7所示为当前选区，图8.8所示为已存在的一个Alpha通道。选择“选择”|“存储选区”命令，在弹出的对话框中分别选择“替换通道”、“添加到通道”、“从通道中减去”、“与通道交叉”选项，分别可以得到图8.9所示的各种效果。

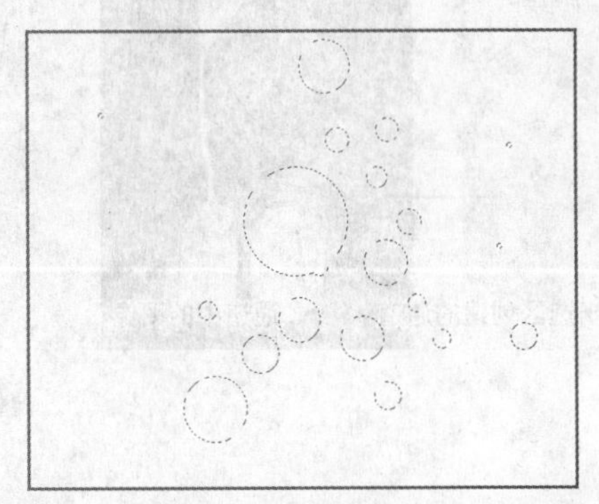

图8.7

图8.8

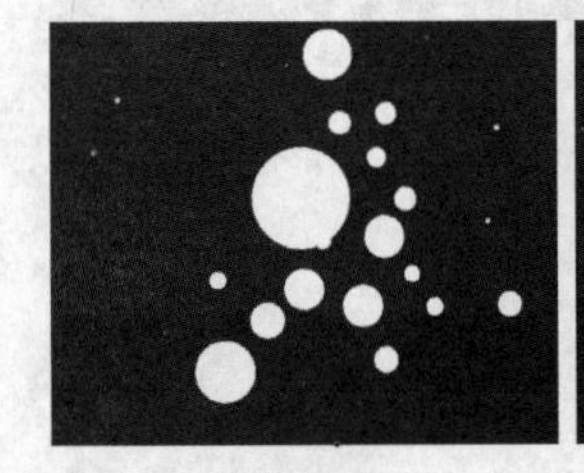

替换通道

添加到通道

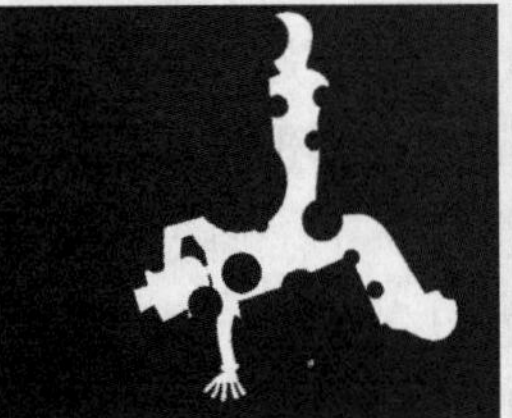

从通道中减去

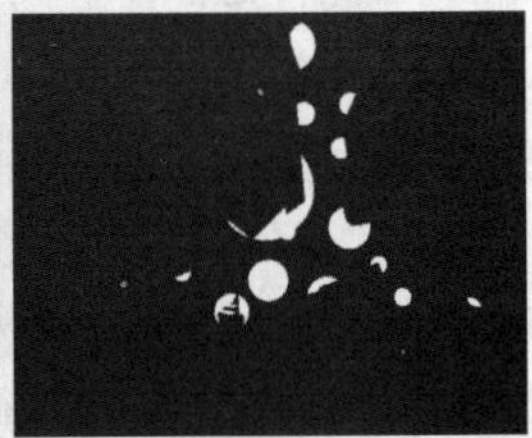

与通道交叉

图8.9

8.3.2 编辑Alpha通道

当Alpha通道被创建后，即可用绘图的方式对其进行编辑。例如使用画笔绘图、使用选择工具创建选择区域，然后填充白色或黑色，还可以使用形状工具在Alpha通道中绘制标准的几何形状，总之所有在图层上可以应用的作图手段在此都同样可用。

在编辑Alpha通道时需要掌握的原则如下。

- 用黑色作图可以减少选区。
- 用白色作图可以增加选区。
- 用介于黑色与白色间的任意一级灰色作图，可以获得不透明度值小于100或边缘具有羽化效果的选择区域。

在掌握编辑通道的原则后，可以使用更多、更灵活的命令与操作方法对通道进行操作，例如可以在Alpha通道中应用颜色调整命令，改变黑白区域的比例，从而改变选择区域的大小；也可以在Alpha通道中应用各种滤镜命令，从而得到形状特殊的选择区域；还可以通过变换Alpha通道来改变选择区域的大小。

以图8.10所示的“黑-白-黑”渐变为例，当载入选区时，由于边缘带有一定范围的、灰度低于50%的灰色图像，所以载入的选区范围要比看到的白色图像范围略小一些。

如图8.11所示为使用“极坐标”滤镜处理后的效果，可见相对于前面的黑白渐变，白色区域的范围发生了变化，同时载入选区的范围也随之发生了改变。

实际上，做了上面两个示例以后，已经能够比较清楚地理解白色图像与选区之间的关系了，但为了进一步确认，又在之前图像的基础上，应用了“晶格化”滤镜并使用“色阶”命令进行了一定的调整，如图8.12所示。此时白色图像的范围再次发生了变化，同时载入后的选区状态也有所不同。

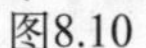

图8.10

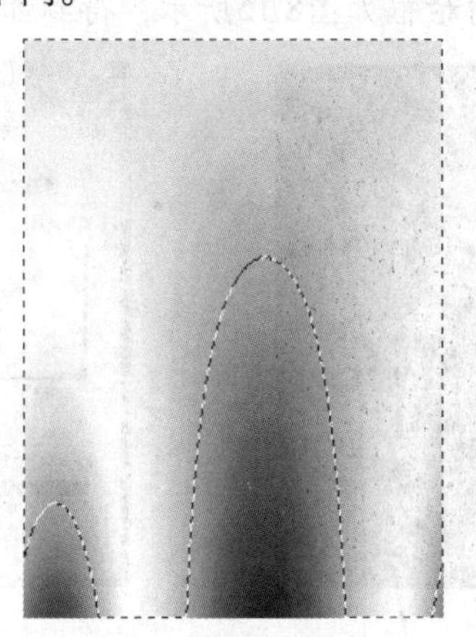

图8.11

图8.12

8.3.3 将通道作为选区载入

如前所述，在操作时既可以将选区保存为Alpha通道，也可以将通道作为选择区域调出（包括原色通道与专色通道），在“通道”面板中选择任意一个通道，单击“通道”面板底部的“将通道作为选区载入”按钮，即可将此Alpha通道所保存的选择区域调出。

除此之外，也可以选择“选择”|“载入选区”命令，适当设置弹出的如图8.13所示的对话框，此对话框中的选项与“存储选区”对话框中的选项大体相同，故在此不再重述。

- 按住Ctrl键单击Alpha通道的缩览图，可以直接载入此Alpha通道所保存的选择区域。
- 按住Ctrl+Shift键单击Alpha通道的缩览图，可以增加Alpha通道所保存的选择区域。
- 按住Alt+Ctrl键单击Alpha通道的缩览图，可以减去Alpha通道所保存的选择区域。

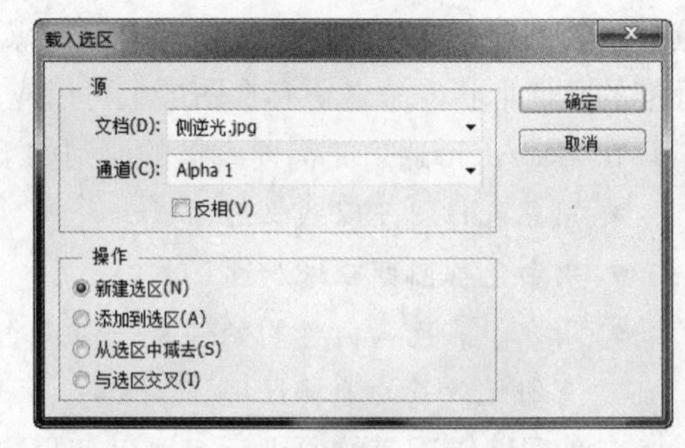

图8.13

- 按Alt+Ctrl+Shift键单击Alpha通道的缩览图，可以得到选择区域与Alpha通道所保存的选择区域交叉的选区。

8.3.4 Alpha通道运用实例——抠选羽毛图像

羽毛图像是我们在设计作品时比较常用的一个设计元素，在本例中将来讲解一下将其从一个较为简单的背景中抠选出来的操作方法。

01 打开随书所附光盘中的文件“源文件\第8章\8.3.4-素材.psd”，如图8.14所示。在本例中要将其中的人物及其翅膀图像抠选出来。

02 切换至“通道”面板，复制“绿”通道，得到“绿副本”通道，按Ctrl+L键调出“色阶”对话框，设置弹出的对话框如图8.15所示，得到如图8.16所示的效果。

图8.14

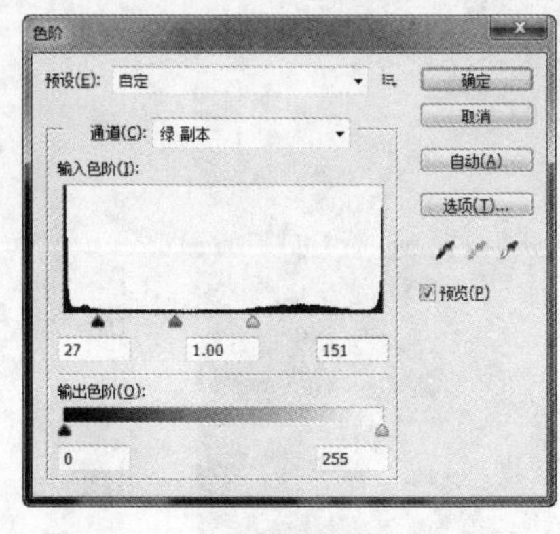

图8.15

提示 此时已经基本将羽毛图像抠选出来了，但人物身体由于明暗分布非常不规则，很难直接在通道中抠选出来，所以下面将借助于“钢笔工具”将人物身体抠选出来。

03 选择“钢笔工具”，并在其工具选项条上选择“路径”选项，然后沿着人物的身体边缘绘制路径，如图8.17所示，按Ctrl+Enter键将当前路径转换为选区，然后设置前景色为白色，按Alt+Delete键填充选区，按Ctrl+D键取消选区，得到如图8.18所示的效果。

提示 在绘制过程中，如果无法准确定位人物的身体边缘，可以单击RGB通道左侧的眼睛图标，以显示该复合通道，从而清楚地看到人物的身体边缘。

图8.16

图8.17

04 设置前景色为白色，选择“画笔工具”，并在其工具选项条上设置适当的画笔大小，在通道中的人物身上不是纯白的地方进行涂抹，直至得到如图8.19所示的效果，按住Ctrl键单击“绿副本”通道的缩览图以载入其选区。

图8.18

图8.19

05 返回“图层”面板，按Ctrl+J键执行“通过拷贝的图层”操作，得到“图层 1”，删除“背景”图层后，此时图像的状态如图8.20所示，图8.21所示为将其应用于视觉作品后的效果。

图8.20

图8.21

8.4 专色通道

8.4.1 增加专色通道

增加专色通道的方法有两种，一种是创建新的专色通道，另一种是将现有的Alpha通道转换为专色通道。

1. 创建新的专色通道

要创建新的专色通道，可以单击“通道”面板右上角的面板按钮，在弹出的菜单中选择“新建专色通道”命令，也可以在按住Ctrl键的同时单击“通道”面板底部的“创建新通道”按钮，弹出“新建专色通道”对话框。

2. 将Alpha通道转换为专色通道

除创建专色通道外，还可以将已有的Alpha通道转换为专色通道，双击Alpha通道名称后面的区域，如图8.22所示，在弹出的“通道选项”对话框中选中“专色”单选按钮，并设置适当的参数，如图8.23所示。

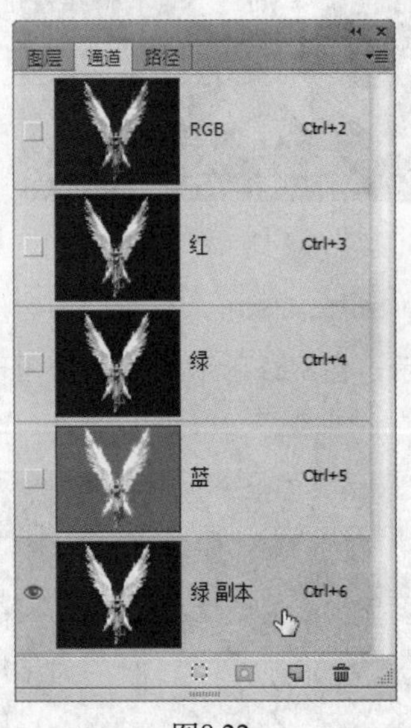

图8.22

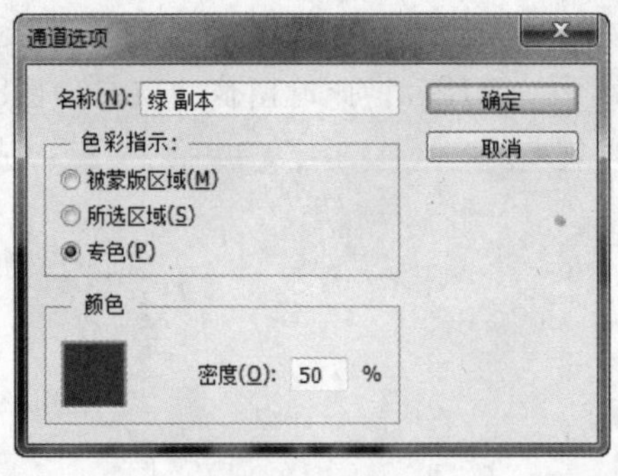

图8.23

8.4.2 编辑专色通道

编辑专色通道可以归结为在其中绘制专色区域、设置专色通道选项、合并通道及调整重叠专色等操作，下面来分别讲解一下它们的操作方法。

1. 在专色通道中绘图

首先，在“通道”面板中选择需要修改的专色通道，然后使用绘画或编辑工具在图像中进行涂抹即可。作图时如果使用黑色，则可添加不透明度为100%的专色；如果使用灰色绘画，则可以添加不透明度较低的专色；如果使用白色绘画，则可添加不透明度为

0%的专色，也就是去除专色。

2. 设置专色通道选项

在“通道”面板中的专色通道名称后面双击，则弹出“专色通道选项”对话框，在此对话框中可以为专色通道更改名称、颜色及密度。

3. 合并专色通道

在“通道”面板中激活专色通道，单击右上角的面板按钮，在弹出的菜单中选择“合并专色通道”命令，即可将专色通道转换为原色通道并与之合并。

4. 调整重叠专色

在具有多个相互重叠的专色通道的情况下，如果要防止专色压印或需要挖空处于下层的专色，可以在重叠处删除一种专色，相应操作步骤如下所述。

01 按住Ctrl键的同时，单击一个专色通道的缩览图以调出其选区。

02 如果要挖空下层专色，可选择“选择”|“修改”|“收缩”或“扩展”命令，该命令取决于重叠专色比其下面的专色更深还是更浅。

03 在“通道”面板中，选择包含要挖空区域的下层专色通道，按Delete键删除选区中的图像即可。

04 如果通道中的专色与其他多种专色重叠，则需要对包含要删除区域的每个通道重复执行选择并删除的操作。

8.5 练习题

一、单选题

1. Alpha 通道主要用来：（ ）

A. 保存图像色彩信息　　B. 创建新通道

C. 存储和建立选择范围　　D. 是为路径提供的通道

2. 下列关于编辑Alpha通道的说法正确的是：（ ）

A. Alpha通道可以使用部分绘图工具进行编辑

B. Alpha通道可以使用所有的图像调整命令进行编辑

C. Alpha通道可以使用所有的滤镜命令进行编辑

D. 以上说法都不对

3. 下面关于通道的上下层叠位置叙述正确的是：（ ）

A. 可以任意改变所有通道的上下层叠位置

B. 可以将Alpha通道移至两个颜色通道之间

C. 不能改变颜色通道的上下层叠位置，但可以改变Alpha通道之间的上下层叠位置

D. 不能改变Alpha通道之间的上下层叠位置，但可以改变颜色通道的上下层叠位置

4.在Alpha通道中可以应用的色彩有多少种？（ ）

A. 根据图像的颜色模式而定，RGB模式显示3种，CMYK模式显示4种

B. 所有可以调配出的色彩

C. 只能显示用于印刷的青色、洋色、黄色、黑色4种

D. 所有灰阶颜色

5. 在Photoshop图像中，不能添加Alpha通道的颜色模式是哪种？（ ）

A. 索引模式　　B. 位图模式　　C. 灰度模式　　D. 双色调模式

二、多选题

1. 在Photoshop 中有哪几种通道？（ ）

A. 颜色通道　　B. Alpha 通道　　C. 专色通道　　D. 路径通道

2. 下列载入通道选区的操作方法正确的是：（ ）

A. 按Ctrl键单击通道的名称

B. 按Ctrl键单击通道的缩览图

C. 将通道拖至“将通道作为选区载入”按钮上

D. 选择一个通道，然后单击“将通道作为选区载入”按钮

3. 下列可以创建全新空白Alpha通道的操作包括：（ ）

A. 单击“通道”面板中的“创建新通道”按钮

B. 在“通道”面板菜单中选择“新建通道”命令，在弹出的对话框中单击“确定”按钮

C. 在当前存在选区的情况下，单击“将选区存储为通道”按钮

D. 选择“图层”|“通道”|“新建通道”命令，在弹出的对话框中单击“确定”按钮

4. 下面哪些操作无法在Alpha通道中进行？（ ）

A. 应用“滤镜”菜单下的绝大部分命令对Alpha通道进行操作

B. 使用“图像”|“调整”|“色阶”命令

C. 使用“图像”|“调整”|“通道混合器”命令

D. 使用“图像”|“调整”|“去色”命令

三、判断题

1. 通道是用来保存图像的颜色信息及选区的，颜色通道的多少是由图像文件的颜色模式决定的。（ ）

2. 在“通道”面板中按住Ctrl键单击“创建新通道”按钮，会弹出“新建专色通道”对话框，设置完毕后，单击“确定”按钮，即可新建一个专色通道。（ ）

3. 在“通道”面板中，颜色通道和Alpha通道不能同时显示。（ ）

4. Alpha通道的默认前景色为白色。（ ）

四、操作题

打开随书所附光盘中的文件“源文件\第8章\8.5-素材1.jpg”，如图8.24所示，结合本章中讲解的知识，尝试将人物抠选出来，得到类似如图8.25所示的效果。再打开随书所附光盘中的文件“源文件\第8章\8.5-素材2.jpg”，如图8.26所示，将抠出的人物置于该风景中，如图8.27所示。制作完成后的效果可以参考随书所附光盘中的文件“源文件\第8章\8.5-1.psd”和“源文件\第8章\ 8.5-2.psd”。

图8.24

图8.25

图8.26

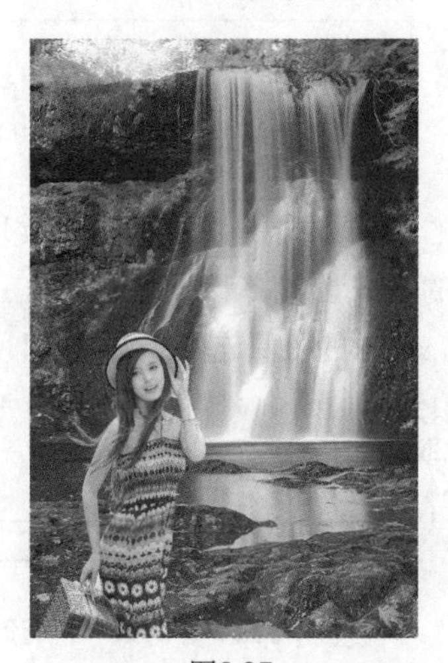

图8.27

第9章　文字的应用

文字是文化的重要组成部分及载体。几乎在任何一种视觉媒体中，文字和图片都是其两个构成要素，而文字效果将直接影响到设计作品的视觉传达效果。

本章将对Photoshop中的各项文字编辑及处理功能进行详细的讲解。

9.1 输入文字

9.1.1 创建横排文本

在文本的排列方式中，横排是最常用的一种方式。在输入文字之前，用户可以对文字进行粗略的格式设置，该操作可以在工具选项条中完成。在工具箱中选择“横排文字工具”后，此时的工具选项条如图9.1所示。

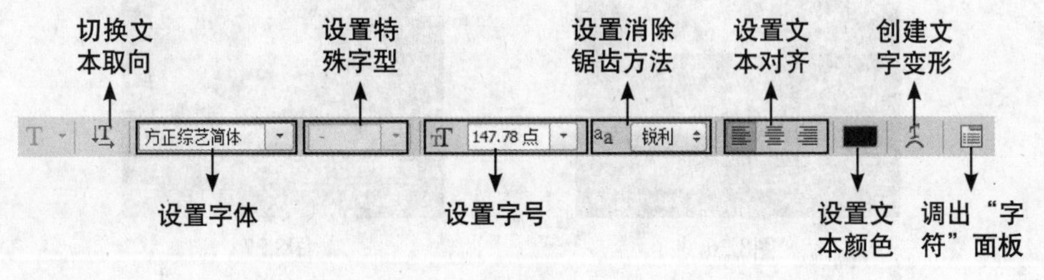

图9.1

文字工具选项条中的参数解释如下。

- “切换文本取向”按钮：单击此按钮，可以使文字在横排与直排之间进行切换。
- 设置字体：在此下拉列表中可以选择文字的字体。
- 设置字号：在此下拉列表中可以选择文字的大小。
- 设置特殊字型：在此下拉列表中可以选择文字的特殊样式，例如倾斜、加粗等。需要注意的是，并非每个字体都可以设置该参数。
- 设置消除锯齿方法：在此下拉列表中可选择文字的消除锯齿方法。
- 设置文本对齐：在此可以选择三种文字对齐方式。
- 设置文本颜色：单击此图标，在弹出的“选择文本颜色”对话框中选择文字颜色。
- “创建文字变形”按钮：单击此按钮，在弹出的对话框中设置适当的参数，可以制作得到变形的文字效果。
- 调出“字符”面板：单击此按钮，可以控制“字符”及“段落”面板的显示或隐藏。

在设置适当的字体、字号等参数后，使用“横排文字工具”T在页面中单击插入一个文本光标（也可以用文本光标在页面中拖动），然后在光标后面输入文字，如图9.2所示。

输入文字时，工具选项条的右侧会出现提交按钮✓与取消按钮⊘。单击✓按钮将提交当前所有编辑，确认输入的文字如图9.3所示，并创建一个文字图层，文字图层的名称即为当前输入的文字，如图9.4所示。单击⊘按钮，则取消当前操作。

图9.2

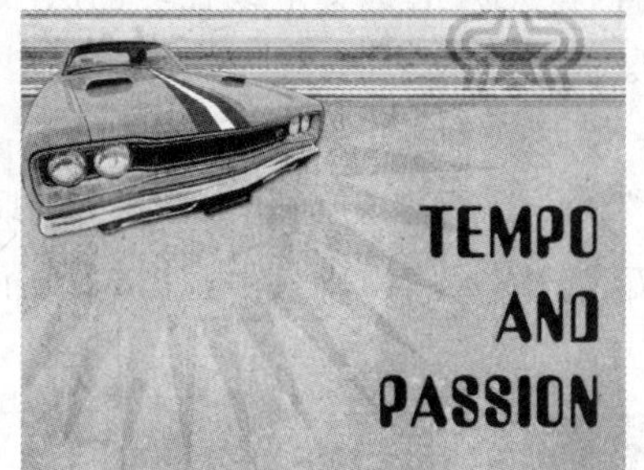

图9.3

图9.4

如图9.5所示为其他一些输入了横排文字的作品。

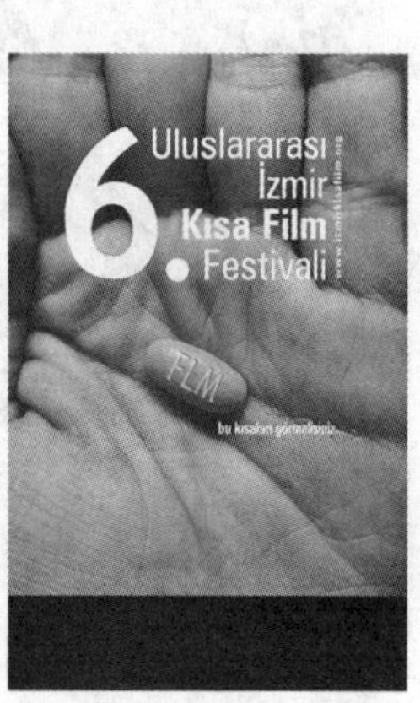

图9.5

9.1.2 创建直排文本

创建直排文本的操作方法与创建横排文本相同。单击“横排文字工具”T，在隐藏工具中选择“直排文字工具”IT，然后在页面中单击并在光标后面输入文字，则文本呈竖向排列，如图9.6所示。

图9.6

9.1.3 改变文字方向

虽然使用"横排文字工具" 只能创建水平排列的文字，使用"直排文字工具" 只能创建垂直排列的文字，但在需要的情况下，用户可以相互转换这两种文本的显示方向。

要改变文本的方向，首先应选中文字或在"图层"面板中选择相应的文字图层，然后执行下面的操作之一。

- 单击工具选项条中的"创建文字变形"按钮。
- 选择"文字"|"取向"|"垂直"或"文字"|"取向"|"水平"命令。

如图9.7所示为原文件中输入的横排文字，图9.8所示为将其转换为竖排文字并予以适当格式化后的效果。

图9.7

图9.8

提示　Photoshop无法转换一段文字中的某一行或某几行文字，同样也无法转换一行或一列文字中的某一个或某几个文字，只能对整段文字进行转换操作。

9.1.4 输入点文字

所谓的点文字，通常就是指通过使用文字工具在图像中单击插入光标点，然后输入的文字。例如本章开始讲解输入横排及直排文字时，所输入的文字都属于点文字。此类文字的特点就是无法在输入过程中自动换行，适用于少量文字的输入及控制。

9.1.5 输入段落文字

段落文字是一类以段落文字定界框来确定文字的位置与换行情况的文字，当用户改变段落文字定界框时，定界框中的文本会根据定界框的位置自动换行。

要输入段落文字，以图9.9所示的原图像为例，首先使用文字工具在页面中拖动光标以创建一个段落文字定界框，如图9.10所示，释放鼠标左键后，文本光标显示在段落文字定界框内，输入段落文字后得到如图9.11所示的效果，图9.12所示是将光标置于定界框外部时，对其进行旋转后的状态。

图9.9

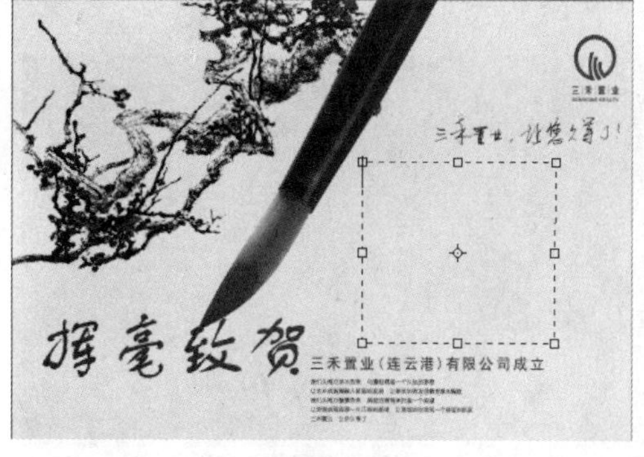

图9.10

图9.11

图9.12

在输入过程中，用户可以尝试拖动段落文字定界框的控制句柄，以观察当其发生改变时，定界框中的文字会发生怎样的变化，从而掌握段落文字定界框变化将如何影响文字的排列。

9.1.6 转换点文字和段落文字

用户可以相互转换点文字和段落文字，转换时选择“文字”|“转换为段落文本”命令或“文字”|“转换为点文本”命令即可。

9.1.7 创建文字选区

文字型选区是一类特别的选区，此类选区具有文字的外形，由于创建文字型选区的工具与文字工具处于同一个工具组中，因此将这一部分知识放在此处进行讲解，以便于各位读者分类学习记忆，创建文字型选区的步骤如下所述。

01 打开随书所附光盘中的文件“源文件\第9章\9.1.7-素材.jpg”，在工具箱中选择“横排文字蒙版工具”或“直排文字蒙版工具”，具体选择哪一种工具取决于你希望得到的文字型选区的状态。

02 在图像中单击，插入一个文本光标。

03 在文本光标后面输入文字，在输入状态中图像背景呈现淡红色且文字为实体，如图9.13所示。

04 在工具选项条中单击“提交所有当前编辑”按钮退出文字输入状态，即可得到图

9.14所示的文字型选择区域。

图9.13

图9.14

9.2 格式化文字与段落

9.2.1 格式化文字

要设置字符属性，首先选择要设置格式的文字所在的图层，或使用文字工具将要设置格式的文字选中，然后显示“字符”面板，如图9.15所示，在其中设置适当的参数即可。

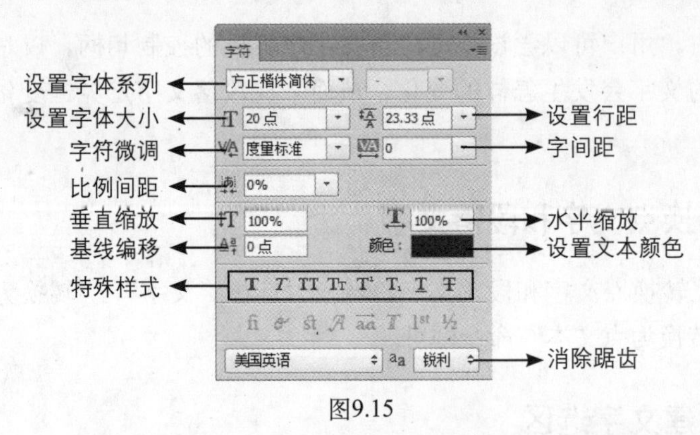

图9.15

观察“字符”面板可以看出，此面板中的参数与前面讲解过的文字工具选项条中的参数有许多相同的，例如字体、字号、字型以及文字颜色等，下面将对前面未涉及过的参数含义进行详细讲解。

- 设置行距：在此文本框中输入数值，或在下拉列表中选择一个数值，可以设置两行文字之间的距离，数值越大行间距越大。如图9.16所示为同一段文字应用不同行间距后的效果。
- 垂直缩放：在此文本框中输入百分比，可以调整字体垂直方向上的比例。
- 水平缩放：在此文本框中输入百分比，可以调整字体水平方向上的比例。
- 比例间距：此间距按指定的百分比值减少字符周围的空间。当向字符添加比例间距时，字符两侧的间距按相同的百分比减小。

- 字间距：只有选中文字时此参数才可用，此参数控制所有选中文字的间距，数值越大间距越大。如图9.17所示为“生活，要用来享受”几个文字设置不同文字间距时的效果。

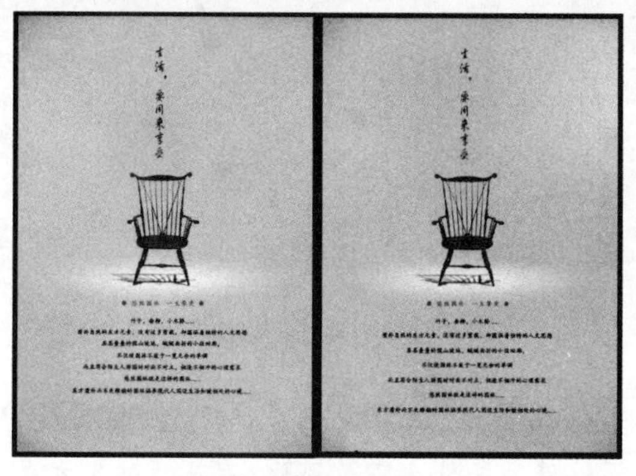

图9.16

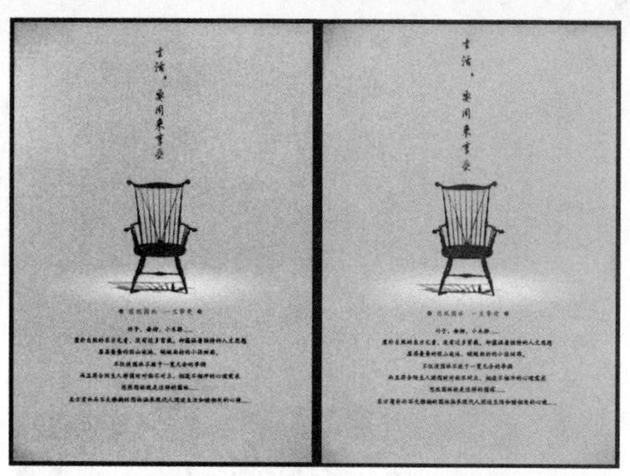

图9.17

- 字符微调：仅在文本光标插入文字中时，此参数才被激活。在文本框中输入数值，或在下拉列表中选择一个数值，可以设置光标距前一个字符的距离。
- 基线偏移：此参数仅用于设置选中文字的基线值，正数向上移，负数向下移。如图9.18所示为原文字及基线的位置调整前后的对比效果。

图9.18

- 特殊样式：单击其中的按钮，可以将选中的字体设置为此种形式显示。其中的按钮依次表示粗体、斜体、全部大写、小型大写、上标、下标、下划线和删除线，其中全部大写、小型大写只对Roman字体有效。
- 消除锯齿：在此下拉列表中选择一种消除锯齿的方法，以设置文字的边缘光滑程度，通常情况下选择“平滑”选项。

9.2.2 格式化段落

恰当地使用段落属性能够大大增强文字的可读性与美观度，本节将详细讲解在Photoshop中设置段落属性的方法。

设置段落属性需要使用“段落”面板，相应的操作步骤如下。

01 选择文字工具，在要设置段落属性的文字中单击插入光标。如果要一次性设置多段文字的属性，使用光标选中这些段落中的文字。

02 单击“字符”面板右侧的“段落”标签，显示如图9.19所示的“段落”面板。

03 设置完属性后，单击工具选项条中的“切换字符和段落面板”按钮确认。

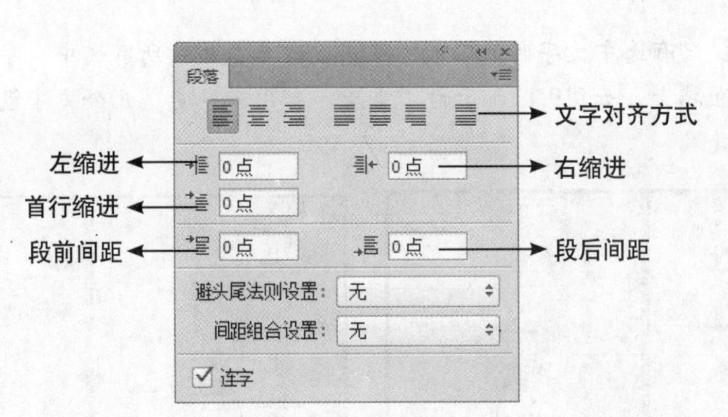

图9.19

“段落”面板中各参数的含义如下。

- 文字对齐方式：单击其中的按钮，光标所在的段落将以相应的方式对齐。图9.20、图9.21和图9.22是分别为图像中间位置的一段文字运用3种不同的对齐方式所得到的不同效果。

图9.20

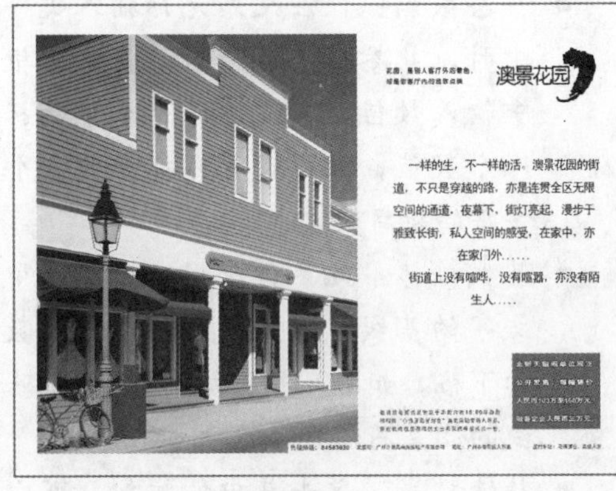

图9.21

- 左缩进：设置当前段落的左侧相对于左定界框的缩进值。图9.23所示为将此数值设置为22点时的效果。

图9.22

图9.23

- 右缩进：设置当前段落的右侧相对于右定界框的缩进值。
- 首行缩进：设置选中段落的首行相对其他行的缩进值。

- 段前间距：设置当前段落与上一段落之间的垂直间距。
- 段后间距：设置当前段落与下一段落之间的垂直间距。图9.24所示为将中间段落的段后间距设置为15时的效果。
- 避头尾法则设置：确定日语文字中的换行。不能出现在一行的开头或结尾的字符称为避头尾字符。
- 间距组合设置：确定日语文字中标点、符号、数字以及其他字符类别之间的间距。Photoshop包括基于日本工业标准 (JIS) X 4051-1995 的几个预定义间距组合集。
- 连字：设置手动或自动断字，仅适用于Roman字符。

图9.24

9.3 字符样式

在Photoshop CS6中，为了满足多元化的排版需求而加入了字符样式功能，它相当于对文字属性设置的一个集合，并能够统一、快速地应用于文本中，且便于进行统一编辑及修改。

要设置和编辑字符样式，首先要选择“窗口”|“字符样式”命令，以显示“字符样式”面板，如图9.25所示。

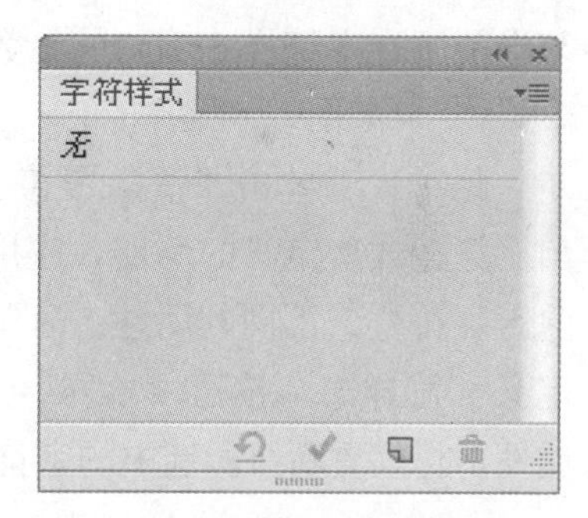

图9.25

9.3.1 创建字符样式

要创建字符样式，在“字符样式”面板中单击“创建新的字符样式”按钮，即可按照默认的参数创建一个字符样式，如图9.26所示。

若是在创建字符样式时，刷黑选中了文本内容，则会按照当前文本所设置的格式创建新的字符样式。

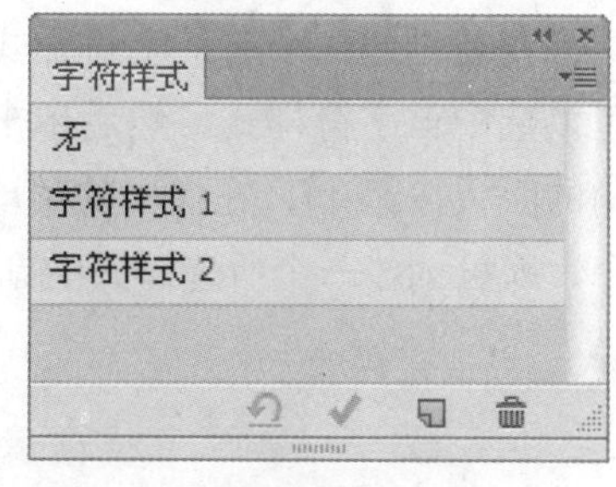

图9.26

9.3.2 编辑字符样式

在创建了字符样式后，双击要编辑的字符样式，即可弹出如图9.27所示的对话框。

在“字符样式选项”对话框中，在左侧分别可以选择“基本字符格式”、“高级字符格式”以及“OpenType功能”等3个选项，然后在右侧可以设置不同的字符属性。

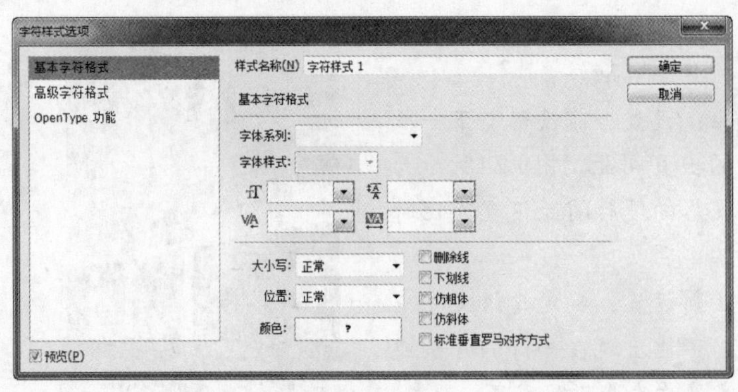

图9.27

9.3.3 应用字符样式

当选中一个文字图层时，在“字符样式”面板中单击某个字符样式，即可为当前文字图层中所有的文本应用该字符样式。

若是刷黑选中文本，则字符样式仅应用于选中的文本。

9.3.4 覆盖与重新定义字符样式

在创建字符样式以后，若当前选择的文本中，含有与当前所选字符样式不同的参数，则该样式上会显示一个“+”，如图9.28所示。

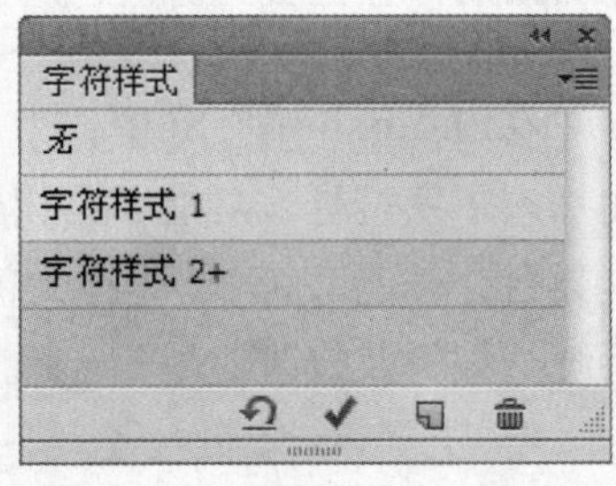

图9.28

此时，若单击“清除覆盖”按钮，则可以将当前字符样式所定义的属性，应用于所选的文本中，并清除与字符样式不同的属性；若单击“通过合并覆盖重新定义字符样式”按钮，则可以依据当前所选文本的属性，将其更新至所选中的字符样式中。

9.3.5 复制字符样式

若要创建一个与某字符样式相似的新字符样式，则可以选中该字符样式，然后单击“字符样式”面板右上角的面板按钮，在弹出的菜单中选择“复制样式”命令，即可创建一个所选样式的副本，如图9.29所示。

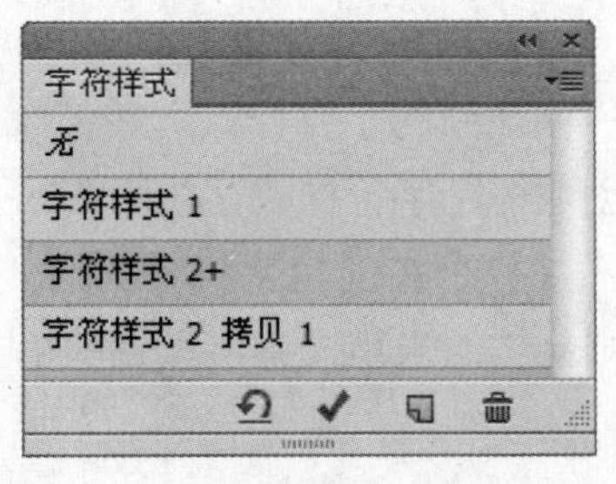

图9.29

9.3.6 载入字符样式

若要调用某PSD格式文件中保存的字符样式，则可以单击“字符样式”面板右上角的面板按钮，在弹出的菜单中选择“载入字符样式”命令，然后在弹出的对话框中选择包含要载入的字符样式的PSD文件即可。

9.3.7 删除字符样式

对于无用的字符样式，可以选中该样式，然后单击“字符样式”面板底部的“删除当前字符样式”按钮，在弹出的对话框中单击“是”按钮即可。

9.4 段落样式

在Photoshop CS6中，为了便于在处理多段文本时控制其属性而新增了段落样式功能，它包含了对字符及段落属性的设置。

要设置和编辑段落样式，首先要选择“窗口”|“段落样式”命令，以显示“段落样式”面板，如图9.30所示。

创建与编辑段落样式的方法，与前面讲解的创建与编辑字符样式的方法基本相同，在编辑段落样式的属性时，将弹出如图9.31所示的对话框，在左侧的列表中选择不同的选项，然后在右侧设置不同的参数即可。

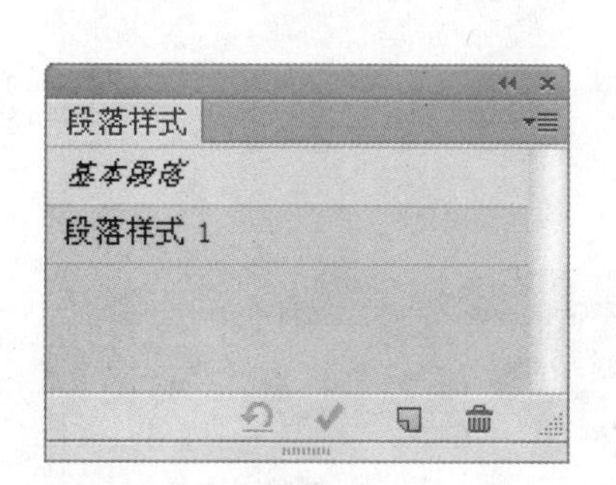

图9.30

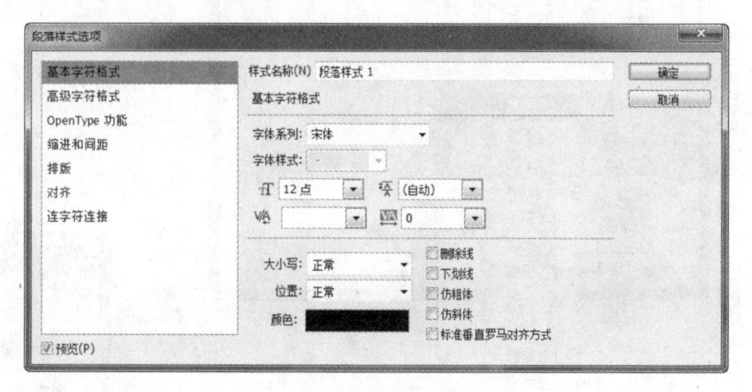

图9.31

9.5 扭曲文字

对文字图层可以应用扭曲变形操作，利用这一功能可以使设计作品中的文字效果更加丰富。下面以制作如图9.32所示的广告为例，讲解如何制作扭曲变形的文字。

图9.32

01 打开随书所附光盘中的文件“源文件\第9章\9.5-素材.psd”，如图9.33所示，将前景色值设置为6868d3。

02 选择“横排文字工具”，并在其工具选项条中设置适当的字体和字号，在图像中单击一下，输入文字“畅享时尚”，并将其旋转一定角度，如图9.34所示。

图9.33

图9.34

03 单击工具选项条中的“创建文字变形”按钮，弹出“变形文字”对话框，单击“样式”下拉按钮，弹出变形选项，如图9.35所示。

04 选择“扇形”变形样式后，设置对话框中的其他参数如图9.36所示。

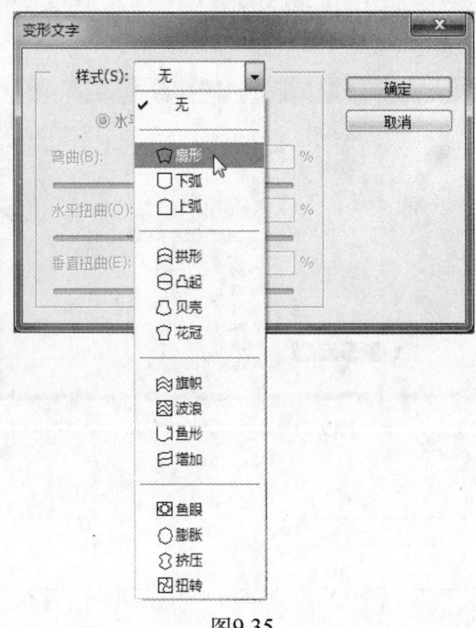

图9.35

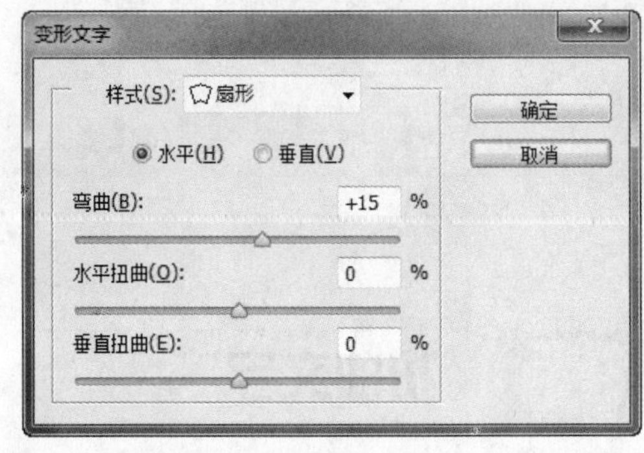

图9.36

下面讲解“变形文字”对话框中的重要参数。

- 样式：在此下拉列表中可以选择15种不同的文字变形效果。
- 水平/垂直：选中“水平”单选按钮可以使文字在水平方向上发生变形；选中“垂直”单选按钮可以使文字在垂直方向上发生变形。
- 弯曲：此参数用于控制文字扭曲变形的程度。
- 水平扭曲：此参数用于控制文字在水平方向上的变形程度，数值越大则变形的程度也越大。
- 垂直扭曲：此参数用于控制文字在垂直方向上的变形程度。

05 单击“变形文字”对话框中的“确定”按钮，得到如图9.37所示的变形文字效果。

06 按照上述方法再制作另外一个变形文字，直至得到如图9.38所示的效果。

图9.37

图9.38

图9.39所示为本例的整体效果及对应的“图层”面板。

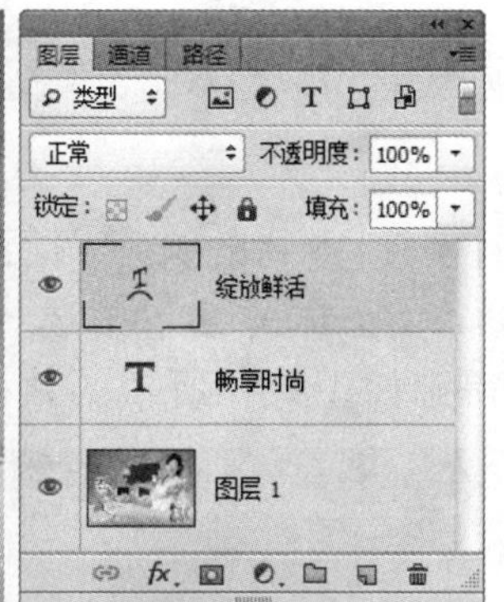

图9.39

9.6 沿路径排列文字

使用路径绕排文字功能，可以帮助用户在图像及版面设计过程中制作出更为丰富的文字排列效果，使文字的排列形式不再是单调的水平或垂直形式，还可以是曲线型的。本节将讲解关于创建及编辑路径绕排文字等操作的方法。

下面将以一则酒类商品招贴为例，讲解制作沿路径绕排文字的操作方法。

01 打开随书所附光盘中的文件“源文件\第9章\9.6-素材.tif”，如图9.40所示。

02 选择“椭圆工具”，在其工具选项条上选择“路径”选项，按住Shift键在图像的上方绘制如图9.41所示的正圆路径。

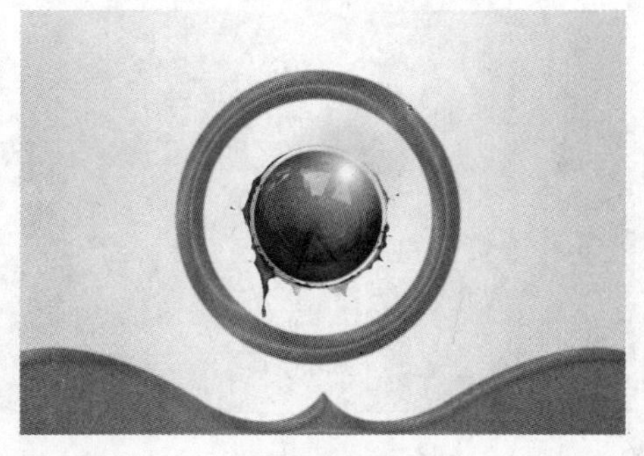

图9.40

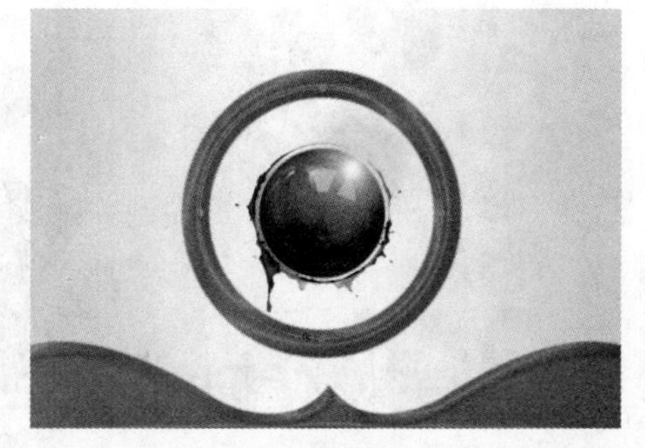

图9.41

03 设置前景色为白色，选择“横排文字工具”T，并在其工具选项条上设置适当的字体和字号，在路径左侧端点上单击以插入文本光标，如图9.42所示。

04 在光标后面输入文字“MY DIGITAL LIFE WWW.DZWH.COM.CN ”，如图9.43所示，同时得到一个相应的文字图层。

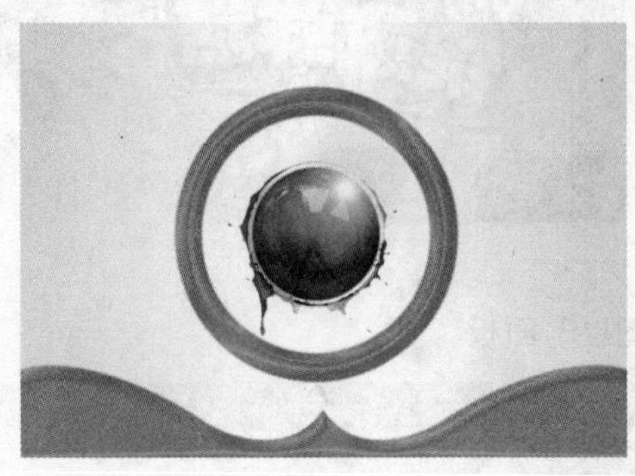

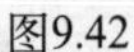
图9.42

图9.43

05 选择上一步得到的文字图层，在“图层”面板底部单击“添加图层样式”按钮 fx，在弹出的菜单中选择“内阴影”命令，设置弹出的对话框如图9.44所示，得到如图9.45所示的效果。

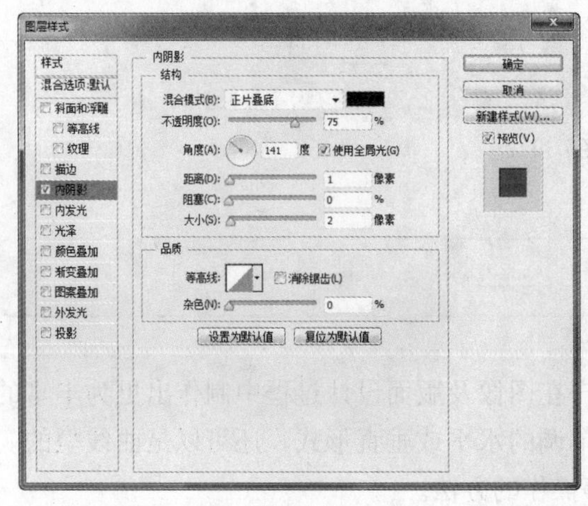

图9.44

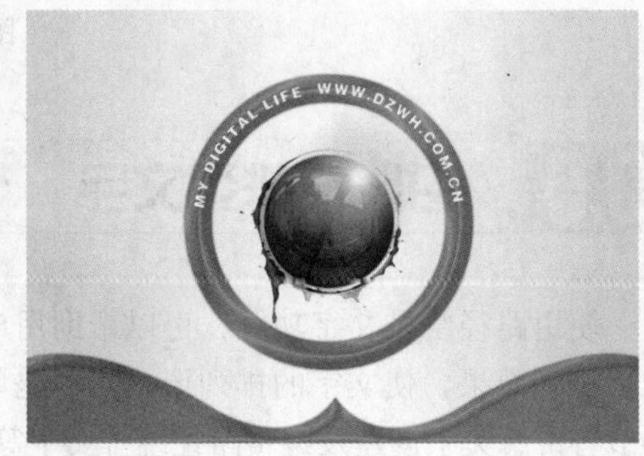

图9.45

如图9.46所示为其他使用路径绕排文字的作品。

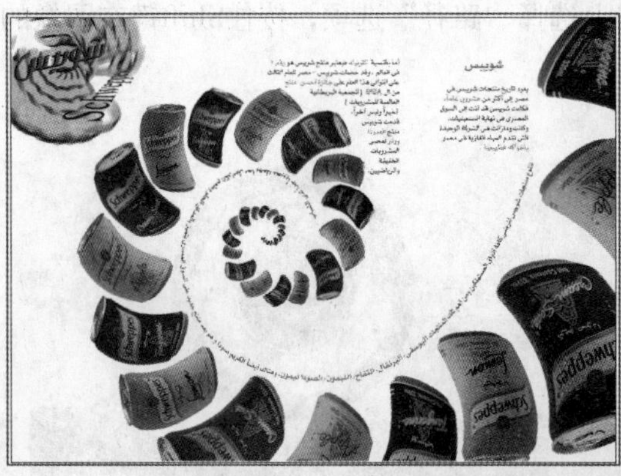
图9.46

1. 修改文字的属性

如果对已输入完成的路径绕排文字的属性不满意，可以像对普通文字进行操作一样修改其字符及段落属性，例如图9.47和图9.48所示为分别修改了绕排文字字体和颜色后的效果。

图9.47

图9.48

2. 修改路径的形状

在“图层”面板中选择具有绕排效果的文字图层时，可以显示该文本绕排的路径线，通过修改这条路径的形状可以改变绕排于路径线上文字的形状。图9.49所示为通过修改路径大小得到的文字绕排效果，可以看出，文字的绕排形状已经随着路径形状的改变而发生了变化。

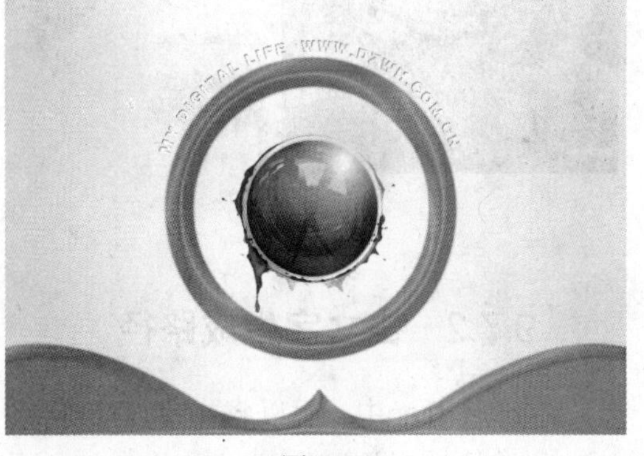

图9.49

3. 修改文字在路径上的位置

在修改字体、字号及路径形状等属性后，经常会发生文字位移的情况，此时如果要修改文字在路径上的位置，可以使用“路径选择工具”按住鼠标左键向需要调整的方向上拖动，如图9.50所示。

如果在拖动过程中将光标拖至路径线的另一侧，则可以使文字反向绕排于路径的另一侧，如图9.51所示。

图9.50

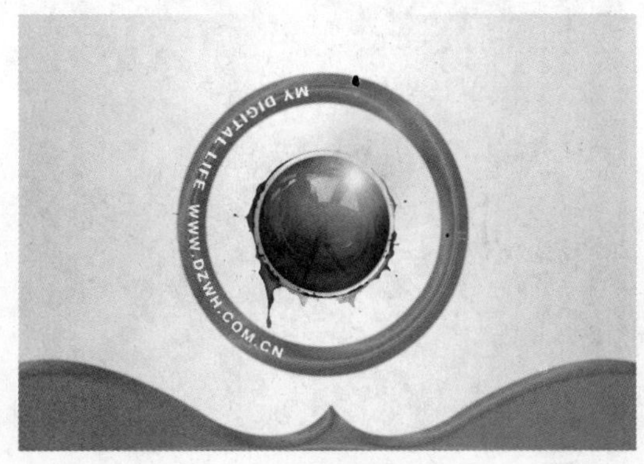

图9.51

9.7 文字转换

9.7.1 转换为普通图像

选择“文字”|“栅格化文字图层”命令，可以将文字转换为普通图像，转换为图像后，同样无法再继续设置文字的字符及段落属性，但可以对其使用滤镜命令、图像调整命令或叠加更丰富的颜色及图案等。

如图9.52所示的几幅作品就是将文字转换为普通图像后，再继续进行艺术处理得到的精彩效果。

图 9.52

9.7.2 由文字生成路径

在Photoshop中，可以将文字直接转换为路径，从而直接使用此路径进行描边等操作。

与转换为形状操作不同，当将文字转换为路径后，原文字图层不会发生任何变化，而只是依据文字的轮廓生成一个工作路径，从而避免影响文字的可编辑性。

如图9.53所示为原文字，图9.54所示为选择此命令后生成的文字路径，图9.55所示为使用此路径执行描边操作后的效果，图9.56所示为在描边后的图像上添加图层样式后的效果。

图9.53

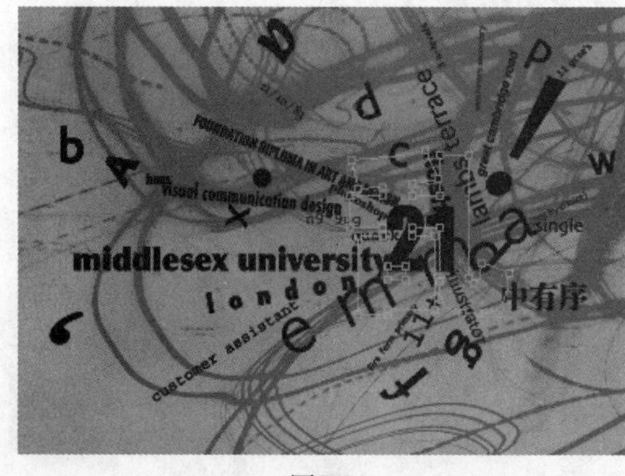

图9.54

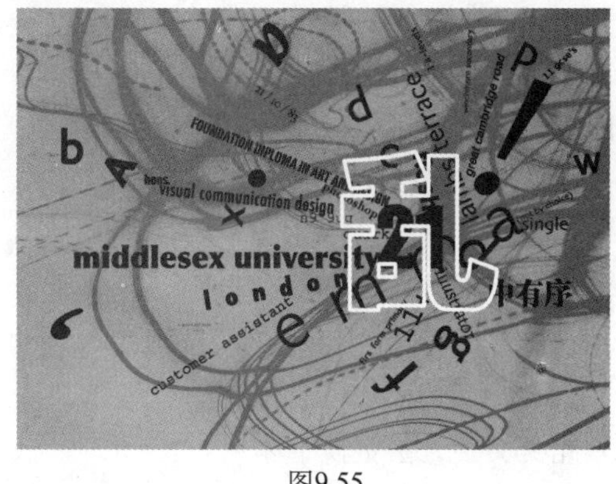

图9.55

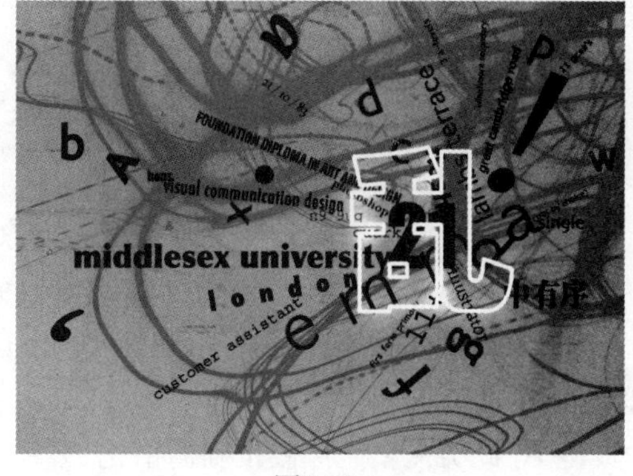

图9.56

除了对文字生成的路径进行描边等操作外，还可以利用“路径选择工具”和“直接选择工具”对路径的节点、路径线进行编辑，从而得到更为多样化的文字效果。

9.8 练习题

一、单选题

1. 在Photoshop中共包括哪些文字工具？（ ）

   A. 横排文字工具、直排文字工具、横排文字蒙版工具、直排文字蒙版工具

   B. 文字工具、文字蒙版工具、路径文字工具、区域文字工具

   C. 文字工具、文字蒙版工具、横排文字蒙版工具、直排文字蒙版工具

   D. 横排文字工具、直排文字工具、路径文字工具、区域文字工具

2. 当对文字图层执行滤镜命令时，首先应当执行什么命令？（ ）

   A. 选择“文字”|“栅格化文字图层”命令

   B. 直接在“滤镜”菜单下选择一个滤镜命令

   C. 确认文字图层和其他图层没有链接

   D. 使得这些文字变成选择状态，然后在“滤镜”菜单下选择一个滤镜命令

3. 在“变形文字”对话框中提供了几种文字弯曲样式？（ ）

   A. 14　　B. 15　　C. 16　　D. 17

二、多选题

1. 下列关于点文字和段落文字的说法正确的是：（ ）

   A. 要将段落文字转换为点文字，可以选择“文字”|“转换为点文本”命令

   B. 要将点文字转换为段落文字，可以选择“文字”|“转换为段落文本”命令

   C. 输入点文字在换行时必须手动按Enter键才可以

   D. 段落文字可以依据段落文字定界框的位置自动换行

2. 文字图层中的文字信息有哪些可以进行修改和编辑？（ ）

   A. 文字颜色　　B. 文字内容，如加字或减字

   C. 文字大小　　D. 将文字图层转换为像素图层后可以改变文字的排列方式

3. 段落文字定界框可以进行哪些操作？（ ）

A. 缩放　　B. 旋转　　C. 裁切　　D. 倾斜

4. 在未将文字图层栅格化的情况下，下列哪些操作在文字图层中无法进行？（ ）

A. 改变文字的颜色　　B. 为文字填充渐变

C. 使用“模糊工具”模糊文字的边缘

D. 选择“滤镜”|“模糊”|“高斯模糊”命令，模糊文字

5. 下面各项叙述中，能够正确描述具有使用“变形文字”对话框中的选项所得到的变形效果的文字的是：（ ）

A. 此类文字无法被正确栅格化　　B. 此类文字无法更换字体

C. 即使文字具有变形效果，同样可以对文字进行编辑、修改，而且修改后的文字将保持同样的变形效果

D. 即使文字具有变形效果，同样可以改变文字效果

三、判断题

1. 使用“字符”面板，可以改变文字的字体、字号、垂直缩放比例等文字属性，但无法改变文字颜色及段落的对齐方式。（ ）

2. 改变文字图层内容的取向，主要用水平、垂直文字命令。（ ）

3. Photoshop中的文本对齐方式有左对齐、居中对齐、右对齐。（ ）

四、操作题

打开随书所附光盘中的文件“源文件\第9章\9.8-素材.psd”，如图9.57所示，结合本章中讲解的知识，制作得到如图9.58所示的异形区域文字效果。制作完成后的效果可以参考随书附光盘中的文件“源文件\第9章\9.8.psd”。

图9.57

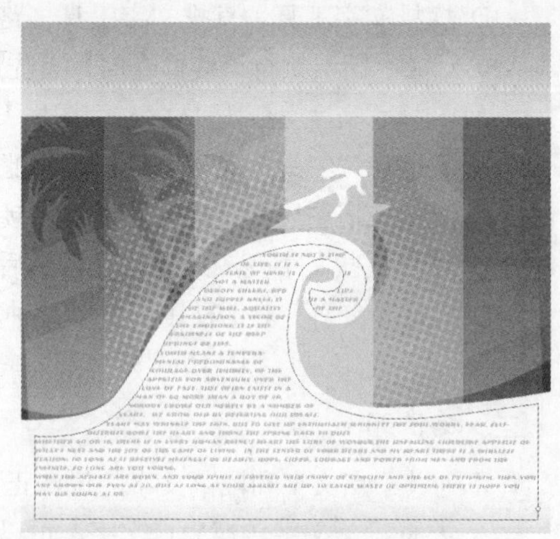

图9.58

第10章　滤镜的应用

Photoshop提供了多达上百种滤镜，而每一种滤镜都代表了一种完全不同的图像效果。可以说，这些滤镜就像一个庞大的图像特效库。本章将对Photoshop中常见的几种滤镜功能及处理得到的图像效果进行详细讲解。

10.1 滤镜库

10.1.1 认识滤镜库

滤镜库是Photoshop滤镜的一个集合体，在此对话框中包括了绝大部分的内置滤镜，本节将对其进行详细讲解。选择“滤镜”|“滤镜库”命令，弹出的对话框如图10.1所示。

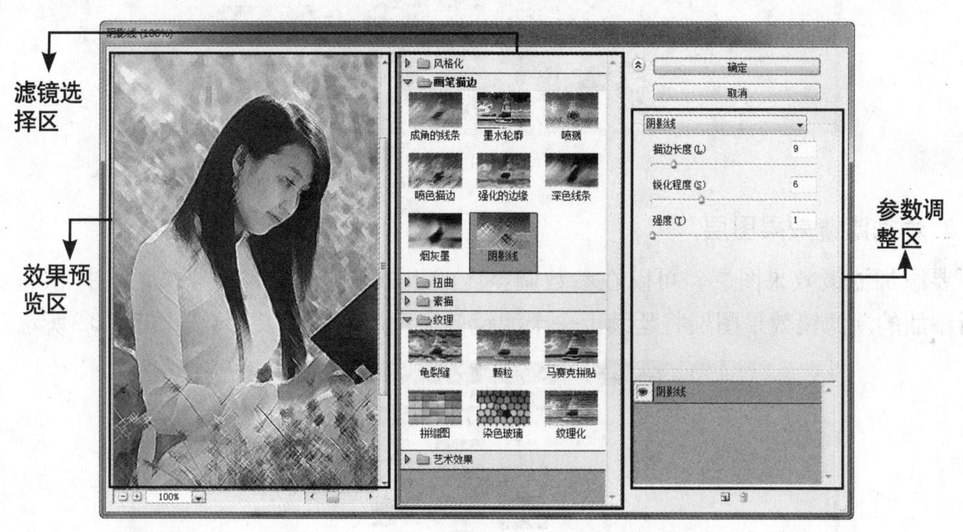

图10.1

按照图中所做的标示可以看出，此对话框共分为3个部分。

- 滤镜选择区：在此区域中只需要单击某个图像缩览图，即可应用相应的滤镜命令。
- 效果预览区：当选择了一个滤镜后，在此区域就会显示出处理后的图像效果。在左下角的下拉列表中选择一个数值，还可以设置当前图像的显示比例。
- 参数调整区：在此区域中可以设置所选滤镜的参数。

简单地说，滤镜库的特点是可以在一个对话框中应用多个相同或不同的滤镜，而且还可以根据需要调整这些滤镜应用到图像中的顺序与参数，这样不仅使用户在使用多个滤镜对图像进行处理时提高了灵活性与机动性，而且大大地提高了工作效率，在下面的章节中将详细对此功能进行讲解。

10.1.2 滤镜库的应用

1. 创建及编辑滤镜效果层

“滤镜库”对话框具有与图层相似的滤镜效果层，即在“滤镜库”对话框中可以对当前操作的图像应用多个滤镜命令，每一个滤镜命令可以被认为是一个滤镜效果层。与操作普通的图层一样，用户可以在“滤镜库”对话框中复制、删除或隐藏这些滤镜效果图层，从而将这些滤镜命令得到的效果叠加起来，得到更加丰富的效果。如图10.2所示为应用了3个滤镜效果图层的对话框。

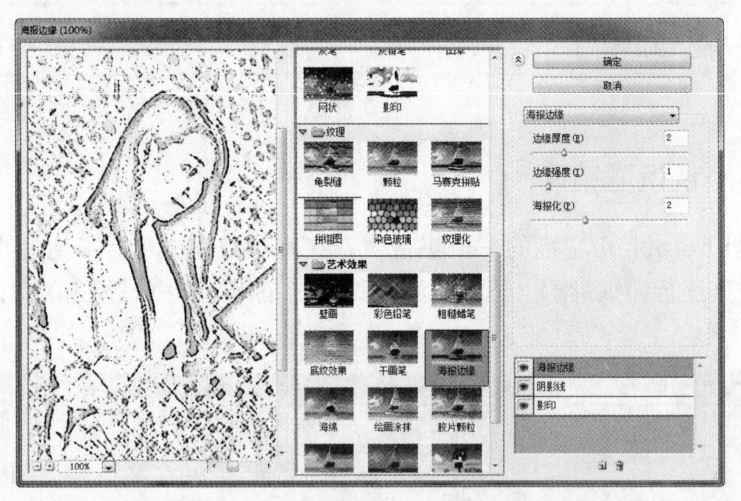

图10.2

2. 添加滤镜效果图层

要添加滤镜效果图层，可以在参数调整区的下方单击“新建效果图层”按钮，此时所添加的新滤镜效果图层将延续上一个滤镜效果图层的命令及参数，如图10.3所示。

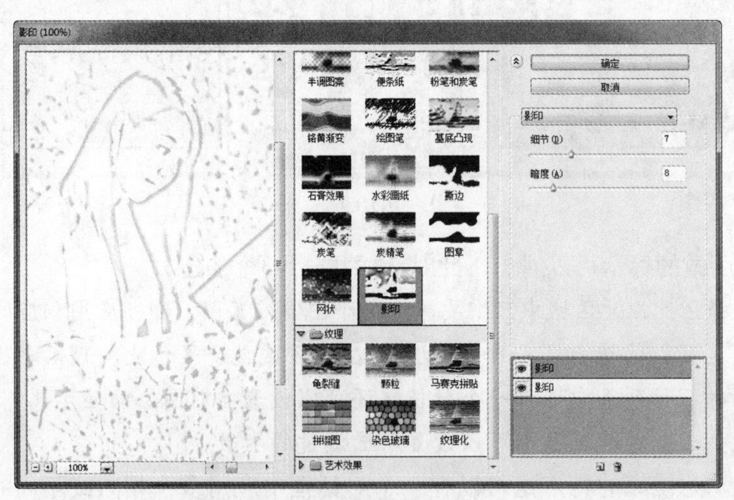

图10.3

此时可以根据需要执行以下操作。

- 如果需要使用同一滤镜命令，以增加该滤镜的效果，则无须改变此设置，通过调整新滤镜效果图层上的参数，即可得到满意的效果。
- 如果需要叠加不同的滤镜命令，可以在滤镜选择区中选择一个新的滤镜命令，此时参数调整区中的参数将同时发生变化，调整这些参数，即可得到满意的效果，此时对话框如图10.4所示。

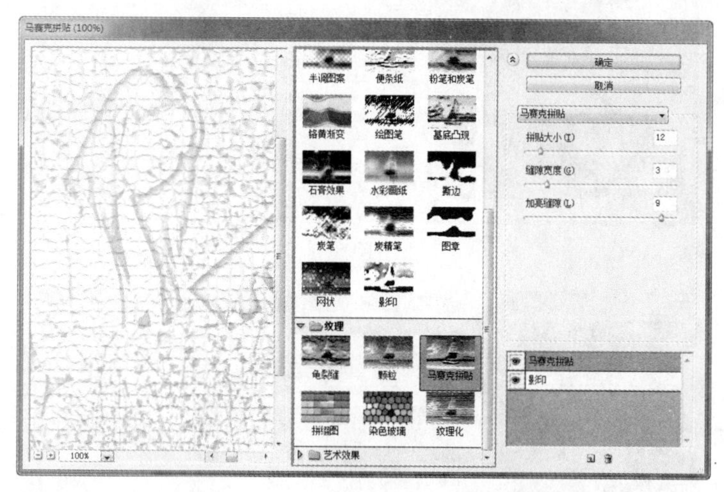

图10.4

3. 改变滤镜效果层的顺序

除了添加效果层外，也可以像改变图层顺序一样更改各个效果层的顺序，其操作方法与调整图层顺序完全相同。

如图10.5所示为添加了3种滤镜后的“滤镜库”对话框，如图10.6所示为将最底部的“纹理化”命令拖至最顶部后得到的不同效果。

4. 隐藏及删除滤镜效果图层

如果希望查看在某一个或某几个滤镜效果图层添加前的效果，可以单击该滤镜效果图层左侧的眼睛图标，将其隐藏起来。如图10.7所示为隐藏两个滤镜效果图层时对应的图像效果。

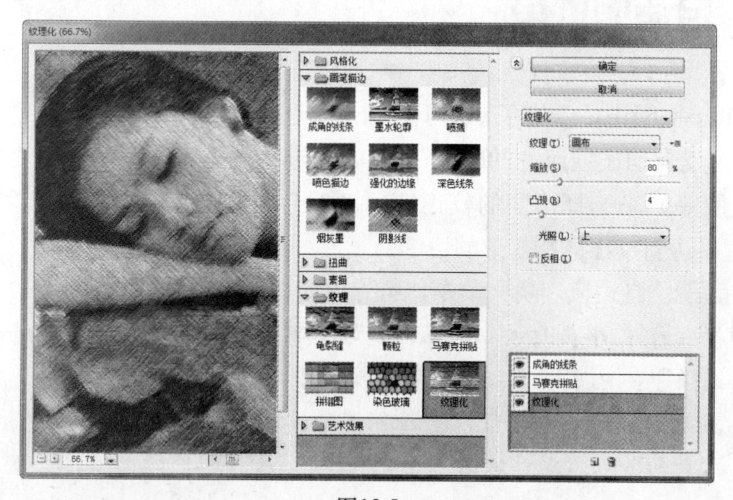

图10.5

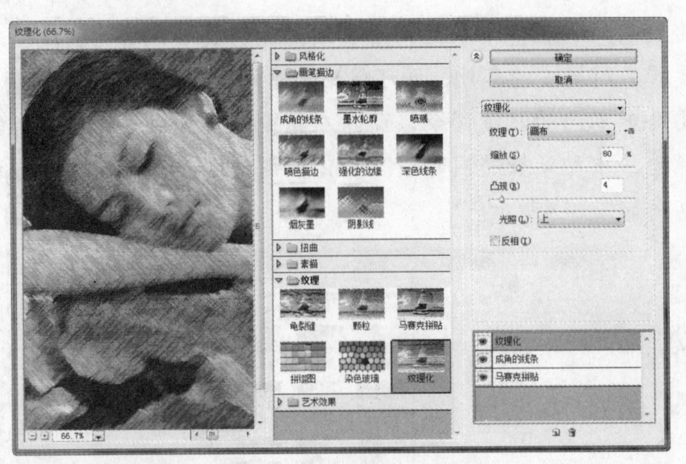

图10.6

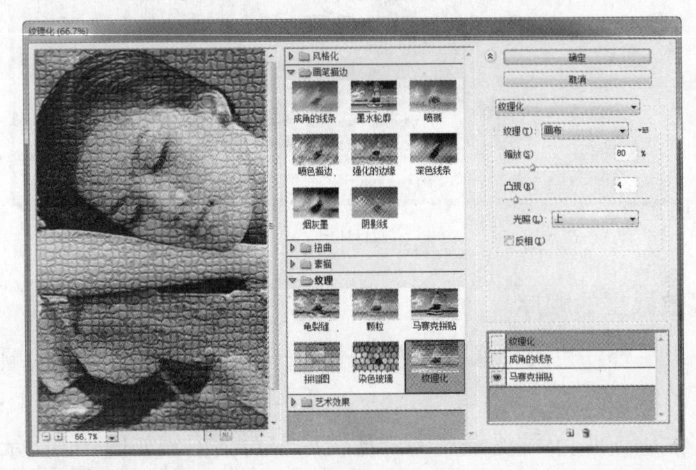

图10.7

对于不再需要的滤镜效果图层，可以将其删除。要删除这些图层，可以先单击将其选中，然后单击“删除效果图层”按钮。

10.2 自适应广角

在Photoshop CS6中，新增了专用于校正广角透视及变形的功能，即“自适应广角”命令，使用它可以自动读取照片的EXIF数据，并进行校正，也可以根据使用的镜头类型（如广角、鱼眼等）来选择不同的校正选项，配合“约束工具”和“多边形约束工具”的使用，达到校正透视变形的目的。

选择“滤镜”|“自适应广角”命令，将弹出如图10.8所示的对话框。

- 对话框按钮：单击此按钮，在弹出的菜单中选择可以设置“自适应广角”命令的“首选项”，也可以“载入约束”或“存储约束”。
- 校正：在此下拉列表中，可以选择不同的校正选项，其中包括了“鱼眼”、“透视”、“自动”和“完整球面”等4个选项，选择不同的选项时，下面的可调整参数也各不相同。

- 缩放：此参数用于控制当前图像的大小。当校正透视后，会在图像周围形成不同大小范围的透视区域，此时就可以通过调整“缩放”参数，来裁剪掉透视区域。
- 焦距：在此处可以设置当前照片在拍摄时所使用的镜头焦距。
- 裁剪因子：在此处可以调整照片裁剪的范围。
- 细节：在此区域中，将放大显示当前光标所在的位置，以便于进行精细调整。

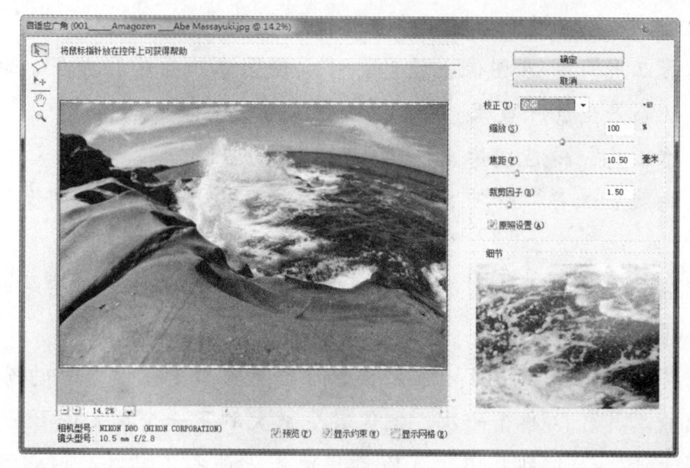

图10.8

除了右侧基本的参数设置外，还可以使用“约束工具”和“多边形约束工具”针对画面的变形区域进行精细调整。前者可绘制曲线约束线条进行校正，适用于校正水平或垂直线条的变形；后者可以绘制多边形约束线条进行校正，适用于具有规则形态的对象。

10.3 液化

使用“滤镜”|“液化”命令，可以对图像进行各种各样的变形操作，例如旋转、扭曲、膨胀等。需要注意的是，“液化”命令只适用于 RGB 颜色模式、CMYK 颜色模式、Lab 颜色模式和灰度模式的 8 位图像，其对话框如图10.9所示。

图10.9

对话框中各工具的功能说明如下。

- 使用“向前变形工具”在图像上拖动，可以使图像的像素随着涂抹产生变形效果。
- 使用“重建工具”在图像上拖动，可将操作区域恢复原状。
- 使用“顺时针旋转扭曲工具”在图像上拖动，可使图像产生顺时针旋转效果。
- 使用“褶皱工具”在图像上拖动，可以使图像产生挤压效果，即图像向操作中心点处收缩，从而产生挤压效果。
- 使用“膨胀工具”在图像上拖动，可以使图像产生膨胀效果，即图像背离操作中心点，从而产生膨胀效果。
- 使用“左推工具”在图像上拖动，可以移动图像。
- 使用“冻结蒙版工具”可以冻结图像，被此工具涂抹过的图像区域无法进行编辑操作。
- 使用“解冻蒙版工具”可以解除使用“冻结蒙版工具”所冻结的区域，使其还原为可编辑状态。
- 通过拖动“抓手工具”可以显示出未在预览窗口中显示出来的图像。
- 使用“缩放工具”单击一次，图像就会放大到下一个预定的百分比。
- 在“画笔大小”下拉列表中，可以设置使用上述各工具操作时，图像受影响区域的大小，数值越大则一次操作影响的图像区域也越大；反之，则越小。
- 在“画笔压力”下拉列表中，可以设置使用上述各工具操作时，一次操作影响图像的程度大小，数值越大则图像受画笔操作影响的程度也越大；反之，则越小。
- 在“重建选项”选项组的“模式”下拉列表中选择一种模式并单击“重建”按钮，可使图像以该模式动态向原图像效果恢复。在动态恢复过程中，按空格键可以终止恢复进程，从而中断进程并截获恢复过程的某个图像状态。
- 勾选“显示图像”复选框，在对话框预览窗口中显示当前操作的图像。
- 勾选“显示网格”复选框，在对话框预览窗口中显示辅助操作的网格。
- 在“网格大小”下拉列表中选择相应的选项，可以定义网格的大小。
- 在“网格颜色”下拉列表中选择相应的颜色选项，可以定义网格的颜色。

下面将以一个实例来讲解此命令的使用方法，在本例中将对眼睛进行增大处理。

01 打开随书所附光盘中的文件“源文件\第10章\10.3-素材.jpg”，如图10.10所示。

02 将“背景”图层拖动至“图层”面板底部的“创建新图层”按钮上，得到“背景副本”，此时“图层”面板如图10.11所示。

图10.10

图10.11

03 选择“滤镜”|“液化”命令，在弹出的“液化”对话框的左侧选择“膨胀工具”，按Ctrl++键放大图像的显示比例为100%，在右侧的“工具选项”选项组中设置各选项的参数，如图10.12所示。

04 将光标置于右眼上，如图10.13所示。按住鼠标左键单击或停留数秒，可直观地看到液化后的效果，如图10.14所示。

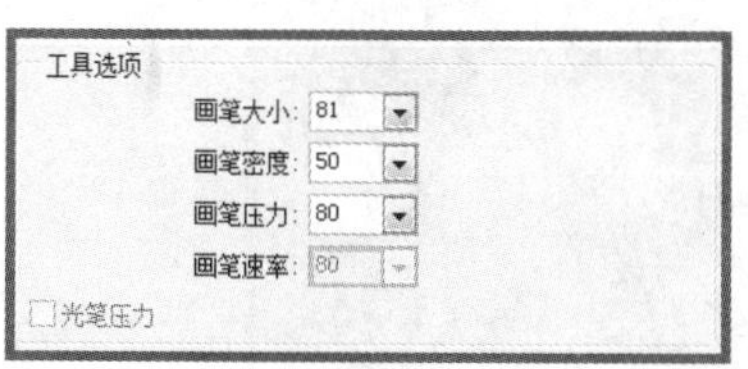

图10.12

图10.13

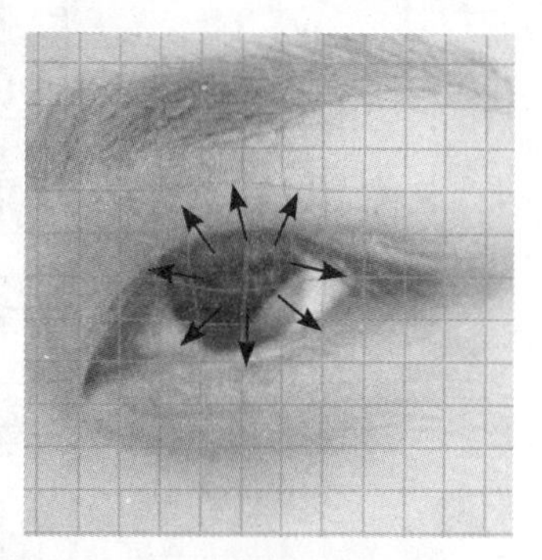

图10.14

05 按照上一步的操作方法，使用“膨胀工具”对左眼进行液化处理，使双眼对称，如图10.15所示。

提示　使用“膨胀工具”对双眼液化后，如果觉得不够大，还可以使用“向前变形工具”继续进行液化处理。

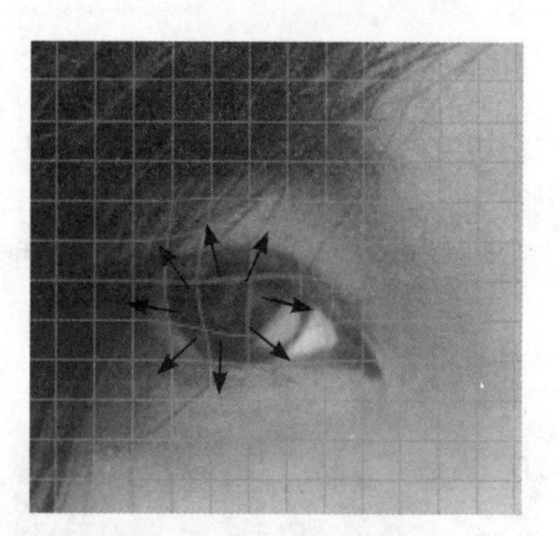

图10.15

06 得到满意的效果后，单击“确定”按钮退出，如图10.16所示为液化前后的对比效果。

图10.16

10.4 消失点

在“消失点”命令出现之前，设计师基本上无法完美地修复具有透视角度的图像，而使用此命令后可以在保持图像透视角度不变的情况下，对图像进行复制、修复及变换

等操作，选择“滤镜”|“消失点”命令即可调出其对话框，如图10.17所示。

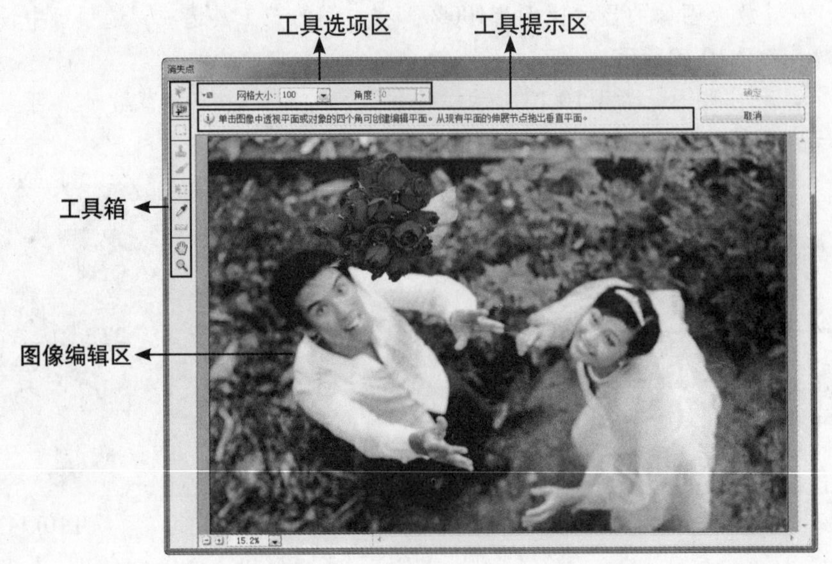

图10.17

由于对话框中各个区域的功用一目了然，故不再赘述，下面介绍“消失点”对话框中各个工具的功用。

- “编辑平面工具”：使用该工具可以选择和移动透视网格。
- “创建平面工具”：使用该工具可以绘制透视网格来确定图像的透视角度，在工具选项区的“网格大小”文本框中可以设置每个网格的大小。

提示

透视网格是随PSD格式文件存储在一起的，当用户需要再次进行编辑时，再次选择该命令，即可看到以前所绘制的透视网格。

- “选框工具”：使用该工具可以在透视网格内绘制选区，以选中要复制的图像，而且所绘制的选区与透视网格的透视角度是相同的。
- “图章工具”：使用该工具时，按住Alt键可以在透视网格内定义一个源图像，然后在需要的地方进行涂抹即可。在其工具选项区中可以设置仿制图像时的画笔直径、硬度、不透明度及修复选项等参数。
- “变换工具”：由于复制图像时图像的大小是自动变化的，当对图像大小不满意时，即可使用此工具对图像进行放大或缩小操作。选择其工具选项区中的“水平翻转”和“垂直翻转”选项后，图像会被执行水平和垂直方向上的翻转操作。
- “羽化”和“不透明度”：选中“选框工具”后，可以在工具选项区中的“羽化”和“不透明度”文本框中输入数值，以设置选区的羽化和透明属性。
- 修复：在该下拉列表中选择“关”选项，可以直接复制图像；选择“明亮度”选项则按照目标位置的亮度对图像进行调整；选择“开”选项则根据目标位置的状态自动对图像进行调整。

下面将以一个实例来讲解该命令的使用方法。

01 打开随书所附光盘中的文件“源文件\第10章\10.4-素材1.psd”，如图10.18所示。选择

"滤镜"|"消失点"命令，打开"消失点"对话框，选择"创建平面工具"，沿着建筑物上玻璃的线绘制一个如图10.19所示的有透视角度的矩形。

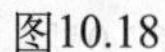
图10.18

图10.19

02 选择"选框工具"，在网格内进行双击，得到如图10.20所示的选区，按住Alt键向上拖动选区内的图像至如图10.21所示的位置。

图10.20

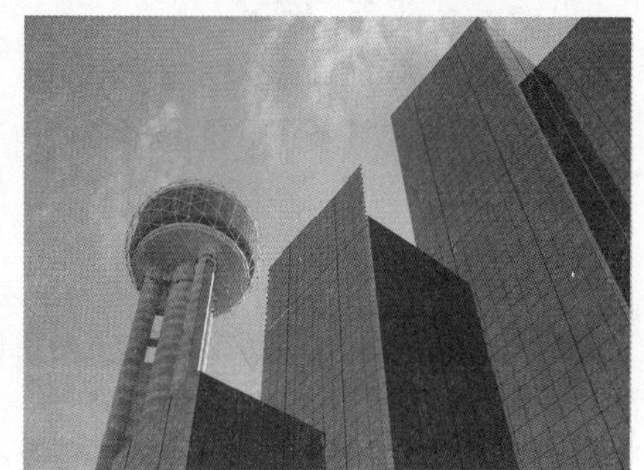

图10.21

03 连续重复上一步的操作方法，继续向上复制图像，直至得到如图10.22所示的效果，按Ctrl+D键取消选区。

04 选择"编辑平面工具"，按住Ctrl键向右拖动网格右侧的节点至如图10.23所示的状态，重复步骤2～3的操作方法，得到如图10.24所示的效果，单击"确定"按钮退出对话框。

图10.22

05 打开随书所附光盘中的文件"源文件\第10章\10.4-素材2.psd"，如图10.25所示。按Ctrl+A键执行"全选"操作，按Ctrl+C键执行"拷贝"操作，返回步骤1打开的素材文件中，选择"滤镜"|"消失点"命令，调出"消失点"对话框，按Ctrl+V键执行"粘贴"操作，将拷贝的素材图像粘贴到"消失点"对话框中，如图10.26所示。

图10.23

图10.24

图10.25

图10.26

06 选择“变换工具”，将图像拖动至左侧的网格内，并按住Shift键缩小图像至如图10.27所示的状态。按住Alt键复制图像并将其拖至右侧的网格内，按住Shift键缩小图像至如图10.28所示的状态。

图10.27

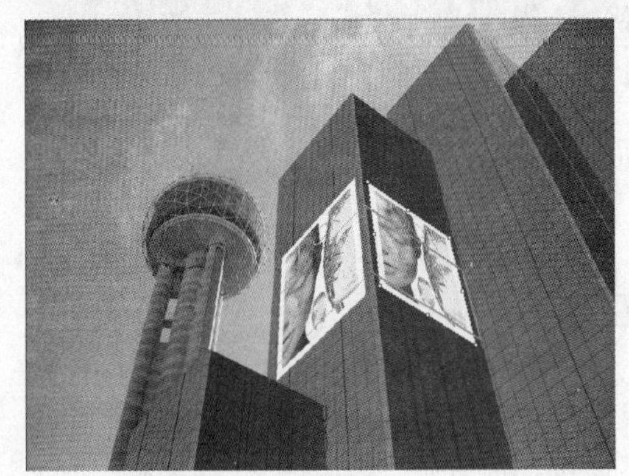

图10.28

07 选择“选框工具”，在对话框的上方设置“不透明度”值为55%，得到如图10.29所示的效果，单击“确定”按钮退出“消失点”对话框。

08 选择“钢笔工具”，并在其工具选项条中选择“路径”选项，在画布中绘制一条路径，使其将电视塔包围起来，如图10.30所示，按Ctrl+Enter键将路径转换为选区。

09 选择“仿制图章工具”，并设置其工具选项条如图10.31所示，按住Alt键单击图中的云彩进行取样，对选区内的电视塔进行涂抹以将其遮盖，连续操作直至得到如

图10.32所示的效果。

图10.29

图10.30

图10.31

10 返回至步骤5打开的素材图像，使用“移动工具”将其移至步骤1打开的素材文件中，得到“图层 1”，按Ctrl+T键调出自由变换控制框，按住Shift键缩小图像并将其移至画布的左上角，如图10.33所示，按Enter键确认变换操作。

图10.32

图10.33

11 设置前景色为白色，选择“横排文字工具”，并在其工具选项条中设置适当的字体与字号，在“图层 1”中的图像下方输入如图10.34所示的文字。

图10.34

12 设置前景色为白色，选择“矩形工具”，并在其工具选项条中选择“形状”选项，在上一步输入的文字的左侧绘制两个如图10.35所示的叠加起来的矩形，此时

"图层"面板的状态如图10.36所示。

图10.35

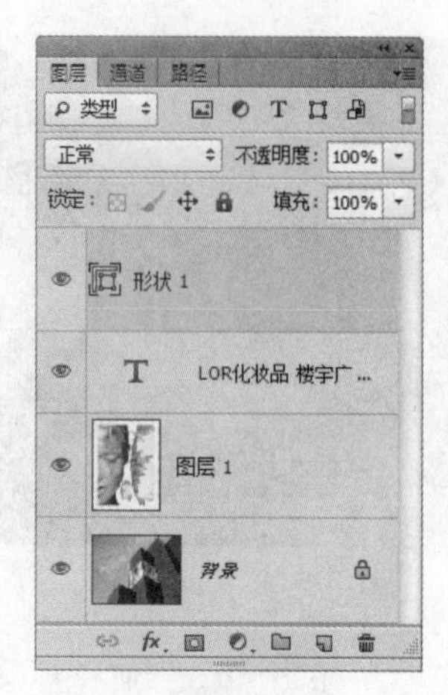

图10.36

10.5 镜头校正

"镜头校正"命令被置于"滤镜"菜单的顶部，功能强大，内置了大量常见镜头的畸变、色差等参数，用于在校正时选用，这对于使用数码单反相机的摄影师而言，无疑是极为有利的。

选择"滤镜"|"镜头校正"命令，弹出如图10.37所示的对话框。

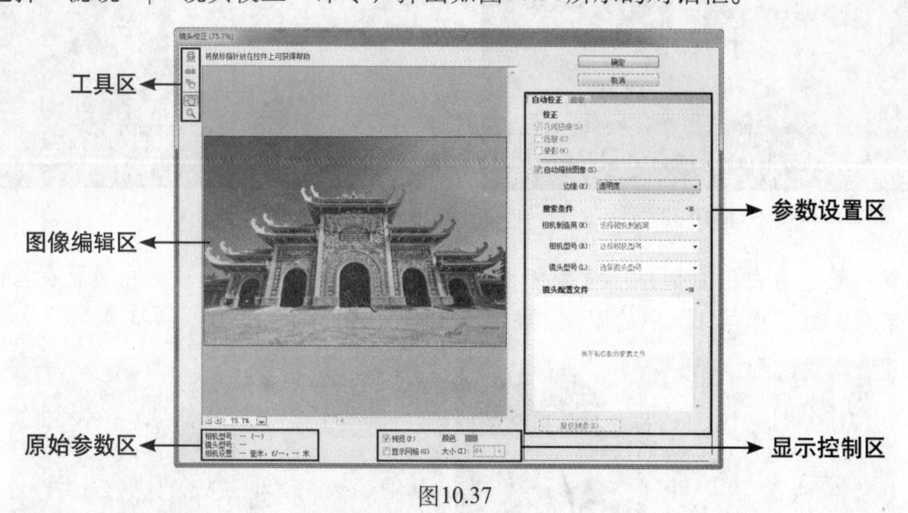

图10.37

下面分别介绍对话框中各个区域的功能。

1. 工具区

工具区显示了用于对图像进行查看和编辑的工具，下面分别讲解一下各工具的功能。

- "移去扭曲工具"：使用该工具在图像中拖动，可以校正图像的凸起或凹陷状态。
- "拉直工具"：使用该工具在图像中拖动，可以校正图像的旋转角度。
- "移动网格工具"：使用该工具可以拖动"图像编辑区"中的网格，使其与图像对齐。

- “抓手工具”：使用该工具在图像中拖动，可以查看未完全显示出来的图像。
- “缩放工具”：使用该工具在图像中单击，可以放大图像的显示比例，按住Alt键在图像中单击即可缩小图像的显示比例。

2. 图像编辑区

该区域用于显示被编辑的图像，还可以即时地预览编辑图像后的效果。单击该区域左下角的按钮可以缩小显示比例，单击按钮可以放大显示比例。

3. 原始参数区

此处显示了当前照片的相机及镜头等基本参数。

4. 显示控制区

在该区域可以对“图像编辑区”中的显示情况进行控制。下面分别对其中的参数进行讲解。

- 预览：勾选该复选框后，将在“图像编辑区”中即时观看调整图像后的效果，否则将一直显示原图像的效果。
- 显示网格：勾选该复选框后，在“图像编辑区”中显示网格，以精确地对图像进行调整。
- 大小：在此输入数值可以控制“图像编辑区”中显示的网格大小。
- 颜色：单击该色块，在弹出的“拾色器”对话框中选择一种颜色，即可重新定义网格的颜色。

5. 参数设置区——自动校正

选择“自动校正”选项卡，可以使用此命令内置的相机、镜头等数据进行智能校正。下面分别对其中的参数进行讲解。

- 几何扭曲：勾选此复选框后，可依据所选的相机及镜头，自动校正桶形或枕形畸变。
- 色差：勾选此复选框后，可依据所选的相机及镜头，自动校正可能产生的紫、青、蓝等不同的颜色杂边。
- 晕影：勾选此复选框后，可依据所选的相机及镜头，自动校正在照片周围产生的暗角。如图10.38所示为消除四周暗角前后的效果对比。

图10.38

- 自动缩放图像：勾选此复选框后，在校正畸变时，将自动对图像进行裁剪，以避免边缘出现镂空或杂点等。
- 边缘：当图像由于旋转或凹陷等原因出现位置偏差时，在此可以选择这些偏差的位置如何显示，其中包括“边缘扩展”、“透明度”、“黑色”和“白色”4个选项。
- 相机制造商：此处列举了一些常见的相机生产商供选择，如Nikon（尼康）、Canon（佳能）以及Sony（索尼）等。
- 相机/镜头型号：此处列举了很多主流相机及镜头供选择。
- 镜头配置文件：此处列出了符合上面所选相机及镜头型号的配置文件供选择，选择好以后，就可以根据相机及镜头的特性，自动进行几何扭曲、色差及晕影等方面的校正。

在选择配置文件时，如果能找到匹配的相机及镜头配置当然最好，如果找不到，那么也可以尝试选择其他类似的配置，虽然不能达到完全的调整效果，但也可以在此基础上继续进行调整，从而在一定程度上节约调整的时间。

6. 参数设置区——自定

选择“自定”选项卡，在此区域提供了大量用于调整图像的参数，用户可以手动进行调整。下面分别对其中的参数进行讲解。

- 设置：在该下拉列表中可以选择预设的镜头校正调整参数。单击该下拉列表后面的管理设置按钮，在弹出的菜单中可以执行存储、载入和删除预设等操作。注意只有自定义的预设才可以被删除。
- 移去扭曲：在此输入数值或拖动滑块，可以校正图像的凸起或凹陷状态。
- 修复红/青边：在此输入数值或拖动滑块，可以去除照片中的红色或青色色痕。
- 修复绿/洋红边：在此输入数值或拖动滑块，可以去除照片中的绿色或洋红色痕。
- 修复蓝/黄边：在此输入数值或拖动滑块，可以去除照片中的蓝色或黄色色痕。
- 数量：在此输入数值或拖动滑块，可以减暗或提亮照片边缘的晕影，使之恢复正常。
- 中点：在此输入数值或拖动滑块，可以控制晕影中心的大小。
- 垂直透视：在此输入数值或拖动滑块，可以校正图像的垂直透视。
- 水平透视：在此输入数值或拖动滑块，可以校正图像的水平透视。

10.6 模糊滤镜

10.6.1 动感模糊

使用“动感模糊”滤镜可以对图像进行模糊，从而得到具有动感的模糊效果，其对话框如图10.39所示，图10.40所示为应用“动感模糊”滤镜模糊后的效果。

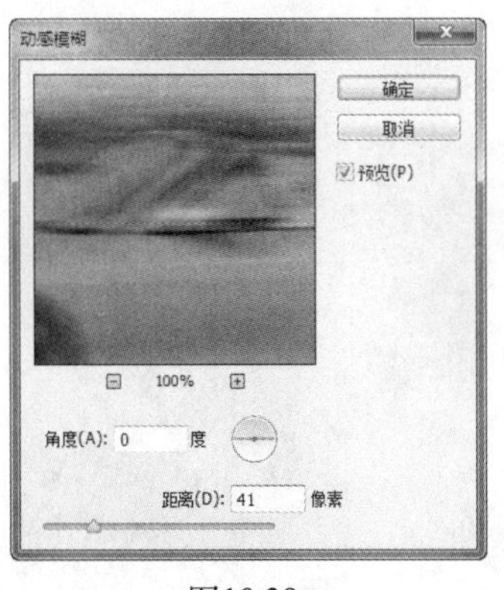

图10.39

图10.40

10.6.2 径向模糊

使用此滤镜可以使图像产生一种径向模糊及放射状模糊的效果，选择“滤镜”|“模糊”|“径向模糊”命令，将弹出“径向模糊”对话框，如图10.41所示，如图10.42所示为使用该滤镜得到的效果。

图10.41

图10.42

10.6.3 高斯模糊

使用此滤镜可以精确控制图像的模糊程度，如图10.43所示为原图像，选择“滤镜”|“模糊”|“高斯模糊”命令，设置弹出的对话框如图10.44所示，如图10.45所示为模糊后的效果。

图10.43

图10.44

图10.45

10.6.4 镜头模糊

使用此滤镜可以为图像应用模糊效果以产生更窄的景深效果，以便使图像中的一些对象在焦点内，而使另一些区域变得模糊。

“镜头模糊”滤镜使用深度映射来确定像素在图像中的位置，用户可以使用Alpha通道和图层蒙版来创建深度映射，Alpha通道中的黑色区域被视为图像的近景，白色区域被视为图像的远景。

图10.46

如图10.46所示为原图像及“通道”面板中的通道“Alpha1”，如图10.47所示为“镜头模糊”对话框，如图10.48所示为应用“镜头模糊”命令后的效果。

图10.47

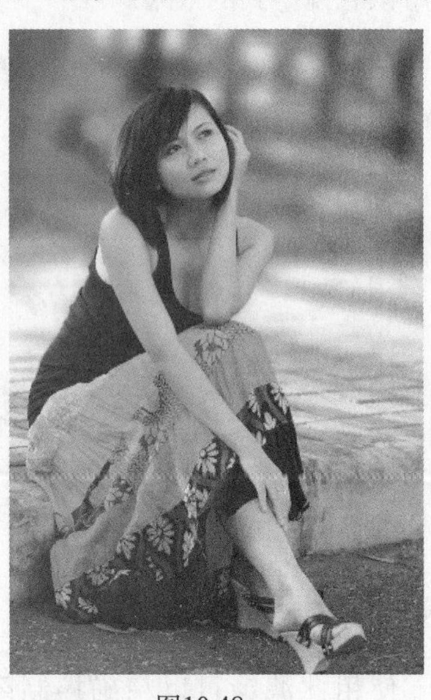

图10.48

此对话框中的重要参数与选项说明如下。

- 更快：在该预览模式下，可以提高预览的速度。
- 更加准确：在该预览模式下，可以看到图像在应用该命令后所得到的效果。
- 源：在该下拉列表中可以选择Alpha通道。
- 模糊焦距：拖动该滑块，可以调节位于焦点内的像素深度。
- 反相：选择该选项后，模糊的深度将与“源”（选区或通道）的作用正好相反。
- 形状：在该下拉列表中可以选择自定义的光圈数量，默认情况下为6。
- 半径：该参数可以控制模糊的程度。
- 叶片弯度：该参数用来消除光圈的边缘。
- 旋转：拖动该滑块，可以调节光圈的角度。

- 亮度：拖动该滑块，可以调节图像高光处的亮度。
- 阈值：拖动该滑块，可以控制亮度的截止点，使比该值亮的像素都被视为镜面高光。
- 数量：该参数可以控制添加杂色的数量。
- “平均”、“高斯分布”：这两个单选按钮用于决定杂色分布的形式。
- 单色：勾选该复选框，使在添加杂色的同时不影响原图像中的颜色。

10.6.5 光圈模糊

“光圈模糊”滤镜可用于限制一定范围的塑造模糊效果，以如图10.49所示的图像为例，如图10.50所示是选择“滤镜”|“模糊”|“光圈模糊”命令后调出的光圈模糊图钉。

图10.49

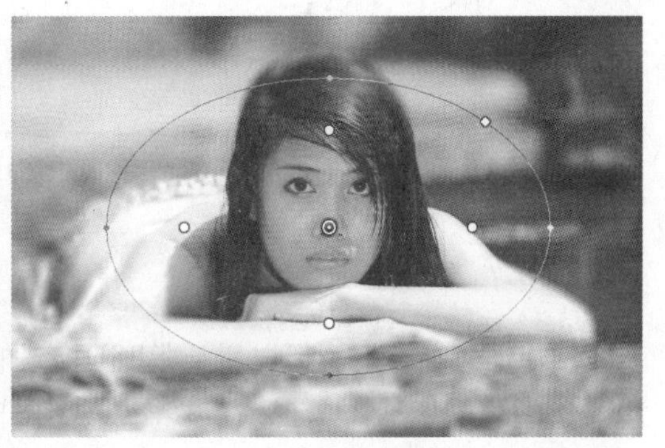
图10.50

- 拖动模糊图钉中心的位置，可以调整模糊的位置。
- 拖动模糊图钉周围的4个白色圆点，可以调整模糊渐隐的范围。若按住Alt键拖动某个白色圆点，可单独调整其渐隐范围。
- 模糊图钉外围的圆形控制框用于调整模糊的整体范围，拖动该控制框上的4个控制句柄，可以调整圆形控制框的大小及角度。
- 拖动圆形控制框上的控制句柄，可以等比例缩放圆形控制框，以调整其模糊范围。

如图10.51所示是编辑各个控制句柄及相关模糊参数后的状态，如图10.52所示是确认模糊后的效果。

图10.51

图10.52

10.7 扭曲滤镜

10.7.1 水波

使用“水波”滤镜可以生成水面涟漪效果，其对话框及其效果图如图10.53所示。

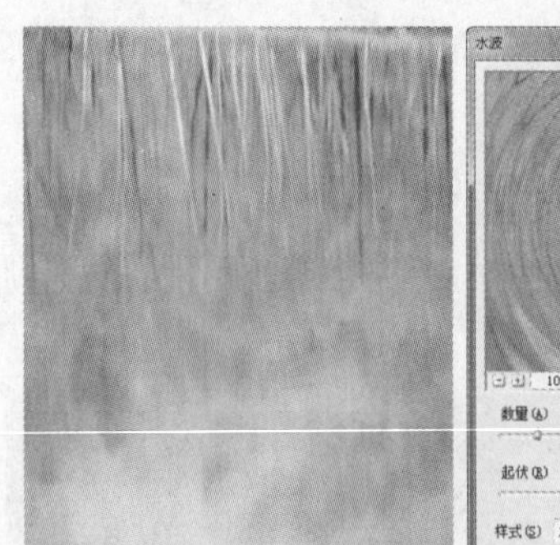
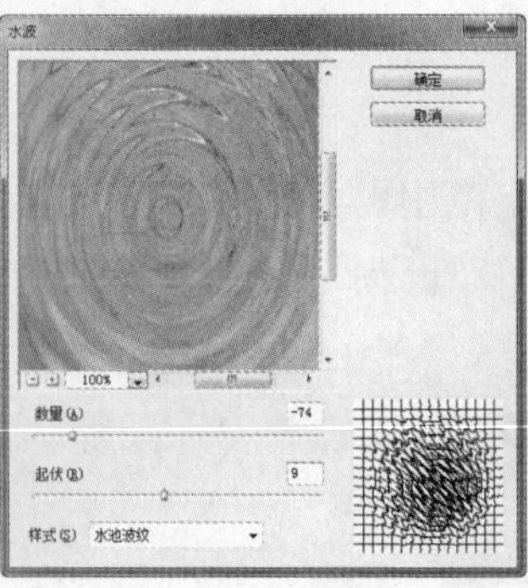
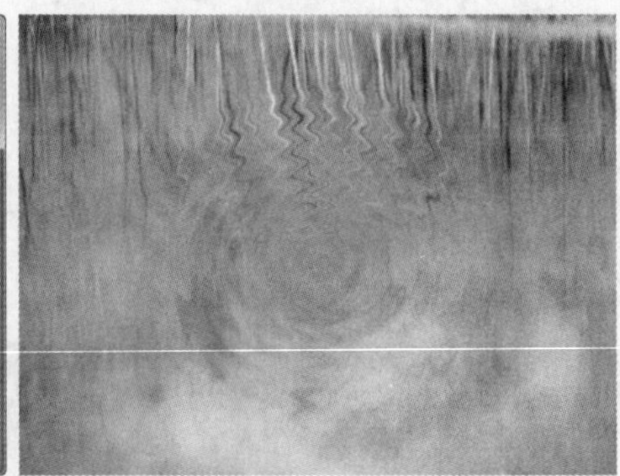

图10.53

10.7.2 置换

使用“置换”滤镜可以用一张PSD格式的图像作为位移图，使当前操作的图像根据位移图发生弯曲，“置换”对话框如图10.54所示。

此滤镜应用示例如图10.55所示。

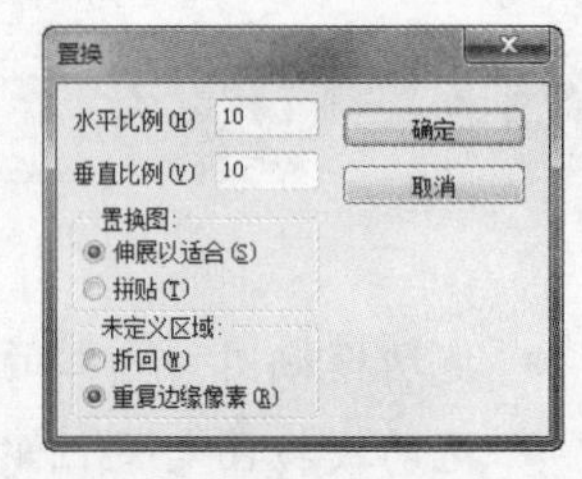

图10.54

原图

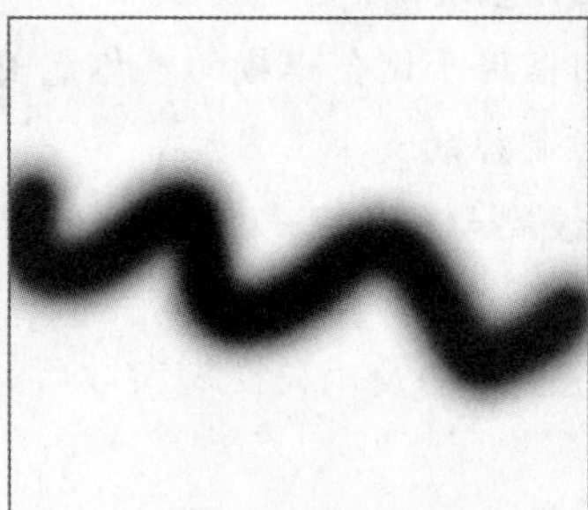

置换操作用的位移图

操作后的效果

图10.55

10.8 锐化滤镜

10.8.1 USM锐化

使用“USM锐化”滤镜可以调整图像边缘细节的对比度，以强调边缘而产生更清晰的效果，其对话框及应用效果如图10.56所示。

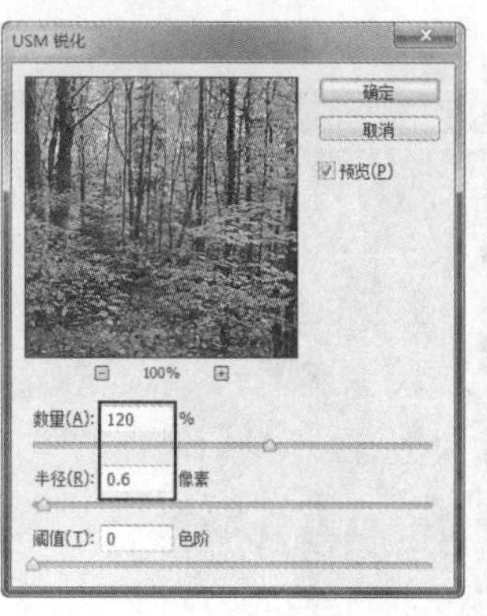

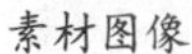
素材图像　　“USM锐化”对话框　　应用“USM锐化”滤镜后的效果

图10.56

- 数量：此参数控制总体锐化程度，数值越大，图像的边缘锐化程度越大。
- 半径：此参数设置图像轮廓被锐化的范围，数值越大，在锐化时图像边缘的细节被忽略的越多。
- 阈值：此参数控制相邻的像素间达到何值时才进行锐化，此数值越高，锐化过程中忽略的像素也越多，通常在此处设置的数值范围为0～255。

10.8.2 智能锐化

使用该命令可以对图像表面的模糊效果、动态模糊效果及景深模糊效果等进行调整，还可以根据实际情况，分别对图像的暗部与亮部进行锐化调整，其对话框如图10.57所示。

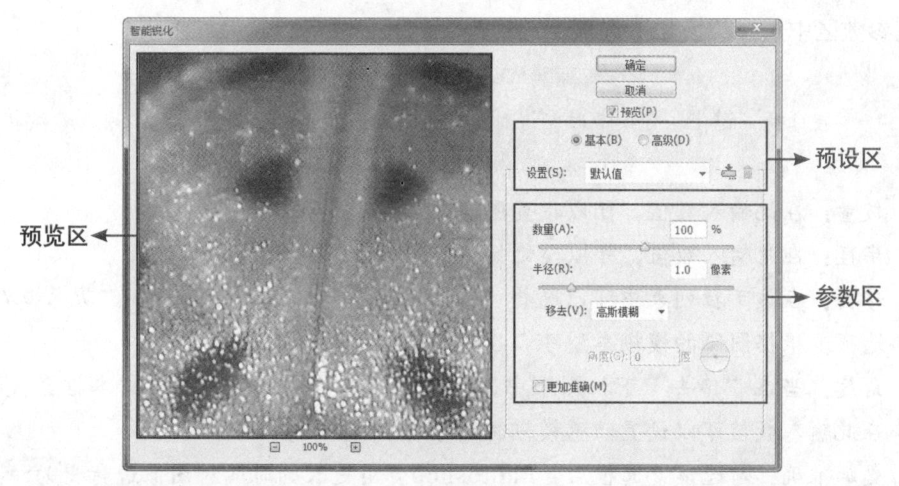

图10.57

在预设区中的参数解释如下。

- 基本：在选中该单选按钮的情况下，“智能锐化”对话框中将列出常规调整时所用的参数，默认情况下该选项处于选中状态。
- 高级：选中该单选按钮后，对话框将在“参数区”顶部显示出“锐化”、“阴影”和“高光”3个选项卡，如图10.58所示。分别选择不同的选项卡，即可对图像进行更细致的调整。

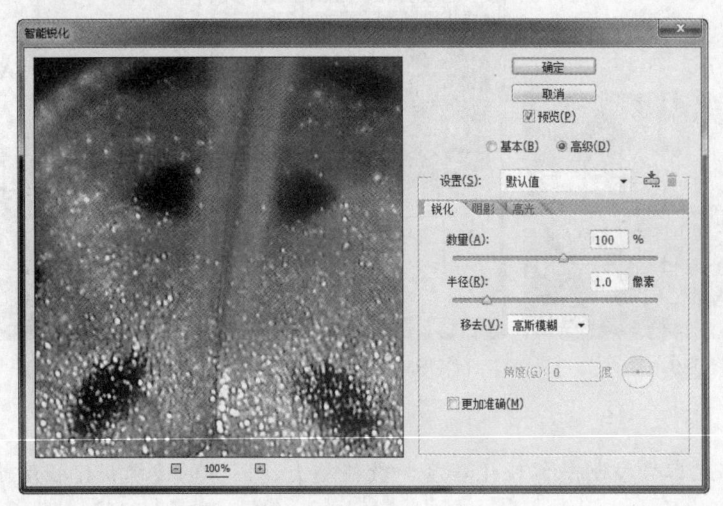

图10.58

- 设置：在该下拉列表中可以选择预设的智能锐化调整参数，默认情况下该下拉列表中只有一个“默认值”预设选项。
- “存储当前设置的拷贝”按钮：单击该按钮，在弹出的对话框中输入一个预设名称，单击“确定”按钮即可将当前所做的参数设置保存成一个预设文件，当需要再次使用该参数进行调整时，只需在“设置”下拉列表中选择相应的预设即可。
- “删除当前设置”按钮：单击该按钮，在弹出的对话框中单击“是”按钮，即可删除当前所选中的预设。

在参数区中选择“锐化”选项卡的情况下，其中的参数解释如下。

提示

在选择“锐化”选项卡时，该对话框中的参数与选择“基本”选项时的参数相同。

- 数量：在此输入数值，可以设置图像整体的锐化程度。
- 半径：在此输入数值，可以控制锐化图像时受影响的范围。
- 移去：在该下拉列表中可以选择“高斯模糊”、“镜头模糊”和“动感模糊”3个选项。根据图像的模糊类型可以在此选择相应的选项。
- 角度：当在“移去”下拉列表中选择“动感模糊”选项时，该文本框会被激活，在此输入数值可以设置动感模糊时的方向。
- 更加准确：勾选该复选框后，Photoshop会用更长的时间对图像进行更为细致的处理。

在参数区中选择“阴影”选项卡的情况下，其中的参数解释如下。

- 渐隐量：在此输入数值，可以设置减少对图像阴影部分的锐化百分比。
- 色调宽度：在此输入数值，可以设置修改图像色调的范围。
- 半径：在此输入数值，可以设置锐化阴影的范围。

在参数区中选择“阴影”选项卡的情况下，其中的参数与选择“阴影”选项卡时的参数相同，故不再详述。

如图10.59所示为使用相机拍摄的照片，可以看出由于狗的移动使照片看起来有一些动态模糊效果，图10.60所示为使用该命令锐化图像后得到的效果，可以看出图像清晰了许多（如果在书中无法观察出两幅图像的差别，可以打开随书所附光盘中的文件进行对比）。

图10.59

图10.60

10.9 杂色滤镜

10.9.1 添加杂色

使用此滤镜可以为图像增加杂点，其对话框与应用效果如图10.61所示。

原图像

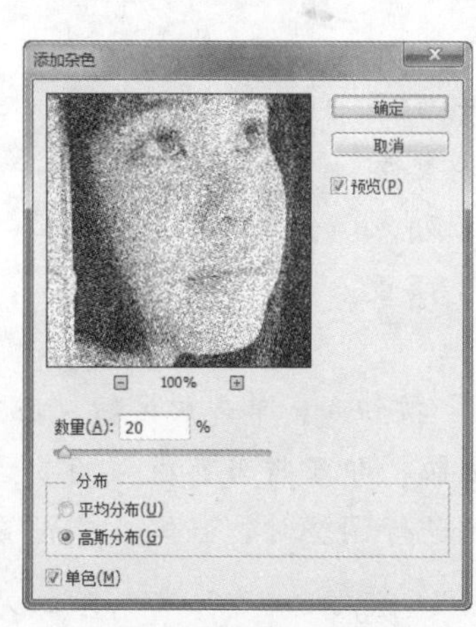

“添加杂色”对话框

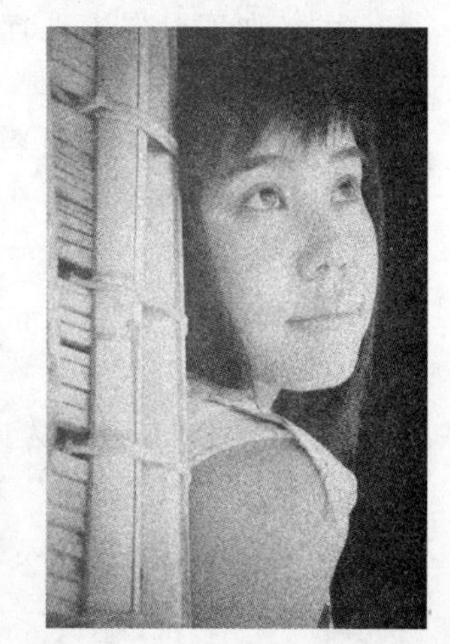

应用“添加杂色”命令后的效果

图10.61

10.9.2 减少杂色

通常使用数码相机拍摄的照片较容易出现大量的杂点，使用该命令就可以轻易地将这些杂点去除，其对话框如图10.62所示。

图10.62

预览区主要用来在调整参数时观察图像的变化，单击“缩小显示比例”按钮或“放大显示比例”按钮，可以缩小或放大图像的显示比例。

在预设区中的参数解释如下。

- 基本：在选中该单选按钮的情况下，“减少杂色”对话框中将列出常规调整时所用的参数，默认情况下该选项处于选中状态。
- 高级：选中该单选按钮后，对话框将在“参数区”顶部显示出“整体”和“每通道”两个选项卡，如图10.63所示。分别选择不同的选项卡，即可对图像进行更加细致的调整。
- 设置：在该下拉列表中可以选择预设的减少杂色调整参数，默认情况下该下拉列表中只有一个“默认值”预设选项。

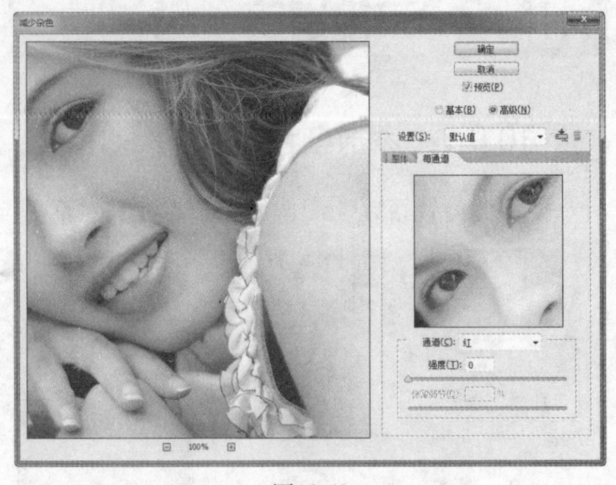

图10.63

- “存储当前预设的拷贝”按钮：单击该按钮，在弹出的对话框中输入一个预设名称，单击“确定”按钮，即可将当前所做的参数设置保存成一个预设文件，当需要再次使用该参数进行调整时，只需在“设置”下拉列表中选择相应的预设即可。
- “删除当前设置”按钮：单击该按钮，在弹出的对话框中单击“是”按钮，即可删除当前所选中的预设。

在参数区中选择“整体”选项卡的情况下，其中的参数解释如下。

提示

在选择“整体”选项卡时，该对话框中的参数与选择“基本”选项时的参数相同。

- 强度：在此输入数值，可以设置减少图像中杂点的数量。
- 保留细节：在此输入数值，可以设置减少杂色后要保留的原图像细节。
- 减少杂色：在此输入数值，可以设置减少图像中杂色的数量。
- 锐化细节：由于去除杂色后容易造成图像的模糊，在此输入数值即可对图像进行适当的锐化，以尽量显示出被模糊的细节。
- 移去JPEG不自然感：当存储JPEG格式图像时，如果保存图像的质量过低，就会在图像中出现一些杂色色块，选择该选项后可以去除这些色块。

在参数区中选择“每通道”选项卡的情况下，其中的参数解释如下。

- 通道：在此下拉列表中可以选择要进行调整的通道。
- 缩览图：在此可以查看所选通道中的图像状态及调整图像后的效果。
- 强度：在此输入数值，可以设置减少图像中杂点的数量。
- 保留细节：在此输入数值，可以设置减少杂色后要保留的原图像细节。

在图10.64所示的照片中，可以看出有非常明显的杂点，使用此命令处理后的效果如图10.65所示，可以看出杂点的状态大有改善，但可能有轻微模糊现象。

图10.64

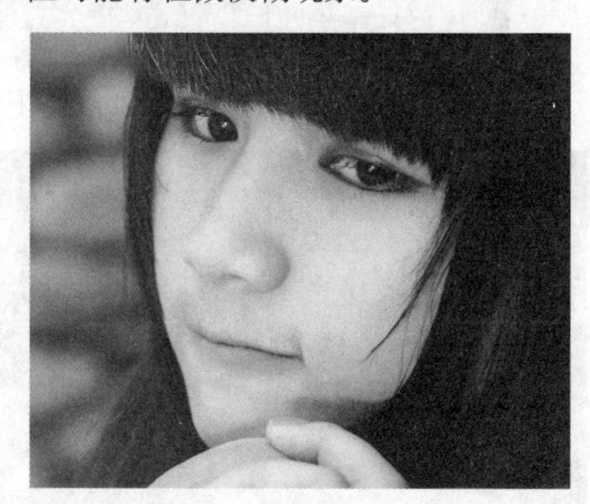

图10.65

10.10 智能滤镜

智能滤镜是一项非常优秀的功能，在CS3引入此功能之前，无论使用哪一个滤镜都将对图像构成有损操作，而使用智能滤镜不仅能够避免这一点，还能够反复修改滤镜的参数。下面来讲解一下智能滤镜的使用方法。

10.10.1 添加智能滤镜

智能滤镜操作的对象是智能对象，要为智能对象添加智能滤镜，可以按照下面的方法操作。

01 选中要应用智能滤镜的智能对象图层，在“滤镜”菜单中选择要应用的滤镜命令，并设置适当的参数。

02 设置完毕后，单击“确定”按钮退出对话框，即可生成一个相应的智能滤镜图层。

03 如果要继续添加多个智能滤镜，重复步骤2～3的操作方法，直至得到满意的效果为止。

提示　如果选择的是没有参数的滤镜（例如“查找边缘”、“云彩”等），则直接对智能对象图层中的图像进行处理，并创建相应的智能滤镜。

如图10.66所示为原图像及对应的“图层”面板，图10.67所示为选择“滤镜”|“滤镜库”命令对话框中“艺术效果”选项中“粗糙蜡笔”、“干画笔”后的效果。

图10.66

图10.67

从图10.67中可以看出，智能对象图层主要是由智能滤镜蒙版以及智能滤镜列表构成，其中智能滤镜蒙版主要用于隐藏智能滤镜对图像的处理效果，而智能滤镜列表则显示了当前智能滤镜图层中所应用的滤镜名称。

提示　如果当前操作的图层是一个普通图层，而非智能对象图层，Photoshop将提示操作者先将该图层转换为智能对象图层。

10.10.2 编辑智能滤镜蒙版

智能滤镜的优点之一就是能够对图像的局部应用滤镜命令，而要实现这种对图像局部应用滤镜命令的效果，必须使用智能滤镜蒙版。

智能滤镜蒙版的原理与图层蒙版的原理完全相同，即使用黑色来隐藏应用智能滤镜后的图像，使用白色来显示应用智能滤镜后的图像，而灰色则产生一定的过渡效果。

如图10.68所示为直接在智能对象“图层1”上使用“喷溅”滤镜后的效果，如图10.69所示为在智能滤镜蒙版中用画笔涂抹瓶子后得到的图像效果，以及相应的“图层”面板。

图10.68

图10.69

可以看出，由于智能滤镜蒙版右上方为黑色，因此导致这一部分智能滤镜的效果完全被隐藏，显示出未经“喷溅”滤镜处理的瓶子原图像。

要编辑智能滤镜蒙版，可以按照下面的方法进行操作。

01 选中要编辑的智能滤镜蒙版。

02 选择绘图工具，例如“画笔工具”、“渐变工具”等。

03 根据需要设置适当的颜色，然后在蒙版中涂抹即可。

10.10.3 编辑智能滤镜

由于智能滤镜以类似于图层样式的形式作用于图像本身，因此智能滤镜与图层样式一样都能够进行参数修改，这也正是智能滤镜的优点之一。

要编辑所应用滤镜的参数，其操作方法非常简单，直接在“图层”面板中双击要修改参数的滤镜名称即可。如图10.70所示为修改了“干画笔”参数以后的图像效果。

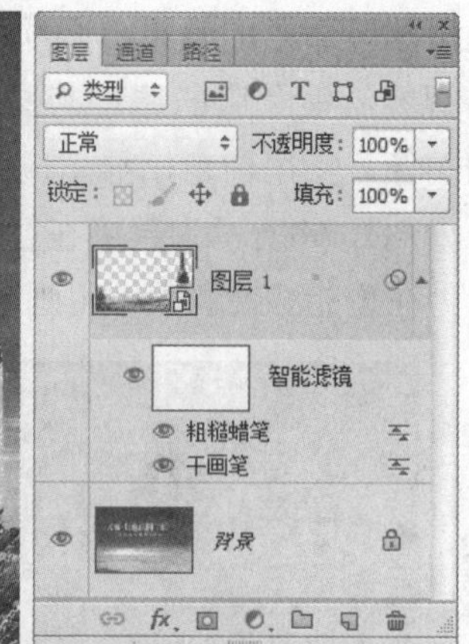

图10.70

提示　在添加了多个智能滤镜的情况下，如果编辑了先添加的智能滤镜，Photoshop将会弹出如图10.71所示的提示框。

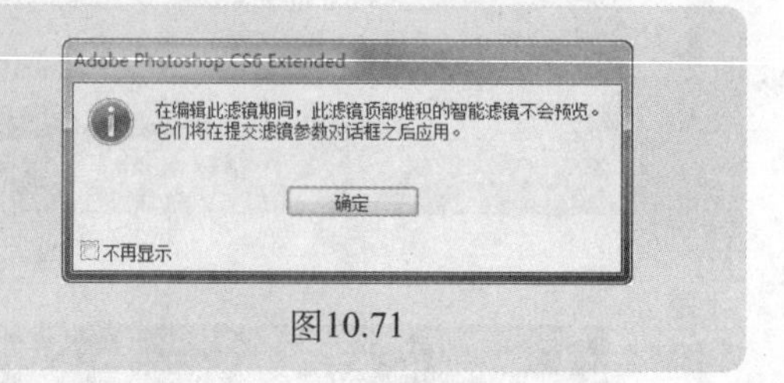

图10.71

10.10.4 编辑智能滤镜的混合选项

如果希望更快地理解智能滤镜的混合选项，可以回想一下在图层样式一章所学习的图层样式，在那些图层样式对话框中，由于可以设置不同的混合模式，因此当同时应用了若干个图层样式时，通过组合每种图层样式的混合选项，可以得到相当多的图层样式效果。

智能滤镜同样具有上面讲述的特性，通过编辑智能滤镜的混合选项，可以让滤镜所生成的效果与图像进行混合。通过编辑每一个智能滤镜命令的混合选项，可以使每一个智能滤镜在应用后与原图像进行混合，从而得到更丰富多样的图像效果。

要编辑智能滤镜的混合选项，可以双击智能滤镜名称后面的 图标，调出如图10.72所示的对话框。

如图10.73所示为原图像，图10.74所示为添加了“高斯模糊”滤镜后的效果，图10.75所示为将此智能滤镜的混合模式设置为“叠加”后的效果。

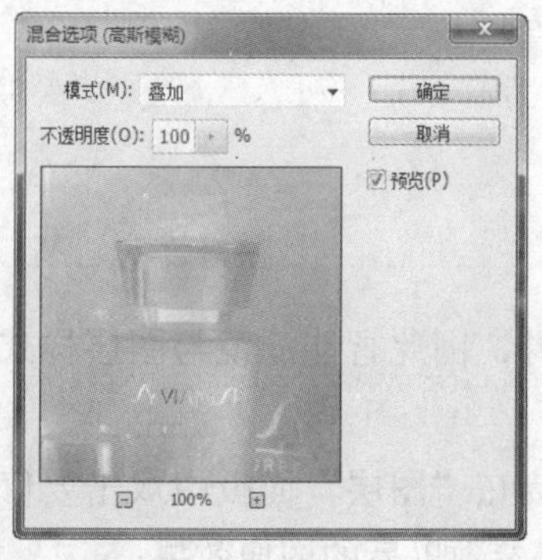

图10.72

图10.73

图10.74

图10.75

10.10.5 删除智能滤镜

要删除智能滤镜，可直接在该滤镜名称上右击，在弹出的快捷菜单中选择“删除智能滤镜”命令，或者直接将要删除的滤镜拖动至“图层”面板底部的“删除图层”按钮上。

如果要清除所有的智能滤镜，则可以在智能滤镜上（即智能滤镜蒙版后的名称）右击，在弹出的快捷菜单中选择“清除智能滤镜”命令，或直接选择“图层”|“智能滤镜”|“清除智能滤镜”命令。

10.11 练习题

一、单选题

1. 在“液化”命令对话框中使用“顺时针旋转扭曲工具”时按哪个快捷键可以得到逆时针旋转扭曲的效果？（ ）

A. Ctrl键　　B. Ctrl+Alt键　　C. Ctrl+Shift键　　D. Alt键

2. 对同样一个图像使用“消失点”命令时下列叙述正确的是：（ ）

A. 对此图像应用“消失点”命令后，再次进入“消失点”对话框可以显示上次使用的透视网格

B. 对此图像应用“消失点”命令后，必须按住Alt键进入“消失点”对话框才可以显示上次使用的透视网格

C. 对此图像应用“消失点”命令后，再次打开此图像并进入“消失点”对话框无法再显示上次使用的透视网格

D. 在“消失点”对话框中可以将透视网格保存为一个文件供下次使用

3. 按Ctrl+F键可以在不打开对话框的情况下，直接应用最近一次所使用的滤镜包括其参数设置，按什么键能够打开最近一次所使用的滤镜的对话框？（ ）

A. Ctrl+Alt+Shift+F　　B. Alt+Shift+F　　C. Ctrl+Shift+F　　D. Ctrl+Alt+F

二、多选题

1. 下列选项中哪些属于特殊滤镜？（　）

A. 液化　　B. 消失点　　C. 镜头校正　　D. 自适应广角

2. 下列选项中哪些属于模糊滤镜？（　）

A. 动感模糊　　B. 高斯模糊　　C. 进一步模糊　　D. 光圈模糊

3. 滤镜不能应用于：（ ）

A. 位图　　B. 索引　　C. 16位通道　　D. 快速蒙版

三、判断题

1. 因为“液化”命令只是对图像进行变形、旋转扭曲、扩展等操作，因此它对任何模式的图像都有效。( )

2. “滤镜”|“渲染”|“分层云彩”命令与“云彩”命令一样，都可以在没有任何像素的图层中运行。( )

3. “光照效果”和“镜头光晕”命令只能在RGB色彩模式下使用。( )

四、操作题

打开随书所附光盘中的文件“源文件\第10章\10.11-素材.jpg”，如图10.76所示，使用两种以上的方法模拟得到类似如图10.77所示的景深效果，其中至少有一种方法要配合通道功能一同使用。制作完成后的效果可以参考随书所附光盘中的文件“源文件\第10章\10.11.psd”。

图10.76

图10.77

第11章　动作与自动化

在实际工作过程中，经常会对很多图像文件执行完全相同的处理操作。如果仅靠人工手动进行处理，这样工作效率无疑是非常低下的。

动作与自动化命令的出现解决了这一问题。用户可以把要执行的操作录制为动作，再结合自动化命令对图像内容进行批量处理，这样可以大大提高工作效率。

11.1 “动作”面板

与其他命令相同，关于动作的各类操作，全部集中于“动作”面板中，掌握“动作”面板中的各项命令可以帮助用户灵活地运用动作。选择“窗口”|“动作”命令，或按F9键均可弹出如图11.1所示的“动作”面板。

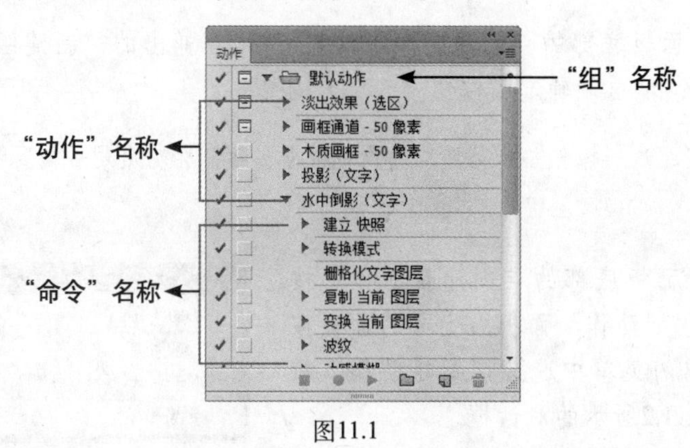

图11.1

“动作”面板中各个按钮的含义如下。

- 单击按钮，可以创建一个新动作。
- 单击按钮，在弹出的对话框中单击“确定”按钮，即可删除当前选择的动作。
- 单击按钮，可以创建一个新动作组。
- 单击按钮，应用当前选择的动作。
- 单击按钮，开始录制动作。
- 单击按钮，停止录制动作。
- 在“动作”面板中单击“组”、“动作”或“命令”左侧的三角形按钮，可以将其展开或折叠；按住Alt键并单击该三角形按钮，可展开或折叠一个“组”中的全部“动作”或一个“动作”中的全部“命令”。

提示

在“动作”面板中单击“动作名称”即选择了此动作。按住Shift键并单击“动作名称”，选择多个连续的动作；按住Ctrl键并单击“动作名称”则选择多个不连续的动作。

从“动作”面板中可以看出，在录制动作时，应用到的所有命令都将被录制下来，当所应用的命令具有参数时，该参数同样会被精确地记录下来，这样在应用动作时就可以得到非常精确的结果。但要注意的是，应用诸如画笔等具有较强人为变化的命令时，这些命令将不会被记录。

“动作”面板中的“组”在使用意义上与“图层”面板中的图层组相同，如果录制的动作较多，可将同类动作如“文字类”、“纹理类”保存在一个动作组中，以便查看，从而提高此面板的使用效率。

11.2 创建录制并编辑动作

11.2.1 创建并记录动作

虽然Photoshop提供了大量的预设动作供用户使用，但在实际工作过程中，这些可能是远远不能满足需求的，此时就可以根据需要自定义录制新的动作。下面将讲解录制动作时的操作方法。

01 单击“动作”面板底部的“创建新组”按钮，在弹出的“新建组”对话框中输入“组”名称后，单击“确定”按钮。

提示 创建新组这一操作并非必要，用户可根据实际情况确定是否需要创建一个放置新动作的组。

02 单击“动作”面板底部的“创建新动作”按钮，或单击“动作”面板右上方的面板按钮，在弹出的菜单中选择“新建动作”命令，弹出如图11.2所示的对话框。

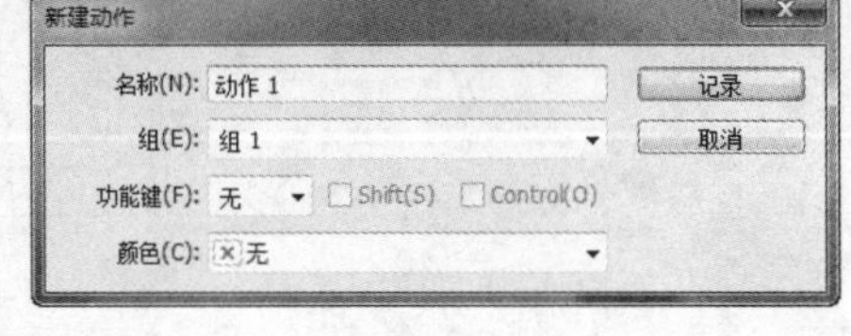

图11.2

“新建动作”对话框中的参数含义如下。

- 名称：在此文本框中输入新动作的名称。
- 组：在此下拉列表中选择新动作所要放置的组名称。
- 功能键：在此下拉列表中选择一个功能键，从而实现按功能键即应用动作的功能。
- 颜色：在此下拉列表中选择一种颜色，作为在“动作”面板按钮显示模式下新动作的颜色。

03 设置“新建动作”对话框中的参数后，单击“记录”按钮，此时，“开始记录”按钮自动被激活，显示为红色，表示进入动作的录制阶段。

04 选择需要录制在当前动作中的命令，如果这些命令有参数，需要按情况设置其参数。

05 执行所有需要的操作后，单击“停止记录”按钮。此时，“动作”面板中将显示录制的新动作。

提示 动作中无法记录撤销操作及使用绘图工具所进行的绘制类操作。

11.2.2 改变某命令参数

若要修改动作中某个命令的参数，可以在“动作”面板中双击需要改变参数的命令，在弹出的对话框中重新进行设置，设置完毕后单击“确定”按钮即可。

提示 在改变命令参数时，面板中的“开始记录”按钮 ● 与“播放选定的动作”按钮 ▶ 都会被激活。

11.2.3 插入停止

事实上，由于动作无法记录用户在Photoshop中执行的所有操作（例如之前提到过的绘制类操作就无法被记录在动作中），因此如果在录制动作的过程中某些操作无法被录制，但又必须执行，可以在录制过程中插入一个“停止”提示框，以提示操作者手动执行这些操作，从而避免出现最终效果与所期望的不一致的问题。

在动作中插入停止，可以按照如下步骤操作。

01 按F9键显示“动作”面板。

02 在“动作”面板中选择要插入停止处的上一个命令。

03 单击“动作”面板右上方的面板按钮，在弹出的面板菜单中选择“插入停止”命令，弹出如图11.3所示的对话框。

04 在“记录停止”对话框的“信息”区域中输入提示文字，如图11.4所示。

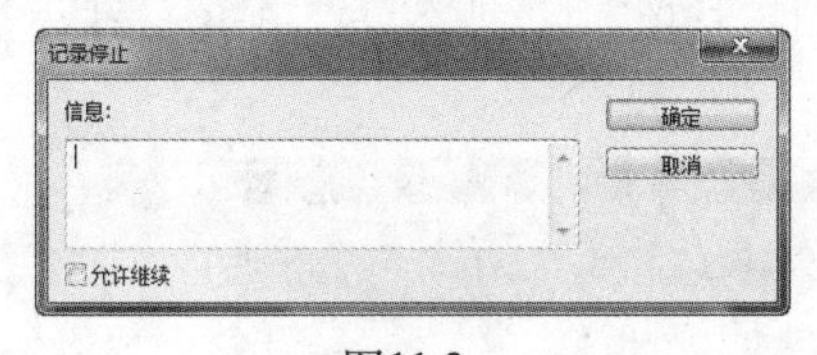

图11.3

图 11.4

“记录停止”对话框中的参数含义如下。

- 信息：在该区域中可以输入文字，当前动作播放至该命令时自动停止，并弹出所输入的文字信息。
- 允许继续：勾选该复选框可以在播放至该命令时，除了弹出对话框外，还允许用户单击“继续”按钮继续应用当前动作，如图11.5所示；如果没有选择该选项，在弹出的提示框中就只有一个“停止”按钮，如图11.6所示。

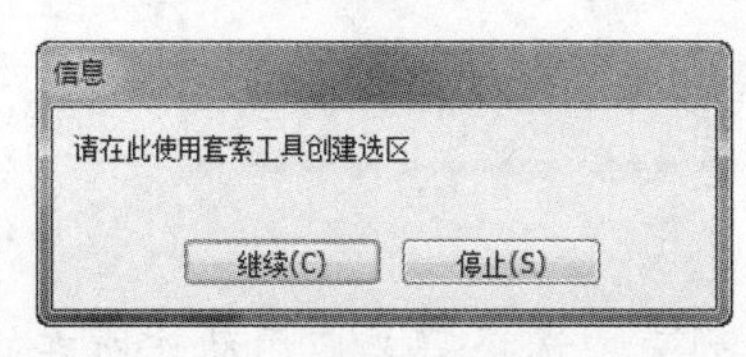

图 11.5

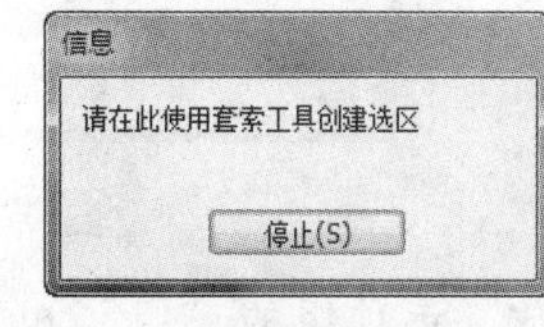

图11.6

05 输入信息完毕后，单击“确定”按钮。

11.2.4 存储和载入动作集

尽管用户创建的动作或者说创建的组会自动出现在“动作”面板中，而退出

Photoshop并再次打开后，该新建动作仍然存在，但这并不代表此动作已经被保存。

为了真正存储动作，以防止在删除“动作”面板中的组时损失动作，必须将动作或保存有动作的组存储为文件。

在“动作”面板菜单中选择“存储动作”命令，然后在弹出的对话框中输入组的名称，选择一个位置，并单击“存储”按钮即可。

默认情况下，“动作”面板显示默认的动作（随应用程序安装时出现的）和用户创建的所有动作。但通过载入动作的操作，可以将从网上下载的动作或同事之间相互交流的动作载入到当前的“动作”面板中。

在“动作”面板菜单中选择“载入动作”命令，找到并选择动作文件（文件类型为*.atn），然后单击“载入”按钮即可完成动作的载入操作。

11.3 批处理

“批处理”是以一个动作为依据，对指定位置的图像进行处理的命令。例如，如果需要将某文件夹中的图像全部转换为RGB模式并存储为JPG格式文件，只需要录制一个相应的动作，然后使用“批处理”命令设置适当的参数，即可快速完成这个任务。

应用“批处理”命令进行批处理的具体操作步骤如下。

01 录制要完成指定任务的动作，选择“文件”|“自动”|“批处理”命令，弹出如图11.7所示的对话框。

图11.7

02 从“播放”选项组的“组”和“动作”下拉列表中选择需要应用动作所在的组及此动作的名称。

03 从“源”下拉列表中选择要应用“批处理”的文件，此下拉列表中各个选项的含义如下。

- **文件夹：此选项为默认选项，可以将批处理的运行范围指定为文件夹，选择此选项必须单击“选择”按钮，在弹出的“浏览文件夹”对话框中选择要执行批处理的文件夹。**

- 导入：此选项用于对来自数码相机或扫描仪的图像应用动作。
- 打开的文件：如果要对所有已打开的文件执行批处理，应该选择此选项。
- Bridge：此选项用于对显示于Bridge中的文件应用在此对话框中指定的动作。

04 勾选“覆盖动作中的‘打开’命令”复选框，动作中的“打开”命令将引用“批处理”的文件，而不是动作中指定的文件名，选择此选项将弹出如图11.8所示的提示框。

批处理

如果启用此选项，则只有通过该动作中的打开文件步骤，才能从源文件夹中打开源文件。如果没有打开文件的步骤，则不打开任何文件。

确定

不再显示

图11.8

05 勾选“包含所有子文件夹”复选框，可以使动作同时处理指定文件夹中所有子文件夹包含的可用文件。

06 勾选“禁止颜色配置文件警告”复选框，将关闭颜色方案信息的显示。

07 在“目标”下拉列表中选择执行“批处理”命令后的文件所放置的位置，其中各个选项的含义如下。

- 无：选择此选项，使批处理的文件保持打开而不存储更改（除非动作包括“存储”命令）。
- 存储并关闭：选择此选项，将文件存储至其当前位置，如果两幅图像的格式相同，则自动覆盖源文件，并不会弹出任何提示框。
- 文件夹：选择此选项，将处理后的文件存储到另一位置。此时可以单击其下方的“选择”按钮，在弹出的“浏览文件夹”对话框中指定目标文件夹。

08 勾选“覆盖动作中的‘存储为’命令”复选框，动作中的“存储为”命令将引用批处理的文件，而不是动作中指定的文件名和位置。

09 如果在“目标”下拉列表中选择“文件夹”选项，则可以指定文件命名规范并选择处理文件的文件兼容性选项。

10 如果在处理指定的文件后，希望对新的文件进行统一命名，可以在“文件命名”选项组中设置需要设定的选项。例如，如果按照如图11.9所示的参数执行批处理后，以GIF图像为例，则存储后的第一个新文件名为myphotos0001.gif，第二个新文件名为myphotos0002.gif，依此类推。

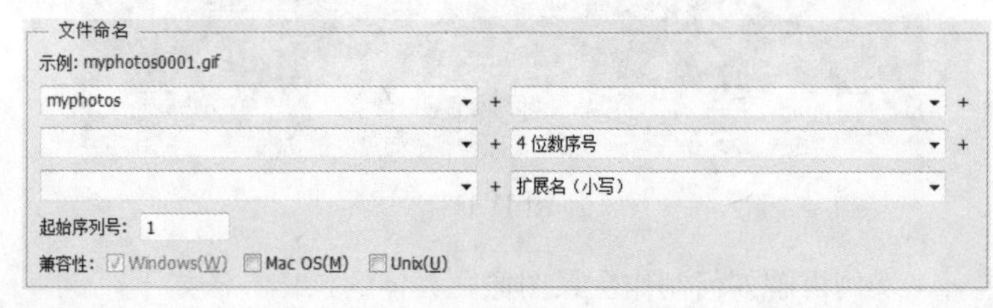

图 11.9

提示　在进行批处理时重命名文件，首先需要在“目标”下拉列表中选择“文件夹”选项，此时“文件命名”选项组中的参数才会被激活。

11 在“错误”下拉列表中选择处理错误的选项，该下拉列表中各个选项的含义如下。

- 由于错误而停止：选择此选项，在动作执行过程中如果遇到错误将中止批处理，建议不选择此选项。
- 将错误记录到文件：选择此选项，并单击下面的“存储为”按钮，在弹出的“存储”对话框中输入文件名，可以将批处理运行过程中所遇到的每个错误记录保存在一个文本文件中。

12 设置所有选项后单击“确定”按钮，则Photoshop开始自动执行指定的动作。

11.4 制作全景图像

使用“Photomerge”命令能够拼合具有重叠区域的连续拍摄照片，将其拼合成一个连续全景图像。如图11.10所示为原图像，图11.11所示为使用“Photomerge”命令拼合后的全景图。

图 11.10

图 11.11

下面通过一个实例讲解如何制作全景图像，具体的操作方法如下。

01 选择“文件”|“自动”|“Photomerge”命令，弹出如图11.12所示的对话框，在对话框的“使用”下拉列表中选择一个选项。如果希望使用已经打开的文件，单击“添加打开的文件”按钮。读者可以使用随书所附光盘中的文件“源文件\第11章\11.4-素材1.jpg～11.4-素材3.jpg”。

- 文件：表示可使用单个文件生成Photomerge合成图像。
- 文件夹：表示使用存储在一个文件夹中的所有图像来创建Photomerge合成图像。该文件夹中的文件会出现在此对话框中。

02 在对话框的左侧选择一种图片拼接类型，在此选择了“自动”选项。

03 单击“确定”按钮退出此对话框，即可得到Photoshop按图片拼接类型生成的全景图像，如图11.13所示。

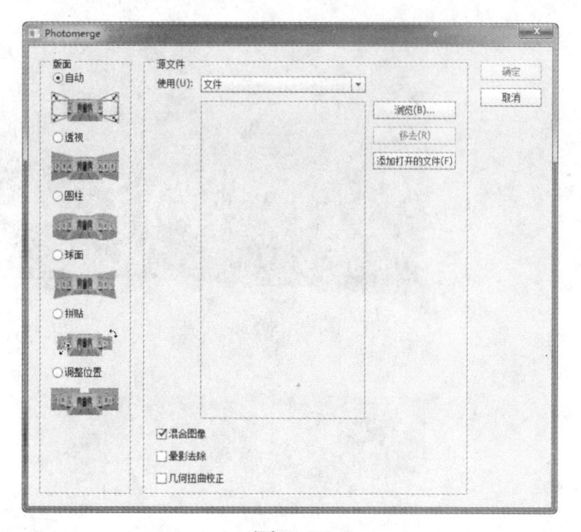

图11.12

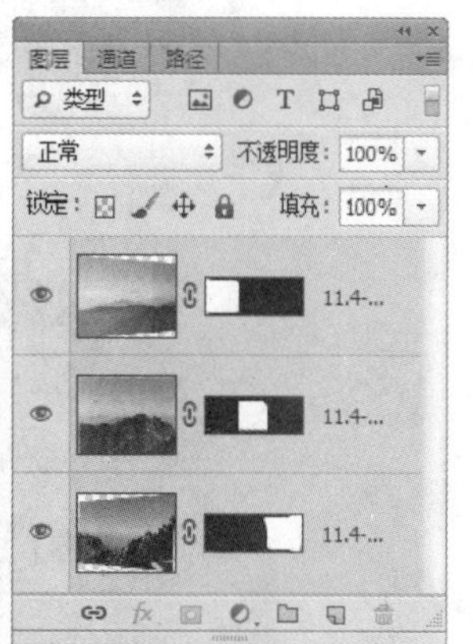

图11.13

04 使用“裁剪工具”对图像进行裁剪，直至得到满意的效果。图11.14所示为裁剪后的效果。

图11.14

在“Photomerge”对话框中，如果在左侧选择了不同的预设拼合全景图选项，则得到的拼合结果也是不尽相同的，如图11.15、图11.16和图11.17所示分别为使用“透视”、“圆柱”和“调整位置”几种版面类型所得到的全景拼合效果，可以看出，几种方式的拼合效果还是有较大区别的，所以在拼合前，一定要确认自己的照片适合哪种预设的拼合方式。

图 11.15

图11.16

图 11.17

11.5 镜头校正

使用“文件”|“自动”|“镜头校正”命令，可以对批量的照片进行镜头的畸变、色差以及暗角等属性的校正，其对话框如图11.18所示。

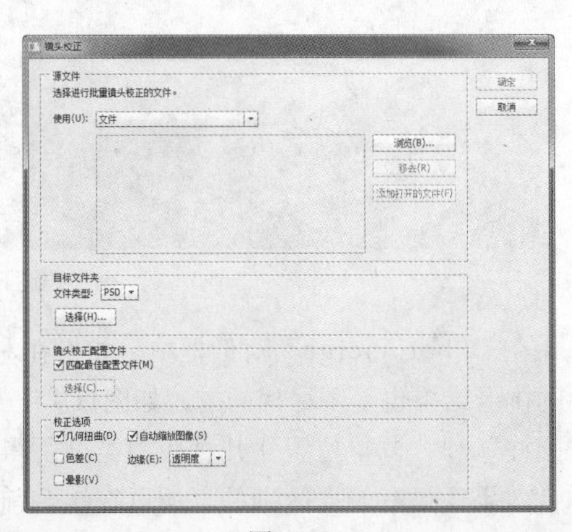

图11.18

在此对话框中，可以参考“滤镜”|“镜头校正”命令的功能进行学习，而实际上，这个命令就相当于是一个“批处理版”的“镜头校正”滤镜，其功能甚至智能到用户只需要单击几下鼠标，就可以对批量照片进行统一的校正处理，其中当然也包括了“匹配最佳配置文件”复选

框，“校正选项”选项组中的“几何扭曲”、“色差”以及“晕影”等选项设置，然后单击“确定”按钮进行处理即可。

11.6 合并到HDR Pro

在本书第4章中讲解了一个“HDR色调”功能，它可用于对单张图像进行HDR处理，但实际上，这也仅仅是一种模拟而已，而真正的HDR照片合成就需要使用本节讲解的“文件”|“自动”|“合并到HDR PRo”命令了，其对话框如图11.19所示。

下面通过一个实例讲解此命令的使用方法。

01 在“合并到HDR Pro”对话框中，执行下列方法之一，添加要处理的文件。

- 在“使用”下拉列表中选择“文件”选项，单击右侧的“浏览”按钮，在弹出的对话框中可以选择要合成的照片文件。
- 在“使用”下拉列表中选择“文件夹”选项，单击右侧的“浏览”按钮，在弹出的对话框中可以选择要合成的照片所在的文件夹。
- 如果要合成的照片已经在Photoshop中打开，可以单击右侧的“添加打开的文件”按钮，从而将已打开的文件添加到列表中。
- 在添加的文件列表中，选中一个或多个照片文件，单击右侧的“移去”按钮，即可将其移除。

02 为了让Photoshop自动对齐各幅图像，可以在对话框底部勾选“尝试自动对齐源图像”复选框。

03 单击“确定”按钮后，将弹出“手动设置曝光值”对话框，可以在该对话框中分别设置不同曝光时间或通过增减曝光补偿（EV）的方式，读取照片的EXIF原始信息，如果照片不包括EXIF原始信息，也可以手动为每张照片进行设置。例如在本例中，就是按照顺序分别将曝光补偿（EV）值设置为-2、0和2，如图11.20所示。

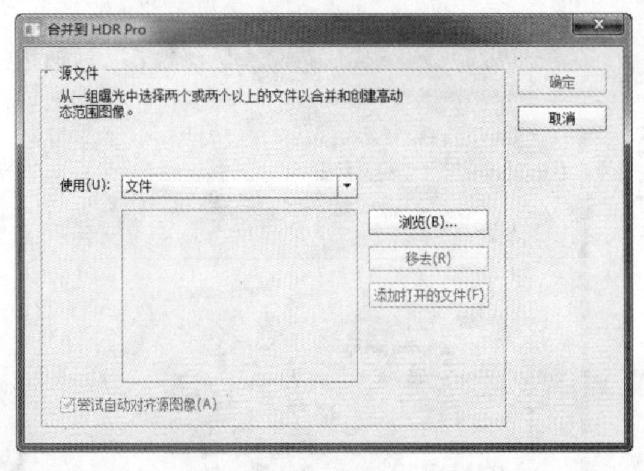

图11.19

图11.20

04 设置曝光参数后，单击“确定”按钮，即可调出“合并到HDR Pro”对话框。

观察此对话框不难看出，它与选择“图像”|“调整”|“HDR色调”命令打开的对话框有着极大的相似之处，而实际上，这些相同参数的功能也是完全相同的，因此下面来介绍一下二者并不重合的部分。

- 移去重影：选择此选项后，可以自动移除前面自动对齐源图像时可能产生的重影。
- 模式：此处可以选择输出图像的位深度。

单击照片左下角的☑图标，使之变为□状态，则代表取消该图像的HDR混合，用户可以根据混合的需要进行选择。

05 在对话框右上方的“预设”下拉列表中选择一个合适的预设，或在右侧区域中设置适当的参数，直至得到满意的效果，然后单击“确定”按钮退出对话框即可，如图11.21所示。

图11.21

11.7 图像处理器

图像处理器是脚本命令，在此要注意的是，它并不属于“文件”|“自动”子菜单中的命令，但由于其特殊功能，同样能够被用来提高工作效率，因此将它归类到自动化命令中来进行讲解。

首先来了解一个“图像处理器”命令可以完成的工作，此命令的强大之处就在于除了提供重命名图像文件，还允许用户将其转换为JPEG、PSD或TIFF的文件格式，甚至于将文件同时转换为以上3种格式。另外，还可以使用相同选项来处理一组相机原始数据文件，以及调整图像大小，使其适应指定的大小。

下面将对“图像处理器”命令的使用方法进行讲解。

01 选择“文件”|“脚本”|“图像处理器”命令，弹出如图11.22所示的对话框。

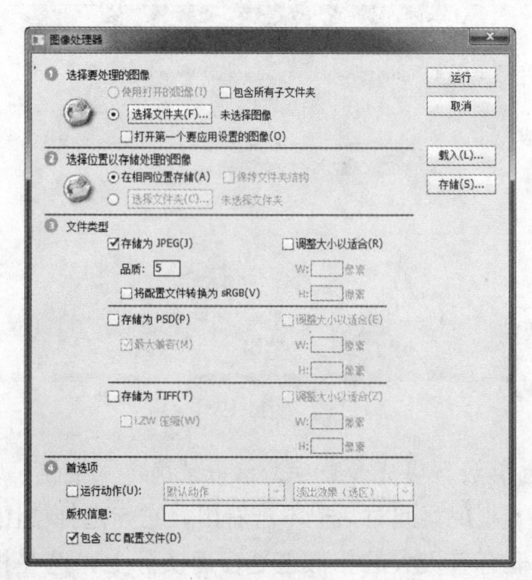

图11.22

02 选择要处理的图像文件，可以通过选中“使用打开的图像”单选按钮以处理任何打开的文件，也可以通过单击“选择文件夹”按钮，在弹出的对话框中选择处理一个文件夹中的文件。

03 选择处理后的图像文件保存的位置，可以通过选中“在相同位置存储”单选按钮在相同的文件夹中保存文件，也可以通过单击“选择文件夹”按钮，在弹出的对话框中选择一个文件夹，用于保存处理后的图像文件。

提示

如果多次处理相同文件并将其存储到同一目标位置，每个文件都将以其自己的文件名存储，而不进行覆盖。

04 选择要存储的文件类型和选项，在此区域可以选择将处理的图像文件保存为JPEG、PSD、TIFF中的一种或几种。如果勾选“调整大小以适合”复选框，则可以分别在“W”和“H”文本框中输入尺寸，使处理后的图像恰好符合此尺寸。

05 设置其他处理选项，如果还需要对处理的图像运行动作中定义的命令，勾选“运行动作”复选框，并在其右侧选择要运行的动作。勾选“包含ICC配置文件”复选框，可以在存储的文件中嵌入颜色配置文件。

06 设置完所有选项后，单击“运行”按钮即可。

11.8 练习题

一、单选题

1. 在下列选项中，单击哪个按钮可以创建新动作？（ ）

A. 创建新设置　　B. 创建新动作　　C. 开始记录　　D. 创建新的图层

2. 要修改已录制在动作中的命令的参数，下面哪一项叙述是正确的？（ ）

A. 此类命令的参数无法修改

B. 单击图标后，在运行动作时修改

C. 双击动作中需要修改的命令

D. 将命令拖至“创建新动作”按钮上，在弹出的对话框中进行修改

3. 关于动作与“批处理”命令，下列叙述正确的是：（ ）

A. 对打开的大量图像文件进行操作，动作的效率低于“批处理”命令

B. 对打开的大量图像文件进行操作，动作的效率高于“批处理”命令

C. 任何情况下动作的效率都低于“批处理”命令

D. 没有动作，“批处理”命令同样能够运行

4. 显示/隐藏“动作”面板的快捷键是下列哪一个？（ ）

A. F7　　B. F8　　C. F9　　D. F6

二、多选题

1. 使用“批处理”命令时，下列叙述正确的是：（ ）

A. 可以对一批JPEG图像文件进行操作

B. 无法对有通道的PSD图像文件进行操作

C. 无法对有子文件夹的图像文件操作

D. 可以对图像进行重命名

2. 下面哪几项操作无法记录在动作中？（ ）

A. 画笔进行的绘画操作　　B. 使用“渐变工具”绘制渐变

C. 使用“矩形工具”绘制路径　　D. 使用“钢笔工具”绘制路径

3. 下面哪些操作无法被动作记录下来？（ ）

A. 使用“裁剪工具”裁切图像

B. 选择“编辑”|“清除”命令

C. 使用“直接选择工具”调整路径的节点

D. 选择“视图”|“色域警告”命令

4. 对于一个已录制完成的动作，下列哪些叙述是正确的？（ ）

A. 动作中命令的顺序是可以被改变的

B. 双击动作中的命令，在弹出的对话框中修改参数，可以改变动作中该命令的参数

C. 可以通过设置，使动作运行时跳过某些操作步骤

D. 可以通过一个命令使所有命令逆序运行

三、判断题

1.“批处理”命令将在一个文件夹内的文件及其子文件上播放动作。（ ）

2.“动作”面板中保存了两类对象，即动作及动作组。（ ）

3. 执行“批处理”命令进行批处理时，若要中止它，可以按下Enter键。（ ）

4.“HDR色调”命令可以真正地合成HDR照片。（ ）

四、操作题

随意找一幅图像素材，录制一个新的动作，完成以下操作任务：将图像模式转换成RGB颜色模式，将背景色设置为黑色，均匀向外侧扩展画面25个像素，将图像保存为JPEG格式的图像文件，“品质”选项设置为“最佳”。

第12章 综合案例

在前面的11章中已经讲解了Photoshop CS6的基础知识，本章则讲解7个综合案例，每个案例都有不同的知识侧重点，希望在认真阅读“例前导读”和“核心技能”后，再练习这些案例，相信能够帮助读者融会贯通前面所学习的工具、命令等概念。

12.1 追击目标视觉表现

例前导读：

本例是以追击目标为主题的视觉表现作品。在制作的过程中，主要以处理人物身上的喷溅效果为核心，通过云彩图像的组合，模拟穿梭在云宵中的感觉，从人物造型的设定到背景图像的选择，都给人以梦幻、时尚前卫的视觉感受。

核心技能：

- 应用渐变填充图层功能制作图像的渐变效果。
- 应用“亮度/对比度”命令调整图像的亮度及对比度。
- 应用“色彩平衡”命令调整图像的色彩。
- 应用“混合选项”命令调整图像的不透明度。
- 通过设置图层属性以混合图像。
- 应用“内阴影”命令，制作图像的阴影效果。
- 应用“颜色叠加”命令，改变图像的色彩。
- 应用添加图层蒙版的功能隐藏不需要的图像。
- 结合“画笔工具”及画笔素材制作特殊的图像效果。
- 应用“径向模糊”命令制作图像的模糊效果。

效果文件：源文件\第12章\12.1\12.1.psd

操作步骤：

01 按Ctrl+N键新建一个文件，设置弹出的对话框如图12.1所示，单击“确定”按钮退出对话框，以创建一个新的空白文件。

02 单击“图层”面板底部的“创建新的填充或调整图层”按钮，在弹出的菜单中选择“渐变”命令，设置弹出的对话框如图12.2所示，得到如图12.3所示的效果，同时得到图层“渐变填充1”。

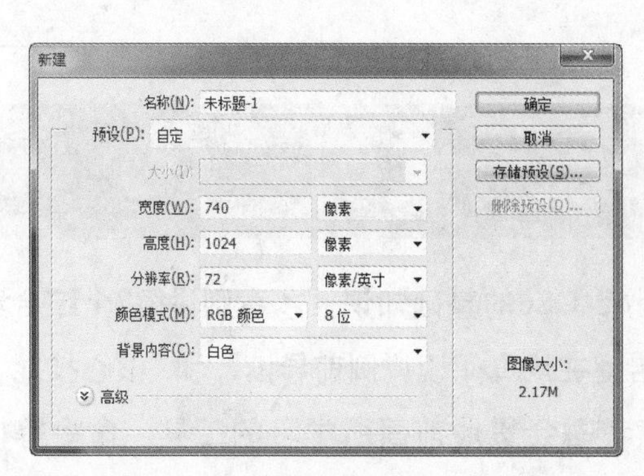

图12.1

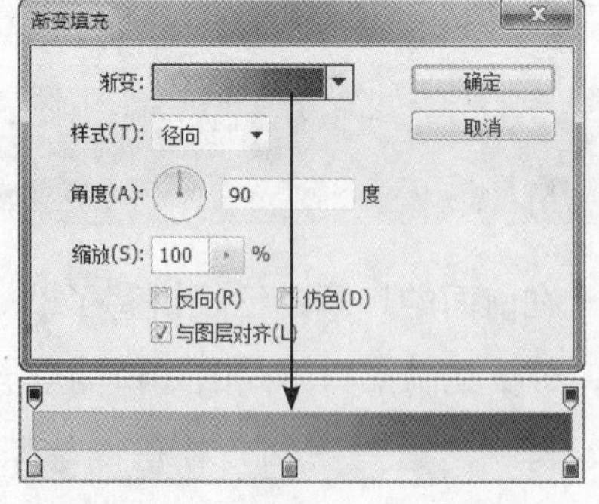

图12.2

> **提示** 在"渐变填充"对话框中，渐变类型各色标值从左至右分别为f7ad68、b27338和432719。至此，背景图像已制作完成。下面来制作主体人物图像。

03 打开随书所附光盘中的文件"源文件\第12章\12.1\素材1.psd"，使用"移动工具"将其拖动至刚制作的文件中，得到"图层1"。按Ctrl+T键调出自由变换控制框，按住Shift键向外拖动控制句柄以放大图像及移动位置，按Enter键确认操作，得到的效果如图12.4所示。

04 单击"创建新的填充或调整图层"按钮，在弹出的菜单中选择"亮度/对比度"命令，得到图层"亮度/对比度1"，按Ctrl+Alt+G键执行"创建剪贴蒙版"操作，设置面板如图12.5所示，得到如图12.6所示的效果。

05 按照上一步的操作方法创建"色彩平衡"调整图层，设置其面板如图12.7所示，得到如图12.8所示的效果。同时得到图层"色彩平衡1"。

图12.3

图12.4

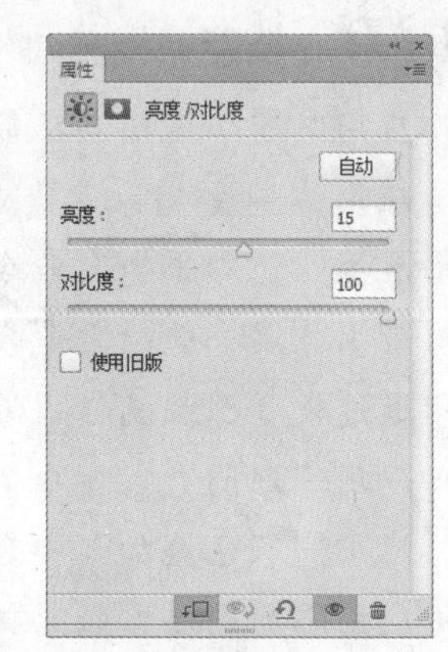

图12.5

图12.6

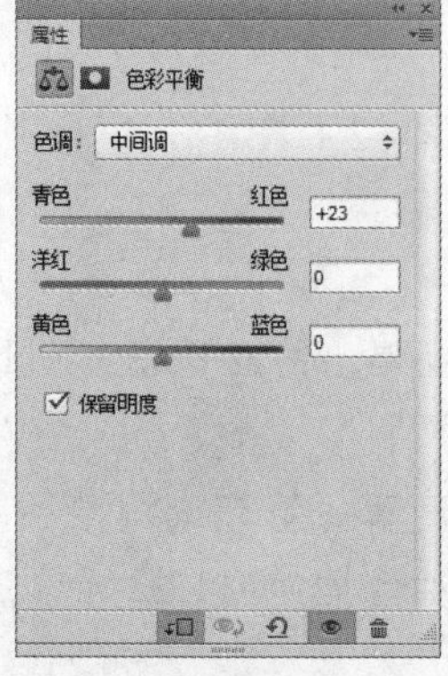

图12.7

图12.8

06 选择“图层1”，按住Shift键选择图层“色彩平衡1”，以选中它们之间的图层，按Ctrl+G键执行“图层编组”操作，得到“组1”，并将其重命名为“人物”。“图层”面板如图12.9所示。

提示　至此，人物图像已制作完成。下面来制作画面中的云以及绳子图像。

07 选择图层“渐变填充1”，打开随书所附光盘中的文件“源文件\第12章\12.1\素材2.psd”，使用“移动工具”将其拖动至刚制作的文件中，得到“图层2”。应用自由变换控制框调整图像的大小、角度（逆时针旋转90°）及位置，得到的效果如图12.10所示。

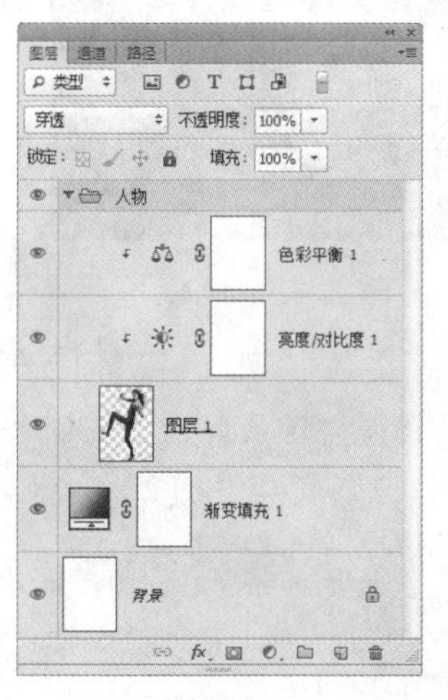

图12.9

图12.10

08 在“图层”面板底部单击“添加图层样式”按钮 fx，在弹出的菜单中选择“混合选项”命令，设置弹出的对话框如图12.11所示，得到如图12.12所示的效果。

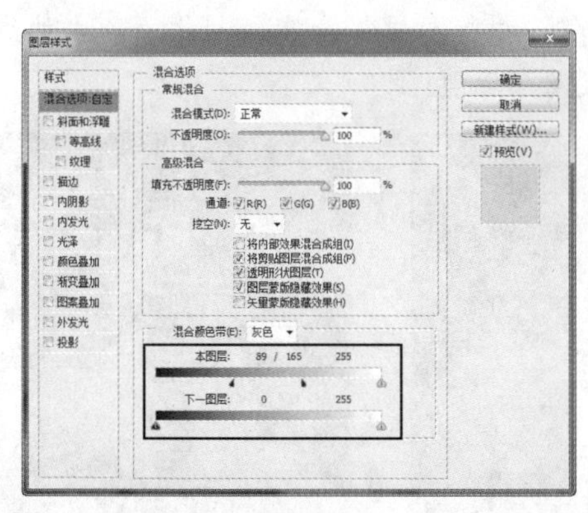

图12.11

图12.12

提示　在设置“图层样式”对话框下方的混合颜色带时，只有按住Alt键才能分开三角滑块。

09 在“图层”面板底部单击“添加图层蒙版”按钮，为“图层2”添加蒙版，设置前景色为黑色，选择“画笔工具”，在其工具选项条中设置适当的画笔大小及不透明度，在图层蒙版中进行涂抹，以将左右两侧的部分图像隐藏起来，直至得到如图12.13所示的效果。设置当前图层的混合模式为“滤色”，以提亮图像，得到的效果如图12.14所示。

图12.13

图12.14

10 根据前面所讲的方法，利用随书所附光盘中的文件“源文件\第12章\12.1\素材3.psd”，结合混合选项、图层蒙版、混合模式以及调整图层等功能，制作人物右侧的云彩图像，如图12.15所示。同时得到“图层3”和“亮度/对比度2”。

提示　另外，设置“图层3”的混合模式为“滤色”。此时，观看右侧的云彩效果偏亮，下面将利用编辑蒙版功能来解决这个问题。

11 在“亮度/对比度2”图层蒙版激活的状态下，设置前景色为黑色，选择“画笔工具”，在其工具选项条中设置适当的画笔大小及不透明度，在图层蒙版中进行涂抹，以将右侧偏亮的区域渐隐，得到的效果如图12.16所示。

12 选择图层“渐变填充1”，利用随书所附光盘中的文件“源文件\第12章\12.1\素材4.psd”，结合“移动工具”以及“黑白”调整图层等功能，制作画面中的绳子图像，如图12.17所示。同时得到“图层4”以及“黑白1”。

图12.15

图12.16

图12.17

13 下面来制作绳子的阴影效果。选择“图层4”，在“图层”面板底部单击“添加图层样式”按钮，在弹出的菜单中选择“内阴影”命令，设置弹出的对话框如图12.18

所示，得到如图12.19所示的效果。“图层”面板如图12.20所示。

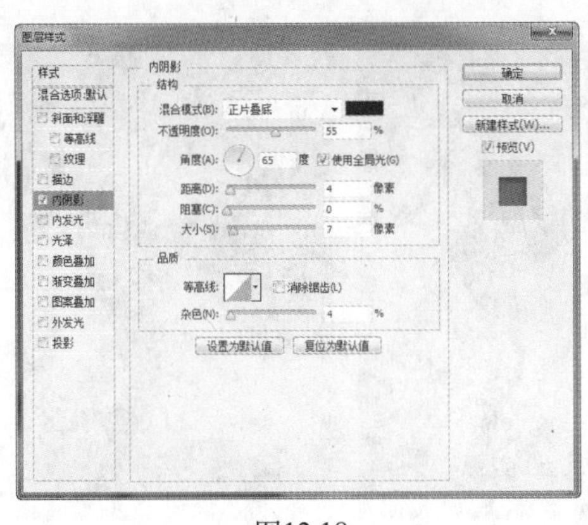

图12.18

图12.19

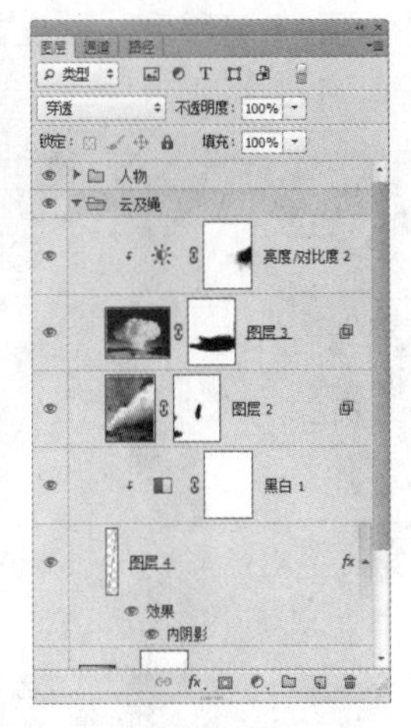

图12.20

14 至此，云彩以及绳子图像已制作完成。下面来制作人物身上的喷溅效果。选择组“人物”，利用随书所附光盘中的文件“源文件\第12章\12.1\素材5.psd”，结合“移动工具”以及图层样式等功能，制作人物右膝盖处的喷溅效果，如图12.21所示。同时得到“图层5”。

15 复制“图层5”得到“图层5副本”，应用自由变换控制框调整图像的角度及位置，双击图层效果名称，在弹出的“颜色叠加”对话框中更改颜色值，得到的效果如图12.22所示。

图12.21

图12.22

提示 本步骤关于“颜色叠加”对话框中的参数设置可参考最终效果文件。在后面的操作中，会多次应用到图层样式操作，不再做相关参数的提示。

16 选择组“人物”，利用随书所附光盘中的文件“源文件\第12章\12.1\素材6.psd”，结合“移动工具”、图层样式以及图层蒙版等功能，制作右膝盖处的喷溅效果，如图12.23所示。同时得到“图层6”。“图层”面板如图12.24所示。

17 下面结合选区以及图层蒙版等功能，制作人物身上的喷溅效果。选择“图层1”，在“图层”面板底部单击“添加图层蒙版”按钮，按住Ctrl键单击“图层5副本”图层缩览图以载入其选区，选择任一选区工具并将光标移至选区内，调整选区的位置如图12.25所示。设置前景色为黑色，按Alt+Delete键以前景色填充选区，得到的效果如图12.26所示。

图12.23

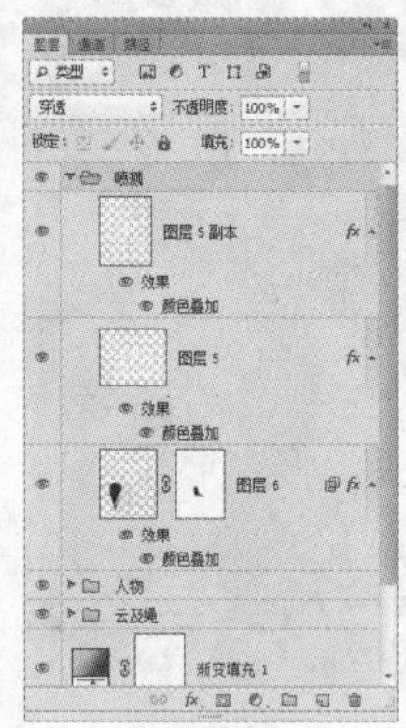

图12.24

图12.25

图12.26

18 保持选区，按照上一步的操作方法多次移动选区的位置并填充黑色，按Ctrl+D键取消选区，得到的效果如图12.27所示。接着按住Ctrl键单击“图层6”图层缩览图以载入其选区，调整选区的位置（人物的臀部）并填充黑色，取消选区后的效果如图12.28所示。

19 设置前景色为白色，选择“画笔工具”，在其工具选项条中设置适当的画笔大小及不透明度，在“图层1”蒙版中进行涂抹，以将人物臀部左侧生硬的区域显示出来，直至得到如图12.29所示的效果。

图12.27

图12.28

图12.29

提示

此时，观察人物左手臂与绳子的交接处，手臂在绳子的上方，而在此想得到手臂穿过绳子的效果，就需要手臂在绳子的下方。下面将继续利用编辑蒙版功能来解决这个问题。注意确定下面的操作是在“图层1”蒙版中进行。

20 选择“多边形套索工具”，在人物的左手臂处绘制如图12.30所示的选区，设置前景色为黑色，按Alt+Delete键以前景色填充选区，取消选区后的效果如图12.31所示。此时蒙版中的状态如图12.32所示。

图12.30

图12.31

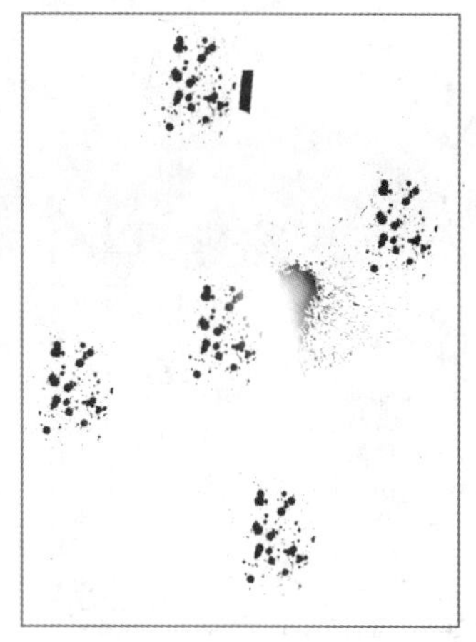

图12.32

提示 至此，人物身上的喷溅效果已制作完成。下面来制作人物身上的云彩及拖影图像。

21 选择“画笔工具”，打开随书所附光盘中的文件“源文件\第12章\12.1\素材7.abr”，在画布中右击，在弹出的画笔显示框中选择刚刚打开的画笔。

22 选择组“喷溅”，新建“图层7”，设置前景色为白色，选择上一步载入的画笔，在人物的左腿处进行涂抹，直至得到如图12.33所示的效果。

23 保持前景色不变，按照步骤21～22的操作方法，载入随书所附光盘中的文件“源文件\第12章\12.1\素材8.abr”，并应用载入的画笔在人物的右脚处单击，得到的效果如图12.34所示。同时得到“图层8”。应用自由变换控制框调整图像的角度及位置，得到的效果如图12.35所示。

图12.33

图12.34

图12.35

24 选择“滤镜”|“模糊”|“径向模糊”命令，设置弹出的对话框如图12.36所示，得到如图12.37所示的效果。复制“图层8”得到“图层8副本”，使用“移动工具”向上移动图像的位置，得到的效果如图12.38所示。

25 下面利用素材图像制作人物周围的装饰图像。打开随书所附光盘中的文件“源文件\第12章\12.1\素材9.psd”，如图12.39所示。使用“移动工具”将其拖动至刚制作的文件中，并分布在人物的周围，得到如图12.40所示的最终效果。“图层”面板如图12.41所示。

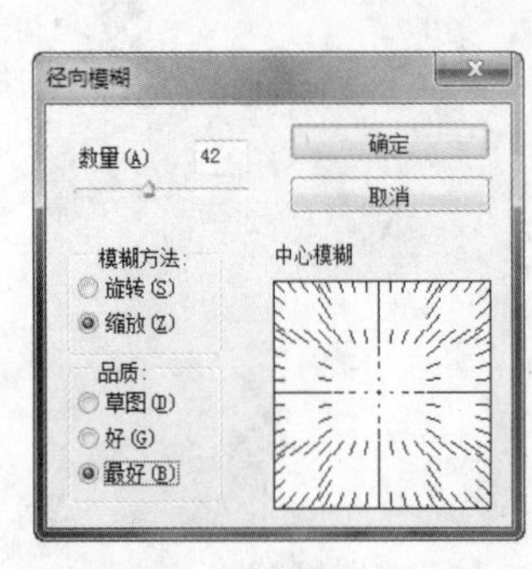

图12.36

图12.37

图12.38

图12.39

图12.40

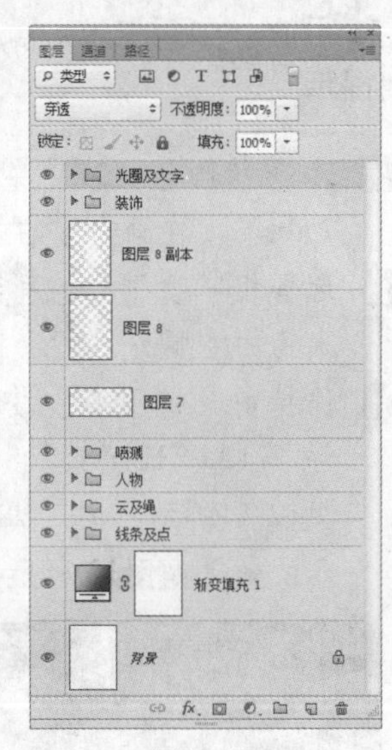

图12.41

提示 组“装饰”中的“点画笔”可参考随书所附光盘中的文件“源文件\第12章\12.1\素材10.abr”。在制作过程中，还需要注意各个组的顺序。

12.2 剪切纸特效表现

例前导读：

本例是以剪切纸为主题的特效表现作品。在制作过程中，主要以处理人物身后的半调图案为核心内容。人物身后的网格线条及不规则的红色线条图像也起着很好的装饰效果，而画面右侧的小喇叭及特殊的文字图像也为画面增添了许多活跃的气氛。

核心技能：

- 应用“黑白”调整图层制作图像的黑白效果。

- 利用图层蒙版功能隐藏不需要的图像。
- 通过设置图层属性以混合图像。
- 结合通道及滤镜功能创建特殊的选区。
- 结合路径及用画笔描边路径的功能，为所绘制的路径进行描边。
- 使用形状工具绘制形状。
- 应用“外发光”命令，制作图像的发光效果。

效果文件：源文件\第12章\12.2\12.2.psd

操作步骤：

01 打开随书所附光盘中的文件“源文件\第12章\12.2\素材1.psd”，如图12.42所示，将其作为本例的背景图像。

02 下面结合图层属性以及调整图层等功能，调整人物图像。在“图层”面板中选择图层“人物”，设置此图层的混合模式为“正片叠底”，以混合图像，得到的效果如图12.43所示。

图12.42

图12.43

03 单击“图层”面板底部的“创建新的填充或调整图层”按钮，在弹出的菜单中选择“黑白”命令，得到图层“黑白1”，按Ctrl+Alt+G键执行“创建剪贴蒙版”操作，设置弹出的面板如图12.44所示，得到如图12.45所示的效果。“图层”面板如图12.46所示。

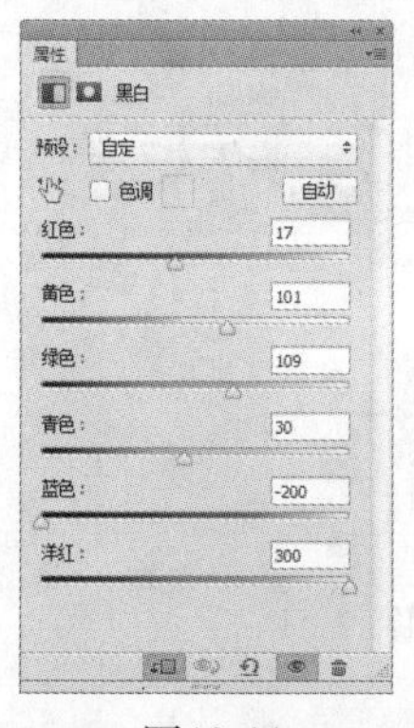

图12.44

图12.45

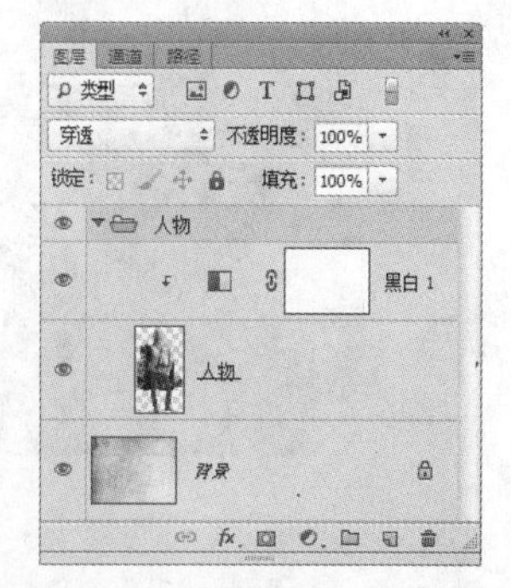

图12.46

提示 为了方便图层的管理，在此将制作人物的图层选中，按Ctrl+G键执行“图层编组”操作得到“组1”，并将其重命名为“人物”。

04 下面制作人物身后的楼体图像。选择“背景”图层作为当前的工作层，打开随书所附光盘中的文件“源文件\第12章\12.2\素材2.psd”，使用“移动工具”将其拖动至刚制作的文件中，得到“图层1”。按Ctrl+T键调出自由变换控制框，按住Shift键向外拖动控制句柄以放大图像及移动位置，按Enter键确认操作，得到的效果如图12.47所示。

图12.47

05 选择“钢笔工具”，在其工具选项条上选择“路径”选项，沿着人物的轮廓绘制如图12.48所示的路径。按住Ctrl键单击“添加图层蒙版”按钮，为“图层1”添加蒙版，隐藏路径后的效果如图12.49所示。

图12.48

图12.49

06 选择“背景”图层，按照前面所讲解的操作方法，利用素材图像，结合变换、调整图层以及剪贴蒙版等功能，制作人物身后的楼体图像，如图12.50所示。“图层”面板如图12.51所示。

图12.50

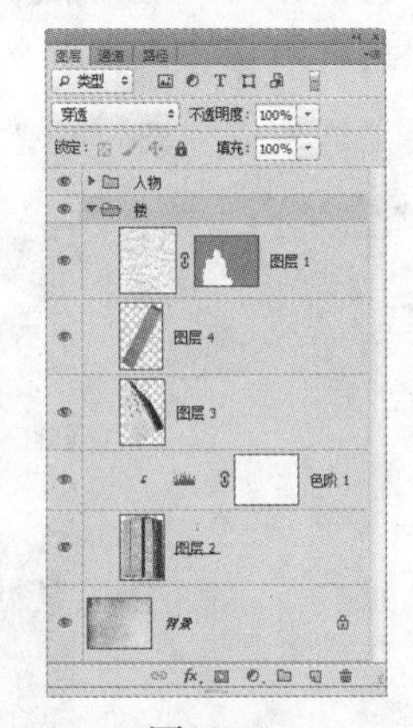

图12.51

提示 本步骤所应用到的素材图像为随书所附光盘中的文件“源文件\第12章\12.2\素材3.psd”～“源文件\第12章\12.2\素材5.psd”。另外，设置“图层2”、“图层3”和“图层4”的混合模式均为“正片叠底”。

07 下面制作半调图案效果。收拢组“楼”，按照步骤5的操作方法应用“钢笔工具” 在人物的上方绘制如图12.52所示的路径。按Ctrl+Enter键将路径转换为选区，切换至“通道”面板，单击“将选区存储为通道”按钮，得到“Alpha1”，选择此通道，按Ctrl+D键取消选区，此时通道中的状态如图12.53所示。

图12.52

图12.53

08 按Ctrl+I键应用“反相”命令，得到如图12.54所示的效果。选择“滤镜”|“模糊”|“高斯模糊”命令，在弹出的对话框中设置“半径”数值为30，得到如图12.55所示的效果。

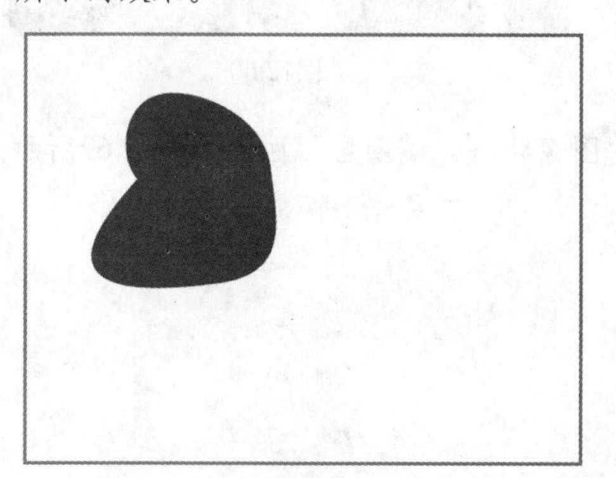

图12.54

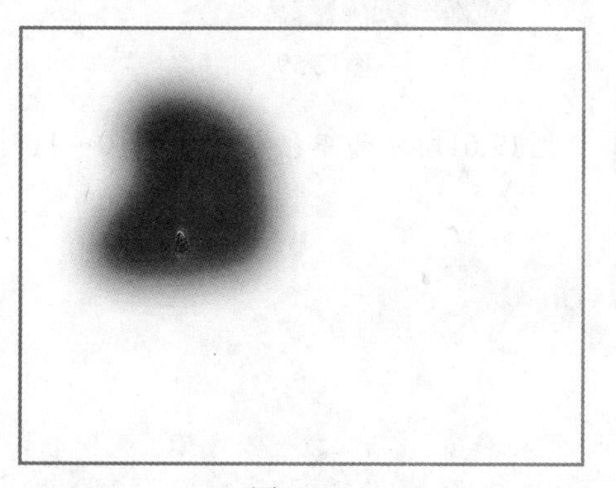

图12.55

09 选择“滤镜”|“像素化”|“彩色半调”命令，设置弹出的对话框如图12.56所示，得到如图12.57所示的效果。

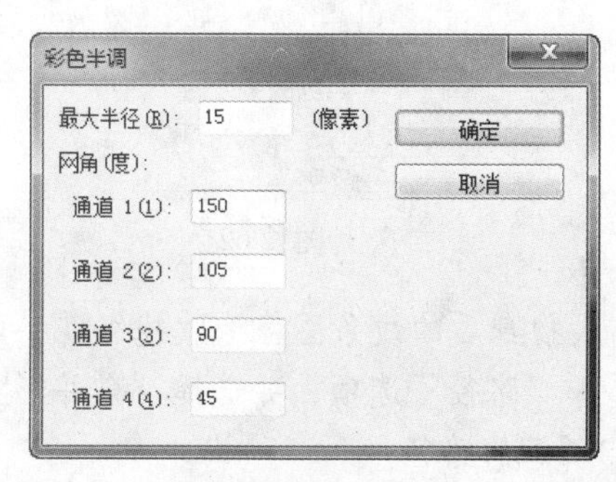

图12.56

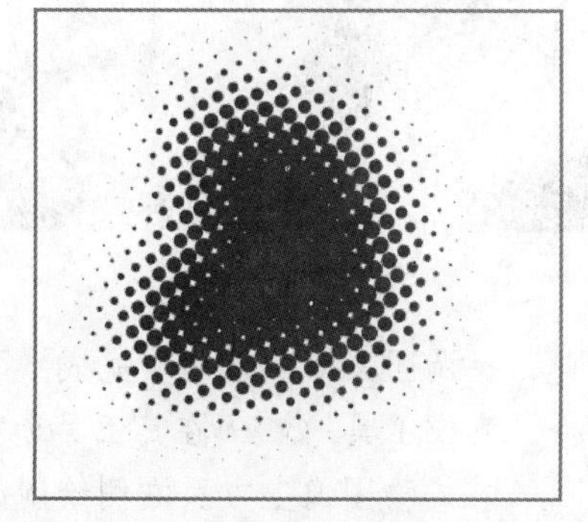

图12.57

10 按住Ctrl键单击“Alpha1”通道缩览图以载入其选区，按Ctrl+Shift+I键执行“反向”操作，以反向选择当前的选区。切换至“图层”面板，选择“背景”图层，新建“图

层5”，设置前景色值为89182b，按Alt+Delete键以前景色填充选区，按Ctrl+D键取消选区，得到的效果如图12.58所示。

图12.58

11 复制“图层5”得到“图层5副本”，利用自由变换控制框调整图像的大小及位置，得到的效果如图12.59所示。重复本步骤的操作，复制“图层5”5次，经过调整后的图像效果如图12.60所示。

图12.59

图12.60

12 如图12.61所示为单独显示步骤10～11时的图像状态，“图层”面板如图12.62所示。

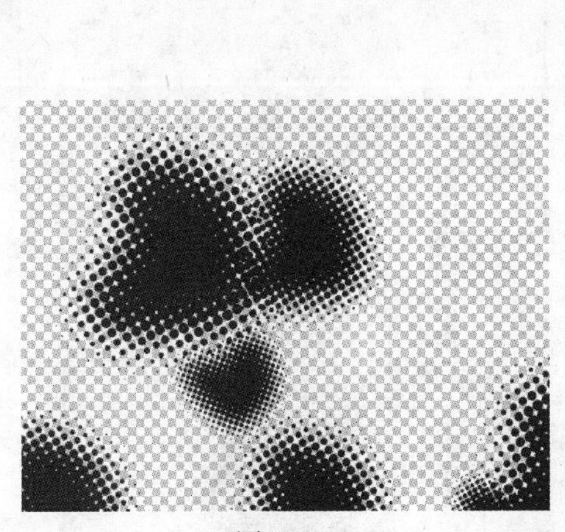

图12.61

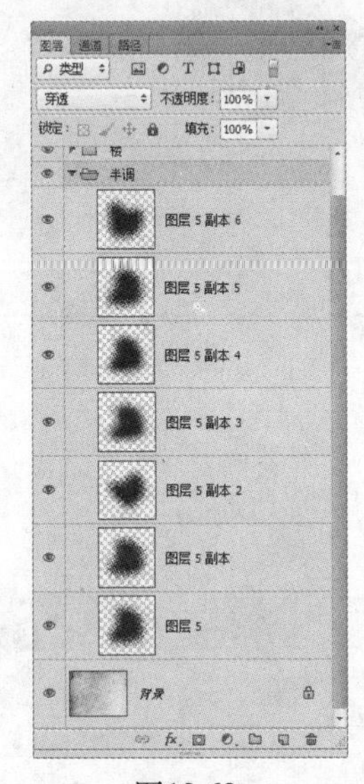

图12.62

13 至此，半调图案效果已制作完成。下面制作人物身后的线条图像。收拢组“半调”，选择“直线工具”，在其工具选项条上选择“路径”选项，并选择“合并形状”选项，在人物图像上方及右侧绘制如图12.63所示的路径。

14 选择组“半调”，新建“图层6”，设置前景色为白色，选择“画笔工具”，并在其工具选项条中设置画笔为“柔角3像素”，“不透明度”值为100%，切换至“路径”面板，单击“用画笔描边路径”按钮，隐藏路径后的效果如图12.64所示。

图12.63

图12.64

15 切换回“图层”面板，设置“图层6”的混合模式为“叠加”，以混合图像，得到的效果如图12.65所示。

16 单击“图层”面板底部的“添加图层蒙版”按钮，为“图层6”添加蒙版，设置前景色为黑色，选择“渐变工具”，并在其工具选项条中选择“线性渐变工具”，在画布中右击，然后在弹出的渐变显示框中选择渐变类型为“前景色到透明渐变”，在蒙版中从不同的角度由外向内绘制渐变，得到的效果如图12.66所示。

图12.65

图12.66

17 设置前景色值为e14f64，选择“钢笔工具”，并在其工具选项条上选择“形状”选项，在人物的两侧随意绘制线条图像，如图12.67所示。同时得到图层“形状1”。

提示 下面结合“画笔工具”、画笔素材以及图层样式等功能，制作画布右侧的喇叭图像。

18 新建“图层7”，设置前景色为黑色，打开随书所附光盘中的文件“源文件\第12章\12.2\素材6.abr”，选择“画笔工具”，在画布中右击，然后在弹出的画笔显示框中选择刚刚打开的画笔，在画布的右侧进行涂抹，得到的效果如图12.68所示。

图12.67

图12.68

19 在“图层”面板底部单击“添加图层样式”按钮 fx，在弹出的菜单中选择“外发光”命令，设置弹出的对话框如图12.69所示，颜色块的颜色值为ffffbe，得到的效果如图12.70所示。

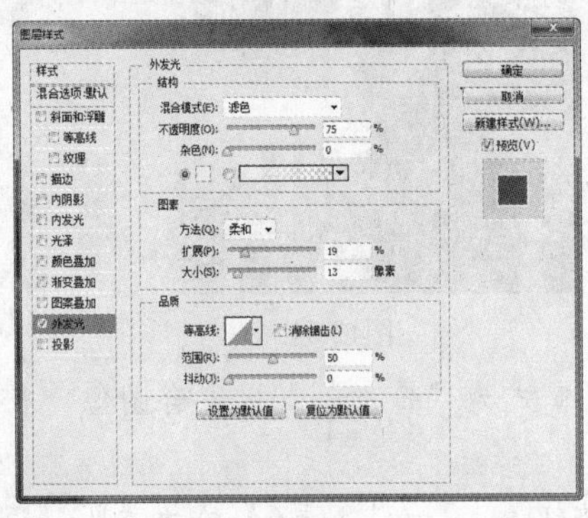

图12.69

图12.70

20 下面制作文字图像。选择“直排文字工具” IT，设置前景色为黑色，并在其工具选项条上设置适当的字体和字号，在画布的右侧输入如图12.71所示的文字，并得到相应的文字图层。

21 按照步骤19的操作方法为文字图层中的图像添加“外发光”图层样式，以制作文字的发光效果，如图12.72所示。“图层”面板如图12.73所示。

图12.71

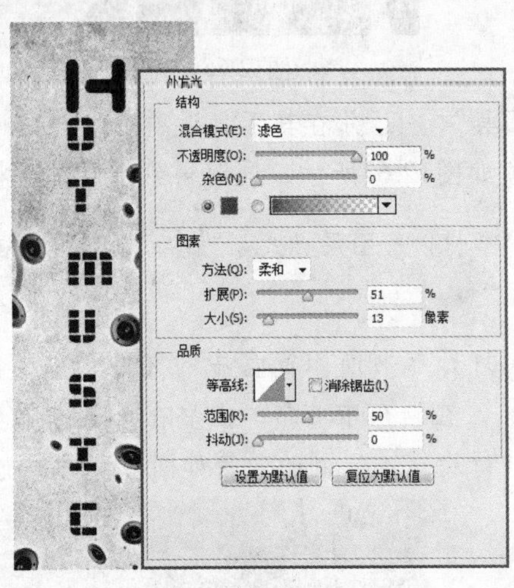

图12.72

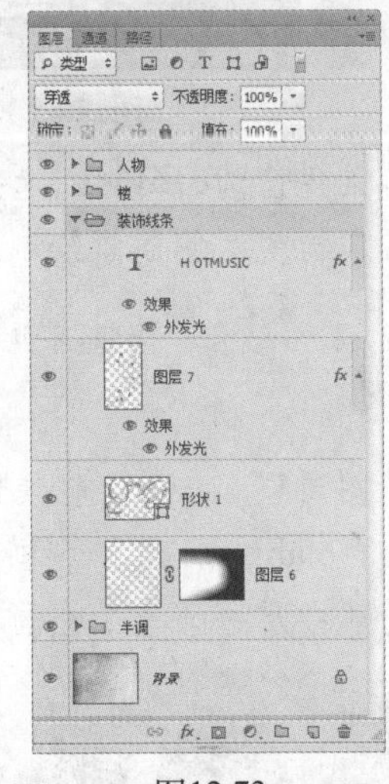

图12.73

提示

在“外发光”对话框中，颜色块的颜色值为ff0000。

22 收拢组“装饰线条”，选择组“半调”作为操作对象，利用随书所附光盘中的文件“源文件\第12章\12.2\素材7.psd”，结合变换及图层蒙版等功能，调整画布下方的彩光效果，如图12.74所示。如图12.75所示为单独显示本步骤的图像状态，同时得到“图层8”。

图12.74

图12.75

23 新建“图层9”，设置前景色值为bflc5d，选择“画笔工具”，并在其工具选项条中设置适当的画笔大小及不透明度，在人物右侧及头部左侧进行涂抹，得到的效果如图12.76所示。如图12.77所示为单独显示本步骤的图像状态。

图12.76

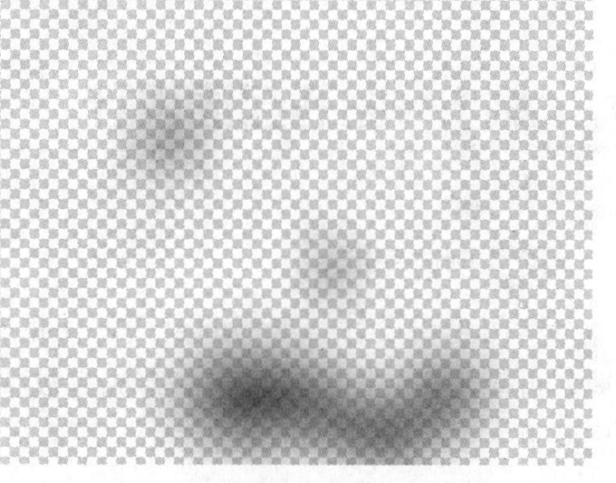

图12.77

24 根据前面所讲解的操作方法，结合“画笔工具”以及图层属性等功能，进一步调整画面中的色彩，如图12.78所示。如图12.79所示为单独显示本步骤的图像状态。“图层”面板如图12.80所示。

图12.78

图12.79

25 设置组“调色”的混合模式为“变暗”，以混合图像，得到的最终效果如图12.81所示。

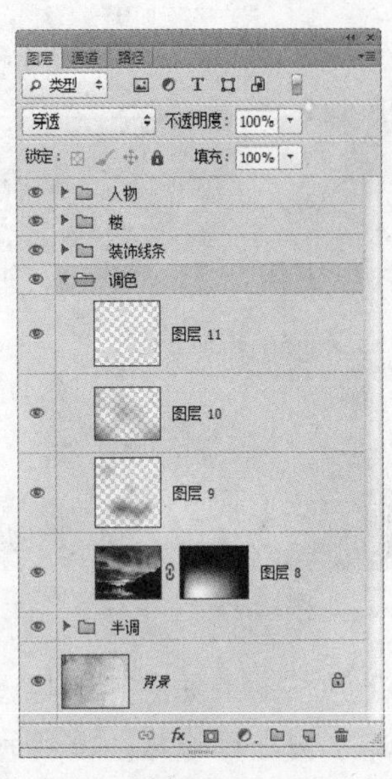

图12.80

图12.81

12.3 图书封面设计

例前导读：

本例主要设计一本书的封面，使用花纹纹理及文字作为底图，以突出表现主题意境，再应用多幅图像及文字的合成完成整幅图像效果。在制作的过程中，主要应用了图层蒙版、混合模式等知识点。

核心技能：

- 利用图层蒙版功能隐藏不需要的图像。
- 通过设置图层属性以混合图像。
- 应用“羽化”功能，制作具有虚化的边缘效果。
- 利用形状工具绘制图形。
- 利用变换功能调整图像的大小、角度及位置。

效果文件：源文件\第12章\12.3\12.3.psd

操作步骤：

01 打开随书所附光盘中的文件“源文件\第12章\12.3\素材1.tif”，如图12.82所示，将其作为本例的背景图像。

02 打开随书所附光盘中的文件“源文件\第12章\12.3\素材2.tif”，如图12.83所示。使用“移动工具”将其拖动至刚打开的文件中，得到“图层1”。按Ctrl+T键调出自由变换控制框，按住Shift键向内拖动控制句柄，以缩小图像及移动位置，按Enter键确认操作，得到的效果如图12.84所示。

图12.82

图12.83

图12.84

03 在“图层”面板底部单击“添加图层蒙版”按钮，为“图层1”添加图层蒙版，设置前景色为黑色，选择“画笔工具”，并在其工具选项条中设置适当的画笔大小及不透明度，在图层蒙版中进行涂抹，以将上下方图像隐藏起来，直至得到如图12.85所示的效果，此时蒙版中的状态如图12.86所示。

图12.85

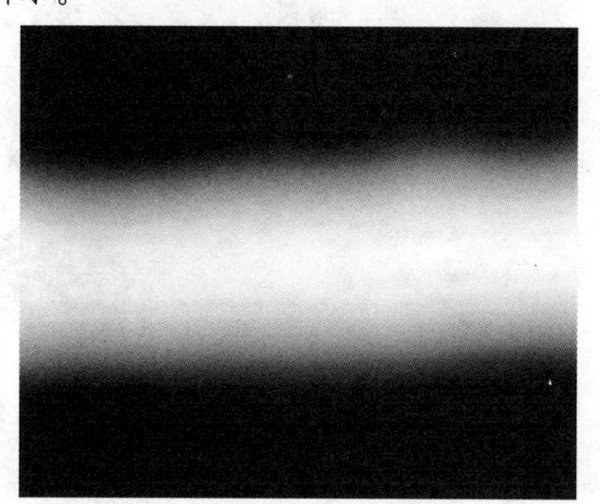

图12.86

04 设置“图层1”的混合模式为“正片叠底”，“不透明度”值为80%，得到的效果如图12.87所示。

05 按照步骤2～4的操作方法，打开随书所附光盘中的文件“源文件\第12章\12.3\素材3.tif”，如图12.88所示，并将其拖动至刚制作的文件中，调整图像的大小及位置，得到如图12.89所示的效果。添加图层蒙版后的效果如图12.90所示。此时蒙版中的状态如图12.91所示。设置“图层2”的混合模式为“正片叠底”，效果如图12.92所示。“图层”面板如图12.93所示。

图12.87

图12.88

图12.89

图12.90

图12.91

图12.92

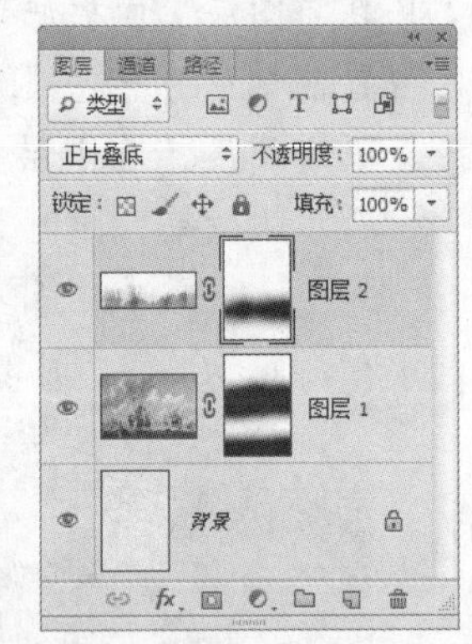

图12.93

06 打开随书所附光盘中的文件“源文件\第12章\12.3\素材4.psd”，如图12.94所示。使用“移动工具”将其拖动至刚制作的文件中，得到“图层3”。结合自由变换控制框调整图像的大小及位置，得到如图12.95所示的效果。打开随书所附光盘中的文件“源文件\第12章\12.3\素材5.psd”，如图12.96所示，重复本步骤的操作，得到如图12.97所示的效果，并得到“图层4”。

图12.94

图12.95

图12.96

图12.97

07 设置“图层4”的混合模式为“变亮”，得到如图12.98所示的效果。“图层”面板如图12.99所示。

08 复制“图层 3”得到“图层3副本”，并将其拖动至“图层 3”下方，结合自由变换控制框调整图像的大小及位置，得到如图12.100所示的效果。

图12.98

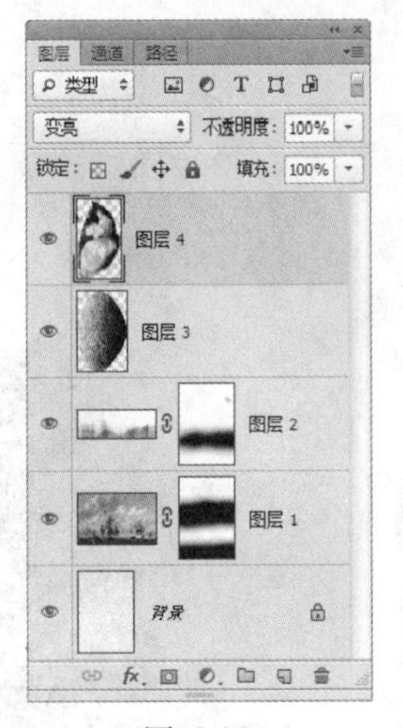

图12.99

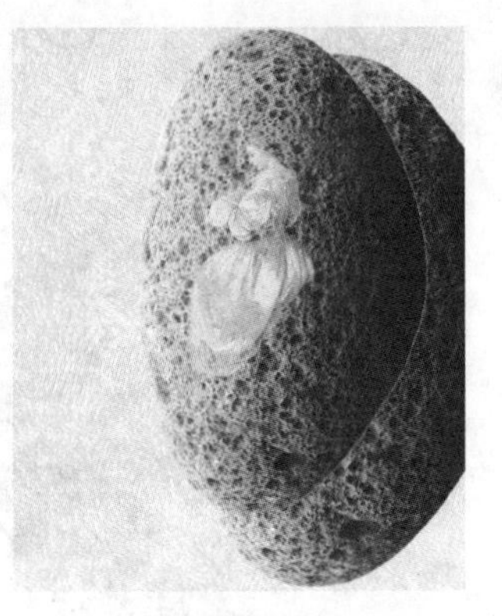

图12.100

09 按住Ctrl键单击“图层3副本”图层缩览图以载入其选区，按Shift+F6键应用“羽化”命令，在弹出的对话框中设置“羽化半径”数值为20，单击“确定”按钮退出对话框，设置前景色为黑色。按Alt+Delete键填充前景色，按Ctrl+D键取消选区，得到如图12.101所示的效果。

10 复制“图层3副本”得到“图层3副本2”，结合自由变换控制框调整图像的大小及位置，然后载入其选区并填充白色，得到如图12.102所示的效果。设置此图层的“不透明度”值为55%，得到如图12.103所示的效果。

图12.101

图12.102

图12.103

11 选择“图层4”，设置前景色为白色，选择“横排文字工具”T，并在其工具选项条中设置适当的字体和字号，在当前文件右侧输入如图12.104所示的文字，并得到相应的文字图层。

提示

在左侧的小文字，结合自由变换框顺时针旋转了90°。

12 分别设置文字图层“海”至“里”的混合模式为“叠加”，图层“10，000 kil……”的混合模式为“明度”，得到如图12.105所示的效果。“图层”面板如图12.106所示。

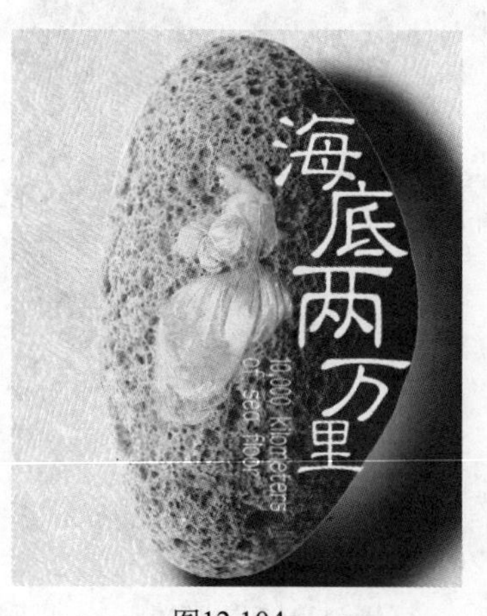

图12.104

图12.105

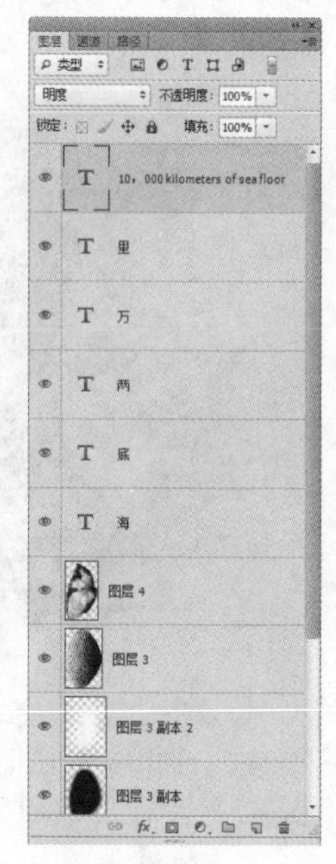

图12.106

13 新建“图层 5”，结合形状工具及“像素”选项，在当前文件左侧制作如图12.107所示的图像，局部效果如图12.108所示。

提示 先使用“矩形工具”绘制一个矩形，再选择“直线工具”绘制一条直线。设置直线的粗细为6px。

14 新建“图层 6”，结合“椭圆工具”、“像素”选项及自由变换控制框在上一步得到的图像上制作如图12.109所示的6个圆形图像。

提示 先设置前景色的颜色值为854e4d，选择“椭圆工具”，按住Shift键绘制一个正圆，按Ctrl键载入其选区，按Ctrl+Alt+T键调出自由变换并复制控制框，按住Shift+Alt键向内缩小图像，按Enter键确认操作。设置前景色的颜色值为550000，按Alt+Delete键填充前景色，按Ctrl+D键取消选区。再按Ctrl键载入整体图像选区，按Alt键在“移动工具”下进行复制即可得到。载入选区的目的在于所操作的图像在一个图层中，不然会生成多个图层，为了方便图层的管理，在此应用载入选区的方法进行操作。

图12.107

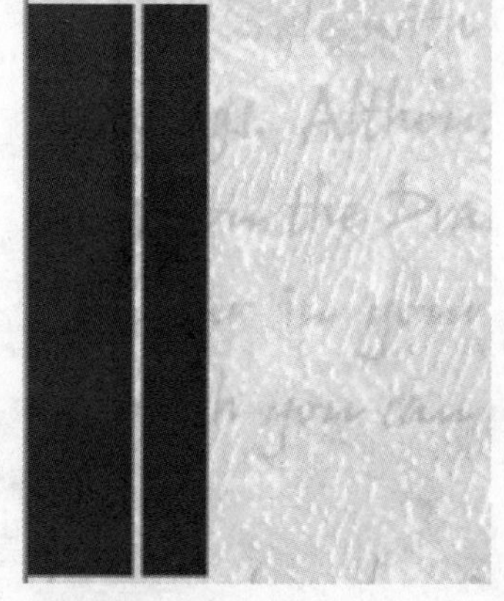

图12.108

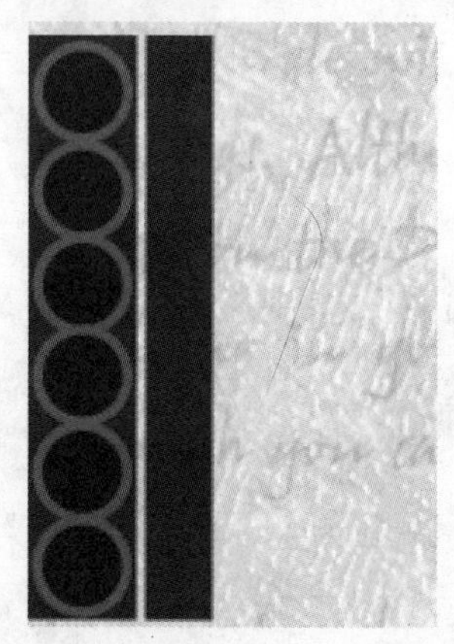

图12.109

15 结合“直排文字工具”[IT]，完成本例的制作，最终效果如图12.110所示。“图层”面板如图12.111所示。

图12.110

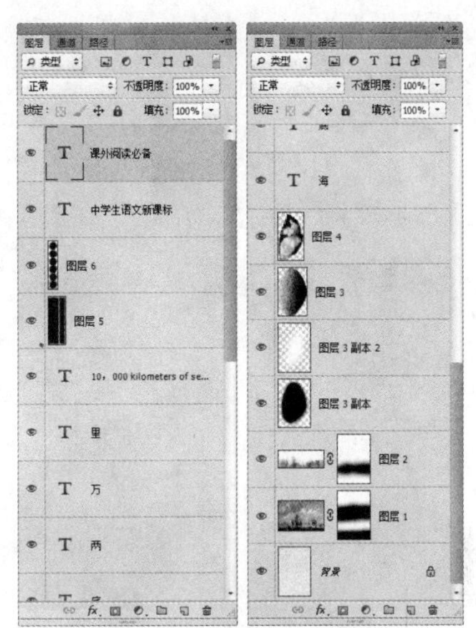

图12.111

12.4 涂鸦风格视觉汽车主题海报

例前导读：

本例制作的是一个涂鸦风格的海报作品，这种一反正规、商业、板正的海报风格的作品越来越能够迎合当代年轻人“非主流”的审美倾向。不规则的边框、各类喷溅笔触形成一种无规律美感，给人无拘无束的奔放感觉，围绕着文字的红色与黄色的笔触有效地将视觉注意力吸引到文字上。

核心技能：

- 应用“渐变工具”绘制渐变。
- 通过设置图层属性以混合图像。
- 利用剪贴蒙版限制图像的显示范围。
- 使用形状工具绘制形状。
- 使用“阈值”命令将图像轮廓化。
- 调入特制的画笔素材文件。
- 使用画笔进行涂抹、绘制，以获得涂鸦笔触效果。

效果文件：源文件\第12章\12.4\12.4.psd

操作步骤：

01 打开随书所附光盘中的文件“源文件\第12章\12.4\素材1.psd”，首先确认“图层”面板的状态如图12.112所示。

02 设置前景色的颜色值为c2be98，背景色的颜色值为eae6b7，选择“线性渐变工具”，设置渐变的类型为“前景色到背景色渐变”，从画布的上方向下绘制渐变，得到如图12.113所示的效果。

03 显示“素材1”并将其重命名为“图层 1”，使用“移动工具”将其移至画布的下方，即如图12.114所示的位置，设置“图层 1”的混合模式为“正片叠底”，得到如图12.115所示的效果。

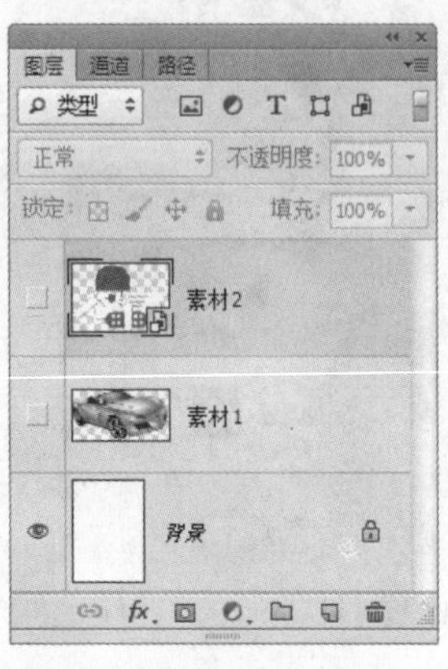

图12.112

图12.113

图12.114

提示

下面将通过使用调整图层来表现壁画的感觉。

04 单击“创建新的填充或调整图层”按钮，在弹出的菜单中选择“阈值”命令，得到图层“阈值 1”，按Ctrl+Alt+G键执行“创建剪贴蒙版”操作，在弹出的面板中设置“阈值色阶”为139，得到如图12.116所示的效果。

05 新建一个图层得到“图层 2”，按Ctrl+Alt+G键执行“创建剪贴蒙版”操作，设置前景色的颜色值为755c1d，按Alt+Delete键填充前景色，设置此图层的混合模式为“线性减淡（添加）”，得到如图12.117所示的效果。

图12.115

图12.116

图12.117

06 显示“素材2”并将其重命名为“图层 3”，按Ctrl+T键调出自由变换控制框，按住Shift键成比例缩小图像，并将其移至画布的右上方位置，如图12.118所示，按Enter键确认变换操作，“图层”面板的状态如图12.119所示。

07 选择“图层 2”为当前操作状态，以使下面绘制的形状在卡通人物的下方。设置前景色的颜色值为 6b521c，选择“椭圆工具”，在其工具选项条上选择“形状”选项，按住Shift键在卡通人物的下方绘制一个如图12.120所示的正圆形状并得到“椭圆 1”。

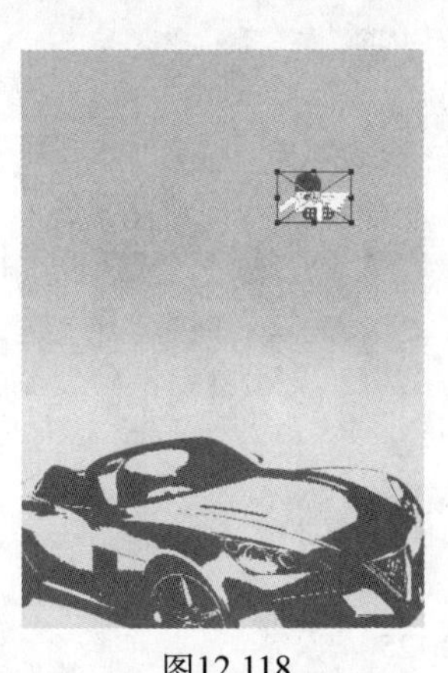
图12.118

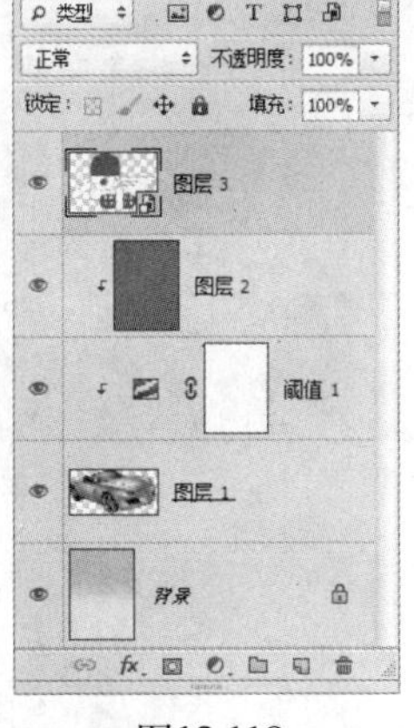

图12.119

图12.120

提示

下面将通过使用随书所附光盘中的素材画笔来给卡通人物绘制特效墨点装饰效果。

08 新建一个图层得到“图层 4”，设置前景色的颜色为白色，选择“画笔工具”，打开随书所附光盘中的文件“源文件\第12章\12.4\素材2.abr”。

09 在“画笔”面板中，选择上一步打开的“大小”为524px的画笔，并将其“大小”改为600 px，在卡通人物的下方单击，得到如图12.121所示的效果。

10 新建一个图层得到“图层 5”，设置前景色的颜色值为ff4e1c，继续选择“画笔工具”，调出“画笔”面板，选择“大小”为270px的画笔，在卡通人物的下面单击，得到如图12.122所示的效果。

11 新建一个图层得到“图层 6”，设置前景色的颜色值为f9b548，选择“画笔工具”，调出“画笔”面板，选择“大小”为590px的画笔，在卡通人物的下面单击，得到如图12.123所示的效果，此时“图层”面板的状态如图12.124所示。

12 选择“钢笔工具”，并在其工具选项条中选择“路径”选项，在卡通人物的左侧绘制一条如图12.125所示的路径，按Ctrl+Enter键将路径转换为选区。

图12.121

图12.122

图12.123

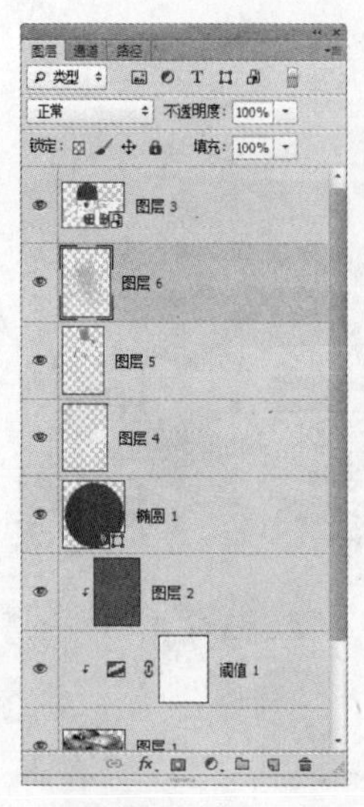

图12.124

图12.125

13 新建一个图层得到“图层 7”，将其拖至“图层 3”的上方，设置前景色的颜色值为ff4e1c，选择“画笔工具”，按F5键显示“画笔”面板，在面板中选择“大小”为736px的画笔，选择画笔笔尖形状选项，并设置弹出的面板如图12.126所示，按照如图12.127所示的流程图绘制，按Ctrl+D键取消选区。

图12.126

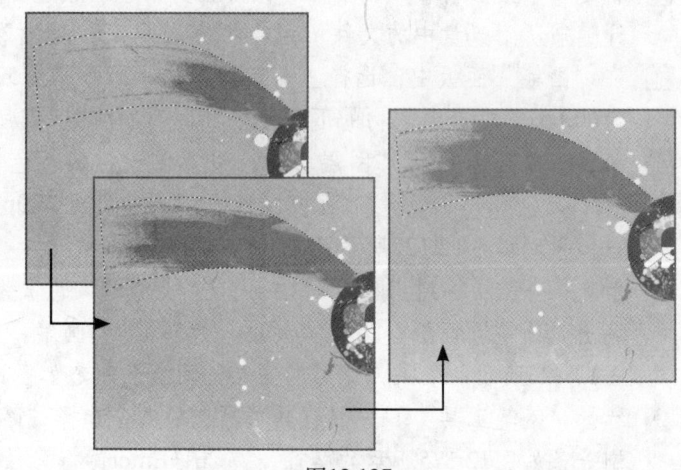

图12.127

14 依然保持前景色的设置并选择第11步所选的画笔，缩小“大小”，按照图12.128所示的效果绘制墨点以使其硬化的边缘完整。

15 新建一个图层得到“图层 8”，设置前景色的颜色值为705924，选择“画笔工具”，在“画笔”面板中选择第9步打开的“大小”为524px的画笔，并在画笔笔尖形状选项中调整主直径及角度，按照如图12.129所示的流程图绘制图像。

图12.128

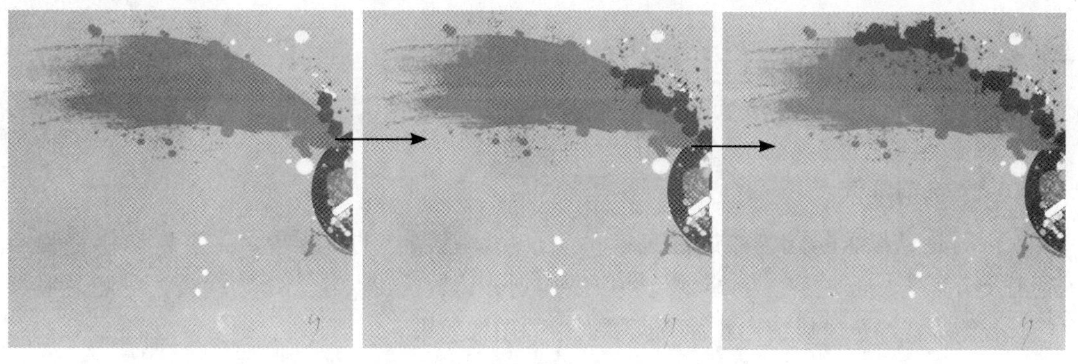

图12.129

16 下面的画笔应用和前面所用到的原理是一样的，请尽可能地利用随书光盘中所附的画笔素材，按照图12.130所示的流程图进行以下操作。

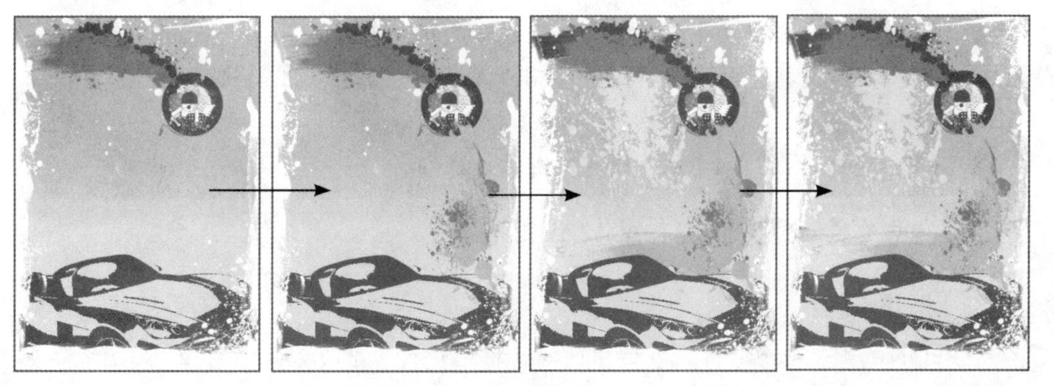

图12.130

17 下面将利用“矩形工具”和“横排文字工具”按照图12.131所示的格式输入文字，并得到相应的文字图层和形状图层，这幅作品就完成了。“图层”面板如图12.132所示。

图12.131

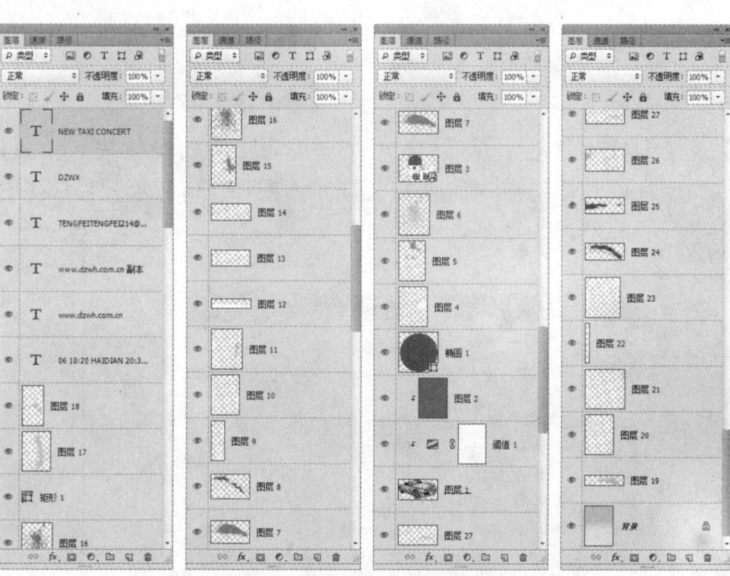

图12.132

12.5 红薯粉丝包装设计

例前导读：

本例是以红薯粉丝为主题的包装设计作品。在制作的过程中，主要以制作包装的底图及文字为核心内容。包装中色彩区域的划分比较突出，上、下为绿色，左侧为中灰色，右侧为浅绿色，以突出正面及两侧面中的图像效果。

核心技能：

- 结合标尺及辅助线划分包装中的各个区域。
- 使用形状工具绘制形状。
- 结合路径以及渐变填充图层的功能制作图像的渐变效果。
- 结合“直接选择工具”、“删除锚点工具”调整文字的状态。
- 应用“文字变形”命令制作变形文字。
- 应用“高斯模糊”命令制作模糊的图像效果。

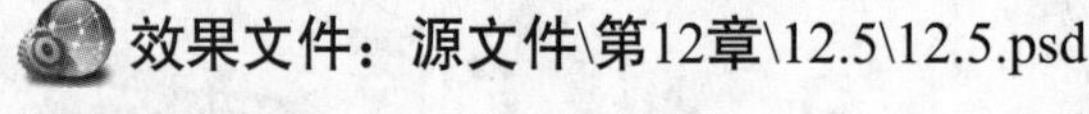

效果文件：源文件\第12章\12.5\12.5.psd

操作步骤：

01 按Ctrl+N键新建一个文件，在弹出的对话框中进行参数设置，如图12.133所示，单击“确定”按钮退出对话框，以创建一个新的空白文件。

提示 在“新建”对话框中，包装的正面宽度（60mm）+左右两侧面的宽度（各35mm）+背面宽度（60mm）=190mm，包装的高度=240mm。

提示 下面根据提示内容，对整个画面进行区域划分。

02 按Ctrl+R键显示标尺，按Ctrl+;键调出辅助线，按照上面的提示内容在画布中添加辅助线以划分封面中的各个区域，如图12.134所示。按Ctrl+R键隐藏标尺。

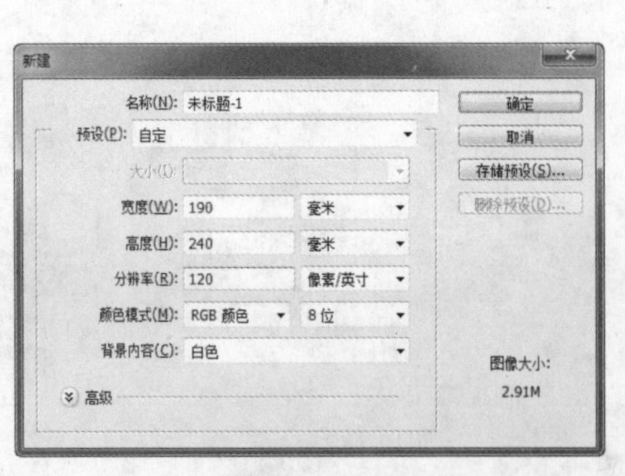

图12.133

图12.134

提示

至此，整体包装的结构已出来，下面制作底图效果。

03 设置前景色为c8c8c9，按Alt+Delete键以前景色填充“背景”图层。设置前景色的颜色值为399a2d，选择“矩形工具”，在工具选项条上选择“形状”选项，在画布的上方绘制矩形，然后在工具选项条中选择“合并形状”选项，在画布的下方绘制矩形，如图12.135所示。同时得到图层“矩形1”。

04 打开随书所附光盘中的文件“源文件\第12章\12.5\素材1.psd”，使用“移动工具”将其拖至刚制作的文件中，得到“图层1”。按Ctrl+T键调出自由变换控制框，在控制框内单击鼠标右键，在弹出的快捷菜单中选择“旋转90°（逆时针）”命令，按住Shift键向外拖动控制句柄以放大图像及移动位置，按Enter键确认操作，得到如图12.136所示的效果。

图12.135

图12.136

05 单击“添加图层样式”按钮 fx，在弹出的菜单中选择“颜色叠加”命令，在弹出的对话框中进行参数设置，如图12.137所示，得到如图12.138所示的效果。设置“图层1”的不透明度为50%，以融合图像。

提示

在“颜色叠加”对话框中，颜色块的颜色值为84c138。

06 按住Alt键将“图层1”拖至其上方得到“图层1副本”，使用“移动工具”移向画布的下方，如图12.139所示。

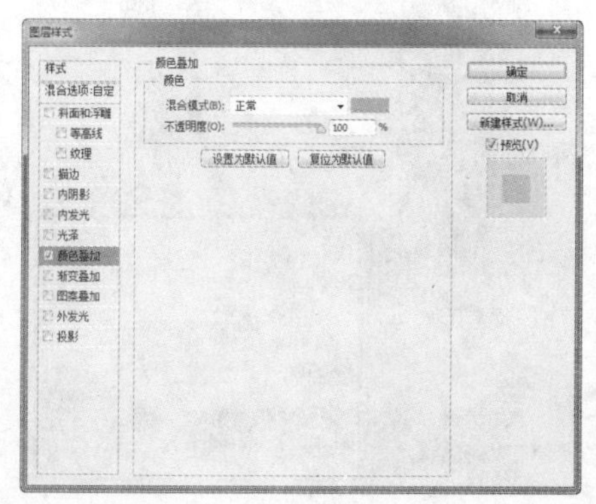

图12.137

图12.138

图12.139

下面结合路径及渐变填充图层等功能，制作包装上、下两侧金黄色边缘效果。

07 选择“矩形工具”，在工具选项条上选择“路径”选项，在画布上绘制路径，如图12.140所示。单击“创建新的填充或调整图层”按钮，在弹出的菜单中选择“渐变”命令，在弹出的对话框中进行参数设置，如图12.141所示，单击“确定”按钮退出对话框，隐藏路径后的效果如图12.142所示，同时得到图层“渐变填充1”。

图12.140

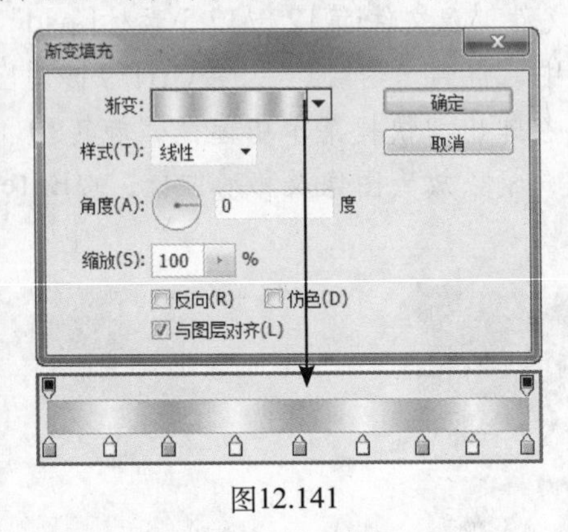

图12.141

图12.142

在“渐变填充”对话框中，渐变类型的各色标颜色值从左至右第1、3、5、7、9为cea972，第2、4、6、8为fffcd1。

08 复制“渐变填充1”得到“渐变填充1副本”，使用“移动工具”移向画布的下方，如图12.143所示。“图层”面板如图12.144所示。

本步中为了方便图层的管理，在此将制作背景元素的图层选中，按Ctrl+G键执行“图层编组”命令，得到“组1”，并将其重命名为“背景元素”。在下面的操作中，也对各部分进行了编组的操作，在步骤中不再叙述。下面制作正面中的图像效果。

09 选择组“背景元素”，设置前景色的颜色值为440000，结合“钢笔工具”及“描边”图层样式，制作正面中的不规则图形，如图12.145所示。同时得到图层“形状1”。

图12.143

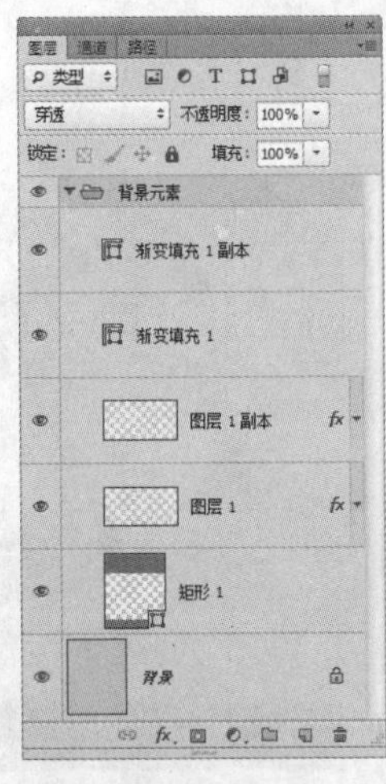

图12.144

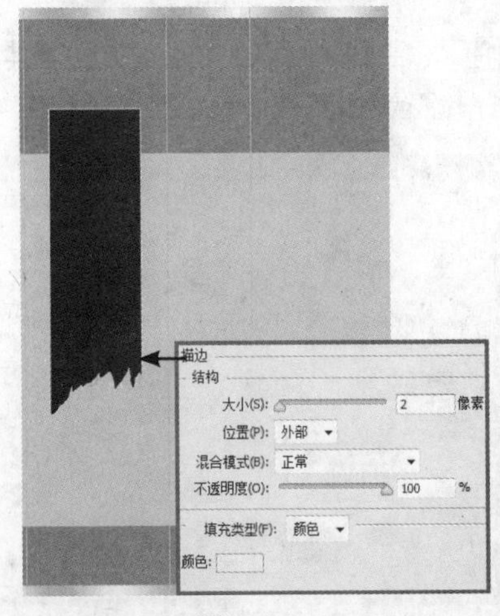

图12.145

提示 在“描边”对话框中，颜色块的颜色值为fffbc7。下面添加纹理图像。

10 打开随书所附光盘中的文件“源文件\第12章\12.5\素材2.psd”，使用“移动工具”将其拖至刚制作的文件中，得到“图层2”。按Ctrl+Alt+G键执行“创建剪贴蒙版”操作，应用自由变换控制框调整图像的大小及位置，得到如图12.146所示的效果。

11 根据前面所讲的，结合形状工具、素材图像以及创建剪贴蒙版等功能，完善不规则图形上的图像效果，如图12.147所示。“图层”面板如图12.148所示。

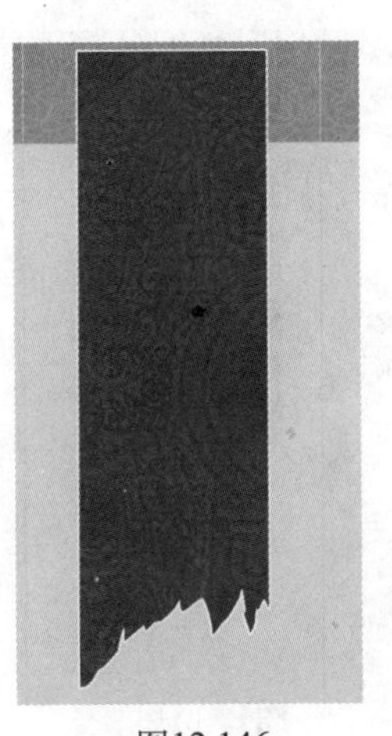

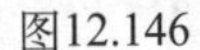

图12.146

图12.147

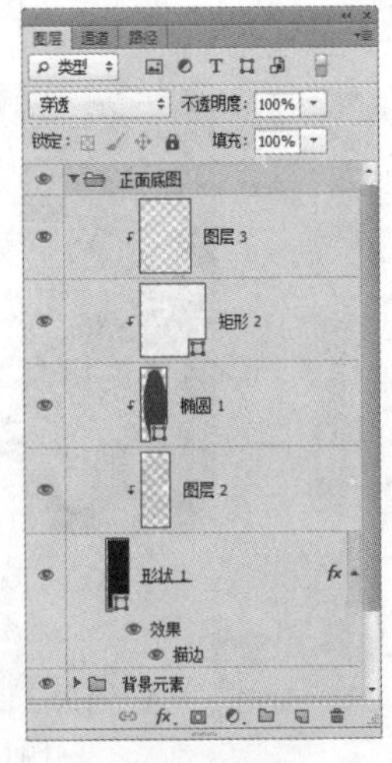

图12.148

提示 在本步操作过程中，没有给出图像的颜色值，读者可依自己的审美进行颜色搭配。在下面的操作中，不再做颜色的提示。另外，在制作的过程中应用到的素材图像为随书所附光盘中的文件“源文件\第12章\12.5\素材3.psd”，同时设置了“图层3”的不透明度为70%。

提示 完成一个形状后，如果想继续绘制另外一个不同颜色的形状，在绘制前需按Esc键使先前绘制形状的矢量蒙版缩览图处于未选中的状态。下面制作红色图像的模糊效果。

12 选择图层“椭圆1”，选择“滤镜”|“模糊”|“高斯模糊”命令，在弹出的提示框中单击“确定”按钮退出，在弹出的对话框中设置“半径”数值为25，得到如图12.149所示的效果。

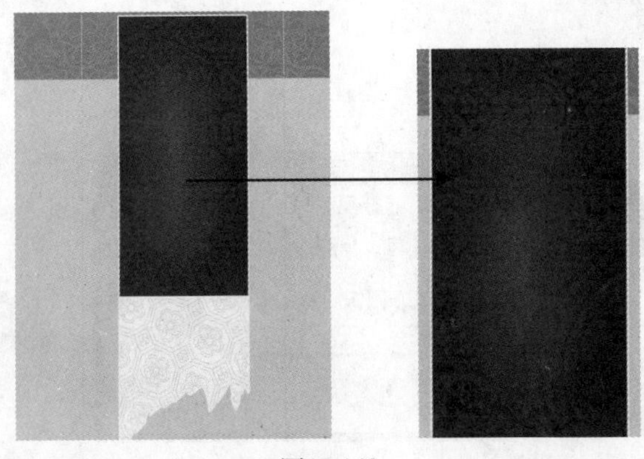

图12.149

提示 至此，正面中的底图已制作完成。下面制作文字图像。

13 选择组“正面底图”，打开随书所附光盘中的文件“源文件\第12章\12.5\素材4.psd”，使用“移动工具”将其拖至刚制作的文件中，得到“图层4”。应用自由变换控制框调整图像的大小及位置，并应用“描边”图层样式制作文字的描边效果，如图12.150所示。

14 打开随书所附光盘中的文件“源文件\第12章\12.5\素材5.psd”，结合“移动工具”、变换以及复制图层样式的功能，制作主题文字上方的扇形图像，如图12.151所示。同时得到“图层5”。

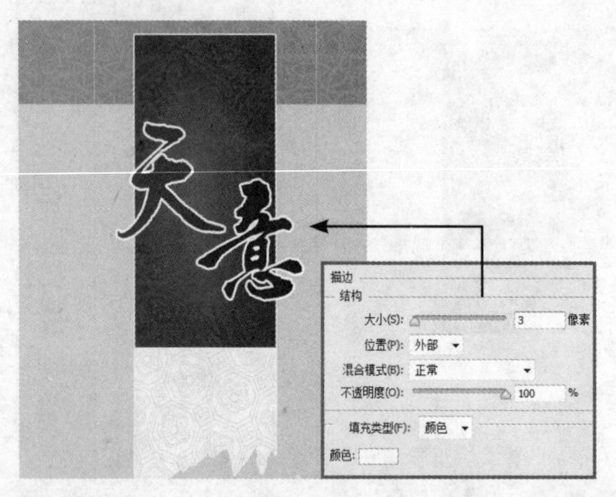

图12.150

图12.151

提示 由于本步所添加的图层样式与第13步中的设置是一样的，为了提高工作效率，我们可以应用复制图层样式的方法来实现，按住Alt键将“图层4”图层样式拖至“图层5”图层上即可复制图层样式。下面制作扇形图像中的文字效果。

15 选择“横排文字工具”，设置前景色的颜色为白色，并在其工具选项条上设置适当的字体和字号，在扇形图像中输入文字，如图12.152所示，同时得到相应的文字图层。在文字工具选项条中选择“创建文字变形”按钮，在弹出的对话框中进行参数设置，如图12.153所示，得到如图12.154所示的效果。

图12.152

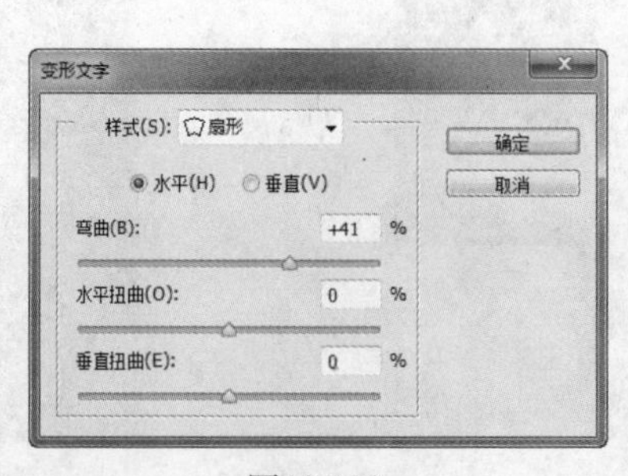

图12.153

图12.154

提示　下面制作“天意”左下方的瓶盖图像。

16 设置前景色的颜色值为d2ae77，选择“多边形工具”，设置其工具选项条如图12.155所示。在工具选项条中单击花形图标，设置多边形选项如图12.156所示。在“天意”文字左下方绘制如图12.157所示的形状，得到图层“多边形1”。

图12.155

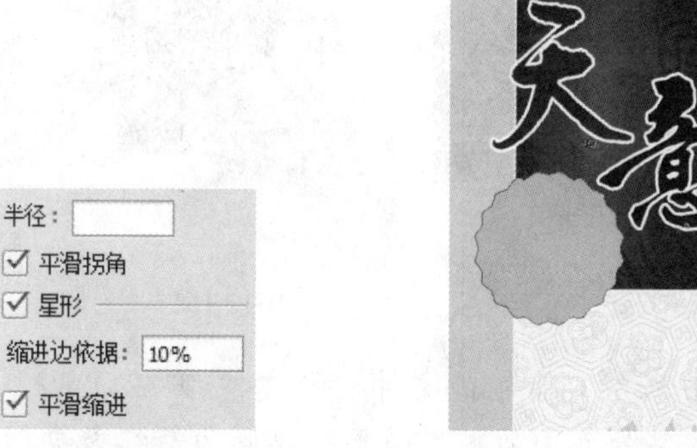

图12.156　　图12.157

17 结合路径及渐变填充图层、形状工具及其运算模式、“画笔工具”以及创建剪贴蒙版等功能，完善瓶盖图像，如图12.158所示。“图层”面板如图12.159所示。

图12.158

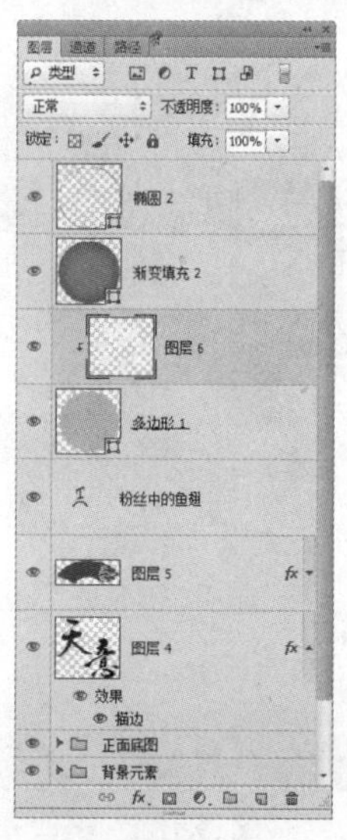

图12.159

提示　本步中关于“渐变填充”对话框中的参数设置请参考最终效果源文件。另外，在制作的过程中，“图层6”要在完成“渐变填充2”和“椭圆2”之后再做。下面制作瓶盖中的文字图像。

18 选择“椭圆2”，设置前景色的颜色值为005921，利用文字工具在瓶盖上输入文字，如图12.160所示。同时得到相应的文字图层“纯”，在此图层名称上单击鼠标右键，在弹出的快捷菜单中选择“转换为形状”命令，结合“直接选择工具”、“删除锚点工具”调整文字的状态，如图12.161所示。

19 复制“纯”得到“纯副本”，双击其图层缩览图，在弹出的对话框中设置颜色值为白色，单击“确定”按钮退出对话框，使用“移动工具”调整图像的位置，得到如图12.162所示的效果。

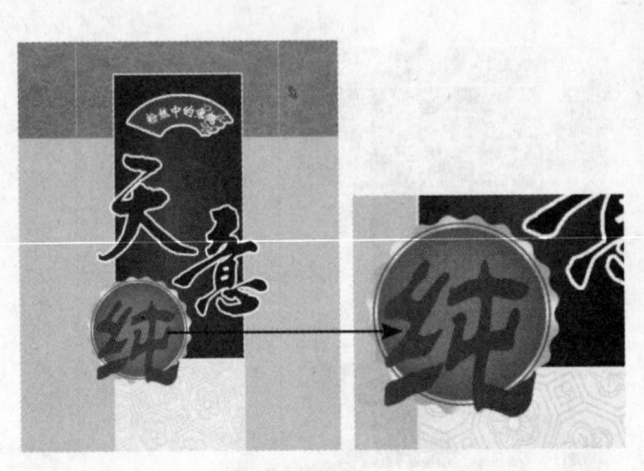

图12.160

图12.161

图12.162

20 结合文字工具及随书所附光盘中的文件“源文件\第12章\12.5\素材6.psd”，制作正面下方的文字以及其他面中的图像效果。得到的最终效果如图12.163所示。“图层”面板如图12.164所示。

图12.163

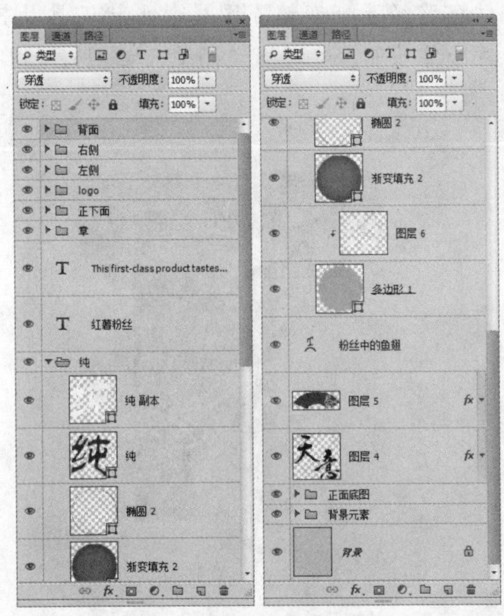

图12.164

提示 本步是以组的形式给的素材，具体的制作方法读者可以参考随书光盘中的最终效果源文件进行参数设置（且图层名称上有相应的文字信息），展开组即可观看到操作的过程。

12.6 时尚跑车广告设计

例前导读：

本例制作的是一款关于旅游心情之视觉设计作品，应用“渐变”命令调整图像的背景效果，以素材车作为本例的主题图像，利用各种形状工具及路径等制作点缀效果。在制作的过程中还需掌握蒙版的应用、图层样式等知识点。下面来详细讲解其制作全过程。

核心技能：

- 应用渐变填充图层功能制作图像的渐变效果。
- 应用调整图层的功能，调整图像的色彩、亮度等属性。
- 利用剪贴蒙版限制图像的显示范围。
- 应用“画笔工具”绘制图像。
- 使用形状工具绘制形状。
- 利用再次变换并复制的操作制作规则的图像
- 利用图层蒙版功能隐藏不需要的图像。

效果文件：源文件\第12章\12.6\12.6.psd

操作步骤：

01 按Ctrl+N键新建一个文件，在弹出的对话框中设置文件的大小为36厘米×21厘米，分辨率为72像素/英寸，背景色为白色，颜色模式为8位的RGB模式，单击“确定”按钮退出对话框。

02 单击“创建新的填充或调整图层”按钮，在弹出的菜单中选择“渐变”命令，设置弹出的“渐变填充”对话框中的参数如图12.165所示，得到如图12.166所示的效果，同时得到图层“渐变填充 1”。

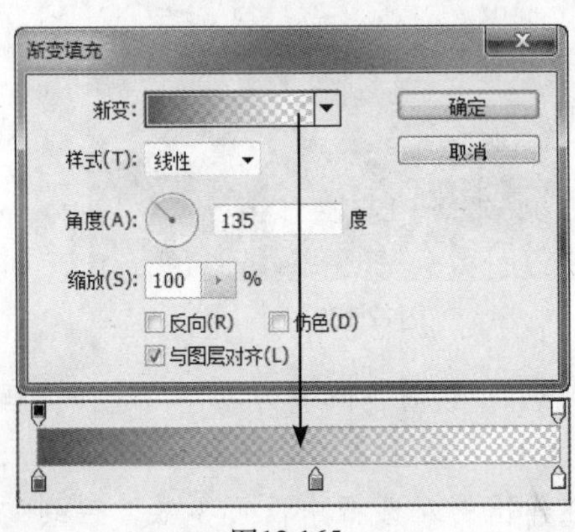

图12.165

图12.166

提示 在“渐变填充”对话框中，渐变类型的各色标颜色值从左至右分别为40791e、a1a82a、ffffff。下面制作主题图像。

03 打开随书所附光盘中的文件“源文件\第12章\12.6\素材1.psd”，使用“移动工具” 将其拖动至刚制作的文件中，得到“图层 1”。按Ctrl+T键调出自由变换控制框，按住Shift键等比例缩小图像并移至当前文件的右下方位置。按Enter键确认操作，得到如图12.167所示的效果。

04 单击“创建新的填充或调整图层”按钮，在弹出的菜单中选择“色相/饱和度”命令，得到图层“色相/饱和度 1”，按Ctrl+Alt+G键执行“创建剪贴蒙版”操作，在弹出的面板中进行参数设置，得到如图12.168所示的效果。

图12.167

图12.168

05 新建“图层 2”，按Ctrl+Alt+G键执行“创建剪贴蒙版”操作，设置前景色的颜色值为e6bd5c和2b9030，选择“画笔工具”，并在其工具选项条中设置适当的画笔大小及不透明度，在车上方进行涂抹，得到如图12.169所示的效果。

06 按照步骤4的操作方法继续为车图像进行“色阶”调整，并创建剪贴蒙版，得到如图12.170所示的效果。

图12.169

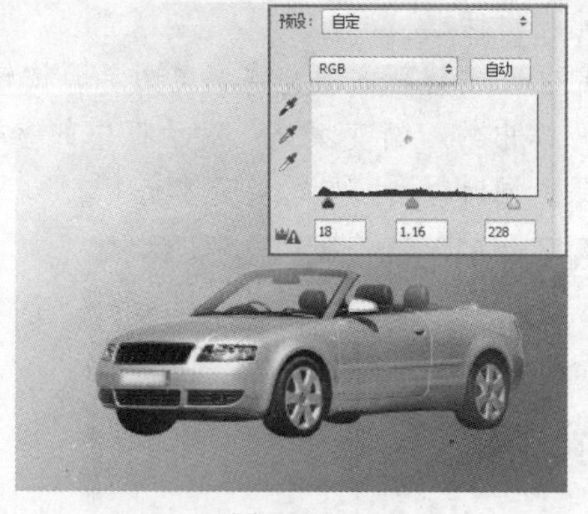

图12.170

07 选择“渐变填充 1”作为当前图层，新建“图层 3”。设置前景色为黑色，选择“画笔工具”，设置适当的画笔大小并在车底进行涂抹，如图12.171所示。

08 选择“滤镜”|“模糊”|“高斯模糊”命令，在弹出的对话框中设置参数，得到如图12.172所示的效果。设置“图层3”的“不透明度”为80%，以降低图像的透明度。此时对应的“图层”面板如图12.173所示。

09 选择“渐变填充 1”，设置前景色为白色，选择“直线工具”，在工具选项条上选择“形状”选项，在当前文件右侧绘制如图12.174所示的直线形状，得到“形状 1”。

图12.171

图12.172

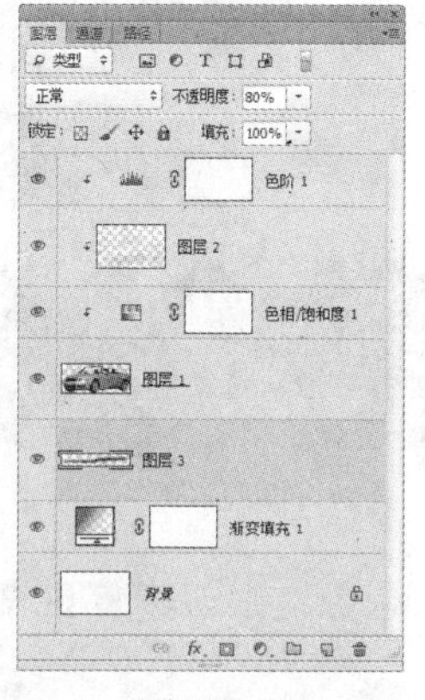

图12.173

图12.174

10 按Ctrl+Alt+T键调出自由变换并复制控制框，在其工具选项条中设置旋转角度为4.5°，按Enter键确认操作。按Alt+Ctrl+Shift+T键38次执行再次变换并复制操作，得到如图12.175所示的效果。

提示

下面为所做的光线做渐隐效果。

11 按住Alt键单击“添加图层蒙版”按钮 为“形状 1”添加蒙版，设置前景色为白色，选择“画笔工具” ，在其工具选项条中设置适当的画笔大小及不透明度，在图层蒙版中进行涂抹，以将车身以上大部分图像显示出来，得到的效果如图12.176所示。

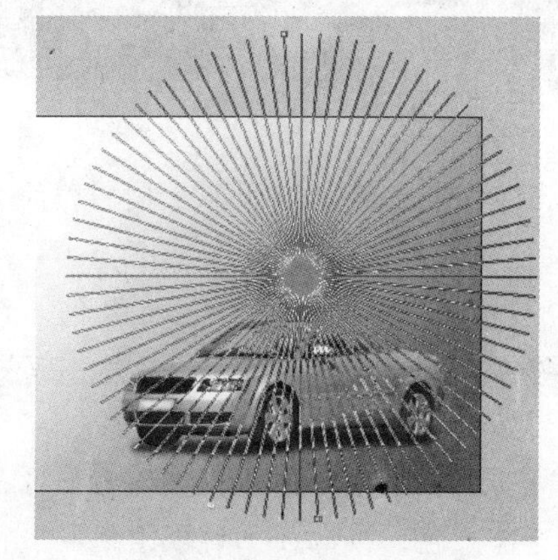

图12.175

图12.176

12 在“形状1”名称上右击，在弹出的快捷菜单中选择“转换为智能对象”命令，然后选择“滤镜”|“模糊”|“高斯模糊”命令，在弹出的对话框中设置“半径”数值为1px，得到如图12.177所示的效果。

13 选择“渐变填充 1”作为当前图层，打开随书所附光盘中的文件“源文件\第12章\12.6\素材2.psd”，使用“移动工具”将其拖动至刚制作的文件中，得到“图层 4”。结合自由变换控制框调整图像大小及移动位置，效果如图12.178所示。

图12.177

图12.178

14 按照步骤4的操作方法为图像进行“色相/饱和度”调整，并创建剪贴蒙版，得到如图12.179所示的效果。

15 选择“形状 1”，打开随书所附光盘中的文件“源文件\第12章\12.6\素材3.psd”，将其拖入刚制作的文件中，结合自由变换控制框调整图像大小及移动位置，得到如图12.180所示的效果。

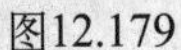

图12.179

图12.180

16 打开随书所附光盘中的文件“源文件\第12章\12.6\素材4.psd”，将其拖入刚制作的文件中，结合自由变换控制框调整图像大小及移动位置（车的右侧），得到“图层 6”。

17 单击“添加图层蒙版”按钮为“图层 6”添加蒙版，设置前景色为黑色，选择“画笔工具”，在其工具选项条中设置适当的画笔大小及不透明度，在图层蒙版中进行涂抹，以将人物腿部隐藏起来，直至得到如图12.181所示的效果。

18 选择“图层 6”图层缩览图，按住Ctrl键单击“图层 6”图层缩览图以载入其选区，设置前景色的颜色值为黑色。按Alt+Delete键填充前景色，按Ctrl+D键取消选区，得到如图12.182所示的效果。此时对应的“图层”面板如图12.183所示。

图12.181

图12.182

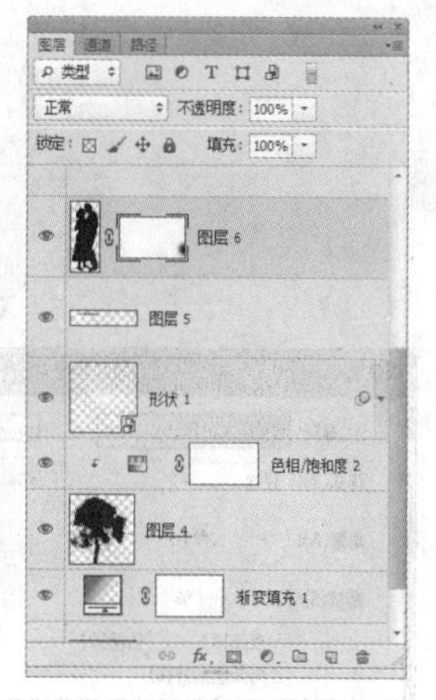

图12.183

19 选择“图层 5”，设置前景色的颜色为白色，选择“椭圆工具”，在工具选项条上选择“形状”选项，按住Shift键在车下面绘制如图12.184所示的形状，得到“椭圆1”。

20 复制“椭圆1”两次，结合自由变换控制框，分别将它们缩小，得到的效果如图12.185所示。

图12.184

图12.185

提示 更改颜色值，可直接双击图层缩览图，在弹出的对话框中进行更改。颜色值的先后顺序为ffd628、ff9c05。缩小图像时，需按Shift+Alt键，这样就会以中心点向内缩小。

21 选中“椭圆1 副本2”的路径，切换至“路径”面板，并将其重命名为“路径 1”。结合自由变换控制框将此路径缩小，切换回“图层”面板。按照步骤2的操作方法进行“渐变”调整。设置“渐变填充”对话框如图12.186所示，得到如图12.187所示的效果。此时对应的“图层”面板如图12.188所示。

提示 在“渐变填充”对话框中，渐变类型的各色标颜色值从左至右分别为ff5001、ffd85d。由于下面关于形状的操作都过于简单，在此就不再一一叙述。

22 按照步骤19~20的操作方法，结合“椭圆工具”、自由变换控制框及设置不同的前景色，在当前文件右下角制作如图12.189所示的效果。再将本步得到的图层选中，按Ctrl+G键将选中的图层编组，得到“组 1”。

23 按步骤17的操作方法为“组 1”添加蒙版以将下部分图像隐藏起来，得到的效果如图12.190所示。图层蒙版中的状态如图12.191所示。

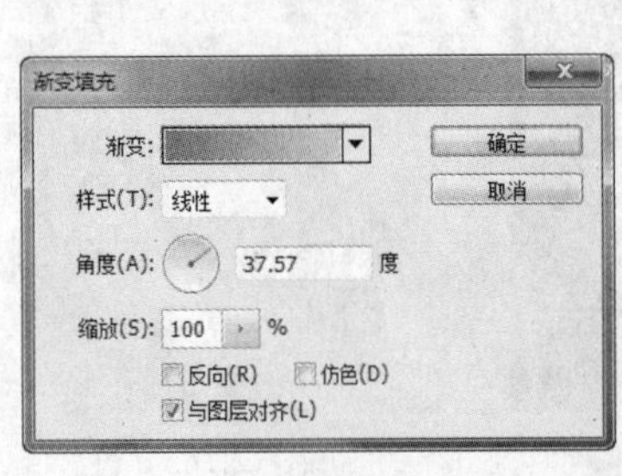

图12.186

图12.187

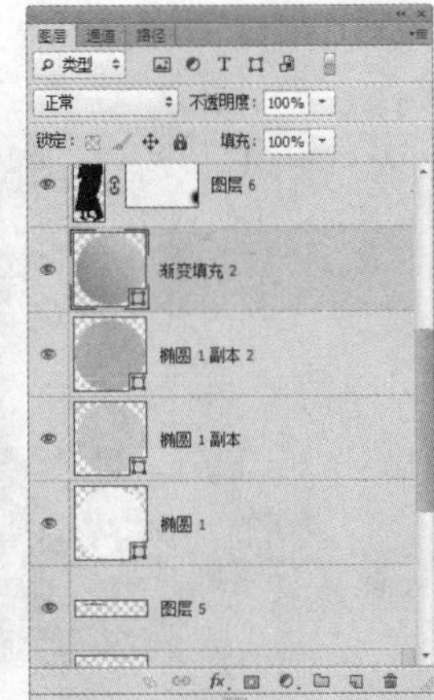

图12.188

图12.189

图12.190

图12.191

提示 本步在对蒙版编辑时还应用到了“草”画笔。此画笔为Photoshop中自带的。

24 选择“色阶 1”作为当前图层，结合“自定形状工具”、“椭圆工具”及对它的运算功能、“钢笔工具”、“文字工具”、“画笔工具”及自由变换控制框完成本例的制作，最终效果如图12.192所示。此时对应的“图层”面板如图12.193所示。

提示 本步所应用到的红心及音乐符为Photoshop中自带的自定形状。用户可以通过单击工具选项条中“形状”后的三角按钮，在弹出的显示框中进行选择。如果没有找到，可继续单击显示框右上角的花形图标，在弹出的菜单中选择“全部”命令，即可找到所需的形状。

提示 线谱的路径可参考“路径”面板中的“路径 2”，然后结合画笔描边路径功能可以得到描边线条，再绘制一些音乐符号，并为其添加“渐变叠加”图层样式即可，其具体的参数设置，请参见最终效果源文件。

提示 另外，利用图形工具绘制的红心及音乐符号等图像，还设置了一定的不透明度。至于图像中的星光效果，是设置不同的前景色直接应用画笔涂抹的，具体的参数设置请读者参考最终效果源文件。

提示 应用到的素材图像为随书所附光盘中的文件“源文件\第12章\12.6\素材5.psd”～“源文件\第12章\ 12.6\素材7.psd”。

图12.192

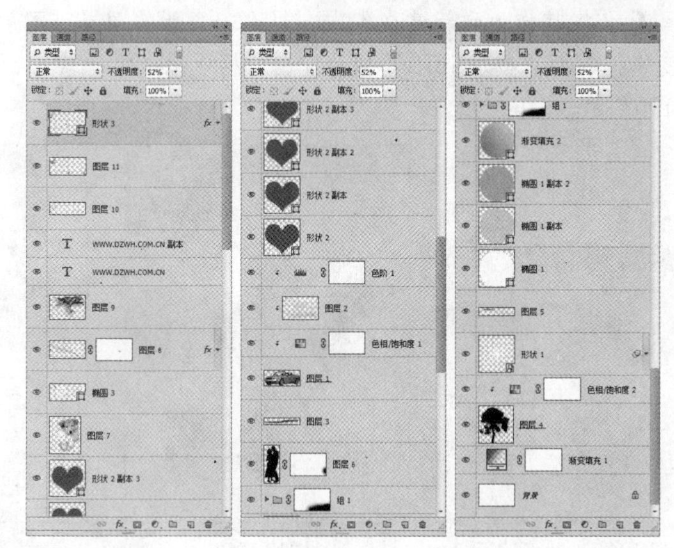

图12.193

12.7 线描艺术人像

 **例前导读：**

本例在线描艺术作品中非常具有代表性。在制作过程中，除了初始状态下对人物做的部分色彩调整操作外，剩余的主体图形内容几乎全部都是利用画笔描边路径功能完成的，最后再利用混合模式将一些艺术图案融合在其中进行装饰即可。

核心技能：

- 通过添加图层样式，制作图像的渐变、描边等效果。

- 利用图层蒙版功能隐藏不需要的图像。
- 应用调整图层的功能，调整图像的亮度、色彩等属性。
- 使用形状工具绘制形状。
- 结合路径及用画笔描边路径的功能，为所绘制的路径进行描边。
- 应用“加深工具”加深图像。
- 利用剪贴蒙版限制图像的显示范围。
- 通过设置图层属性以混合图像。

效果文件：源文件\第12章\12.7\12.7.psd

操作步骤：

1. 绘制人物脸部

01 按Ctrl+N键新建一个文件，设置弹出的对话框如图12.194所示。

02 打开随书所附光盘中的文件“源文件\第12章\12.7\素材1.psd”，如图12.195所示。使用“移动工具”将其拖动到新建文件中，得到一个新的图层“图层 1”。按Ctrl+T键调出自由变换控制框，按住Shift键拖动控制句柄以缩放图像大小，并移动到合适位置，如图12.196所示。

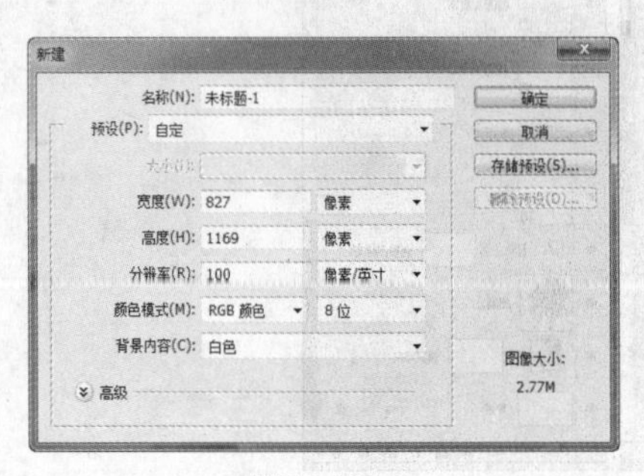

图12.194

图12.195

图12.196

提示

在开始制作线描图像之前，我们先来对人物的色彩进行简单的处理。

03 复制“图层 1”得到“图层 1 副本”，单击“添加图层样式”按钮，在弹出的菜单中选择“渐变叠加”命令，设置其对话框如图12.197所示，得到的效果如图12.198所示。

提示

在“渐变叠加”对话框中，渐变类型为从fd7c00到00255d。

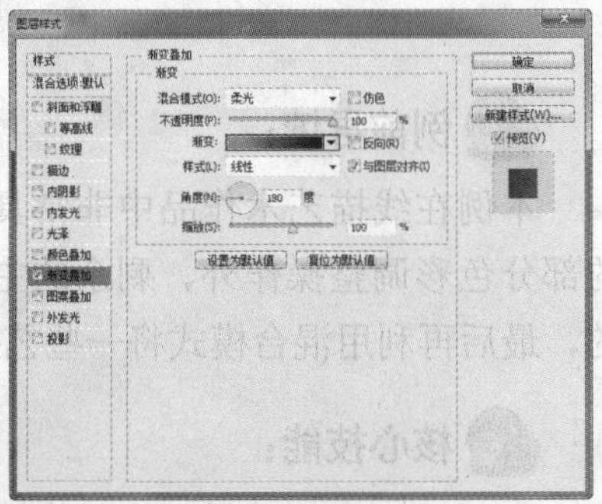
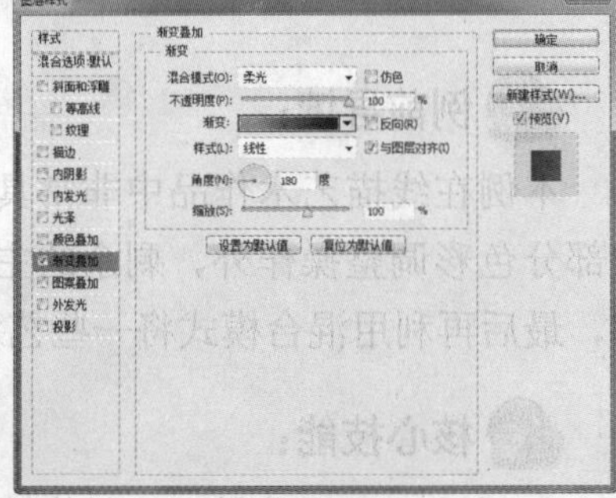

图12.197

04 单击“添加图层蒙版”按钮为“图层 1 副

本”添加图层蒙版，设置前景色为黑色，选择“画笔工具”，并在其工具选项条上设置适当画笔大小及不透明度。在人物的眼睛处涂抹，得到的效果如图12.199所示，图层蒙版状态如图12.200所示。

图12.198

图12.199

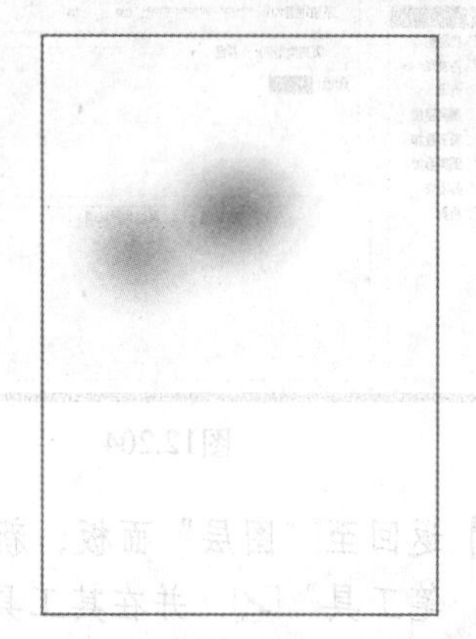

图12.200

05 单击“创建新的填充或调整图层”按钮，在弹出的菜单中选择“色阶”命令，得到“色阶 1”，按Ctrl+Alt+G键执行“创建剪贴蒙版”操作，设置其面板如图12.201所示，得到的效果如图12.202所示。

提示　至此，人物的调色操作已经基本完成。下面开始绘制线描图像，首先我们从人物的唇部开始处理。

06 设置前景色为白色，选择“钢笔工具”，并在其工具选项条上选择“形状”选项，在人物的嘴唇上绘制出嘴唇的形状，得到一个新的图层“形状 1”，得到的效果如图12.203所示。

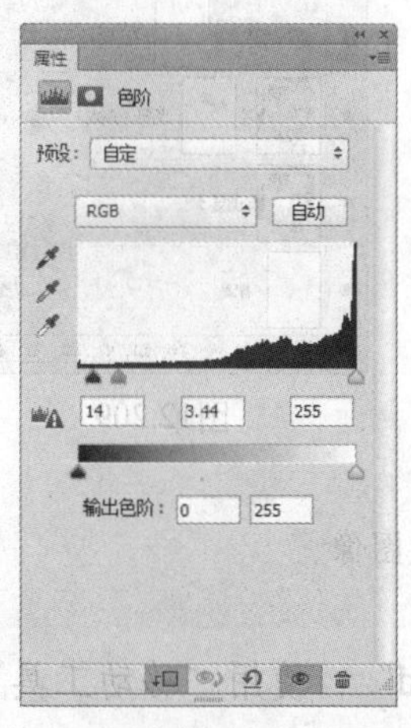

图12.201

图12.202

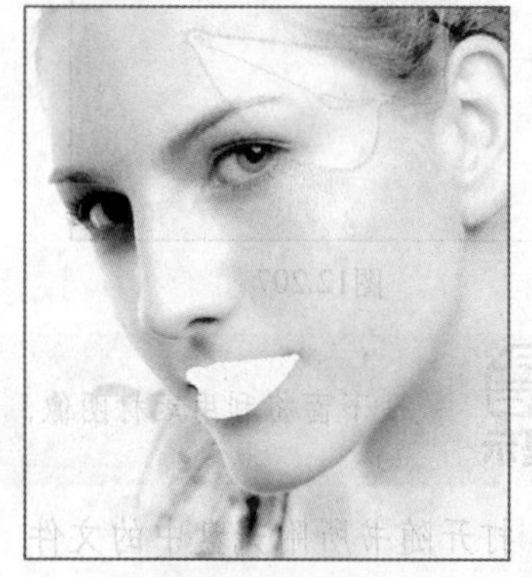

图12.203

07 单击“添加图层样式”按钮，在弹出的菜单中选择“描边”命令，设置其对话框如图12.204所示，得到如图12.205所示的效果。

08 选择“钢笔工具”，并在其工具选项条上选择“路径”选项，在人物的嘴唇上绘制一条唇线路径，得到如图12.206所示的效果，切换到“路径”面板中，双击当前的工作路径，在弹出的“存储路径”对话框中将其存储为“路径 1”。

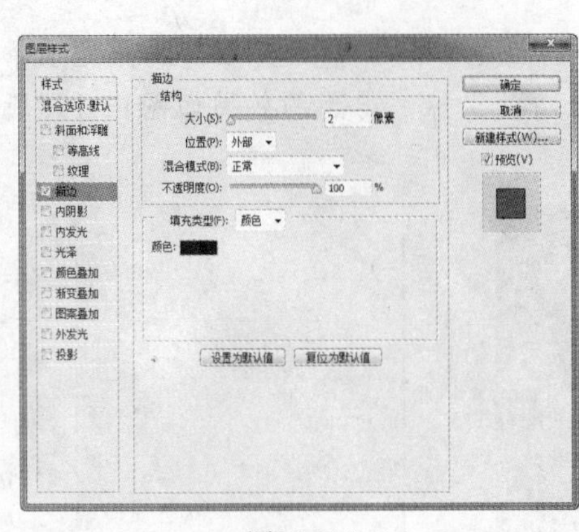

图12.204

图12.205

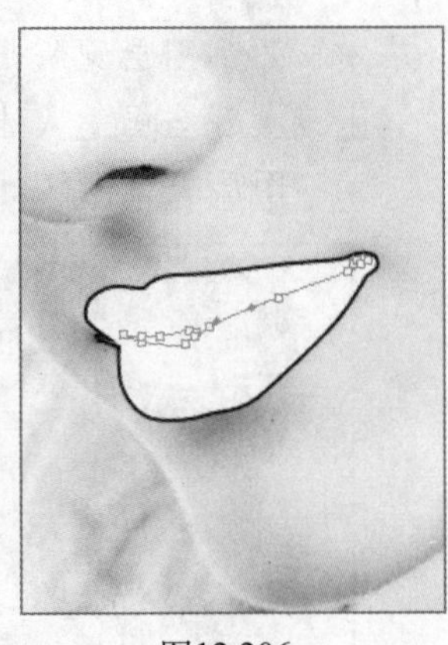

图12.206

09 返回至“图层”面板，新建一个图层得到“图层 2”，设置前景色为黑色，选择“画笔工具”，并在其工具选项条上设置画笔大小为1 px，切换至“路径”面板，单击“用画笔描边路径”按钮，得到如图12.207所示的效果。

10 新建一个图层得到“图层 3”，按照第8～9步的操作方法，选择“钢笔工具”，在人物的嘴唇上再绘制一条唇线路径并描边，得到如图12.208所示的效果，得到“路径 2”，此时的“图层”面板如图12.209所示。

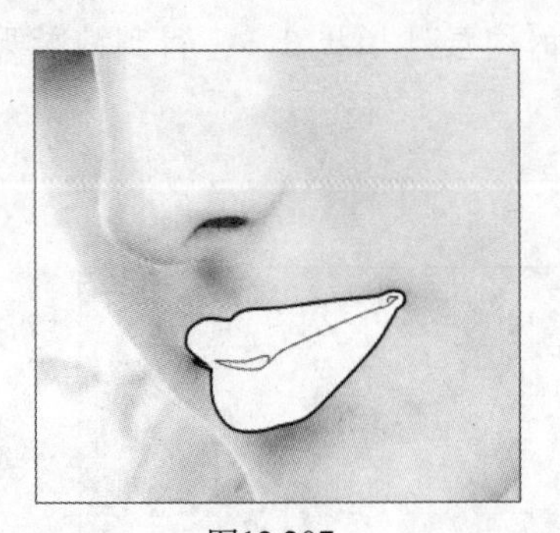

图12.207

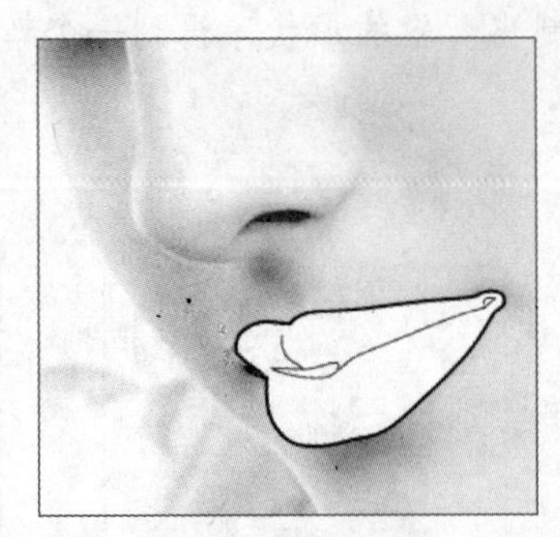

图12.208

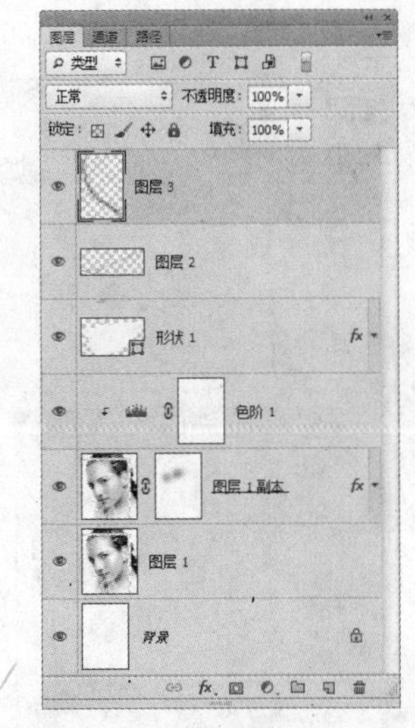

图12.209

提示

下面将利用素材图像，在人物的头部叠加2幅精美的花纹图像。

11 打开随书所附光盘中的文件“源文件\第12章\12.7\素材2.psd”，使用“移动工具”将其拖动到当前图像中，得到一个新的图层“图层 4”。按Ctrl+T键调出自由变换控制框，按住Shift键拖动控制句柄以缩放图像大小，并将其放置在人物的额头处，得到的效果如图12.210所示。

12 打开随书所附光盘中的文件“源文件\第12章\12.7\素材3.psd”，使用“移动工具”将其拖动到当前图像中，得到一个新的图层“图层 5”。按Ctrl+T键调出自由变换控制框，按住Shift键拖动控制句柄以缩放图像大小，并将其放置在人物的右眼角处，得到的效果如图12.211所示。

图12.210

图12.211

13 按住Ctrl键分别选中“图层 4”和“图层 5”两个图层，按Ctrl+Alt+E键执行“盖印”操作，得到一个新图层“图层 5（合并）”，并设置“填充”数值为0%。隐藏“图层 4”和“图层 5”。

14 单击“添加图层样式”按钮 fx，在弹出的菜单中选择“渐变叠加”命令，设置其对话框如图12.212所示，得到的效果如图12.213所示。

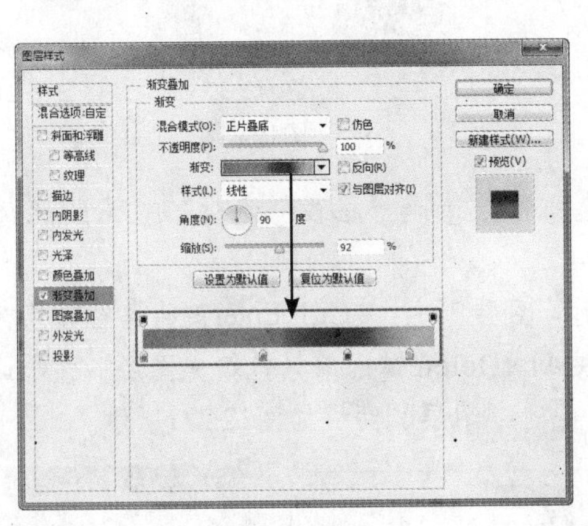

图12.212

图12.213

提示 在“渐变叠加”对话框中，渐变类型从左至右分别为c74600、778b00、1d5100和bdcf0a。处理完花纹后，下面将继续对人物的眉毛进行线描处理。

15 设置前景色为白色，选择“钢笔工具”，并在其工具选项条上选择“形状”选项，在人物的眉毛处绘制出眉毛的形状，得到一个新的图层“形状 2”，得到如图12.214所示的效果。单击“添加图层样式”按钮 fx，在弹出的菜单中选择“描边”命令，在其对话框中设置参数，得到的效果如图12.215所示。

16 选择“钢笔工具”，并在其工具选项条上选择“路径”选项，在人物的眉毛上绘制出眉毛一样的路径，得到的效果如图12.216所示，得到“路径 3”，新建一个图层得到“图层 6”。

图12.214

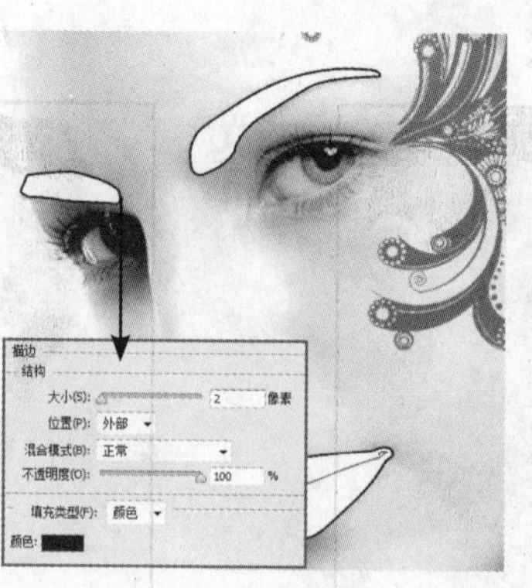

图12.215

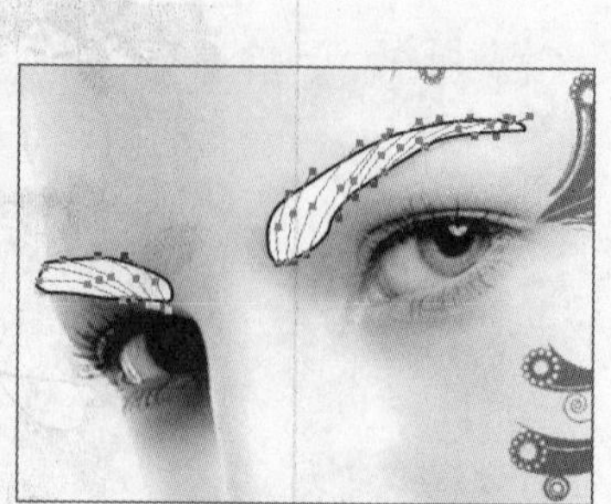

图12.216

17 选择“画笔工具”，并在其工具选项条上设置画笔大小为2px，切换至“路径”面板，单击“用画笔描边路径”按钮，得到的效果如图12.217所示。按Ctrl+Alt+G键执行“创建剪贴蒙版”操作，得到如图12.218所示的效果。

图12.217

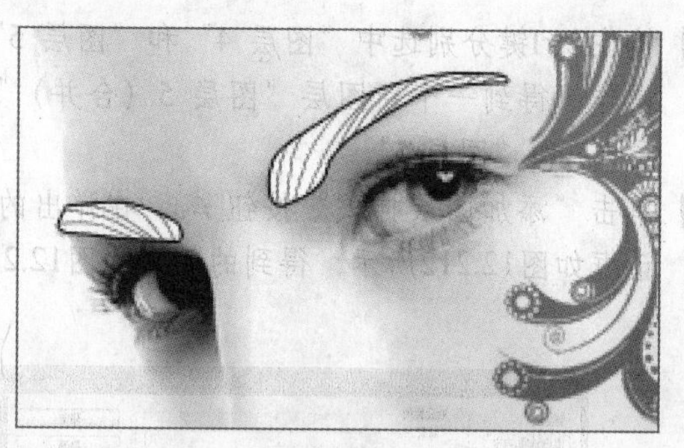

图12.218

18 选择“钢笔工具”，并在其工具选项条上选择“路径”选项，在人物脸部绘制出如图12.219所示的路径，得到“路径 4”。

19 设置前景色为白色，新建一个图层得到“图层 7”，按Ctrl+Enter键将路径转换为选区，按Ctrl+Shift+I键执行“反向”操作，按Alt+Delete键用前景色填充图层，按Ctrl+D键取消选区，得到如图12.220所示的效果，此时“图层”面板如图12.221所示。

图12.219

图12.220

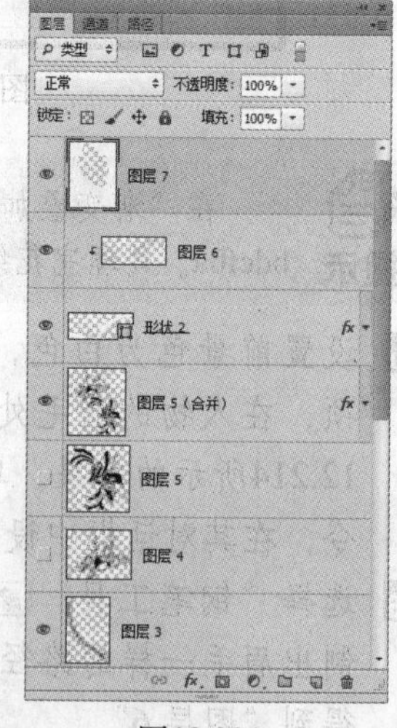

图12.221

2. 绘制人物的头发

提示 下面将开始制作人物头发的基本图像。

01 新建一个图层得到“图层 8”，设置前景色为黑色，选择“画笔工具”，并在其工具选项条上设置适当的画笔大小及不透明度，在人物头部周围进行涂抹，得到如图12.222所示的效果。

02 按Ctrl键单击“图层 7”的图层缩览图以调出其选区，单击“添加图层蒙版”按钮，为“图层 8”添加一个图层蒙版，得到如图12.223所示的效果。

03 单击“添加图层样式”按钮 fx，在弹出的菜单中选择“渐变叠加”命令，设置其对话框如图12.224所示，得到的效果如图12.225所示。

提示 在“渐变叠加”对话框中，单击渐变类型选择框后的三角按钮，在弹出的“渐变编辑器”对话框中，单击右上方的花形图标，在弹出的菜单中选择“杂色样本”命令，在弹出的对话框中，单击“追加”按钮，然后在渐变类型选择框中选择“日出”选项，设置其对话框如图12.226所示，单击“确定”按钮完成操作。

04 复制“图层 8”得到“图层 8 副本”，设置其“不透明度”为56%，得到如图12.227所示的效果。

图12.222

图12.223

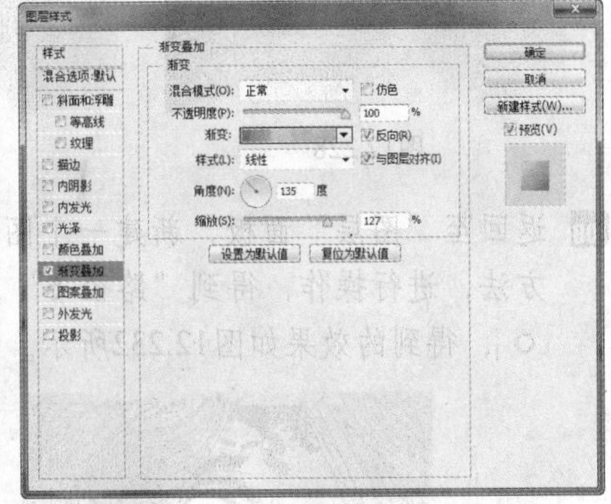

图12.224

图12.225

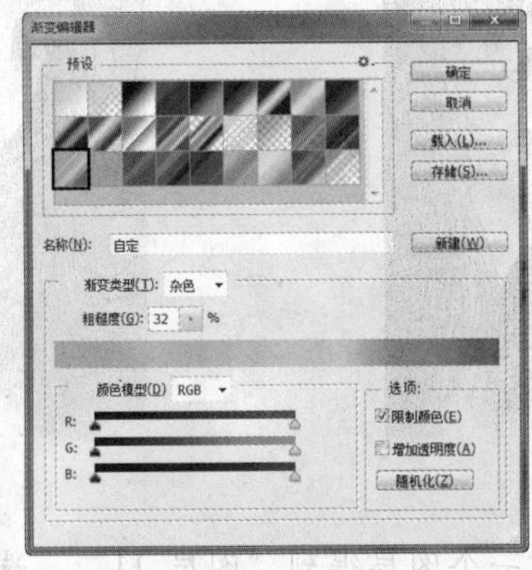

图12.226

图12.227

05 按Ctrl键选中“图层 7”、“图层 8”和“图层 8 副本”图层，按Ctrl+Alt+E键执行

"盖印"操作，得到"图层 8 副本（合并）"，选择"加深工具"，在其工具选项条上设置适当的画笔大小及曝光度，在人物的脸旁进行涂抹以加深图像，得到的效果如图12.228所示。

提示 对头发的基本明暗处理完毕后，下面开始添加头发的细节内容。

06 新建一个图层得到"图层 9"，选择"钢笔工具"，并在其工具选项条上选择"路径"选项，绘制出如图12.229所示的路径，得到"路径 5"。

07 设置前景色为黑色，选择"画笔工具"，并在其工具选项条上设置画笔大小。切换到"路径"面板，单击"用画笔描边路径"按钮，得到的效果如图12.230所示。

图12.228

图12.229

图12.230

08 返回至"图层"面板，新建一个图层得到"图层 10"，按照本小节第6～7步的操作方法，进行操作，得到"路径 6"，如图12.231所示，单击"用画笔描边路径"按钮，得到的效果如图12.232所示。

图12.231

图12.232

09 按上一步进行操作，新建一个图层得到"图层 11"，选择"钢笔工具"，在其工具选项条上选择"路径"选项，在人物脸部绘制出脸部轮廓，如图12.233所示，得到

"路径 7"。设置画笔参数为1px，单击"用画笔描边路径"按钮，得到的效果如图12.234所示。

图12.233

图12.234

10 打开随书所附光盘中的文件"源文件\第12章\12.7\素材4.psd"，使用"移动工具"将其拖动到当前图像左下方，得到一个新的图层"图层 12"，按Ctrl+I键执行"反相"操作，得到一个白色的花形效果，移动到如图12.235所示的位置。

11 复制"图层 12"得到"图层 12 副本"，按Ctrl+T键调出自由变换控制框，按逆时针方向旋转90°，按Enter键确认变换操作，将其移动到当前图像的右下角，得到如图12.236所示的效果。

图12.235

图12.236

提示 至此，图像的头发及花纹内容都已经添加完毕，下面将开始叠加一些斑点状的图像，以丰富图像效果。

12 打开随书所附光盘中的文件"源文件\第12章\12.7\素材5.psd"，将其拖动到当前图像中得到"图层 13"，按Ctrl+T键调出自由变换控制框，按逆时针方向旋转180°，按Enter键确认变换操作，放置到合适的位置，如图12.237所示，设置其混合模式为"正片叠底"，"不透明度"为48%，得到的效果如图12.238所示。

13 单击"添加图层蒙版"按钮，为"图层 13"添加一个图层蒙版，选择"画笔工具"，并在其工具选项条上设置适当的画笔大小及不透明度，在人物的脸部红色斑点处进行涂抹，得到效果如图12.239所示。

图12.237

图12.238

图12.239

14 单击“创建新的填充或调整图层”按钮 ，在弹出的菜单中选择“色相/饱和度”命令，得到“色相/饱和度 1”，按Ctrl+Alt+G键执行“创建剪贴蒙版”操作，设置其面板如图12.240所示，得到效果如图12.241所示。

提示　下面将继续利用素材图像，在画布的右上角方向增加装饰图像。

15 打开随书所附光盘中的文件“源文件\第12章\12.7\素材6.psd”，将其拖放到当前图像右上角，得到“图层 14”，按Ctrl+T键调出自由变换控制框，按住Shift键拖动自由变换控制句柄缩放图像，并放置到合适位置，按Enter键确认变换操作，得到如图12.242所示的效果。

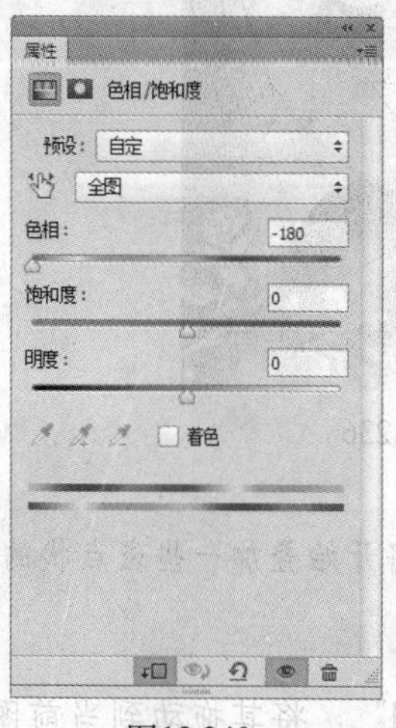

图12.240

图12.241

图12.242

16 单击“添加图层蒙版”按钮 ，为“图层 14”添加一个图层蒙版，选择“画笔工具” ，在其工具选项条上设置适当的画笔大小及不透明度，在靠近人物的脸部进行涂抹，得到的效果如图12.243所示，其图层蒙版状态如图12.244所示，“图层”面板如图12.245所示。

图12.243

图12.244

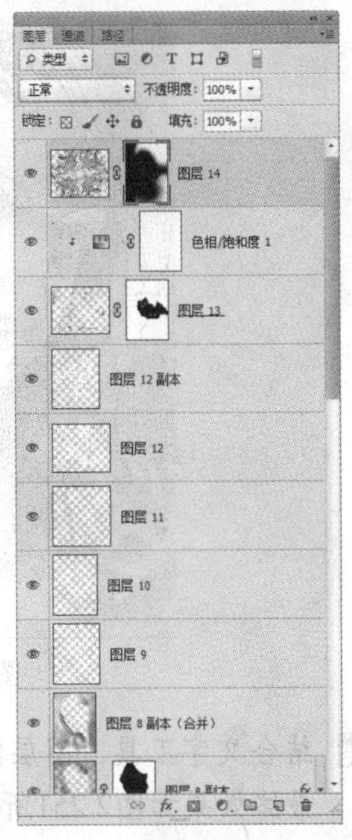

图12.245

17 设置“图层 14”的混合模式为“叠加”，不透明度为48%，得到效果如图12.246所示。

18 单击“创建新的填充或调整图层”按钮，在弹出的菜单中选择“曲线”命令，得到“曲线 1”，按Ctrl+Alt+G键执行“创建剪贴蒙版”操作，设置其面板如图12.247所示，得到的效果如图12.248所示。

图12.246

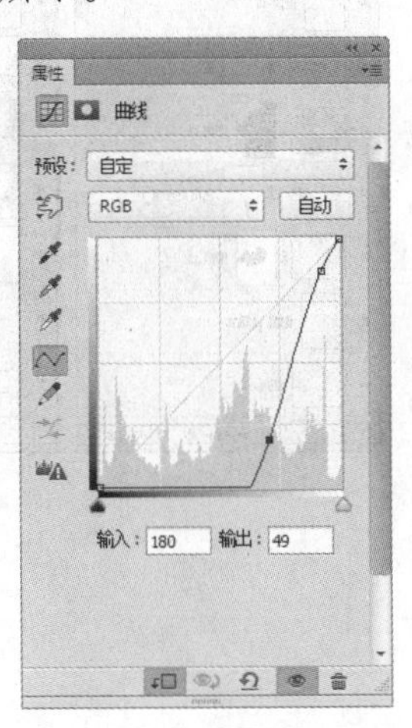

图12.247

图12.248

提示　最后，我们将在文字的外围添加白框及一些说明性的文字，并对其进行简单的处理。

19 新建一个图层得到“图层 15”，选择“矩形选框工具”，绘制一个如图12.249所示的矩形选区，按Ctrl+Shift+I键执行“反向”操作，设置前景色为白色，按Alt+Delete键用前景色填充选区，按Ctrl+D键取消选区，得到如图12.250所示的效果。

图12.249

图12.250

20 结合文字工具、图层蒙版以及图层样式的功能，制作画面左下角的文字图像，得到的最终效果如图2.251所示，“图层”面板如图2.252所示。

图12.251

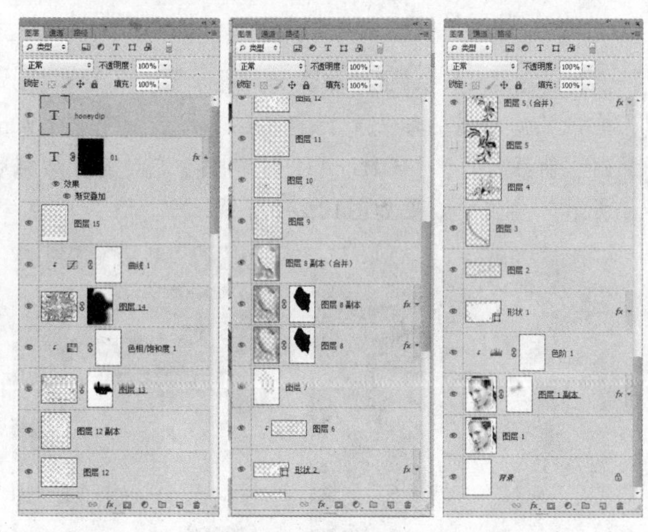

图12.252